煤炭高等教育“十四五”规划教材

矿业系统工程 第二版

主 编 张俊文 查文华 魏世明

KUANGYE XITONG GONGCHENG

China University of Mining and Technology Press

中国矿业大学出版社
·徐州·

内 容 提 要

本书系统地阐述了矿业系统工程的基本思想和技术，介绍了相关理论问题的求解方法，并以典型应用实例进行了分析。全书在介绍系统论·控制论·信息论、耗散结构论·协同学·突变论、数学规划、网络系统、系统评价、预测方法及系统可靠性的基础上，增选了系统仿真、遗传算法、模拟退火算法等先进的理论知识。全书强调基本概念和基本理论，理论叙述深入浅出，重点突出；示例联系工程实际，并对求解结果进行了必要的讨论。

本书可作为采矿工程及相关专业本科生的专业基础课教材，也可供采矿工程专业研究生和工程技术人员学习和参考。

图书在版编目(CIP)数据

矿业系统工程 / 张俊文，查文华，魏世明主编. —2 版. —徐州 ：中国矿业大学出版社，2021.11(2023.12 重印)

ISBN 978－7－5646－5099－5

Ⅰ. ①矿… Ⅱ. ①张… ②查… ③魏… Ⅲ. ①矿业工程－系统工程－高等学校－教材 Ⅳ. ①TD－05

中国版本图书馆 CIP 数据核字(2021)第 168187 号

书　　名　矿业系统工程
主　　编　张俊文　查文华　魏世明
责任编辑　王美柱
出版发行　中国矿业大学出版社有限责任公司
(江苏省徐州市解放南路　邮编 221008)
营销热线　(0516)83885370　83884103
出版服务　(0516)83995789　83884920
网　　址　http://www.cumtp.com　**E-mail**:cumtpvip@cumtp.com
印　　刷　江苏淮阴新华印务有限公司
开　　本　787 mm×1092 mm　1/16　**印张** 18.5　**字数** 462 千字
版次印次　2021 年 11 月第 2 版　2023 年 12 月第 2 次印刷
定　　价　35.00 元

前　言

矿业系统工程是矿业工程学科与系统工程学科相结合而形成的一个新的学科分支。矿业工程与系统工程的结合，是从20世纪50年代将运筹学应用于采矿业的研究起始的。随着计算机技术的迅速发展，60年代将运筹学原理与计算机技术综合应用于矿业研究的一批成果涌现出来，使矿业系统工程作为一个新的学科分支逐渐形成。经历近60年的蓬勃发展，矿业系统工程已成为系统工程在各行各业中开展较为充分的一大分支，拓展范围已深入诸多领域，如计算机应用、信息工程、人工智能、自动控制等。随着时间的推移及科学技术的进步，矿业系统工程的研究还会涉及更多领域。在不同的历史时期，需要将更新的科研成果纳入采矿工程专业教学中。因此，为了满足采矿工程及相关专业本科生、研究生教学及技术人员学习的需要，我们编写了本书。

在编写本书过程中，我们在参考现有教材的基础上，又将近年来应用比较先进的理论和方法选编进来，如计算机仿真、虚拟现实技术、遗传算法、蚁群算法、模拟退火算法等。本书以介绍基础理论和基本知识为主，并适当阐述典型的应用实例，以求理论与实践相结合。

全书共分九章。第一章综述了系统论・控制论・信息论的基本知识；第二章介绍了耗散结构论・协同学・突变论的相关知识；第三章介绍了数学规划法的基本内容；第四章介绍了网络系统；第五章介绍了系统评价的理论及方法；第六章介绍了预测方法；第七章介绍了矿业系统可靠性的相关知识；第八章介绍了计算机仿真技术；第九章介绍了智能优化方法。

本书由张俊文、查文华、魏世明担任主编。其中，第一章、第二章由黑龙江科技大学代少军编写；第三章由中国矿业大学(北京)张俊文和太原理工大学赵国贞编写；第四章、第七章由北京科技大学李玉琳编写；第五章由河南理工大学魏世明编写；第六章、第八章、第九章由东华理工大学查文华和西安科技大学高晓旭编写。

在编写本书过程中，吸收了以前相关教材的优点，参阅了近年来发表的科技文献，为此特向文献作者们表示诚挚的感谢。

由于笔者水平所限，加上时间仓促，书中难免有不妥之处，希望有关专家和广大读者批评指正。

编　者

2021年9月

目　　录

第一章　系统论·控制论·信息论

第一节　系　统　论

一、系统思想的产生和发展

1. 古代朴素的系统思想

早在古代中国、古希腊等文明古国的文化中就孕育了朴素的系统思想。这些思想来源于古代人民的社会实践经验和对宇宙的直观认识。

系统思想在我国源远流长，在哲学、科学技术、军事、医学、工程、天文历法等各方面的理论和实践中都表现出了十分明显的系统观念。中国最早成书的《易经》和《洪范》所反映出的朴素唯物论和辩证法观念就包含了系统思想。《易经》曾试图用阴阳八卦来说明宇宙万物的发展变化和统一性，认为阴阳的交感、协调和消长是万物运动变化的原因，并用天、地、雷、火、风、泽、水、山作为说明世界上其他东西的根源，这显然包含着把世界万物看成一个统一整体的系统观点。《洪范》中的“五行说”则把金、木、水、火、土这五种基本物质看作构成世界万物的不可缺少的元素，并用五行之间的相生相克来说明万物间的相互依存和相互制约。“五行说”可以看作对现代系统理论的一种原始表达。春秋末期的著名思想家老子在《老子》一书中指出：“天下万物生于有，有生于无”“无，名天地之始。有，名万物之母”“道生一，一生二，二生三，三生万物”。这里就包含了事物之间相互联系、相互制约的关系，表述了对自然界系统性的认识。

中国古代哲学中的系统思想是十分丰富的，不仅如此，在各种社会实践活动中也包含着朴素的系统观念。战国时期秦国蜀郡太守李冰主持修建都江堰水利工程，北宋晋国公丁渭修建被焚皇宫时所采用的“一举而三役济”的方法，明代铸造大铜钟所采用的“群炉汇流法”等都体现了系统思想。著名的《孙子兵法》从天时、地利、将帅、法制和政治等方面对战争进行全面的分析，指出战争要以上述这些因素为依据，通过比较敌我双方的优劣条件，以求得战争的胜利。中国古代农学也很注重农业生产要求和生产环节之间的有机联系，从全局出发，统筹安排各种农事活动。许多农书对农作物的生长与种子、土壤、水分、肥料、气候等因素之间的关系，以及怎样合理利用这些因素达到农业丰产进行了论述，并且总结出了指导农业生产的朴素系统法则，如“因地制宜”“不违农时”“顺天时，量地力，则用力少而成功多”等。中医也十分注重从整体出发来诊断、治疗疾病，讲究辨证施治。中国古代医学经典《黄帝内经》就把人体看作一个有机整体，认为人体各部分是相互联系、不可分割的。它还把人体看作与天地这个大系统相关联的小系统，并从病理现象与自然现象的联系上来阐明病因，强调医疗过程必须因时、因地、因人制宜。《黄帝内经》从整体出发来看待人体内脏之间以及人与环境之间的关系，比较深刻地体现了系统的整体性、相关性、动态性、层次性、环境适应性。

在古希腊，人们也具有了朴素的系统思想。毕达哥拉斯（Pythagoras）认为宇宙万物都能归结为整数和整数之比，构成一个和谐的整体；并且把人作为一个整体同宇宙整体进行比较，认为人是小宇宙，是大宇宙的缩影。朴素辩证法的奠基人之一赫拉克利特（Herakleitos）曾在《论自然》一书中论述，世界是包括一切的整体。他认为世界是在火的变化中做有秩序的运动，“土死生水，水死生气，气死生火；反过来也是一样。”他把事物运动的规律、秩序称作“逻各斯”。古代原子论的创始人德谟克利特（Democritus）的哲学思想中也包含一些系统思想。他认为一切事物都是由原子和虚空组成的，原子和虚空构成了不同层次的世界，人就是其中的一个小世界。他著有《宇宙大系统》一书，这可能是最早采用“系统”这个词的著作。古希腊哲学的集大成者亚里士多德（Aristotle）的系统思想对现代系统论的形成具有重大影响。一般系统论的创始人美籍奥地利生物学家贝塔朗菲（L. von Bertalanffy）认为：“亚里士多德的世界观及其固有的整体论和目的论的观点就是这种宇宙秩序的一种表达方式。亚里士多德的论点整体大于它的各部分的总和是基本的系统问题的一种表达，至今依然正确。”其实，亚里士多德对系统整体性的描述“整体并不是部分的总和”，更能反映系统整体性的各种情况。亚里士多德还提出用四因论，即质料因、形式因、动力因、目的因来说明事物的构成及生动变化的原因，其中就包含着对事物的组成、结构、功能、目的的系统理解。亚里士多德在人类历史上还第一次把形式逻辑变成了系统体系。

由上可见，系统思想在古代人类社会实践中就有萌芽，它们大都寓于朴素的辩证法之中。它们是与整体、秩序、等级、动态、相互联系等概念联系在一起的，其特点就是强调对世界整体性和统一性的认识。但是，由于受当时科学发展水平的限制，人们还缺乏对事物整体的各个细节的认识，因而对事物整体性和统一性的认识是不全面的，甚至有时用理想、幻想的联系来代替或填补尚未知道的现实的联系，所以，古代的系统思想与辩证思想一样，带有猜测、直觉和思辨的性质。

2. 近代系统思想

对自然界这个统一整体各个细节的认识，是从近代科学的诞生开始的。15世纪下半叶，天文学、力学、物理学、化学、生物学等相继从自然哲学中分离出来。近代自然科学主要通过观察、试验、解剖把自然事物分成各个独立的部分，分门别类进行研究。这种认识事物的方法反映在哲学上，就形成了形而上学的思维方法。这种思维方法撇开了事物总体的联系和发展来考察事物，因而它“堵塞了自己从了解部分到了解整体、到洞察普遍联系的道路”。在机械论和形而上学占统治地位的时代，系统思想的发展受到了很大的局限。当然，近代科学对世界各个部分和细节的认识的深化，以及对认识资料的加工整理，为人们认识客观事物的相互联系和发展，进而为现代系统理论的建立奠定了基础。

德国人莱布尼兹（G. W. Leibniz）所著的《单子论》对系统思想的形成有重要意义。他在《单子论》中明确提出：单子是生物的元素，是组成复合体的单纯实体；同时他认为“宇宙是一个被规范在一种完美秩序中的统一体系”。他还认为任何事物都是在联系中显现出来的，都是在系统中存在的，系统联系规定每一事物，而每一事物又能反映系统和联系的全貌。在莱布尼兹看来，单子是能动的实体，一切事物都是单子的表现。单子彼此不同，构成了千差万别的事物，单子的高低不同形成一个连续的系列，表现为事物由低级向高级的过渡，单子之间的普遍联系构成了整体世界。莱布尼兹强调单子的整体性、相互联系性、结构层次性、发展动态性、相互适应性等思想，这些论点都与现代系统论的思想很接近。莱布尼兹的单子论对现代控制论和系统论的创立都产生了重大影响。

德国古典哲学的创始人康德(I. Kant)对系统思想的发展也作出了重要贡献。康德在其早期学术活动中所提出的星云假说,认为宇宙的形成是一个永恒的过程,它具有系统性质和自调性质,一旦旧的世界毁灭,新的世界就应运而生。他用原始星云自身具有的力学特性说明了太阳系这一系统从生成到形成有序结构的大致过程。

德国古典哲学大师黑格尔(G. W. F. Hegel)是哲学史上第一个"全面地有意识地叙述了辩证法的一般运动形式"的哲学家。他把"绝对概念"称为"系统",把这种系统理解为一个"过程的集合体"。他认为一切存在都是有机的整体,"作为自身具体、自身发展的理念,乃是一个有机的系统,一个全体,包含很多的阶段和环节在它自身内"。黑格尔在构造其哲学体系时,不是简单地列举哲学范畴,而是力图提示它们之间的内在联系,从一个推导出另一个,把它们放在一个动态的系统中考察。他的客观唯心主义哲学体系就是由概念、范畴的演变和发展所组成的大系统。但他是用概念的系统发展颠倒地反映了客观世界现实系统的发展过程。

19 世纪,自然科学取得了重大进展。能量守恒与转化定律、细胞学说和进化论这三大科学发现,加深了人类对客观事物的普遍联系和整体发展的认识,也为辩证唯物主义系统观的创立提供了丰富的材料。"由于这三大发现和自然科学的其他巨大进步,我们现在不仅能够指出自然界中各个领域内的过程之间的联系,而且总的说来也能指出各个领域之间的联系了。这样,我们就能够依靠经验自然科学本身所提供的事实,以近乎系统的形式描绘出一幅自然界联系的清晰图画。"马克思和恩格斯在批判地继承康德、黑格尔等人的系统思想的基础上,把系统思想运用于具体研究工作中去,成为现代系统理论的先驱。

3. 现代系统论的诞生

现代系统论是由贝塔朗菲创立的。它的产生与 20 世纪 20 年代在生物学中出现的机械论和活力论的论战密切相关。在生物学领域,一直就存在着机械论和活力论的争论。机械论者用分析的方法把生物问题还原为物理和化学问题,把复杂的生理和心理过程看作各部分的机械相加,认为一种原因只能产生一种结果。与之相反,活力论者则认为生物体内存在着一种特殊的"活力",生物体内的整个生命过程就由这种超自然的力量支配着。由于这两种观点都没能解决生命的本质问题,一些科学家和哲学家开始提出用机体论取代活力论和机械论。贝塔朗菲就是较早提出"机体论"观点的学者之一。他在 1924—1928 年间多次发表文章表达了这一思想。当时他称之为"机体生物学"。他认为应当把有机体当作一个整体或系统来考察。1932 年,他发表了《理论生物学》,1934 年又发表了《现代发展理论》,提出用数学模型来研究生物学的方法和机体系统概念。他从机体论思想的其他开创者那里吸取了许多思想,并概括了机体论发展的成就,提出了几个基本观点:

(1) 系统观点

贝塔朗菲认为一切有机体都是一个整体系统,生物体是在时空上有限的具有复杂结构的一种自然整体。从作为一个有机体的生物体中分析出来的部分,同整体中发挥机能的部分是截然不同的,生物体的各部分离开整体是不能存在的。他认为:"复杂现象大于因果链的孤立属性的简单总和。解释这些现象不仅要通过它的组成部分,而且要估计到它们之间的联系的总和。有联系的事物的总和,可以看成具有特殊的整体水平的功能和属性的系统。"他还把系统定义为"相互作用的诸要素的复合体"。

（2）动态观点

贝塔朗菲认为一切生命现象本身都处于积极的活动状态，活的东西的基本特征是组织。由此他提出了开放系统理论，认为任何活的系统是与环境发生物质、能量交换的系统，主张从生物体和环境的相互作用中证明生命的本质。他把生命的机体看成一个能保持动态稳定的系统，这种稳态能够抗拒环境对机体的瓦解性的侵犯。他还提出用联立微分方程对开放系统进行数学描述，并指出开放系统可以显示出异因同果律，从而正确地回应了新活力论者的挑战。

（3）等级观点

贝塔朗菲认为各种有机体都是按等级组织起来的。生物系统是分层次的，从活的分子到多细胞个体，再到个体的聚合物，层次分明，等级森严。整个自然界犹如一座巨大的建筑物，其中各层系统逐级地组合起来，成为越来越高级越庞大的系统。他认为，传统方法只是对各过程进行研究，没有包括协调各部分和各过程的信息，因而不能完整地描述活的现象。

1968年，贝塔朗菲发表了《一般系统论：基础、发展与应用》一书，全面总结了40年来的工作，并且进一步阐述了系统论的基本概念、原理、范畴、体系等，是一部比较全面地论述系统论的完整著作。1972年，他发表了《普通系统论的历史和现状》，对一般系统论重新加以定义。他认为一般系统论是一种新的科学规范，应该包括三个方面：其一是关于"系统"的科学和数学系统论，即对各种不同的具体科学（物理学、生理学、心理学、社会科学）的系统进行科学的理论研究，和作为适用于一切种类的系统的根本学说——一般系统论，它要求运用精确的数学语言描述各种系统。其二是系统技术，包括系统工程的内容，着重研究系统思想、系统方法在现代科学技术和社会各种系统中的实际应用。其三是系统哲学，研究系统论的科学或哲学方面的性质，即研究系统的本体论、认识论以及研究人与世界的关系、价值观和人本主义等，使系统论取得哲学方法的地位。自此，系统论迅速发展，并逐渐形成世界性的系统热。

随着新的系统理论的产生和各种系统理论的蓬勃发展，有关系统科学的结构体系问题已成为学术界关注的一个重要问题。中国著名科学家钱学森在20世纪70年代末和80年代初接连发表了一系列的文章，逐步形成了关于系统科学体系的观点。他认为人类的科学知识从横向可以分成自然科学、社会科学、数学科学、系统科学、思维科学、人体科学、军事科学、行为科学、文艺理论九大部分，每一种科学从纵向又可分为三个层次，即直接改变客观世界的工程技术，指导工程技术的理论是技术科学，指导技术科学的理论是基础科学。这样，系统科学可分成工程技术——系统工程、自动化工程等，技术科学——运筹学、控制论、信息论等，基础科学——系统学。

二、系统论的基本概念

系统是物质存在的普遍形式。在科学研究和生产实践中，到处都可碰到系统。从基本粒子到系统，从细胞到国家，无一不是系统的存在方式。

1. 系统

"系统(System)"这个词由来已久。古希腊哲学家就已经使用了这个概念，古代原子论的创始人德谟克利特就写过《宇宙大系统》和《宇宙小系统》等著作。这个词在希腊语中即部分组成整体的意思。系统一词的拉丁语(Systema)有"共同"和"给以位置"的含义，是表示群体、集合等的抽象名词。英文一词具有体系、系统、体制、秩序、机构、组织等含义。在马克思、恩格斯的著作中系统的概念是经常用到的。他们曾明确地把“系统”理解为“统一体”“集合体”“综合的整体”。

恩格斯曾指出:“世界不是一成不变的事物的集合体,而是过程的集合体。”但是,系统真正作为一个科学概念而进入科学领域还是20世纪30年代以后的事。由于不同的研究者从不同的角度去考察系统,所以,目前国内外关于系统概念的定义可谓众说纷纭。据统计,在有关文献中流行较广的系统定义达40多种。贝塔朗菲在1971年认为,系统可定义为处于相互关系中并与环境有相互关系的诸要素的集合。《韦氏大辞典》把系统解释为“有组织的或被组织化的全体”。苏联学者乌耶莫夫则认为系统是客体具有的“那种满足某种预先确定的性质的关系”。中国学者钱学森认为系统就是“由相互作用和相互联系的若干组成部分结合而成的具有特定功能的整体,而且这个系统本身又是它所从属的一个更大系统的组成部分”。尽管系统的定义多种多样,但是,如果我们撇开各种具体系统的形态和性质,可以发现一个系统必须具备这样几个条件:一是要有两个以上的要素,单个要素不能构成系统;二是各要素之间具有某种关联,存在着一定的相互作用;三是系统赖以存在的环境。

2. 要素

所谓要素,就是系统的组成部分或环节。例如,电子是原子系统的要素,工人是企业系统的要素。系统和要素的关系就是整体和部分的关系。系统是要素存在的条件,没有系统也就无所谓要素。要素是系统存在的基础,离开了要素就谈不上系统。当然,系统和要素的区分是相对的,两者在一定条件下可以相互转化。一个系统只有相对构成它的要素才是系统,而相对由它和其他事物构成的较大系统而言,就成了一个要素;同样,一个要素只有相对由它和其他要素构成的系统而言才是要素,而相对构成它的要素而言则是一个系统。因此,要素又称为子系统。

要素的关联是指系统各要素之间的相互联系、相互作用、相互依存和相互制约。这种关联在不同系统中表现方式是不一样的。例如,在经济系统中,存在着企业间的竞争关系;在生物系统中,存在着不同种类之间的拮抗关系、寄生关系、共生关系;在家庭系统中,存在着哺育关系等。实际上,关联是事物之间的物质、能量、信息的交换。正是要素之间的相互作用,才使得一个要素的变化能够引起其他要素的变化,通过各要素的相互协调,共同构成具有特定功能的有机整体。

3. 结构和功能

系统内部各要素相互关联的方式和组织形式称为系统的结构。系统的结构反映系统内部各个要素相互之间的稳定联系。系统都有结构。对于相同的要素,如果关联方式不同,各系统之间就会呈现出差别。例如,石墨和金刚石都是由碳原子组成的,但由于碳原子之间的联结方式不同,所以石墨和金刚石表现出了截然不同的性质。

系统的功能是指系统在特定的环境中所表现出来的行为和能力。系统的功能体现了一个系统与环境之间的物质、能量和信息的输入与输出的交换关系。例如,一个面粉加工厂将输入的粮食转换成面粉输出,一个火力发电厂将输入的煤转换成电能输出,这都是它们的功能。

结构和功能是相互依存的。结构是功能的内在根据,功能是结构的外在表现。系统的结构决定系统的功能。例如,只有按照汽车设计中规定的结构把汽车的各个零部件装配起来,才能形成一个运载系统;而如果不按照规定要求把零部件胡乱地装配在一起,就不会形成一个具有运载功能的系统。然而功能不只是处于被动地位，它具有相对独立性，在一定条件下，功能可反作用于结构。例如，在类人猿进化为人的过程中，类人猿的生理结构决定了它的极为简单的劳动功能，而劳动功能又反过来促进了它的生理结构的变化，使类人猿朝着人的方向演化。

结构和功能的关系不是一一对应的，往往表现为极为复杂的对应关系。一种是同构异功现象，即一种结构具有多种功能。例如，人的灵巧的手就具有多种功能；热电厂既可发电，又能将其余热供给其他设施利用；设计一个工厂时，不仅应看到它能带来的经济效益，也要看到它对环境的影响。另一种是同功异构现象，即一种功能可由多种结构实现。例如，昆虫和鸟的翅膀结构不同，但都有飞的功能；沙漏、日晷、机械手表、电子手表等的结构不同，但都有计时的功能；棉布衣服和化纤服装都有保暖的功能。

4. 环境

系统的环境是指存在于系统之外的并且与系统发生作用的所有外界事物的总称。任何系统都存在于一定的环境中，系统和环境之间存在着物质、能量和信息的交换，实际上，环境就是为系统提供输入或接受系统输出的场所，因此可以说，环境是系统存在和发展的条件。系统与环境的交流必须通过边界才能进行，它对系统的输入和输出有控制作用。系统的边界不是固定不变的，哪些因素划归系统，哪些因素划归环境，要视具体情况而定。这样，就导致了系统与其环境的相对性，在一定条件下，系统与其环境结合起来构成新的系统，并把这一新系统放在新的环境中来考察。

三、系统的共性及矿山系统的特性

系统是由相互作用和相互依赖的若干组成部分结合而成的具有特定功能的有机整体，而且这个“系统”本身又是它所从属的一个更大系统的组成部分。因此，一般系统应具有整体性、有序性（层次性和动态性）和相关性的共同特点。

（一）系统的共性

1. 整体性

（1）系统目标、规律、功能的整体性

① 系统的各组成要素的活动结果是为了保证系统目标的实现，并力求这些活动的配合和协调是最佳的——系统目标的整体性。

例如，在矿井生产系统中，开采、掘进、井下运输、矿井提升、矿井通风、矿井供电等各子系统的活动都是为了最有效地生产出煤炭，而且需要在上述各子系统的协调配合下完成。在生产中有这样的口号：“掘进为了回采，回采必须掘进；安全为了生产，生产必须安全”，即体现了系统目标的整体性。

② 系统的性质和运动规律只有在整体上才能显示出来，各要素之间的联系和作用离不开整体的协调——系统规律的整体性。

例如，在矿井生产系统中，开采、掘进、井下运输、矿井提升、矿井通风、矿井供电等各子系统各有其运动规律，但矿井生产系统的规律只有在各子系统配合成一个整体时，才能显示出来，由此可见，各子系统之间的联系和作用离不开整体的协调。

③ 系统整体性还体现为系统功能的整体性。系统各要素的功能必须服从整体的功能，系统的功能不等于各要素功能的简单相加。确定系统的评价准则，也必须以系统的整体性为基础。

矿井生产子系统的功能各异，但均须服从矿井系统的整体功能，矿井系统的整体功能是在矿井开采、掘进、井下运输、矿井提升、矿井通风、矿井供电等各子系统有机配合下体现的，因此，对矿井生产子系统的评价，也需要以系统的整体性为基础。

(2) 系统整体联系的有机性

系统之所以能保持它的整体性，是由于各要素之间保持着有机的联系，从而形成一定的结构。

首先，存在于系统整体中的部分，不论该部分是否能作为相对独立的部分存在，都应具有作为整体的部分的内在条件，这种部分只有在整体中才能体现其所具有的部分的意义，一旦离开了整体，就失去了这种作为部分的意义。

其次，系统在运动中按一定的规律进行着整体与部分、部分与部分、整体与环境以及不同层次之间的信息、能量、物质的交换，并且在交换中保持整体的一定的序，只有这样，系统整体才能体现为一定的系统的质和功能。如果这些交换遭到部分或全部破坏，系统也就部分或全部地失去它原来的整体性。

矿井生产系统中的开采、掘进、井下运输、矿井提升、矿井通风、矿井供电等各部分在信息、能量和物质的交换中，只有保持有机联系，才能安全有效地完成整体目标，否则轻则停产，重则出现重大安全事故。另外，一个矿井系统还必须与外部环境保持有机联系，特别是在市场经济的条件下，因为一个企业如果不能紧跟市场，适应市场，优化企业环境，就会遭到市场的无情淘汰。

2. 有序性

(1) 系统结构的有序性

系统的有序性首先表现在系统的层次上。系统中一些子系统是高层次的，另一些是低层次的；一些子系统处于支配地位，另一些处于从属地位。正因为各子系统地位不同，任务不同，这样就形成了整个系统的结构层次，使得系统能够协调、控制各子系统的活动。

其次，系统结构的有序性还表现为系统中的物质、能量和信息的流通是以一定的渠道有秩序地进行的。

在矿井系统中，行政管理上划分为矿—区—队—班—组，生产管理上划分为地质、回采、掘进、通风、提升、机电、运输、财务等子系统，各子系统仍可向下划分为若干更低层次的子系统，如此，从上到下行政命令有序传达，从下到上生产情况逐级上报，矿井生产得以协调、有序地进行。

(2) 系统发展的有序性

一切系统都处于不断变化、发展的过程中，但系统的变化、发展不是随意的，而是受系统内、外部各种因素的影响和限制，并依据一定的规律变化发展的。当客观世界发展到一定程度，出现了适宜于系统产生、发展的环境时，相应的系统就应运而生。最初，只是出现系统的萌芽，在它不断地改造自己、适应外界环境的过程中，逐渐成长壮大，形成一个完备的系统；当它使命完成，则趋于消亡。在这个发展过程中，系统分工日益变细，调节作用日益加强，系统日趋复杂。

如上所述，矿井系统的发展也不例外，煤矿开采由最初极其简陋的人工采掘，逐步发展为钻眼爆破开采、半机械化开采、机械化开采、高强度大功率的综合机械化开采以及智能开采，矿井生产系统功能日趋完善，也日趋复杂，逐步由劳动密集型向技术密集型转变。当一个矿井资源枯竭时，则该系统就会自行消亡。

系统发展的有序性和结构的有序性是相互呼应、密切相关的。系统内部的结构、子系统间的相互关联将随着系统的发展而改变，这些改变又和系统与环境间进行交换的物质、能量、信息的存在状态密切相关，只有当系统与其所处环境之间存在着有利于系统发展的物质流、能量流和信息流时，系统才能沿着发展壮大的方向变化。

系统结构的有序性体现了系统的空间有序性，系统发展的有序性体现了系统的时间有序性，两者结合起来，组成了系统的时空有序结构，这就是保证系统整体性的基本条件。

3. 相关性

系统内各子系统间的联系表现为相互依存、相互制约。如矿井系统中，没有掘进，则不能回采；没有通风，则不能掘进和回采，矿井只能停产。在一个系统中，任何参数的变化都会使其他参数及整个系统发生变化。

矿井系统中回采参数的变化必然要受到通风、运输、掘进等参数的约束，矿井随着回采参数的变化，其面貌必将发生变化。

另外，作为一个系统整体，还要受到自然和社会环境（大系统）的约束，这是系统与环境间的相关性。

（二）矿山系统的特性

1. 目的性

矿山系统是以人为基本单元而形成的多层次的社会系统，其最终目的是以最低的投入获得最大的产出，生产优质商品煤，满足社会需要。各矿井同时还有自身的目的，即争取获得最大利润，改善本企业经济状况，维护本单位的生存和发展。矿井系统的下一级各子系统仍有各自的目的（生产中称为生产指标或任务），因此必须处理好矿井系统的目的和各子系统的目的两者之间的关系，只有这样，矿井系统才能得以正常发展。

2. 环境适应性

与系统发生作用而又不包含在系统内的各种事物组成的整体称为系统的外部环境。环境的概念是相对的，就一个矿井系统而言，其外部社会为其环境；在矿井系统内，相对回采系统，其他子系统就是它的环境的一部分。矿井系统与外部环境之间要产生物质、能量和信息的流动，如了解市场需求，掌握国家政策等因素，采取相应措施以适应环境，来达到企业本身的目的。矿井系统内部各子系统也必须能适应其他子系统的变化，以达到矿井系统的目的和本子系统的目的。

矿井系统要具有活力，必须具有环境适应性。为此，矿井系统需具有控制、反馈、调节等能力。

3. 环境改造性

社会系统不仅具有环境适应性，还具有环境改造性。矿山系统从其产生、发展至消亡，直接在改变着外部无机系统和生物系统，同时在改变着外部的社会系统。

4. 资源冗余性

资源冗余性指一个系统的资源（物资、能源、人力、信息）没有全部发挥功效。随着科学技术的发展和社会需要的推动，内部挖潜和优化就会逐步进行。当然，利用冗余资源往往需要配套的投资，需要权衡得失，综合分析。

四、系统的存在形式及运动规律

1. 系统的部分与整体

在一个系统中，整体与要素之间有质的差别，要素组成整体后，就舍弃了要素原来的某些质，整体分解为要素后也就否定了整体的质；诸要素一旦组合成为系统，新的整体便具有诸要素前所未有的新质，这种新质就称为系统质。“整体大于部分之和”正是从系统质这一意义上说的。资金、人力、矿山煤炭储量各有其特质，这三种要素经过组合构成矿山系统后，就具有各要素前所未有的新质。如果某一具体属性可以度量，并且可以累加，则其总量 A 和各分量之间关系有下述 3 种可能。

① $A > \sum A_i$：各要素有机结合，互相协作，整体大于部分之和。

② $A = \sum A_i$：各要素机械组合，如质量和、体积和等。

③ $A < \sum A_i$：各要素互不协作，甚至互相制约，结合不善。

系统学第一定律：系统的新质总是大于组成它的各个要素在孤立状态下的质的总和。系统可累加或不可累加的某些具体属性的数量，既可以放大，也可缩小，或者不变。究竟起哪种作用，取决于这一具体属性的特征、系统的结构及系统内协同作用的强弱。

系统学第一定律揭示了客观实体存在的一个重要意义，即系统质总大于要素质的总和。但也要看到系统对某些具体属性在不合理、多内耗的情况下，会起缩小作用。因此，在创建和管理系统时，一定要防止和纠正这种不利因素。在矿井系统中，并非各种条件均具备就一定会有好的效果，它与系统的结构以及系统内协调作用密切相关。这个效果实际上反映的是管理水平的高低，如果控制不合理，管理不善，则会出现“总量小于各分量之和”的现象；相反，如果组织化、有序化程度高，协调合理，系统的质不仅会大于各要素质的总和，而且会趋于最大。

2. 系统的结构和功能

系统的结构指系统内部各组成要素在空间或时间上的联系与相互作用的方式，这种联系和作用的方式称为序。系统有序性越高，结构越严密。所以，任何系统所具有的整体性，都是在一定结构基础上的整体性。仅有要素，不能组成系统，只有在要素的基础上，以某种方式和关系相互作用，才能形成系统结构。因此，系统结构是由要素加序形成的。具体来说，结构具有如下 5 个方面的特征：

① 结构具有多维性。在描述社会系统时，描述的参数越多，维数也越多，矿井系统的结构就具有多维性。

② 结构具有层次性(等级性)。层次可以按照系统中各要素联系的方式、系统运动规律的类似性、能量变化的范围和功能特点等来划分，它是人们正确认识客观系统的手段和方法。

③ 结构具有相对性。结构的相对性指系统与要素是相对系统的等级和层次而言的，系统内的要素是低一级的系统，而系统本身又是高一级系统的要素。一般来说，高一级的结构层次对低一级的结构层次有着制约性，而低一级的结构层次又是高一级结构层次的基础，它也反作用于高一级结构层次。在系统中，高一级层次经过优选确定的参数，就成为低级层次必须满足的技术要求，而在高级层次确定参数时，也必须考虑这些参数对下一级层次的可能影响。

④ 结构具有稳定性。结构的稳定性指结构总是趋向保持某一状态，外界干扰可能使其暂时偏离这一状态，但干扰消除后又恢复原态。系统之所以能够保持它的有序性，就在于其各要素之间有着稳定的联系。结构稳定是系统稳定的前提。

⑤ 结构具有开放性和动态性。结构的开放性和动态性指系统要与外界进行物质、能量和信息的交换，并在交换的过程中使自身发生变化，由量变到达质变。结构的稳定性是相对的，而结构的开放性和动态性是绝对的。

系统的功能指系统与外部环境相互联系和作用的秩序和能力。系统的功能体现了一个系统与外部环境之间物质、能量、信息的输入与输出的变换关系，它反映了系统对外界作用的能力。系统的功能由系统的结构所决定，系统结构是完成系统功能的基础。

组成结构的要素不同，则功能不同；要素相同，结构不同，功能也不同。不同的要素和结构，也能获得同样的功能，但其实现的程度有优劣之分，因此可在许多可行结构中选择最优结构。

同一结构系统，功能会有多个，甚至是既有有益功能，也存在不利功能，故在作系统功能分析时，应综合考虑，看问题切忌片面。如前所述，非平衡结构要通过与环境交换物质、能量和信息来维持自身结构的稳定，但当外界环境发生变化时，环境对系统的输入就会发生变化，系统功能首先发生变化，从而影响系统结构的稳定性。

3. 系统的序、序变、序变能力

(1) 系统的序

“序”代表了系统内部的组织程度，是系统中各要素间一切相互联系的总和，每一要素在系统中的作用均是以这一联系为前提的。所以，序不仅决定了系统的整体性质，也规定了每一要素在系统中的作用。但是，系统的序又是以要素的性质作为基础的，因而要素之间构成系统的序绝不是任意的，要素之间的相互联系须以要素的固有性质为依据。如矿井的采掘比就是不能任意规定的。

(2) 系统的序变

系统在演化进程中包含一系列序变，每一次序变都是系统演化长链中的一个环节。认识系统序变是认识系统演化的基础，只有从系统发展的角度了解序变才不致孤立地、静止地看待系统序变。

系统的序决定系统的质，系统的序变必将造成系统的质变。一般情况下，序变是与要素变化相联系的。要素变化有：要素数量变化、要素自身变化和新要素分化。单纯的要素数量变化可能导致序变，也可能不发生序变；要素自身变化可能引起系统部分序变；只有要素分化，产生要素新品种，才必然会建立与原来性质不同的联系，从而直接引起系统序变，演变成不同质的系统。系统的这种自分化、自组织是自发地进行的，它必然导致系统的自否定，否定旧系统，产生新系统。要素的分化是系统演化的主要推动力量。如在煤矿系统中将综采工艺升级为智能开采，则会引起整个系统的大的变化。

系统的序变不总是连续的，系统经过一个相对稳定的变化时期而达到序变点，其后就变得很不稳定，极易由原来的旧序跳跃式地变为新序，当系统完成序变后又重新呈现出一个新的连续稳定发展的时期。系统在远离序变的地方决定论起主导作用，而在序变区内，偶然随机因素往往能起关键作用。

系统发生序变的方式很多，但系统在某一时期只能按某一种方式发生序变，到底系统按哪一种方式发生序变则完全取决于系统当时所处的环境，环境对系统的序变方向具有支配作用。这时我们可以能动地顺应环境的变化，可以局部改变环境，创造条件使系统向着有利的方向发生序变。

(3) 系统的序变能力

系统的序变能力越大，它所具有的序变方式就越多，就越能适应环境的变化，从而具有较强的应变能力和发展潜力。所以，衡量一个系统发展的快与慢，其有序程度的高低固然重要，但其序变能力的大小则更为重要，序变能力体现了一个系统的活力和发展潜力。

有些系统尽管有序程度很高，组织规模很大，但序变能力低，这样的系统不会有多大的发展前景；反之，有些系统有序程度可能不很高，但具有很强的序变能力，因此具有很强的生命力和广阔的发展前景。如一些大型煤矿，其有序程度很高，组织结构庞大，但其管理机制僵硬，序变能力很低，在市场经济中不能灵活调整经营方针和组织机构，以至于不能完全适应市场的变化。

(4) 系统学第二定律

序变能力可看作系统从外界吸收负熵的能力和系统内部各要素之间协同作用的能力，这两种能力互相促进、协调发展，当达到一定程度时，系统的结构自然会产生一些质变，使系统内部发生分化，在原来要素的基础上形成一些相对独立的子系统，在这些子系统之间既有分工，又有合作，但这种分工和合作是在整个系统控制下，受系统的目的和外界环境的影响，服从着一个统一的自然规律的。这个自然规律即系统学第二定律："在保证环境所允许的系统功能(目的)的前提下，使整个系统时间、空间、能量和信息的利用率达到最高。"

随着系统内部分工和协作的进一步发展，某一子系统还会发展成控制中心，其他子系统则发展为被控对象，这样系统的结构更加有序，内部分工协作的水平更高，系统和外部环境之间的关系也更加协调，此时，信息则成为重要因素，对信息的加工处理、传递反馈要求畅通及时，以此增强系统的序变能力。

对复杂的人工系统进行组织分工和协作时，一定要从分工和协作两方面全面考虑系统学第二定律，片面强调某一方面或某一利用率都会降低系统的总体功能。

4. 系统之间的关系

系统之间的关系即系统与环境之间的关系，它取决于环境对系统功能的影响，亦即系统间物质、能量、信息的交换关系。当环境不能正常提供输入或正常接受输出时，系统的功能就无法实现。系统间保持良好的协调关系是系统功能充分发挥的保证，从协同学的观点看，这就是协同性在系统之间关系上的反映。

系统之间的关系是复杂多样的。因此，在对系统进行研究时，必须注意其间的复杂关系及其对系统功能的影响。系统之间的关系有以下几种类型。

① 互依关系：甲系统的输出是乙系统的输入，则甲乙系统构成互依关系。互依关系要按时间流程进行动态协调，以防出现输出无路和输入无源的现象。

② 竞争关系：甲乙系统所需的同一种输入都由丙系统的输出供应，则甲乙系统之间的关系就构成竞争关系。如果供应不足，则会导致竞争激化。此时，一方面可以促进竞争力的提高，使系统功能不断改进；另一方面可导致竞争力弱的系统功能下降甚至崩溃，有时还会导致更高层次的系统崩溃。

③ 吞食关系：乙系统整体并入甲系统，并经甲系统的变换而使其基本属性完全消化，则

甲乙两系统间的关系属吞食关系。

④ 破坏关系:甲系统的输出传给乙系统后,或者甲系统掠取乙系统的组成要素作为自己的输入后,削弱了乙系统的功能,或者导致乙系统的瘫痪,则甲乙两系统的关系属破坏关系。

系统之间的关系往往不是单一的,而是同时兼有几个基本类型的复合关系,如既有互依关系,又有竞争关系,而且这些关系还会相互转化,在分析这些关系时,要掌握转化条件,以防止向不利关系转化。

矿井系统内各子系统的协调配合,煤矿企业与周边环境的互依互存,煤矿企业与市场的紧密结合等均是这个道理。

第二节 控 制 论

一、控制论的形成和发展

控制论一词来源于古希腊文"掌舵术"。它的创始人是美国数学家维纳(N. Wiener)。控制论是研究各种控制系统的控制和调节的共同规律的科学,是自动控制、电子技术、无线电通信、神经生理学、心理学、医学、数理逻辑、计算机技术、统计力学等学科相互渗透的产物。它是 20 世纪 40 年代末继相对论和量子力学之后,现代科学所取得的又一重大成就。钱学森认为,以核能技术、电子计算机技术、航天技术等为内容的技术革命都直接与控制论联系在一起。

控制论思想渊源和技术萌芽可以一直追溯到遥远的古代。早在 3 000 多年前,中国就有了能自动计时的"铜壶滴漏"装置。大约在西汉时期,有人制成了一种指南车,这种车在行进中不论车体如何转向,车上木人的手臂始终指向南方。这种指南车就是运用齿轮体系通过反馈作用使手臂稳定方向的。大约在这一时期,中国还发明了提花机,它的功能是依照事先设计好的程序使经纬线交错变化而织出预定的图案来。提花机的设计思想属于程序控制的范畴。东汉时期,中国著名科学家张衡发明了能自动模拟天体运动的浑天仪。古希腊人大约在公元前 3 世纪也发明了与中国的"铜壶滴漏"装置相类似的水钟。古罗马人发明了与现在水箱的水位控制系统属于同一类型的水管系统,这是一种按偏差进行补偿的反馈控制系统。

到了近代,随着西欧资本主义社会的形成和发展,生产工具不断改进,自动装置也取得了相应的进展。大约在 16 世纪,人们发明了一种使磨盘转速维持恒定的自动调节器,该调节器就是一种具有负反馈调节控制功能的机械。18 世纪中叶蒸汽机问世后,蒸汽机的控制问题成为其推广应用的关键。为此,蒸汽机的伟大改革家瓦特(J. Watt)发明了一种能自动调节蒸汽机速度的离心式调速器,才使蒸汽机成为安全实用的动力装置,对于产业革命起了重大的促进作用。

1868 年,英国物理学家麦克斯韦(J. C. Maxwell)总结了离心式调速器几十年来的使用情况并发表了一篇关于调速器的论文,对反馈作了理论论述。这是控制论发展史上具有重要意义的一篇文献,并由此促进了反馈控制系统的研制和应用。进入 20 世纪以来,许多科学家和工程师在工程设计中广泛采用了反馈原理。1945 年,美国的波德(H. W. Bode)写了《网络分析和反馈放大器设计》一书,这部著作被认为奠定了自动控制理论的基础。1947

年,美国出版了第一本自动控制理论的教材,书名为《伺服机构原理》。由此可见,在控制论出现之前,已经形成了自动控制理论,当时称为伺服机构理论,控制论正是在这一理论的基础上形成和发展起来的。

导致控制论产生的直接原因是第二次世界大战。战争期间,维纳参加了火炮自动控制的研制工作。当时德国法西斯的飞机性能有了很大提高,老式高射炮的观测、计算和射击系统已很难对付,英美两国都致力于研究自动高射火炮。它能够预测飞机将要到达的位置,并且能自动对炮位、方向和角度加以调节和操纵。维纳在研究中用调和分析方法处理飞行轨迹的时间序列,发展了一套最优预测理论,即“维纳滤波理论”,该理论在自动火炮上的应用,为控制论提供了数学方法。

为了减少火力自动控制系统中人为因素的影响,必须在火力自动控制装置中用一种机械方法来模拟炮手的行为。为此,维纳采用了负反馈机制。负反馈把系统输出回送到控制系统中,与预期的目的进行比较产生偏差信息,再运用这种偏差信息来对下一个活动进行调节,以达到控制的目的。维纳把伺服机构理论中负反馈的机制引进了火力自动控制系统,并对负反馈进行了深入的研究,这样就扩大了反馈概念的影响。

罗森勃吕特(A. Rosenblueth)、维纳和别格罗(J. Bigelow)在 1943 年发表了《行为、目的和目的论》一文,这是第一篇关于控制论的论文。1943 年年底,由维纳和冯·诺伊曼(J. von Neumann)发起,在美国普林斯顿召开了第一次有关控制论的会议。1944 年,冯·诺伊曼与经济学家摩根斯坦(O. Morgenstern)合写了《博弈论与经济行为》这一名著,维纳提出这是一部与控制论有别而又密切相关的著作。1947 年春,维纳在去法国参加调和分析问题的数学会议时,途经英国,与图灵(A. M. Turing)讨论了控制论的基本思想。他看到英国的一些学者对控制论在各个方面应用的可能性很感兴趣,并意识到控制论的建立已经成为一种世界性的趋势。就在这次会议上,维纳接受了赫曼书店弗里曼的请求,于 1948 年出版了《控制论》这一名著,宣告了这门学科的正式诞生。

维纳证明,不论是自动机器,还是神经系统以及经济、社会系统,反馈都对系统的稳定起着至关重要的作用。反馈是控制论的核心问题,因此有人甚至把控制论定义为研究反馈的科学。20 世纪 50 年代初,控制论在许多学科中的应用已取得初步成果。英国生物学家艾什比(W. R. Ashby)在 1954 年出版了《大脑设计》一书,在理论上为控制论、人工智能、脑模型的研究提供了很多可贵的观点,并且在技术方面开始了对模拟智能的自动机器的研制。1954 年,钱学森在美国运用控制论的思想和方法首创了工程控制论。工程控制论与自动化技术密切相关。20 世纪 50 年代的工程控制论以自动调节为基础,主要研究单输入单输出的线性自动调节系统,采用建立在传递函数或频率特性上的动态系统分析和综合方法,称为“经典控制论”。60 年代以后,由于大型计算机的出现和导弹、人造卫星、航天技术等新技术的迅速发展,控制论随之进入了一个新的发展阶段,即由经典控制论发展为现代控制论。现代控制论借助电子计算机采用状态空间法、时域法,主要处理多输入多输出的多变量系统,它的基本内容为:最优控制、最优估计、系统辨识、自适应控制等,在宇航、自动化、计算机、机器人、人工智能等许多领域已经获得了人所共知的辉煌成就。

与此同时,控制论开始向社会经济领域渗透,相继出现了经济控制论和社会控制论。1975 年,在罗马尼亚召开的第三次国际控制论和系统论会议的中心议题是经济控制论。1978 年,在荷兰召开的第四届国际控制论和系统论会议的中心议题是社会控制论。这表明控制论又发展到一个新阶段，进入了大系统理论研究时期，它所处理的是更加复杂的大系统。例如，大型企业的管理系统、社会系统、生态系统等。大系统理论的产生标志着控制论的研究，与系统工程和系统科学的研究出现了相互渗透、走向统一的趋势。

二、控制论的基本概念

控制是系统建立、维持、提高自身有序性的手段。经过长期的实践和理论研究，人们逐渐建立了关于控制的一系列科学的概念，逐渐掌握了控制的本质。

1. 控制

系统理论中阐述的控制，用一般话语来表达就是"支配"和"驾驭"。中国古书中就有"骋马曰磐，止马曰控"的表述。用精确的科学的语言来表达，控制就是指带目的性的因果联系，即产生原因系统对产生结果系统有目的的影响干预。其中，产生原因的系统称为施控系统，即控制主体；产生结果的系统称为受控系统，即控制对象。当然，这里的因果联系是指一种存在着多种发展方向的可能性(一般称为可能性空间)，即一因多果联系。控制，实质上是在一个事物可能性空间中进行方向或可能的选择。一切控制过程必须了解事物面临的可能性空间和必须达到的目的和控制条件，使事物向一定目标转化。因此，控制作用应该是有目的的、能动的作用。

受控对象必有多种可能行为状态，有些合乎目的，有些不合乎目的，由此规定了控制的必要性，即追求和保持那些合乎目的的状态，避免或清除那些不合乎目的的状态。只有一种可能状态的对象，则无控制的必要。控制是施控者的主动行为，施控者应有多种可供选择的手段，不同手段作用于对象的效果不同，由此规定了控制的可能性:选择适当的手段作用于对象。只有一种手段的主体，实际上没有施加控制的可能。所以，控制就是施控者选择适当的控制手段作用于受控者，以期引起受控者行为状态发生合乎目的的变化。一切从这个意义上提出的问题，不论是自然的，还是社会的或人工制造物的，都是具有控制意义的问题，都可概述为控制。

控制是系统建立、维持、提高自身有序性的手段。凡系统总需要对其组分进行某种调节控制。在物质世界的进化早期，低级的系统没有专门负责对各组分和整体的行为进行调节和控制的子系统，必要的调节功能是通过各组分之间动态的相互作用和边界的限制来实现的，这被称为初级调节。物质世界沿着逐步复杂化的方向演化到一定阶段，仅靠初级调节不能满足复杂系统的需要，开始分化出专门负责对组分和整个系统进行调节控制的子系统，这被称为二级调节。在后续的进化中，出现越来越高级的控制方式，包括生命机体的控制、社会系统的控制，以及各种人造的自动控制系统。

除了自然界进化中产生了控制外，只要人们可以发挥主观能动性，选择一定的手段去作用于对象，使其达到预定的目标，就构成控制。从系统科学观点看，人类改造客观世界的实践活动的核心就是控制。广义的控制包括领导、指挥、支配、经营、管理、创作、设计、组建、制造、操纵、制裁、教育、调节、补偿、决策、优化等。狭义地说，控制仅指有控制的系统中施控者选择一定手段作用于受控者的主动行为过程。认识客观存在的控制系统，设计和使用人造的控制系统，都需要一套特有的概念、原理和方法。而系统地提出这种概念、原理和方法的学问，就是控制论。

2. 输入和输出

系统与环境之间存在着一定的联系和作用，这种联系和作用是以输入和输出的方式进行的。环境对系统的作用称为系统的输入；系统对环境的作用称为系统的输出，又称为系统的响应。输入和输出的既可以是物质，也可以是能量或信息。这些物质、能量和信息的输入与输出是沿一定的通道进行的，通道可以是有形的，如电缆、传送带、管道等；也可以是无形的，如力的作用或热的传递等。在控制系统中，输入又称为输入信号、输入量、控制量、给定值等，输出又称为输出信号、输出量、被控制量、被调量等。

系统的输入分为两种类型，即可控输入和不可控输入。可控输入是能够加以调节的，并通过改变可控输入以实现控制目的，可控输入又可简称为输入。不可控输入就是有碍实现目的的干扰或扰动。例如，汽车司机操纵的方向盘、油门、车闸等所产生的作用是可控输入，而风、雾、障碍物对汽车的作用和影响是干扰或不可控输入。无论哪一种输入都会对系统的输出产生影响，只是影响的结果不同而已。不可控输入常常会使系统的输出偏离目的，使输出结果与控制目的产生偏差。这种系统的输出结果与目的之差，称为目标差。可控输入的作用则会使系统产生预定的输出，并会使系统克服干扰带来的目标差，也就是说，如果干扰使输出不符合要求，那么可以用适当地改变输入的办法来进行纠正和补偿，即用新的输入对系统产生新的激励，使系统产生新的响应，从而形成接近目的的输出。

从输入和输出的观点出发，可以把控制看作选择适当的输入以达到预期输出的操作，这就把控制问题归结为系统的输入和输出的关系问题。

如果按系统的输入和输出信号的数量来分；则有单输入单输出系统和多输入多输出系统。单输入单输出系统，输入和输出信号各有一个，系统比较简单，系统中主反馈（从系统输出到系统输入的反馈为主反馈）只有一个。有时为了改善系统质量，尚可加局部反馈，所以单输入单输出反馈控制系统可以是单回路的，也可以是多回路的。多输入多输出系统，信号多，回路也多，而且相互之间有耦合。分析研究这种系统，工作量很大，往往要借助计算机。

3. 反馈

反馈是控制论中最关键的一个核心概念。它是从英文“Feedback”意译过来的，意思是“反过来喂”“反送”。所谓反馈，是指把施控系统的信息作用于被控系统后产生的结果，也就是系统输出的全部或一部分再回输到该系统的输入端，从而对系统的输入和再输出施加影响的过程。反馈有正反馈和负反馈之分。

① 正反馈。输出反馈回来更加强化了输入，从而使输出沿原来的变化趋势变得更厉害，即把输出量反馈加到输入量上，使输入量增大，从而使输出量更大的现象叫正反馈。如投资与利润的关系，将利润的一部分变为投资，进行扩大再生产，追求更大的利润即正反馈。

② 负反馈。输出量反馈回来抵消一部分输入量，使输入量减少，从而使输出比原来的变化趋势减弱以接近目标值的现象叫负反馈。如在生产中根据生产和销售信息来修订生产计划或者改进生产技术方案，以保证生产系统稳定发展，或者使生产系统完成既定目标。

反馈实质上是原因和结果这一对矛盾在一定条件下互相转化的一种特殊形式。

正反馈若运用不当，则可能形成恶性循环甚至造成系统崩溃。例如，若盲目扩大再生产，而管理跟不上，或者由于市场变化等，则很可能使利润下降。

负反馈若运用不当，则会引起反馈失调：一则是反馈过度，由于调节过分，引起系统频繁变化而不稳定，称为振荡；一则是反馈不及时，或者由于信息不能及时到达施控装置，或者施控装置不能及时发出反应动作，称为僵化。

4. 控制系统

控制系统有开环控制系统和闭环控制系统两种。

没有反馈回路的控制系统叫开环控制系统，如图 1-1 所示。开环控制系统根据目标值的要求，按预定的变换规则产生控制信号，输入被控对象。至于被控对象的输出是什么，受到多大外界干扰等，施控者均不知道。这种控制系统的输出既受输入控制信号左右，又受外界干扰和系统内部参数变化影响，而且当这种干扰和变化过大时，其输入就不能满足对目标值所规定的容差要求，所以控制精度低，但其结构简单、成本低。

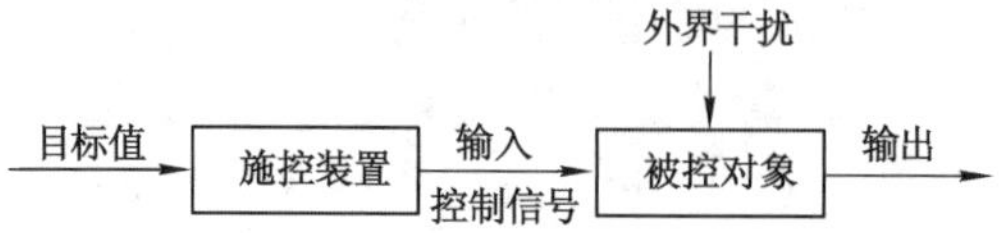

图 1-1　开环控制系统框图

具有反馈回路的控制系统叫闭环控制系统，如图 1-2 所示。与开环控制系统相比，它不仅多了反馈回路，而且多了一个比较器。反馈装置将输出反馈回来，并将其变换成可比较的反馈信号，与目标值同时输入比较器进行比较。如属负反馈，则从目标信号中减去反馈信号，将差值作为新的输入信号重新输入施控装置去控制被控对象直至输入偏差信号为零。若属正反馈，则将加强输入信号，使被控对象的输入控制信号随着输出的增加而增强，从而使系统的输出超过目标值。

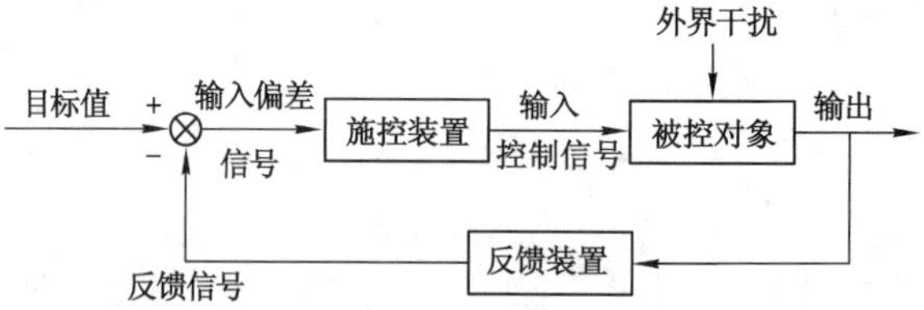

图 1-2　闭环控制系统框图

有些被控对象由于惯性或滞后现象比较严重，对外界的干扰不能立刻反映出来，要经过一段时间后才能明显地表现出输出量的变化，这必然会影响纠正偏差的时效性能，从而影响系统的控制性能，这时光靠反馈已不够用，需要靠前馈技术来改善，如图 1-3 所示。只要这种干扰可以预先测量出来，不等它们影响到输出量，就可将其经由前馈装置送到系统中去调节，以便在输出量变化之前就尽可能地克服或减小其影响，如井下的安全设施，均属前馈装置。

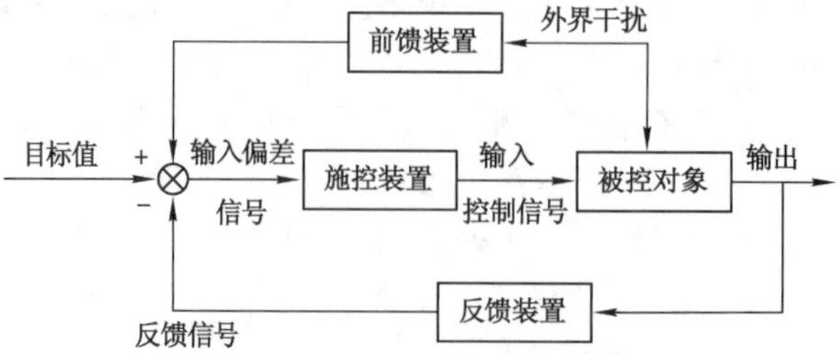

图 1-3　前馈-反馈控制系统框图

闭环控制系统结构复杂、成本高，但精度高、抗干扰能力强。

5. 闭环控制系统的动态过程

① 定常控制系统：其目标固定或随时间而缓慢变化，当因干扰而输出出现偏差时，要求系统能自动地使其保持在给定值上下的允许范围内。

② 随机控制系统：其输入的目标值随时间变化，而且事先无法预测，要求输出能按某种规律以一定精度跟随输入的变化而变化。如由于市场行情变化，煤炭价格或煤炭需求量发生变化，则煤矿生产安排应相应发生变化。

控制系统在纠偏过程中，由一种不稳定状态向稳定状态过渡。那么，根据其在过渡中的行为，可以判断该系统的工作品质。其中，系统的过渡时间 T_s（系统由不稳定状态进入允许误差范围的时间）和超调量 M_p（超调峰值与稳定值差）是两个重要指标。T_s 表征系统响应输入信号的速度，M_p 则反映系统的过渡过程是否平稳，T_s 越小则过渡时间越短，M_p 越小则过渡过程越平稳。在经济系统中，这两个指标尤其重要，但往往两者之间是矛盾的，在实际操作中，应掌握好控制的尺度。

第三节　信　息　论

信息论是一门应用数理统计方法来研究信息的获取、度量、存贮、传递、变换、处理和利用的科学。它产生于 20 世纪 40 年代末，最早仅局限于通信和控制领域中信息问题的研究，因此，早期又叫通信理论，这就是所谓的狭义信息论。随着不同学科的相互渗透，信息的概念以及信息的一些基本理论已经超越通信和控制领域，广泛应用于其他学科，并于 70 年代初出现了广义信息论，即信息科学。信息科学涉及数学、系统理论、通信理论、控制论、计算机科学、仿生学、人工智能、电子学、自动化技术以及物理学、生物学、心理学、哲学等多个领域。

一、信息论的产生和发展

信息论尽管兴起于 20 世纪 40 年代末，但人类对于信息的认识和利用可以追溯到遥远的古代。早期的人类在生活和劳动过程中需要进行交流和沟通，而这只有进行通信才能实现，通信是人与人之间交流信息的手段。那时，传递和存贮信息的方式非常原始，如结绳记事、刻痕记事就通过在草绳上打结或在木头、石头上刻痕来表示物品的多少。随着生产力的不断提高，生产的规模不断扩大，社会的组织化程度越来越高，对通信的要求也越来越强烈，这就促进了口语的形成，后来又出现了用图形交流思想的通信方式，这种图画后来演变为象形文字。现在我们使用的汉字就是在象形文字的基础上发展起来的。文字出现以后，人类的通信手段和能力获得了长足的发展。在长距离通信方面，我国周朝时曾用烽火来传递军事消息，古罗马地中海沿岸城市则以悬灯来报告敌人进攻的消息。这些可谓是一种原始的光通信方式。造纸术和印刷术的发明使人类传递和存贮信息的手段发生了重大变革，大量珍贵的历史事实通过书籍保存下来，代代相传。

1837 年，美国人莫尔斯（S. F. B. Morse）利用电磁感应定律，发明了电报机和高效率的“点-划”电报码，即莫尔斯电码，人类从此便进入了电通信时代。1876 年，美国人贝尔（A. G. Bell）发明了电话。1895 年，意大利人马可尼（G. Marconi）和俄国的波波夫（A. S. Popov）又成功地进行了无线电通信试验，从而使通信技术发生了根本性的变革。20 世纪以来，无线电台、电视、雷达，特别是电子计算机的出现，极大地提高了人类处理信息的能力。近几十年来，迅速发展起来的微电子技术、磁记录技术、传感器技术、光纤通信技术、人工智能技术、超导技术、空间技术等，使人类终于迈进了一个崭新的时代——信息时代。

信息技术的发展促进了人们对信息本质的认识，为信息论的产生打下了技术基础。可是，在信息论诞生之前，人们只是在获取信息、传递信息和处理信息，对信息的认识还没有形成一门系统的科学理论。自牛顿力学创立以来，机械唯物论在自然科学领域中始终占据统治地位，机械唯物论以机械决定论的观点考察世界，否认客观世界存在着偶然因素，把偶然性和必然性绝对地对立起来。直到 19 世纪中叶，当美国物理学家吉布斯(J. W. Gibbs)和奥地利物理学家玻尔兹曼(L. Boltzmann)把统计学引进物理领域之后，才使物理学家对客观世界中存在的偶然性不得不加以考虑。统计力学的理论和方法为信息理论的创立提供了方法论的前提。1864 年，物理学家在热力学中引进了熵这个物理量。这样，热力学第二定律就可以表示为熵增加原理，即在封闭系统中发生的过程总使整个系统的熵增大。因此，熵在热力学中是用来说明热运动过程不可逆性的一个状态变量。1872 年，玻尔兹曼在研究气体分子运动的过程中，对熵首先作了微观解释，指出熵表示分子运动的混乱程度，并且把熵和信息联系起来，提出“熵是一个系统失去了的‘信息’的度量”。熵的概念为信息论的产生提供了思想前提。

随着通信技术的发展，人们对传输信息的要求越来越高，相应地出现了一系列迫切需要解决的信息问题。其中，最重要的就是通信的效率和可靠性。通信效率应当越高越好，同样的设备在一定时间里传送的信息越多越好。同时，通信还必须可靠，接收到的信息应该就是发出的信息，这就需要在信息传输过程中减少噪声的干扰，使传递的信息不出错，也不失真。但是，在通信实践中，人们发现在一定条件下要同时达到上述两个要求，就会遇到矛盾。那么，在限定的条件下，同时提高通信效率和可靠性的要求，是否存在一种理论上的界限？这就需要应用数学理论来加以解决。

1924 年，美国的尼奎斯特(H. Nyquist)和德国的屈普夫米勒(K. Kupfmuller)几乎同时独立发现：电信号的传输速率与信道频带宽度之间存在着比例关系。1928 年，美国物理学家哈特利(R. V. L. Hartley)证明：传递一定量的信息，要有一定的“带宽×时间”的积，并且指出，消息是代码、符号序列而不是内容本身，消息是信息的载体，而信息是指包含在各种具体消息中的抽象量，并提出用消息出现的概率的对数来度量其中所包含的信息，从而为信息论的建立奠定了基础。

推动信息论产生的直接动因是第二次世界大战期间及战后通信事业迅猛发展的需要。随着雷达、无线电通信以及电子计算机技术、自动控制技术的发展以及防空的需要，许多科技工作者同时在不同的领域对信息问题进行了大量的研究。1948 年，美国贝尔电话研究所的数学家申农(C. E. Shannon)在《贝尔系统技术杂志》上发表了《通信的数学理论》一文，1949 年又发表了《在噪声中的通信》一文，从而奠定了现代信息论的基础。申农为了解决信息的编码问题，为了提高通信效率和可靠性，在研究中舍弃了通信系统中消息的具体内容，并把信源发出的信息看作一个随机序列。他第一次从理论上阐明了通信的基本问题，提出了通信系统的模型。他还以概率论和数理统计为工具提出了度量信息量的公式，初步解决了如何从信宿提取由信源发出的信息这一技术性问题，提出了如何充分利用信道的信息容量，如何在有限的信道中以最大的速率传递最大的信息量的基本途径，初步解决了如何编码、译码才能使信源的信息被充分表达、信道的容量被充分利用的问题。

几乎与申农同时，美国著名数学家、控制论的创始人维纳在研究怎样从收到的信号中把各种噪声滤掉以及在控制火炮射击的随动系统中如何跟踪一个具有机动性的活动目标问题时，建立了著名的“维纳滤波理论”。他从统计观点出发，将信息看作可测事件的时间序列，提出了信息量的概念和测量信息量的数学公式，认为信息实际上就是负熵。维纳还提出了具有哲学意义的信息实质问题，扩大了信息论的研究范围，使信息论不再只是通信理论，而且成为控制论的一种基础理论。

除了申农和维纳外，苏联数学家柯尔莫哥洛夫（A. N. Kolmogorov）和英国统计学家费谢尔（R. A. Fisher）也从不同的角度出发研究了信息的理论问题，得到了同样的认识。但是，由于申农的著作涉及面最广，得到了许多重要定理，因此他被认为是现代信息论的创始人。

二、信息的定义

“信息”一词有很悠久的历史。早在我国两千多年前的西汉时期，即有“信”字的出现。“信”字，可作消息或信息来理解。作为日常用语，“信息”经常指音信、消息；作为科学技术用语，“信息”被理解为对预先不知道的事件或事物的报道，或者指在观察中得到的数据、新闻和知识等。英文信息一词的含义也是情报、资料、消息、报道、知识的意思。所以长期以来，人们就把信息看作消息的同义语，简单地把信息定义为能够带来新内容、新知识的消息。但是，信息又不能够等同于消息、信号、数据和情报。

① 消息只是信息的一种外壳，信息则是消息的内核。同是一分钟或一个版面的消息，有的包含很丰富的信息量，甚至可以引起人的无限遐想；有的则透露出很小的信息量，甚至使人摸不着头脑。

② 信号只是信息的载体，信息则是信号所载荷的内容。同一个信息既可以用这种信号载荷，也可以用那种信号载荷。发出指挥交通指令的信息，既可以用交通灯的红色表示停、绿色表示行，也可以通过交通警察的手势表示，还可以通过汽车让行人优先通过的习俗表示等。

③ 数据只是记录信息的一种形式。虽然由于计算机技术的开发和广泛使用，大量的信息都可以通过数据的形式储存和表现出来，但是数据并不是记录信息的唯一形式，除了数据以外，还有物理的、化学的、生理的等多种形式。

④ 情报在汉语中只是一类专门的信息，因此说信息就是情报，显然定义过窄。

维纳在1948年出版的代表性著作《控制论——动物和机器中的通信与控制问题》中指出，信息就是信息，不是物质，也不是能量。后来又提出信息是人和外界在互相作用的过程中互相交换的内容的名称。显然，维纳的定义有其合理的因素，信息既不是物质，也不是能量。但是把信息仅仅定义为“是人和外界在互相作用的过程中互相交换的内容的名称”，否认了在没有人参与场合下的信息的存在，犯了定义过窄的错误。

同在1948年，申农发表了有关信息论的代表作《通信的数学理论》，在这篇文章里，他虽然没有直接从文字上给信息下一个完整的定义，但是可以从他给出的信息公式中看出，他第一个给予信息以科学定义，所谓信息就是熵的减少的度量，而熵是不定性的度量，熵的减少也就是不定性的减少，所以，信息就是人们对事物了解的不确定性的消除或减少的度量。申农的定义主要是从通信角度下的，通信过程是一种随机性的过程，它的用户是随机到来的；

具体是哪个用户使用通信系统也是随机的;用户发出什么信息,更是随机的;通信过程中要受到什么样的干扰,同样是随机的等。这些随机性共同作用的结果,就使接收信息的人具有不确定性,又称随机不确定性。只有用户把所有的信息都传递给接收方,才有可能消除接收方的不确定性;而部分传递,则是指通信完成以后,接收方没有完全接收信息,仍然存有疑虑;如果在通信完成以后,接收方的不确定性一点也没有减少,我们就说接收方根本没有收到信息。所以说,信息能用来消除不确定的东西。但是,申农是从信息的功能的角度来定义信息的,只是说明了信息能够做什么,有什么用,并没有正面回答信息是什么。

"信息"使用的广泛性使得人们难以给"信息"下一个确切的定义,但是,一般说来,信息可以界定为由自然界和人类社会等信息源发出的被使用者接收和理解的各种信号。作为一个社会概念,信息可以理解为人类共享的一切知识,或从客观现象以及社会发展趋势当中提炼出来的各种消息之总和。信息并非事物本身,而是表征事物之间联系的消息、情报、指令、数据或信号等。一切事物,包括自然界和人类社会,都在不断地发出信息,也在不断地接收信息。

从信息的来源和载体来看,信息一般可以划分为物质性信息和精神性信息两种最基本的类型。前者从客观的立场来定义信息,后者则从认识主体的立场来定义信息。一个物质性信息,是指这个事物在运动状态及其变化方式中所显示出来的信息。精神性信息则是指认识主体对事物运动的状态及其变化方式所能感受到的内容,包括各种感觉、思维等。

一方面,从物质意义上讲,物质性信息与物质既相互联系又相互区别。物质是信息的载体,物质的运动是信息的源泉,而信息则是事物运动状态和方式的体现,它并不就是事物本身。另一方面,从精神性意义上来理解,精神性信息是认识主体所感受或所理解的信息。人们要认识事物,必须先从物质客体获取物质性信息,然后要经过高度复杂优化的信息处理、控制中心——大脑系统进行处理、加工,形成精神性信息,即形成判断,作出决策。

三、信息的特征

信息由于其广泛性,具有十分复杂的特征。概括起来看,可以从以下一些方面去把握信息的特征。

① 信息的可识别性。由于信息是物质及其能量通过一定的空间或时间具体形式表现出来的,因此对物质的可知性,是我们获取信息的基础。无论什么信息,我们都可以通过感性认识直接获取,或者通过理性认识间接认知,或者借助一定的科学仪器准确地探测。信息的可识别性,是人类可以掌握信息和利用信息为社会发展服务的前提条件。

信息虽然具有可识别性,但也要注意针对不同的信息源,我们所使用识别方法的差异性。我们必须有针对性地使用不同的识别方法,准确地把握信息的确切含义,才能通过对这些信息的分析,作出正确的判断和估价。对信息的理解错误,必然使我们作出错误的结论。

② 信息的可转换性。一个系统的信息只能在与其他系统的相互作用、相互关系中表现出来。通过相互作用,一个系统的信息可以从该系统中分离出来,转换(固定、刻录)到其他载体上,而不改变该系统。依靠这种属性,我们能够把某物的信息通过转换为其他的方式存贮起来,甚至到这个系统消亡以后。信息的可转换性,表明信息可以与事物分离开来,通过其他的形式保存和传递,具有不守恒性和共享性。

③ 信息的可传递性。由于信息具有可转换性的特征,人类就可以通过各种技术把不同的信息转换为不同的载体,再通过通信技术保存和传递开来。如根据需要,我们可以把物质

信息转换为文字、图表等信息形式，很快地传播到每个用户；也可以把各种物质信息转变成为电子计算机的代码以及电信、广播和电视信号，甚至可以在每个用户之间进行不间断的信息传递，拓展了我们接受知识和传播信息的能力和范围。

④ 信息的可加工处理性。人们可以对信息进行各种各样的加工和处理，既可以通过整理、综合、概括、归纳等方法，使信息更加浓缩和精炼，压缩信息；也可以通过分析、推理、想象等方法，使信息得到拓展；还可以通过各种方法，使信息得以保存和复制。

⑤ 信息的可分享性。信息不同于物质和能量，可以与物质和能量分离，可以在其他的载体上复制，因此具有可分享性。如果某人拥有某种信息，那么当他把这种信息传授或传递给他人时，他自己原先拥有的某种信息并不丧失，可以与他人共享这个信息，并且这种传递过程还可以无限制地进行下去，直至使信息为整个人类所共享。

⑥ 信息的可扩充性。在信息传播的过程中，具有不同知识和从事不同专业的人可以从同一信息中得到不同的结论，不断地扩充信息量；信息作为事物运动的状态和方式及对这种状态和方式的把握，一直在不断繁衍和更新。所以，只要有事物在运动，就有信息存在，事物的运动是无限的，信息也就是无限的。

⑦ 信息的主客体二重性。信息是物质相互作用的一种属性，涉及主客体双方；信息表征信源客体存在方式和运动状态的特性，所以它具有客体性、绝对性；但接收者所获得的信息量和价值的大小与信息主体的背景有关，表现了信息的主体性和相对性。

⑧ 信息的能动性。信息的产生、存在和流通，依赖物质和能量，没有物质和能量就没有能动作用。信息可以控制和支配物质与能量的流动。

四、信息的功能

随着社会的不断发展，特别是科学技术和社会生产力的飞速进步，信息在社会发展中的作用越来越突出。概括起来说，信息的功能主要有以下几种。

① 信息是人类社会的重要资源。正像物质和能量是人类生存和发展所必需的资源一样，信息也是人类社会不可或缺的重要资源。物质为人类社会的存在和发展提供了各种物质材料；能源则为人类的生产和发展提供了强大的动力；而信息则为人类提供了如何最大限度使用和利用物质资源和能源为人类服务的方式和方法。随着人类社会的不断发展和进步，信息为人类提供了越来越多的不同的开发和利用这些物质资源和能源的方法，而且不同的方法可以使开发和利用这些物质资源和能源的效率产生不同的效果。因此，信息在社会发展中的地位和作用越来越突出，从而也越来越受到人们的重视。尤其是进入信息社会以后，由于社会信息化，电子计算机、自动控制以及生物技术的推广和应用，劳动技能主要不是靠体力，而是靠掌握和处理信息的能力，信息日渐取代资金、技术和经验，成为推动生产力各要素当中最重要的因素。

② 信息为人类提供了知识和智慧。信息蕴藏着宇宙万物有序运行的内在规律和本质，是宇宙万物有序运行的内在依据。所以，对它的破译和掌握就为人类社会的存在和发展提供了具有广泛性和普遍性的知识和智慧。事实上，任何生物都必须从变化着的环境中获取对其生存密切相关的信息，否则要被生物进化的重要法则“适者生存”所淘汰，作为最高级动物的人类就更是如此。人类在劳动中形成了可以交流各种信息的语言，为思维提供了物质外壳；同时在劳动中形成了可以分析、处理和储存这些信息的人脑，为思维提供了物质基础，产生了人类意识。这样人类就与一般动物只能破译和掌握具体信息的能力不同，不仅可以

破译和掌握具体的信息，而且具有破译和掌握抽象信息的能力，从而使人类不仅掌握了知识，而且具有使用知识以造福自身的智慧。

③ 信息是现代化的重要工具。人们把信息的有关理论运用到生物学的研究当中，发现在DNA中，碱基系列排列的正确与否是遗传信息能否正确表达的关键，这些“密码子”的任何微小变化，往往能够引起组织畸变。

在信息社会中，信息业将得到高度发展，甚至将成为一个新的重要的经济成分，成为经济发展的一个重要因素。在信息社会里，由于大量的、日新月异的信息不断向人类社会涌来，信息在社会生活中起着越来越大的作用，成为一种日益重要的资源，具有无限广阔的发展前途。信息业的发展为社会发展提供了重要的发展动力，也为社会提供了大量的就业岗位。

④ 信息是一切系统的联系中介。在信息社会里，所有的系统都必须通过信息来加以联系。可以说，没有信息及其交流，任何系统都将由于封闭而崩溃。因此，无论是自然界还是整个社会，其内部的各个层面和各个领域都将形成一个统一的信息网络系统，信息成为联系这个网络系统的中介，得到广泛的交流和充分利用。

⑤ 信息技术的进步成为社会发展的关键环节。在信息社会，以微电子技术和光纤通信、生物工程为代表的新技术的广泛使用，以电子计算机为代表的信息设备的家庭化、小型化和普及化，不仅造就了高效率的自动化生产，而且改造了各种各样的传统的工业，不断提升自动化的水平，为人类社会提供了大量的物质产品，极大地提高了人民生活水平。同时，信息技术在农业领域的广泛使用，使传统的手工生产的农业走向了现代化和自动化。煤矿企业通过信息技术，实现智能开采，可大大减少井下作业人员数量，提高煤矿安全生产水平。

五、信息系统

信息系统(Information System，IS)是一种由人、计算机(包括网络)和管理规则组成的集成化系统。该系统利用计算机的软硬件和各种规则，以及分析、计划、控制和决策用的模型、数据库，为一个企业或组织的项目、管理和决策提供信息支持。信息系统包括数据处理系统(Data Processing System，DPS)、管理信息系统和决策支持系统。其中，DPS是信息系统的最底层，它进行一般的事务数据处理，以改善人工处理的速度和效率。

(一) 管理信息系统

管理信息系统(Management Information System，MIS)是对一个组织进行全面管理的以计算机为基础的信息系统，它运用了组织理论、会计学、统计学、系统分析、管理科学、运筹学、经济学、模拟技术、多目标最优法及最优化技术等知识，具有预测、控制和决策功能，是为决策者提供辅助决策功能的人机系统。

企业系统一般可以分解为各种具体业务的功能系统(业务子系统)，如生产子系统、销售子系统、采购子系统、财务子系统等。企业的信息系统则可看作另一个子系统，它附加在所有的子系统中，承担企业的信息处理和传输任务，并用信息流将上述各个子系统连接起来。亦即在企业的生产和管理全过程中，存在着物质流和信息流，信息流伴随物质流产生，反映物质流的状态，控制和调节物质流的数量、方向、速度，使之按一定目的和规则运动。物质流是单向不可逆的，而信息流要求有反馈，人们通过反馈信息进行控制、调节和管理。物质流和信息流在生产经营活动中的关系如图1-4所示。所以，信息系统实质上就是企业的神经系统。

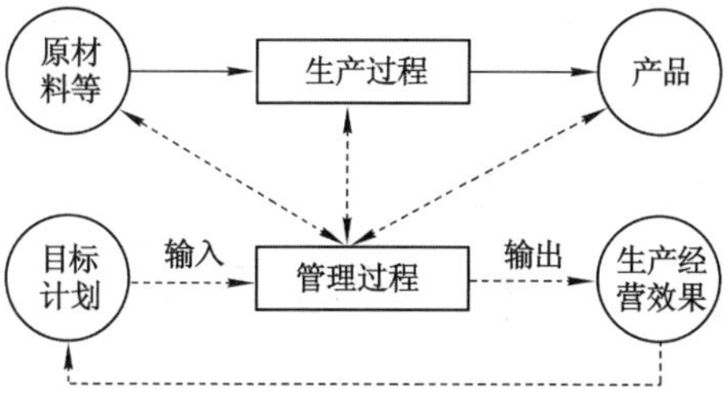

图 1-4　物质流和信息流在生产经营活动中的关系

企业信息系统分为业务信息系统(Operational Information System,OIS)和管理信息系统(MIS)。业务信息系统针对某项业务处理要求进行数据处理,代替业务人员的重复劳动,提高信息处理的效率及准确性。管理信息系统则对各业务子系统进行控制、管理,对整个企业系统的战略、战术等重大问题作出预测和决策。管理信息系统的输入信息除了来自各业务信息系统的各种综合性、总结性处理结果外,还来自系统环境给予的各种正式或非正式信息。为了增强管理信息系统的预测、决策和控制功能,一般都要建立若干经济管理模型,以向各级领导提供决策支持。

(二) 决策支持系统

决策支持系统(Decision Support System,DSS)是一个交互式的、灵活的和自适应的基于计算机的系统,它综合应用数据、信息、知识和模型,并结合决策者的判断,支持决策过程的各阶段,支持决策者进行半结构化和非结构化决策问题的分析求解。它能为决策者提供决策所需要的数据、信息和背景材料,帮助明确决策的目标,进行问题的识别,建立、修改决策模型,提供各种备选方案,并对各种方案进行评价和选优,通过反复人-机对话进行分析、比较和判断,为正确决策提供有益帮助。DSS 充分运用了管理学、运筹学、数据库、人工智能和计算机科学等领域的最新成果,是 MIS 的进一步发展。

1. DSS 的主要组成与系统结构

人们在多年研制 DSS 的实践中,积累了许多富有启发性的经验,形成了各式各样的体系结构和开发模式。如果从中找出其基本的原则、方法和结构,那么对研究和开发 DSS 无疑会有指导作用。

在现有的 DSS 中,按其功能要求、不同的组成成分和构造方法形成了差异化的系统结构。尽管如此,不难发现 DSS 的基本结构大同小异。

(1) DSS 基本结构之一

按照 DSS 主要功能要求,DSS 构成的基本框架(也称为基本结构)有三个组成成分:数据库及其管理系统,简称数据子系统,用 DB 表示;模型库及其管理系统,简称模型子系统,用 M 表示;用户界面,称为对话生成管理系统,简称对话子系统,用 D 表示。DSS 的基本结构如图 1-5 所示。

其中,虚框里面表示整个 DSS(包括软、硬件),有两个库:DSS 数据库(DSSDB)和模型库(MB);软件分 3 个部分:数据库管理系统(DBMS)、对话生成管理系统(DGMS)、模型管理系统(MBMS),简称 DDM 框架或模式。

虚框外面是 DSS 的用户、决策任务及决策环境。DSS 实际上是一个由决策人员、计算机硬件及 DSS 软件等组成的人机系统。

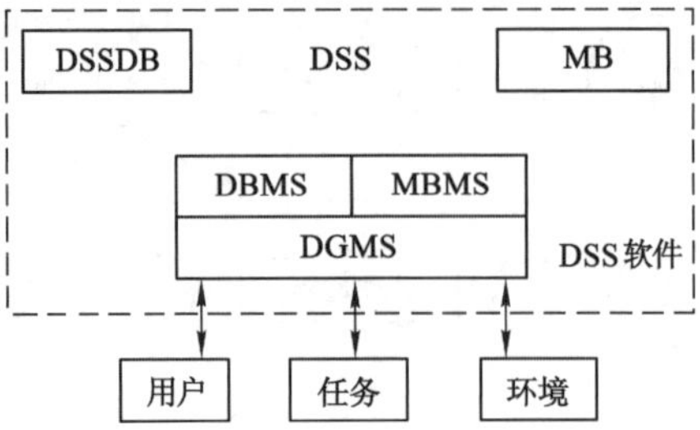

图 1-5　DSS 基本结构之一

这一典型的基本结构完全反映了 DSS 的主要功能，下面将分别对每个子系统的主要功能、结构作出说明。

① 对话子系统

对话子系统是 DSS 用户的接口部分，具有与决策者对话的能力，反映 DSS 的表示能力。该子系统具有接收和检验用户的请求，协调数据子系统和模型子系统之间的通信，为决策者提供信息收集、问题识别以及模型构造、使用、改进、分析和计算等功能。它基于人机对话，使决策者能够根据个人经验，主动地利用 DSS 的各种支持功能，反复学习、分析、再学习，以便选择一个最优决策方案。显然，对话决策方式充分重视和发挥认识主体（人）的思维能动性，必然使管理决策质量大幅度提高。由于决策者大多是非计算机专业人员，他们要求系统使用方便、灵活性好，所以，对话子系统的硬件与软件的开发和配置往往是决策支持系统成败的关键。

对话子系统的组成成分一般包括命令及语言处理、输出处理、转换处理（用户命令、语言、建模和数据存取等的接口）3 个主要部分，其结构如图 1-6 所示。

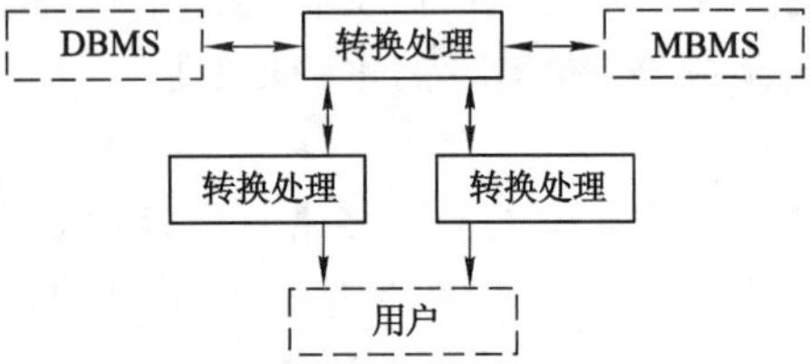

图 1-6　对话子系统结构

② 数据子系统

DSS 数据库是 DSS 的记忆部分，来源于两个部分：一部分是经调查收集而来的外部数据；另一部分是从组织的业务数据库中抽取而来的内部数据。因此，数据子系统应含有 DSS 数据库的管理系统，其主要功能有：

a. 具有能快速从各个内部数据库中抽取 DSS 所需的数据和获取外部数据的能力。

b. 具有能快速方便地对 DSS 数据库进行所需操作的能力。

c. 具有支持用户描述数据库逻辑结构和进行维护的能力。

对数据子系统，一般性的要求是响应迅速、访问方便、冗余度低、安全保密；技术上的要求是能实现数据插入、保留、抽取和查询等操作功能。

数据子系统一般包括数据抽取、查询处理、数据库及其管理等部分，其结构如图 1-7 所示。其中，数据抽取部分包括外部数据的输入和内部数据的抽取，形成 DSS 数据库；查询处理部分主要将从模型、对话子系统转来的数据请求形成相应的操作序列，并将结果返回到相应子系统；数据库管理承担一般的数据库管理工作。

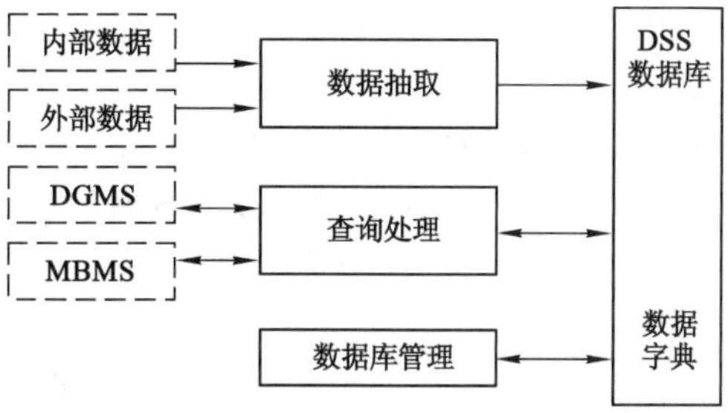

图 1-7　数据子系统结构

③ 模型子系统

模型子系统是 DSS 分析与求解问题的核心部分，主要用于求解、建模和对模型的存储、运行、控制进行管理。通过模型子系统能够形成 DSS 求解问题的各种候选方案并连接所需的模型，从 DSS 数据库中取得模型所需的数据，运行模型并评价其结果等。模型子系统的主要功能如下：

a. 具有用多种方法形成求解方案，并联结、生成新模型的能力。

b. 具有能以合适的方法将数据库的数据与模型相联结的能力。

c. 具有对模型库进行操作管理的能力(包括建模语言处理，建立、更新模型等)。

对模型子系统，一般性的要求是模型以用户习惯的形式来表示，分析能力强，组合模型容易、方便，有探索、试验方案以适应决策环境的灵活性；技术上的要求是具有提供统计及数学操作的功能。模型子系统的结构如图 1-8 所示。

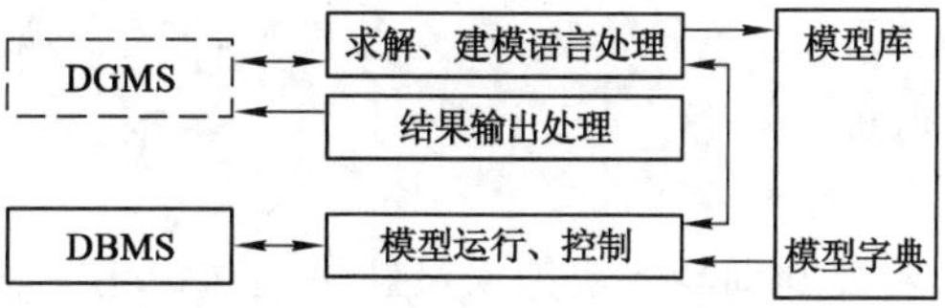

图 1-8　模型子系统结构

其中，求解、建模语言处理部分承担由对话管理转来的问题求解及建模语言的分析处理工作，生成有关控制命令序列，用以实现建模或求解有关模型的要求；模型运行、控制部分执行模型管理的有关操作，当运行模型时，从数据库中存取有关模型运行需要的数据；结果输出处理部分按输出要求将结果形成相应输出格式，转为对话子系统的输出部分。

④ DSS 的工作流程

由上述基本结构组成的 DSS，其一般工作流程大致如下：

a. 决策者向 DSS 提出决策要求。

b. DSS 分析决策要求。如果该要求仅是单纯的信息查询，则生成查询语句(包括查询条件)，检索 DSS 数据库；如果该库没有，则还须通过数据抽取子系统从 MIS 数据库中抽取。将取得的信息以适当的形式反馈给决策者。否则转下一步。

c. 按决策要求，生成相应的一系列问题求解步骤；按问题求解步骤所需的模型，通过模型及数据的联结，形成相应的调用序列。

d. 进一步根据问题特点，采用相应模型的合适求解方法，执行求解（包括运行模型）序列，得到一组变量的输出结果值，或存于数据库，或将其返还给决策者。

（2）DSS基本结构之二

前述的基本结构是现有DSS所采用的一种模式，称为通常的或经典的DSS结构。随着人工智能，特别是知识工程的发展，人们逐渐将知识及专家系统等人工智能方法及技术应用于DSS，出现了基于知识的DSS。在这里，介绍波恩切克（R. H. Bonczek）提出的一种DSS基本结构，如图1-9所示。

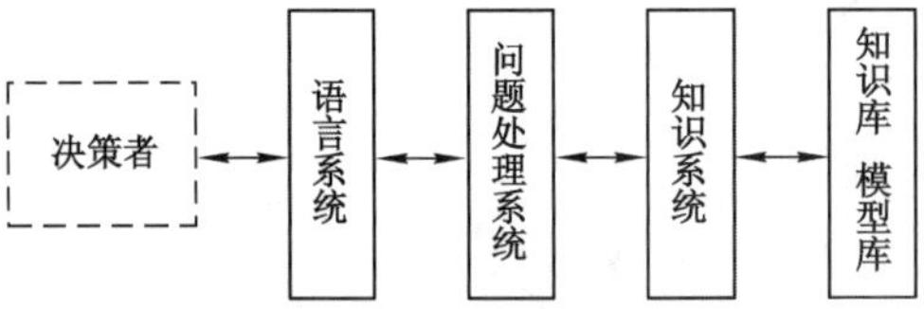

图1-9 DSS基本结构之二

其中，知识系统（Knowledge System，KS）是关于问题领域的决策知识库管理系统。为了产生决策支持的信息，KS要实现信息、知识的获取，知识的表示、存储和管理，包括对模型库、数据库、知识库的组织、存储和管理，用以提供决策问题求解需要的相应知识、模型及数据。

语言系统（Language System，LS）提供一种描述语言来描述决策问题和决策要求，实现问题表示；对语言作语法和语义处理，翻译成问题处理所需内部表示。

问题处理系统（Problem Processing System，PPS）是决策支持系统的核心部分，它从语言系统和知识系统取得决策要求及相应的数据、知识，识别决策问题，形成相应的各种求解步骤（方案），调用相应的模型，或进行推理，或运行模型，产生决策问题的可能结果及其评价，提供给决策者作最终判断。

2. DSS的主要特性

① 集中于决策支持，主要辅助高级决策人员解决半结构化或非结构化问题。

② 运用人工智能技术，建立模型库、方法库、数据库和知识库，对各种知识进行识别、描述、处理和存储，具有问题识别、模型构造、求解评价和交互控制等功能。

③ 具有灵活性、通用性和能快速响应的特性，能够支持决策人员解决处于管理系统不同状态的某一领域中的决策问题。

④ 具有方便的交互功能，用户可使用类似自然语言的交互语言下达指令，进行交互控制。但DSS只能对决策者起到辅助支持的作用，而不可能代替决策者的全部工作和最终判断。决策者的经验、智慧和判断能力仍起主导作用。

3. DSS和MIS的比较

（1）从MIS发展到DSS——由数据管理到模型管理的扩展

如前所述，管理信息系统在本质上属于更高一级的电子数据处理系统，它能提高数据处理的速度，提高工作效率。但是，高效率仅仅是系统业务处理中所追求的一个“过程目标”，而并不是建造系统所追求的“最终目标”。高效率并不等于高效益，只有科学的、正确的决策才能带来好的效益，为企业带来活力与旺盛的生命力。否则将相去甚远，在错误决策下的高效率只能加重损失的程度。因此，企业所追求的最终目标，应该是决策的正确性、科学性和有效性，高效率只有在这个前提下才能发挥它对企业的积极的、促进的作用。可见，管理自身的要求需要从 MIS 尽快地发展到 DSS，即由数据管理向模型管理发展。

DSS 与 MIS 相比更先进一步，是因为它强调以下三点：

① 将模型并入信息系统软件。

② 为高层管理者提供有用信息，以便支持那些相对而言结构化程度较低的决策行为，如支持半结构化的决策活动。

③ 提供给用户强有力但并不难掌握的人-机交互能力，即用户能够用较简单的语言向系统咨询并从系统中得到科学的、有效的决策支持。

（2）MIS 与 DSS 的主要联系

① MIS 收集、存储、组织的大量基础信息是 DSS 工作的基础，而 DSS 能使 MIS 组织和保存的信息真正发挥作用。

② MIS 需要担负起反馈信息的收集工作，可以支持 DSS 进行结果检验和评价。

③ DSS 可以对工作进行检查与审计，为 MIS 的改进及完善指出方向。

④ DSS 经过反复使用，所涉及的问题模式和数据模式逐步明确，逐步结构化后可归并入 MIS 的工作范围。

以各种决策为目标的 DSS 所完成的功能部分是建立在 MIS 功能基础之上的，通过发挥 MIS 和 DSS 各自的功能，可有效地满足系统的各种信息要求和决策支持的要求。由此可见，MIS 与 DSS 不仅有着密切的渊源关系，而且它们在各自的发展中必将相互补充和促进。

（3）DSS 与 MIS 的主要区别

① 在任务方面

MIS 主要完成例行管理活动中的信息处理工作，它提供的报表和数据一般只和管理决策间接相关；DSS 主要支持决策活动，提供决策的行动方案并给出有关结果，便于决策者探讨问题，协助决策者进行正确的判断和决策。

② 在系统目标方面

MIS 追求的主要是高效性，即提高组织的工作效率和效能；DSS 追求的主要是有效性，即效益或者效能。

③ 在求解问题的性质方面

MIS 侧重解决结构化的管理问题，DSS 侧重解决半结构化或非结构化的管理决策问题。

④ 在系统设计方法方面

MIS 强调实现一个相对稳定协调的工作系统，DSS 强调实现一个有发展潜力的、适应性强的支持系统。

⑤ 在数据与模型的侧重方面

MIS 是数据驱动的，即以数据库及其管理为中心，趋向数据的集中管理；而 DSS 是模型驱动的，即以模型库管理系统为核心，着重体现决策的要求。

从上述对比可以看出，DSS 与 MIS 的主要区别是设计思想和工作对象的差别，这体现了人们对信息处理工作认识深入的发展过程，DSS 与 MIS 分别代表了两个不同的认识阶段。它们反映了计算机技术应用于管理活动的两个不同的发展阶段，有着各自的地位和作用。

4. DSS 的求解过程

① 通过交互语言系统输入问题的描述和要求，并对此进行识别和解释。

② 在问题处理系统中，首先通过知识库和数据库，收集与该问题有关的各种数据、信息和知识，对该问题进行识别；其次由模型库系统集成构造解题需要的规则模型或数学模型，对该模型进行分析鉴定；然后在方法库中识别模型求解的具体算法并进行模型的分析求解，对得到的结果加以分析评价；最后通过交互语言系统对求解结果进行解释，将其转变为具有实际含义的、用户可直接理解使用的形式，输出结果。这样就完成了一次求解过程。

③ 用户可以根据需要与 DSS 交互对话，进行多次求解，直到得到满意的结果为止。

第二章　耗散结构论·协同学·突变论

第一节　耗散结构论

一、耗散结构论的产生和发展

20 世纪以前，自然科学中的化学、物理学等学科主要研究物质处于平衡态的结构规律。对于平衡结构来说，过程是可逆的，物质的系统是一个封闭的系统。克劳休斯(R. J. E. Clausius)提出的热力学第二定律打破了以往研究的范式，给出了孤立系统自发地达到热平衡这一不可逆过程。但它局限于孤立的系统，是宇宙热寂说的理论根据。达尔文(C. R. Darwin)提出的进化论则指出，生物界中由低级向高级、由简单向复杂的进化，由无序向有序的转化都时刻在进行着，生命进化总是越来越有序化的。据此，化学与物理学所描述的无机物自发的、无序的无组织演化，与生物学所描述的生命现象有序的自组织演化之间，关于进化与退化的认识，发生了尖锐的矛盾，存在着不可逾越的鸿沟。矛盾对立的焦点在于：牛顿力学的可逆性与热力学的不可逆性的对立，生物系统的进化与物理系统的退化的对立。要解决这一矛盾，从平衡态结构中是无法得到正确答案的，只能从非平衡态中去寻求解决方案。

20 世纪初，以研究平衡态为主的经典热力学和统计物理学已经基本建立，并在各方面得到广泛应用。它不仅为热机等应用科学奠定了理论基础，而且直接促进了量子论等现代科学的创立。统计力学和量子力学的结合，产生了量子统计力学，使统计方法深入微观领域。经典热力学和统计物理学的巨大成功，鼓励人们将它极为普遍的形式从平衡态推广到非平衡态。第一步延伸自然是进入离平衡态较近的非平衡区，即所谓线性区。

在 20 世纪前半叶，人们主要研究的是近平衡线性区的不可逆过程，弛豫、输运、涨落等是这个区域的主要不可逆过程，它们都受趋于平衡和尽可能接近平衡这一总的倾向所支配。

1931 年，昂萨格(L. Onsager)在研究交叉输运问题过程中，提出了唯象系数的对称原理，即昂萨格倒易关系。后来，日本的久保学派又提出了在线性区的涨落耗散定律和线性响应理论。

普利高津(I. Prigogine)在爱因斯坦(A. Einstein)与贝索(M. Besso)的 1940—1955 年期间的通信集中发现，贝索多次重复提出时间及其不可逆性等问题，并且认为爱因斯坦没有给出满意的答案。随后“时间悖论”的发现，促使普利高津选择一种新的理论框架，1945 年，普利高津在昂萨格倒易关系的基础上得出最小熵产生原理。最小熵产生原理的提出，使人们在线性非平衡区找到了一个类似平衡态的熵和自由能之类的物理量。在给定的外部条件下，这个量普遍地决定了系统的演化方向和最终定态。最小熵产生原理与昂萨格倒易关系、涨落耗散定律一起使线性非平衡热力学在与平衡热力学类似的普遍程度上建立起来。这是普利高津早期对热力学作出的一个重大贡献。

最小熵产生原理在近平衡线性区的成功，促使普利高津试图将它延拓到远离平衡的非线性区。但是，经过多年努力，这种尝试以失败告终。人们发现，在这一领域，问题变得相当复杂。这时线性关系不再适用，昂萨格倒易关系不再成立；熵产生率不再随时间单调减小，而根据不同系统和不同条件，可增、可减、可随时间振荡变化。总之，在平衡态和近平衡态呈一定规律性的东西，在远离平衡态则依赖具体条件、具体系统表现出多样性。

普利高津把系统在远离平衡态与在平衡态和近平衡态做了原则区分，重新考察系统在远离平衡态的情况。1969 年，普利高津在一次"理论物理学和生物学"的国际会议上作了题为《结构、耗散和生命》的报告，提出了耗散结构理论。1971 年，普利高津等写成著作《结构、稳定和涨落的热力学理论》，比较详细地阐明了耗散结构的热力学理论。1971—1977 年，耗散结构的研究有了进一步的发展，这包括用非线性数学对分叉的讨论，从随机过程的角度说明涨落和耗散结构的联系。1977 年，普利高津等所著的《非平衡系统中的自组织》一书就是这些成果的总结，最终经过几十年的努力，他终于与布鲁塞尔学派的同事们创立了一种新的关于非平衡系统的自组织理论——耗散结构论。

二、耗散结构论的基本概念

1. 平衡态、近平衡态、远离平衡态

客观事物都是以系统方式存在的，有系统就有系统的状态。平衡态、近平衡态和远离平衡态是和孤立系统、封闭系统和开放系统相对应的概念。在热力学中，我们把用压强、温度、体积等宏观参量描述的系统状态称为热力学状态。在系统的热力学宏观状态确定后，它的微观力学状态仍然是可以千变万化的。

（1）平衡态

在孤立系统的状态下，无论系统热力学参量（温度、密度、压强等）在初始条件下有什么样的数值，这些参量都会随着时间的推移而最终达到一个不变的状态，这种状态就叫（热）平衡态。平衡态是孤立系统演化的最终状态，一旦达到这个状态，系统就不会自发地离开这个状态，除非外界给以作用力强迫它改变这种状态。

在开放系统的条件下，系统也可以达到平衡态。比如，在一个存放水的水池里，当从水池中逃逸到空气中的水分子数与从空气中进入水池中的水分子数相近时，水池里的水就会保持一种宏观不变的状态，这种状态即平衡态。

（2）近平衡态

平衡态有两个重要的特征：一是系统状态参量不再随时间变化，即达到定态；二是在定态系统内部不存在物理量的宏观流动，如热流、粒子流等。凡是不具备以上任何一个条件的状态，都叫非平衡态。实际上，非平衡态是一种平衡态的偏离状态。

当系统内部的热力学参量偏离平衡态的数值较小时，系统能够依据自身的力量而消除这种偏离，我们就称这种非平衡状态为近平衡态或线性平衡态。比如，在一杯静止的水中，如果我们用匙在其中搅动一下，那么此时的状态就是一种近平衡态，用不了多久，它就又会恢复到原来的平衡静止状态。

（3）远离平衡态

当系统状态在某一力量的作用下离开平衡态更远时，系统内部各要素变得敏感易动，稍有一点干扰或引导，系统就会朝着和原有平衡态相左的方向演化，这种状态就叫远离平衡态或非线性平衡态。比如，遭受外国军队入侵的国家在进入关键时期的社会动荡形势等，都是一种远离平衡的状态,它们是进入一种新的有序状态的前提条件。

2. 热力学第二定律(熵增原理)

19世纪,在研究热功转换的过程中,物理学家发现并总结出了热力学第二定律。最初,在研究提高蒸汽机的热转换为做功的效率时,法国的工程师卡诺(N. L. S. Carnot)构造了一台理想热机,它由一个高温热源和一个低温热源组成;卡诺认为,热机之所以能做功是因为热量由高温热源流向了低温热源。1851年,物理学家开尔文(L. Kelvin)系统阐述了热力学理论,第一次提出了热力学第二定律的概念。他认为,从单一热源吸取热量使它完全变为有用的功而不产生其他影响是不可能的,这是热力学第二定律的一个表述。它是对卡诺热机原理的理论总结,表明了热量具有从高温向低温单向流动的方向性。与此同时,德国物理学家克劳修斯在对卡诺热机的修正发展中提出了著名的克劳修斯等式,并且用另一种说法表述了热力学第二定律:热量不可能自动地从较冷的物体转移到较热的物体,为了实现这一过程就必须消耗功。空调运转就是对这一原理的生动解释。

热力学第二定律指出:孤立系统中的热量只能从高温处流向低温处,而不能自发地从低温处流向高温处。该定律的实质是:自然界是从能量效率高的地方朝能量效率低的地方演变的。一方面表现出演变的方向性,另一方面说明演变的最终状态(终态)是能量效率最低的状态。这个状态对应着系统混乱无序最大的状态。克劳修斯提出熵的概念,用来描述系统内部混乱无序的程度。熵越小,表明系统越有序或越不混乱,熵越大则表明系统越无序或越混乱,而系统到达完全无序状态或者混乱度最大状态时,也就是熵取最大值的时候,系统就处于热平衡状态。因此,热力学第二定律指出的从热效率高的地方流向热效率低的地方和熵的由小变大的过程是一个问题的两个方面,具有同样的含义。因此,热力学第二定律又称熵增原理。

热力学第二定律或熵增原理揭示了宇宙中一切系统与能量转化的趋向,即总是自发地从能量集中度高向能量分散的方向变化,总是从有序趋向无序退化。这个定律说明了宇宙一切无生命系统的演化规律,但是它对生命现象无法做到自圆其说。实际上,耗散结构论的提出,就是在不违背热力学第二定律的基础上,完成了对非生命现象和生命现象的统一性的说明。

3. 组织、自组织、被组织

(1) 组织

中文的"组织"一词,既可以当作名词,也可以当作动词,其概念的准确含义必须联系上下文才能确定。作为名词,组织是指某种现存事物的有序存在方式。换句话说,名词性的"组织",是指系统结构有序化以及有序化增加的结果。作为动词,组织是指事物朝空间上、时间上或功能上的有序结构的演化过程,有时又称这种过程为"组织化"。总之,组织或组织化,意味着事物从无序、混乱朝有序结构方向演化,或从有序程度低向有序程度高的方向演化,而不是相反,即朝结构瓦解的方向演化或朝有序程度低的方向演化。比如,从分子到细胞,从细胞到生命体,这个过程是有机体组织层次上升的过程;而从单分子到多分子体系,从单细胞到多细胞体系,从简单的哺乳动物到高级哺乳动物的演化,则是同一组织层次的复杂性的增长情况。

(2) 自组织

自组织是组织的一种重要类型。无论是作为名词意义还是动词意义,"自组织"是指系统通过内部的力量自发、自主地走向组织的一种结果或过程。自组织的过程是一种不依赖外部力量而自发、自主地从无序走向有序,从有序程度低走向有序程度高的演化过程。上述现代系统科学也被称为“自组织理论”,因为它们主要研究系统如何“自组织”的条件、机制、环境和演化目标等方面的理论问题。

(3) 被组织

它是组织的另一种类型。所谓被组织,是指事物走向有序结构以及向更高有序度的演化不是依靠系统内部的自发、自主的力量,而是依靠外部特定的指令和力量而形成的一种组织结果或过程。被组织又称他组织。

三、耗散结构形成的条件

普利高津指出,一个系统向有序转化形成耗散结构至少需要四个条件。下面对这些条件作简要介绍。

1. 系统必须是开放系统

热力学系统可分为孤立系统、封闭系统和开放系统。孤立系统与外界环境既没有物质交换,又没有能量交换。热力学第二定律指出,一个孤立系统中所发生的不可逆过程总是朝着熵增加的方向进行的,熵达到极大值,系统也就达到了无序的平衡态。如果最初的系统存在着某种耗散结构,一旦把系统孤立起来,那么随着不可逆过程的进行,耗散结构也会很快瓦解。例如,把存在化学钟的系统孤立起来,化学钟就会很快停止。因此,孤立系统根本不可能出现耗散结构。所谓封闭系统,是指仅与外界有能量交换,但没有物质交换的系统。根据玻尔兹曼的有序原理可知,在封闭系统平衡相变过程中能够形成诸如晶体那样的平衡结构,然而,这样的平衡结构与耗散结构是不同的;并且平衡结构一旦形成,对能量的开放就成为不必要的了,甚至只有在完全封闭的条件下才有利于平衡结构的长期维持。

开放系统是与外界既有能量交换又有物质交换的系统。对于开放系统来说,其熵的变化可以分为两部分:一部分是系统本身不可逆过程引起的熵增加,记作 d_iS;另一部分是系统与外界交换物质和能量引起的熵交换,记作 d_eS。于是整个系统的熵变化 dS 就是这两部分之和,即

$$dS = d_eS + d_iS \tag{2-1}$$

这就是开放系统的热力学第二定律。

对于孤立系统来说,$d_eS = 0$,由熵增加原理可知 $dS \geqslant 0$,因此有 $d_iS \geqslant 0$。由于 d_eS 可能是正的、负的或者 0,所以,dS 的符号不确定。根据 d_eS 的大小及其与 d_iS 的数量关系,存在如下三种情况:

(1) 当 $d_eS \geqslant 0$ 时,有

$$dS = d_eS + d_iS \geqslant d_iS \geqslant 0$$

这说明通过与环境的交换,系统的熵不断增大,加快了无序化的进程。在这种情况下,不能发生有序演化。

(2) 当 $d_eS < 0$,且 $|d_eS| < d_iS$ 时,有

$$dS = d_eS + d_iS < d_iS \geqslant 0$$

这说明通过与环境的交换可以减缓无序化进程,但不能改变无序化进程。在这种情况下,同样不能发生有序演化。

(3) 当 $d_eS < 0$,且 $|d_eS| > d_iS$ 时,有

$$dS = d_eS + d_iS < 0$$

这说明通过开放系统，外界不断给系统注入负熵流，或系统向外排出熵流，只要负熵流或熵流足够强，在抵消了系统内部的熵增量 d_iS 后，系统的熵 dS 减少，就会使系统朝有序演化。因此，只有在开放的情况下，由于足够强的负熵流的存在，系统才有可能产生以耗散外界物质或能量为条件的耗散结构。

2. 非平衡态是有序之源

经典热力学已经断定不可能从平衡态中产生耗散结构，因此，普利高津等指出：非平衡态可能是有序之源。也就是说，耗散结构只能从非平衡态中形成。为此，必须把经典热力学推广到非平衡态，建立非平衡态热力学。

所谓非平衡态，是指系统离开平衡态后所处的状态。按其距离平衡态的“远近”（即非平衡性程度的大小），可把非平衡态区分为近平衡态的线性非平衡区和远离平衡态的非线性非平衡区两种情况。

对非平衡态的研究，首先是从近平衡态的分子输运过程开始的。1866 年，麦克斯韦提出了一种特殊分子的输运理论。1872 年，玻尔兹曼建立了玻尔兹曼输运方程，并提出了“H 定理”，即系统的 H 函数总是随时间的延长而减小或保持不变的，H 函数实际上就是负熵。

在近平衡态的输运过程中，人们发现热力学力和热力学流满足线性关系。同一系统往往包含多个热力学力和流，它们之间常发生交叉影响。例如，浓度分布的不均匀既引起物质流，也引起热流；而温度分布的不均匀除引起热流外，还会引起物质流。普利高津提出的最小熵产生原理，即在接近平衡态的条件下，系统处于非平衡定态时的熵产生极小值。也就是说，线性平衡系统的熵产生率随时间的延长总是减小的，直到熵产生率处于极小值，系统达到非平衡的定态。由稳定性理论可知，线性区的非平衡定态是稳定的。即使环境的干扰或者内部的涨落使系统偏离定态，只要不是远离平衡区，那么干扰和涨落将自发地衰减，从而回到原来的定态。非平衡定态是从平衡态逐步过渡来的，这种过渡方式不可能改变系统原来的空间均匀性。在平衡态附近，演化过程主要表现为趋向平衡态或与平衡态有类似行为的非平衡定态。拿瑞利-贝纳德对流（Rayleigh-Bénard Convection）来说，当给处于平衡态的流体加上一个不大的温差时，系统虽然不再处于平衡态，但仍然是处处均匀的层流状态，与平衡态无性质上的不同。最小熵产生原理保证了非平衡定态的稳定性。这种稳定性使线性系统不可能自发产生不同于平衡态的有序结构。即使给予系统某种有序结构，随着系统向最小熵产生的定态演化，这种有序结构也将被破坏。

普里高津等曾试图将最小熵产生原理推广到远离平衡的非线性区去，以揭示系统在非线性区演化的一般规律。但经过多年努力，这种尝试没有成功。因为一旦离开线性区，昂萨格倒易关系等条件不再成立，熵产生也不再具有极值行为。于是就提出了这样的问题：在“昂萨格倒易关系之外，但仍在宏观描述的范围之内，远离平衡的稳定状态会是个什么样子呢？”经过多年研究，他们证明了非线性非平衡区表现出与线性区不同的稳定性行为。当系统偏离平衡态超过某个临界距离（如瑞利-贝纳德对流中的温差超过某一临界值）时，非平衡参考定态有可能失去稳定性。而原来的状态失去稳定性正是出现新状态的必要条件。此时，一个小的扰动就能使系统越来越偏离这个均匀无序的参考定态而产生某种时空有序结构，即耗散结构。因此，可以说远离平衡态是有序之源。

3. 非线性相互作用

普利高津指出:形成耗散结构的另一个基本特征是,在系统的各个元素之间的相互作用中存在着一种非线性的机制。耗散结构之所以能在远离平衡态时产生,就是因为在这种条件下,非线性相互作用开始代替线性相互作用而居主导地位。在近平衡区,线性规律起支配作用。由于线性相互作用是时空均匀的相互作用,各个独立要素仅从数量上进行简单的叠加,这就不可能使系统产生新质。当扰动使系统偏离定态时,线性相互作用要么使系统逐渐回归定态,要么使系统无限发散下去,因此,线性系统不可能产生耗散结构。然而,非线性相互作用具有与线性相互作用不同的特点。它是时空不均匀的相互作用,各要素之间的相互制约和相互耦合使元素独立性和线性叠加失效,从而使系统产生整体性新质。当控制参数超过临界值后,定态失去稳定性,在非线性相互作用下,系统的行为被限制在一个有限范围内,最后稳定在某一非平衡定态。描述非线性相互作用的非线性方程存在着多重定态解,其中一个是平衡态,其余为非平衡定态。也就是说,当控制参数超过临界值时,系统会发生分叉现象。非平衡系统的演变过程如图 2-1 所示。

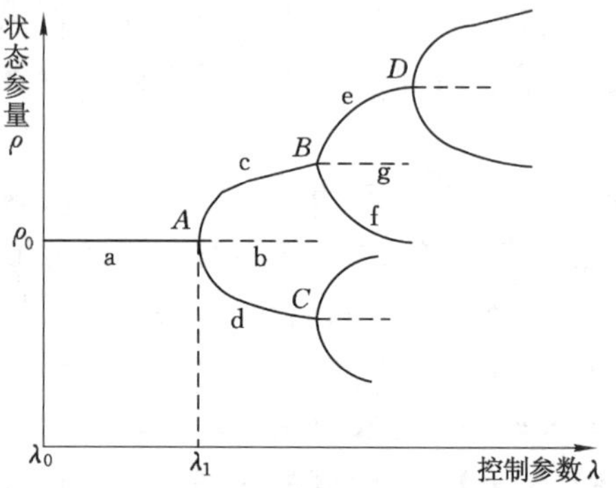

图 2-1　非平衡系统的演变过程

由图 2-1 可见,随着控制参数的变化,系统将达到一系列的非平衡定态。在控制参数小于临界值 λ_1 时,系统状态参量的变化是连续的和光滑的(图 2-1 中 a),各非平衡态总的行为都类似平衡态的行为,它们可以看作热力学平衡态的自然延伸。平衡态和这种从平衡态连续过渡来的非平衡态一起,称为系统的热力学分支。当控制参数大于或等于临界值 λ_1 时,热力学分支变得不稳定(图 2-1 中 b),出现了代表非平衡定态解的分支(图 2-1 中 c,d)。例如,在瑞利-贝纳德对流中,就是无序的定态被破坏,出现了宏观对流现象。在新的分支上,每一个时空有序的状态与平衡态有着本质的差别,它们就是耗散结构,这样的分支叫作耗散结构分支。在临界点,热力学分支开始变得不稳定,一个小的扰动就会使系统跃入一个或多个耗散结构分支,这种现象就称为分叉。临界点又称为分叉点(图 2-1 中 A,B,C,D)。

随着控制参数继续增大,当系统进一步远离平衡态时,还可能碰到新的临界点,在那里将出现新的分支(图 2-1 中 e,f 等),这叫作二级分叉现象。同样,系统还会出现三级或更高级的分叉现象。每一次分叉产生的耗散结构只在一定范围内才是稳定的,超过临界点后,原来的耗散结构分支就变为不稳定的,而让位于新的耗散结构。从各级分叉图中可以看出,每一分支都包含着它前面分支的信息,反映了系统演化的历史进程。

4. 涨落导致有序

组成热力学系统的大量微观粒子不停地热运动以及粒子间的相互作用,会使某次测得的状态参量与统计平均值产生一定的偏差,这叫作系统的内部涨落。外部环境对系统宏观特性的影响则称为系统的外部涨落。涨落的特点是大小、形状和范围都是随机变化的。按照涨落尺度的不同,可将涨落区分为小涨落、大涨落和巨涨落。涨落因条件而变化,既可以增大,又可以衰减。

对于不同的系统稳定情况,涨落的影响不同。如果系统是大范围渐近稳定的,则当受到某一巨大涨落作用时,仍然能恢复到原来的状态;如果系统是局部渐近稳定的,那么只有当系统受到微小扰动时,才能恢复到稳定状态。但是,对于不稳定或局部不稳定的系统来说,即使受到了微小扰动,也会使系统离开初始状态而移动到另一个状态。由此可知,对于一个稳定的定态,微小的扰动引起的涨落将被衰减掉,而不会改变系统的状态;但是对于一个不稳定的定态,微小扰动引起的涨落将会使系统的状态改变,一直到另一个稳定的定态为止。

热力学的平衡态和近平衡态都是稳定的状态。因此,涨落不会使系统从一个定态跃变到另一个状态。热力学平衡态附近的小涨落对平衡态仅起一种小的干扰作用。由于系统本身具有不可逆地趋达平衡态的机制,这些涨落总会被衰减掉。对于近平衡态,涨落是一种对自然稳定性的干扰,使系统离开定态。由于系统在近平衡态服从最小熵产生原理,涨落造成的偏离会不断地衰减直到消失,最后系统便回归到稳定的状态。而当系统处于远离平衡态时,涨落就表现出了完全不同的特点。当控制参数达到临界值时,系统的热力学分支就失去稳定性,这时随机的小涨落就会通过非线性机制被迅速放大,形成宏观上的巨涨落,使系统由不稳定的热力学分支跃变到耗散结构分支。当分支点存在多个耗散结构分支时,涨落将决定系统究竟跳跃到哪一个耗散结构分支。普利高津指出:“在耗散结构里,在不稳定之后出现的宏观有序是由增长最快的涨落决定的。因此,这个新型的有序可以叫作‘通过涨落的有序’。”普利高津还分析了系统的功能、结构和涨落之间的关系,认为这三者之间相互联系、相互作用,涨落可能引起功能的局部改变,在分支点上这种局部改变会引起整个宏观结构的改变,而新的宏观结构反过来又决定未来可能发生涨落的范围。三者间的关系如图 2-2 所示。

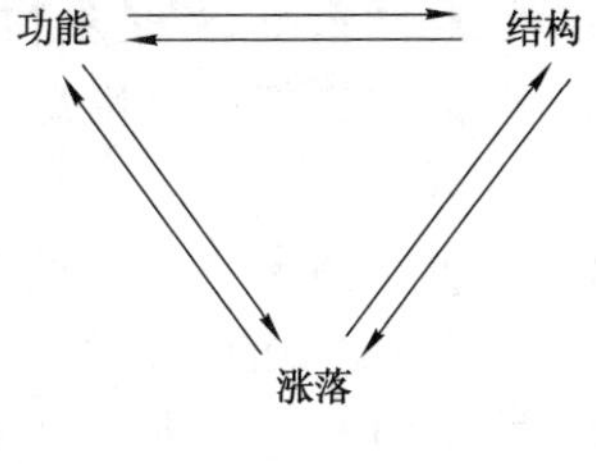

图 2-2　功能、结构和涨落的关系

第二节　协　同　学

一、协同学的产生和发展

协同学(Synergetics)一词来自希腊文,是“一门关于协作的科学”,或关于“一个系统的各个部分协同工作”的科学。协同学是继耗散结构论之后,系统科学的重大发展。协同学研究的是由大量子系统构成的系统,这些子系统可以是各种各样的,如电子、原子、分子、细胞、神经元、力学微元、光子、器官、动物、人等。协同学研究这些子系统如何协作而形成宏观尺度上的空间结构、时间结构或功能结构，它特别研究这些有序结构是如何通过自组织的方式形成的。协同学可以说是一门关于自组织的理论，它所要回答的一个主要问题是：能否找到某种能够支配存在于各类系统中的自组织现象的一般原理，这种原理与系统组分的性质无关。

协同学的创始人是德国斯图加特大学理论物理学家哈肯（H. Haken），他在固体物理学、激光物理学、非线性光学、理论物理学、化学反应模型等领域的研究都取得了丰硕的成果。特别是在激光理论研究中，他采用与当时流行的朗道理论不同的方法，把动力学和统计学结合起来，创立了新颖的激光理论。协同学就来源于哈肯对激光现象的研究，激光系统在协同学的建立和发展中一直被作为典型范例。

一个典型的激光器是由一根嵌有特殊原子的晶棒或充满特种气体的玻璃管构成的，两端镶有两面反射镜，两面反射镜中间形成的空间即光学谐振腔，其中的激光原子或激光材料受到外界的泵激。当把泵源的能量注入激光器时，围绕原子核旋转的电子被泵源激发后，会从低能量轨道跃迁到高能量轨道。当电子再从高能量轨道跃迁到低能量轨道时，就会发出光波。当外界泵源功率比较小时，不同原子中的电子从高能量轨道向低能量轨道的跃迁不是同步进行的，这时激光器形成的光场是杂乱无章的，激光器就像一盏普通灯那样发射出自然光，这说明激光系统处于无序状态。但是，当泵源功率达到某一临界值时，情形就完全不同了。此时，所有原子中的电子突然以一种相当规则的方式从高能量轨道同步跃迁到低能量轨道，从激光器中发出的光不再是杂乱无章的状态，而是同方向、同频率、同相位的激光。这表明所有原子通过相干协同形成了一种有序状态。当泵源功率继续增加到一个新的临界值时，激光会呈现出有规律的脉冲这样一种新的时空结构。由此可见，激光系统与瑞利-贝纳德对流系统和化学钟系统一样，也是一个远离平衡态的开放系统。

哈肯将激光和其他一些在非平衡态发生的自组织行为与平衡相变进行了类比，发现有序结构的形成并不是非要远离平衡态不可的，例如，超导体、铁磁体、液体等都可以在热力学平衡态下由无序走向有序；远离平衡态系统和平衡态系统在形成有序结构的机理方面表现出了惊人的相似性。不论是物理系统、化学系统，还是生物系统和社会系统，从无序到有序的演化都是大量子系统之间协同作用的结果，都可以用类似的理论方案和某几种数学模型进行处理。

1970 年，哈肯在斯图加特大学演讲时首次引入了协同学这一概念。1975 年，他在《现代物理评论》上发表了《远离平衡和非物理系统中的合作现象》一文，比较全面地阐述了协同学的基本思想。在此基础上，他于 1977 年出版了《协同学导论》一书，这标志着协同学这一新兴学科正式建立。自协同学问世以来，它的概念和方法便被应用到物理学、化学、生物学、经济学、社会学等各种不同的领域中，并取得了丰硕的成果。

二、协同学的基本内容

协同学是哈肯在研究激光的基础上形成的基本原则和基本观点，这些基本原则和基本观点后来又被有意识地推广到经济和社会生活的各个领域，并得到广泛的印证。协同学的基本原则和基本观点构成其基本内容。

1. 非平衡相变与序参量

客观世界中存在着许多非平衡相变的有序现象。所谓非平衡相变，是指事物从一种状态到另一种状态的动态发展过程。平衡是指封闭状态下系统的静态结构,而非平衡则是指开放状态下系统的动态结构。所有的生物系统和社会系统都是这类非平衡的动态开放系统,它们的变化在总体上是沿着非平衡的有序化的轨迹运行的。在无机界中同样存在着这种现象。非平衡相变所产生的有序过程最典型的表现是激光,它所呈现出来的是一条波浪式向前推进的正弦型光波。大自然中的"捕食者-被捕食者",在生存竞争中其数量的消长变化所体现的也是一种非平衡的有序演进过程。

当描述一个复杂系统非平衡相变的有序化过程时,我们不可能对构成系统的每一个子系统、子系统之间每一种关系、子系统和外界的各种联系以及系统整体的全部状况作出详尽的论证,这样做需要收集所有的数据,列举出无限多个状态参量,实际上是不可能的。而且,即便能做到这些,也无助于问题的解决,反而会使我们陷入细节之中不能自拔,重蹈"只见树木,不见森林"的错误。为了"减少复杂性",我们需要识别的是影响系统有序化进程的基本参量,以便把握系统演化进程的共同特征和基本法则。因此,哈肯引进了"序参量"这个概念来描述复杂系统的非平衡相变过程。正如哈肯所指出的,在复杂系统中,整个联系的"有关信息"将由序参量向我们提供。

序参量是与系统有序化相关和一致的参量,它能为我们描述系统宏观有序度或宏观模式。在协同学中,序参量是最基本的概念。哈肯指出,一个复杂系统好比一本包罗万象的书,为了完全掌握其内容,就必须从头至尾地阅读。如果没有足够的时间和精力,那么我们可以采用其他办法来了解全书的内容。例如,只阅读其扼要的部分,或请别人为我们提供一个内容提要。这个内容提要可以根据完全不同的观点或需要来归纳。这个内容提要所起的作用就类似我们在研究系统时的"序参量"。

我们在研究一个复杂系统时,可以像处理一本鸿篇巨制那样,只收集那些与我们的目的有关的信息。就一个复杂系统来说,我们不必拘泥于它的细枝末节,而要把注意力集中在它的宏观状态上,认识和掌握它的来龙去脉。这就是说,只需要把握一个或几个能够有效地描述系统宏观状态的序参量,就能了解它的整体运动方式和基本的演进模式。

序参量是我们研究所有复杂系统的基本线索和基本方法。这就如同我们要研究一根弦的振动一样。我们无须去考察这根弦上每一个质点在每一瞬间分子运动的情形,只须从总体上把握这根弦的所有质点运动的共同特征就可以了。我们发现,只要用波长和振幅等参量就足以表征弦的整体运动,这些参量就是支配弦这个系统运动的序参量。我们选择弦的这些序参量,就可以用它们来描述弦的整体运动形态,然后用数学方程来加以表征,这样就可以从中推导出各个质点的振动方程。

序参量是贯穿协同学的一个关键概念。在一个非平衡态的复杂系统中,它等于给了我们一个观测点,利用这个观测点,我们不但可以从宏观上描述系统运行的整体状况及其基本特征,而且可以具体地研究系统是如何从无序走向有序的内在运行机制和基本规律。因此,序参量是我们理解协同学基本原理和观点的一把钥匙。

2. 慢变量与快变量

慢变量和快变量是协同学的一对重要概念,它与序参量的意义相互贯通。因此,要掌握协同学的基本思想,还必须深刻理解慢变量和快变量的本质内涵以及与序参量的相互联系。

协同学认为,一个系统在其变动过程中受到两类基本参变量的影响:一类是长寿命的子系统和慢变量,它们变化很慢,阻尼很小,因而达到稳定态的固有弛豫时间很长甚至趋于无穷;另一类是短寿命的子系统和快变量,它们变化迅速,阻尼很大,因而固有的弛豫时间很短。慢变量由于并不随指数衰减而趋于一个稳定态,且在达到临界点时迅速增长,从而加剧系统的不稳定性,因此又称为不稳定变量。相反,快变量能迅速地随指数衰减而趋于一个稳定态,因此又称为稳定变量。慢变量和快变量形成的内在原因是不一样的。快变量是由于外部因素作用于系统,并在系统内经耗散作用很快衰减的一些变量。它们进入系统后,使系统产生非平衡的涨落,但自身快速地衰减而达到热平衡。例如,当向激光器输入的电流量较小时,激光器内的电子进入激发态后,持续的时间只有 8～10 s,之后就迅速衰减而恢复原态,它放出一个光子,产生一个波径迹约为 3 m 的波列。这些光子是一些非相干波,彼此孤立和零散地聚合在一起,其光能向四处发散。慢变量则是系统自组织过程中所产生的一些参量,它在系统耗散作用中能保持相对稳定,衰减极慢。例如,激光发射中所产生的光电子,其弛豫过程近于消失,所发出的光波是一束相干的正弦波,波径迹可长达 300 000 km。可见,慢变量和快变量是描述系统在两种不同状态下两种不同性质的参量。

慢变量和快变量的作用又是相互联系和相互补充的。当系统的变动达不到临界点时,快变量起着主要作用,推动系统逐渐接近临界点。当系统的变动达到临界点后,慢变量开始取代快变量在系统中起主导作用,它使系统发生突变,由无序态跃入新的有序态。可见,快变量为慢变量的形成做好了准备,而慢变量则是快变量作用的必然结果。

描述这两类变量在系统自组织过程中各自的地位和作用及其相互之间的关系,构成了协同学支配原理的主要内容。通俗地说,支配原理的含义是:当系统达到临界点时,慢变量决定和控制着快变量,快变量受慢变量的支配和役使,从而导致系统从旧的结构向新的结构转变。这表明慢变量决定着整个系统突变和有序态的形成,决定着系统的最终结构,它的大小和幅度就是我们所说的序参量。

从上面的分析可以看出,慢变量和快变量与序参量和非序参量是两对相互对应的量,慢变量对应序参量,快变量对应非序参量,它们在本质上是一致的。但它们考察问题的角度不同,“快”“慢”是以作用时间的长短来分辨参量的,而“序”“非序”则是以有序程度来衡量参量的,它们分别从不同的角度描述了决定系统变化的支配原理。

3. 自组织与协同作用

协同学的自组织概念和协同概念是一个问题的两个方面。我们提出自组织的概念时,就在于强调系统内部各子系统的协同作用;同样,当我们论证系统内部的协同作用时,则在于把研究的视野转向系统的自组织过程。从本质上讲,系统的自组织过程也就是系统的协同作用。

自组织概念与他组织概念相对立。如果一个系统依靠外部的指令和安排进行集体行动,那么这种行为称为“他组织”。如一支军队按长官的命令行动就是一种他组织行为,他组织强调的是外部力量对系统的控制。相反,如果一个系统不是依靠外部的指令,而是依靠其内部各子系统的相互协同作用来采取集体行动的,那么这种行为就称为“自组织”。如一个企业进行自我调整和改造以适应经济形势的发展,就是一种自组织行为。自组织强调的是系统内部子系统对系统发展的决定作用。

当考察一个开放系统的变化时,我们常常把变化归因于外部力量的作用,如耗散结构的形成是由于外部能量的输入,激光的发射是由于电流强度的增大,一个企业新的发展战略的制定是由于经济形势的变动,等等。毫无疑问,如果没有这些外部力量的作用,那么上述这些系统不可能发生新的变动。外在的原因是引起系统变化的一个十分重要的条件,这是不容忽视的。但是,哈肯认为,使系统向一种特定的新结构转变的主要原因是系统内部的自组织行为,即系统内部各子系统的相互作用和相互协同。

具体地说,系统自组织过程中的相互协同作用表现在哪些方面呢?协同学从两个方面定义了协同作用的含义:一是序参量与其他参量之间的协同作用;二是若干序参量之间的协同作用。

从序参量与其他参量之间的协同关系来看,首先它们是相互依存的,没有众多其他参量的配合与合作,序参量不可能发挥其支配和役使作用。同样,如果没有序参量在系统中起协调和统御作用,那么系统就会陷入无序的状态。其次,它们之间的协同是在竞争和冲突中产生的,没有竞争和冲突,也就没有协同和合作。完全没有差别的要素是不可能产生相互协同的,也是不可能创造新的结构的。同时,只有在竞争和冲突中,才能通过系统的自我选择作用,自发地"涌现"出起决定作用的序参量。因此,序参量不是命定的,不是从外部强加给系统的一种高高在上的东西,而是在自由和平等的竞争中脱颖而出的一种支配力量。序参量一旦从竞争中取得了合法地位,确立起了自己的权威性,就会吸引其他参量随之运动,从而形成序参量与其他参量之间的协同和合作的关系。

从几个序参量之间的协同关系来看,首先,一般的自组织系统的序参量不止一个,往往有两个、三个甚至更多。例如,我们要描述"捕食者-被捕食者"之间的竞争和协同的关系,这里,物种作为序参量就有两个。如果我们要描述"捕食者-被捕食者"以及它们共同赖以生存的山林三者之间的平衡关系,那么序参量就有三个。序参量有多少往往是根据我们考察的目的来确定的。其次,几种具有平等地位的序参量由于外界的微小扰动会造成对称破缺,结果使一种序参量最终占据支配地位。

三、现代经济管理协同发展决策的主要观点

协同学对现代经济管理中的决策提出了"协同发展决策"的观点:

① 一个发展的现代经济管理系统,取决于对信息的掌握、处理和利用,取决于对系统本身规律以及系统与外界相互作用的认识,在此基础上作出决策。

② 一个发展的现代经济管理系统应处于非平衡状态,并且是远离平衡的开放系统,需要不断地与外界交换物质和能量来维持系统的生存和发展。

③ 经济发展目标的决策是一个现代经济管理系统的核心问题,适时地调整经济发展目标是现代经济管理系统最优化的重要问题。

④ 一个最佳化的现代经济管理系统,必须是按照一定的经济发展目标稳定有序运动的发展系统,因而只有保持系统的稳定有序化才能达到预期经济发展目标。

⑤ 必须研究系统内子系统之间的协同作用与外界的影响,从而建立数学模型进行定量分析,根据发展目标找到应优先发展的支配性参量及其支配方法,使整个系统的协同作用不断加强,当这种协同作用达到一定程度时,即形成稳定有序的自组织。

⑥ 优先发展的支配性参量是系统稳定有序化的基础,是制定各项控制标准的依据。

⑦ 现代经济管理系统一旦形成稳定有序的自组织,就具有一定的抗干扰能力。小的干扰不会破坏系统的稳定有序状态;若更大的干扰侵入系统,那么原有系统虽被破坏,但会进行新的稳定有序化,完成一个稳定有序状态到另一个稳定有序状态的发展演化过程。所以,人们可以有意识地根据协同学原理创造条件,从一种稳定有序状态向更高级的新的稳定有

序状态发展，使经济系统向更高级的方向进化。

⑧ 现代经济管理系统的协同发展，需要一种动力推动。经济管理系统的动力是由系统的结构、功能及系统内部和外部的综合因素所决定的，当这些因素发生变化后，就会不断产生“涨落”，从而给系统的发展提供动力。

第三节 突 变 论

一、突变论的产生和发展

著名的法国数学家托姆(R. Thom)于 1972 年在《结构稳定性与形态发生学》一书中，提出并系统地阐述了“突变理论”，从而引起国际学术界广泛的注意，数学家齐曼(E. C. Zeeman)等将这一理论用到社会学、生物学、医学和胚胎发育等方面，取得了很多成果。

概括起来说，托姆创建了突变论，证明了控制因素不多于 4 个，则突变模型可归结为 7 种基本类型，在实际应用方面也进行了一定的研究；而齐曼则对突变论的应用和推广作出了重要贡献，他设计了突变机构，证明了突变论的正确性和反映自然界突变现象的真实性。在突变模型的运用方面，齐曼等做了大量研究工作，托姆、齐曼认为微积分模型解释了光滑而连续变化的现象；突变理论则描述了自然界中大量存在的不连续的突然变化的现象。也就是说，能用微分方程描述的对象的运动特性是连续的、渐变的；微分方程需要一个连续的和光滑的函数或者可微函数作为它的解。但是，社会科学、生物科学是人类所面临的最复杂的科学领域，除了连续的渐变的过程外，大量存在的是不连续的、突变的过程，环境条件、控制因素的渐变能引起状态的突变。

例如，DNA 的转位因子、裂脑人的行为、生物种群的消长与生灭过程、人的情绪波动、动物的进攻与逃跑行为等，都是包含突变在内的复杂的生物学过程，用微分方程描述这些过程遇到了难以克服的困难。这些事实说明，在所谓“软科学”的研究中，不仅需要目前已有的数学工具和描述方法，而且更需要提出某些新的数学工具来描述已有的数学工具所不能适应的许多现象，建立必要的模型，作出适当的预测。

突变论正是在这种情况下产生的，它以拓扑学为基础，研究系统在平衡状态下临界点的性态，描述由逐渐变化的力量或运动而导致突然发生变化的现象，从而弥补微分方程描述方法的不足。

托姆、齐曼作为拓扑学家，很自然地将拓扑学的研究方法运用到突变论中来。他们在建立和解释模型时，运用了微分同胚概念，总结出突变模型的六个特点，即突跳、滞后、发散、不可达性、双稳态与多径性；在生物学的应用中，在著名的动物行为学家、诺贝尔生理学或医学奖获得者劳伦兹(K. Lorenz)研究工作的基础上建立了动物的进攻与逃跑模型，预测了恐惧与发愍这两个控制因素如何影响动物行为状态的变化。

托姆、齐曼、波斯顿(T. Poston)以及阿诺德(V. I. Arnold)提出并阐明了定性理论与定量理论的互补关系，说明定性理论或拓扑特性是“软科学”(生物学、社会学、心理学、决策过程等领域)的基本特征，在大脑与视觉的拓扑特性的研究中所取得的重要结果，充分说明拓扑特性是“软科学”的基本特征之一。

突变论所研究的是系统对外界条件的光滑变化所作出的突变反应，尤其是突变点的分类与突变点附近的系统性态的特征。

二、突变论的基本内容

1. 稳定性与非稳定性

突变论是建立在稳定性理论的基础之上的。突变论认为，宇宙中任何一个事物都处在一定状态之中，或者处于稳定状态，或者处于非稳定状态，或者其构成要素的一部分处于稳定状态，而另一部分则处于非稳定状态。所谓稳定状态，是指事物在内外环境因素干扰下能保持不变的存在状态或发展趋向。例如，在标准大气压下，当温度在 0～100 ℃之间变化时，水的液态性质不变，液态就是水的稳定态。又如，当人类社会生产力水平处在一定发展阶段时（如石器、青铜器、铁器、大机器时代），与之相适应的社会生产关系的性质（如氏族公有制、奴隶主私有制、封建主所有制、资本家所有制）是不变的，这些不变的生产关系则是人类社会发展中的一些稳定态。所谓非稳定态，则是指事物在内外环境因素的干扰下容易发生变化的存在状态或发展趋向。例如，沸腾时的水、社会变革时期的生产关系等即都属于事物的非稳定态。突变论认为，在存在干扰的情况下，只有稳定态才能存在下去，而非稳定态是不能维持的。由非稳定态向稳定态转化是客观事物运动变化的普遍趋势之一。事物性质主要是由其处于稳定状态时的性质决定的。

2. 突变过程的数学特征

突变论认为，突变的过程是系统由一种稳定态经过不稳定态向新的稳定态跃迁的过程，在数学上表现为标志系统状态的各组参数及其函数值变化的过程。当系统状态可用一组函数取唯一值（如能量取极小值，熵取极大值）的参数来描述时，系统是稳定的；而当参数在某个范围内变化，使得该函数值有不止一个极值时，系统必处于不稳定态，这时，如果参数再有微小变化，函数又可取新的唯一值，系统就进入新的稳定态（超稳态），与此同时，突变也就发生了。这就是托姆对突变过程的基本数学描述。

3. 突变过程的基本形式

托姆经过严格的数学推导发现，在控制变量的个数不超过 4 个时，突变过程共有 7 种基本类型；而当控制变量的个数不超过 5 个时，突变过程共有 11 种基本类型；如果控制变量的个数超过 5 个，则突变类型趋于无限多个，这深刻说明了物质世界质变形式的丰富性。

突变过程的 7 种基本类型如表 2-1 所示。

表 2-1　初等突变类型及其势函数

突变类型	控制变量	状态变量	势函数
折叠型	u	x	$F(x)=x^3+ux$
尖点型	u,v	x	$F(x)=x^4+ux^2+vx$
燕尾型	u,v,w	x	$F(x)=x^5+ux^3+vx^2+wx$
蝴蝶型	t,u,v,w	x	$F(x)=x^6+tx^4+ux^3+vx^2+wx$
双曲脐型	w,u,v	x,y	$F(x,y)=x^3+y^3+wxy-ux-vy$
椭圆脐型	w,u,v	x,y	$F(x,y)=\frac{1}{3}x^3-xy^2+w(x^2+y^2)-ux+vy$
抛物脐型	w,t,u,v	x,y	$F(x,y)=y^4+x^2y+wx^2+ty^2-ux-vy$

尖点型突变、燕尾型突变如图 2-3 和图 2-4 所示，其他突变类型图形读者可参阅相关文献资料。

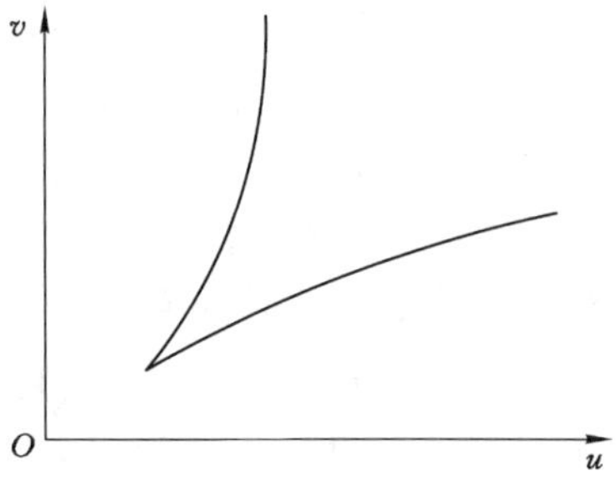

图 2-3　尖点型突变

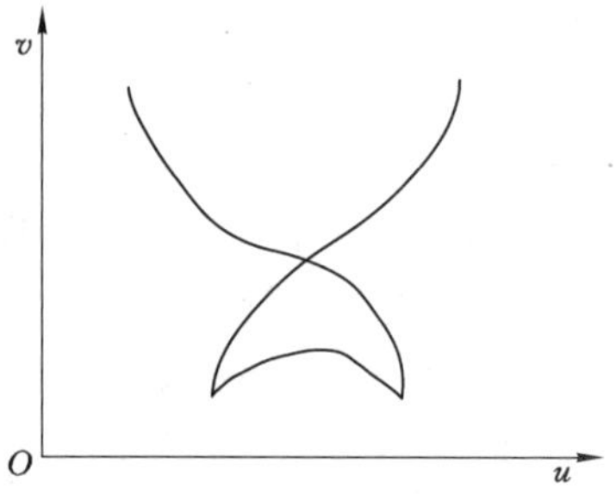

图 2-4　燕尾型突变

三、突变论的意义

突变是一种普遍存在的客观现象,因而它是哲学研究的重要内容之一。但以往哲学理论对突变的认识只限于三点:其一,突变是事物质的变化;其二,突变是迅速的变化;其三,突变是非连续性的变化。从托姆对突变过程的数学描述中,我们可以概括出突变过程的一些新特点:

① 突变仅是事物质变的形式之一,除此之外,质变的形式还有渐变,而区分突变和渐变的根本标志是质变过程中经历的中间过渡态是否稳定:突变过程是稳态→非稳态→新稳态的非连续变化过程,渐变过程是稳态→新稳态→新稳态的连续变化过程。例如,水经过沸腾而汽化的过程就是突变,因为处在沸腾阶段的水是很不稳定的,它极容易变成汽;而在特定条件下,水也会不经过沸腾,而经过逐渐变稀薄,变成似水非水、似汽非汽的一系列稳定的中间状态,这就是渐变了。又如玻璃、石蜡、沥青等物质,其液态在冷却过程中也是逐渐变成胶状,然后再逐渐变坚硬到一定程度的。另如在经济危机爆发时,由于经历一个非稳定的中间阶段,因而表现为突变;而在复苏时则往往要经历一个缓慢的回升过程,这又表现为渐变了。由此亦可看出,突变过程是在控制因素达到临界值之时,主要由系统内部状态的不稳定机制所推动而发生的。例如,当水温达到 100 ℃时,温度不必再高,水就变成汽;在不稳定的建筑物突然自行倒塌的过程中,机械载荷亦未变化。

② 突变的关节点是一个有规律分布的区域。过去认为,突变的关节点是一个固定不变的点;而突变论认为,关节点是一个有规律分布的区域,在这一区域内的任何一点都有可能发生突变,而突变究竟在哪一点发生,则取决于外界干扰的大小,干扰越大,突变发生得越早,干扰越小,突变发生得越迟。例如,人们平时所说水在常压下的沸点为 100 ℃,其实并不是一个绝对不变的点,而是指 100 ℃左右的一个范围,100 ℃只是在有干扰情况下的一个统计平均值而已。

③ 突变结果带有随机性。突变论揭示,即使是同一个历史过程,对应同一控制因素临界值,突变仍会产生不同的结果,即可能达到若干个不同的新稳定态,每个状态都呈现出一定的概率。例如,一次社会事件可以走向不同的结局,究竟出现哪一种结局,事先无法确定;自然界一场暴风雨过后,也可能带来不同后果,究竟出现哪种后果,这也不得而知;在思想领域里一场论战过后,结局也是不同的,可能双方互相妥协,也可能一方战胜另一方,还有可能双方"同归于尽",为新的思想所取代。

总之,突变论的创立使得人们对突变这种普遍存在的现象认识得更全面,也更深刻了。

第三章　数学规划法

第一节　线性规划法

线性规划是运筹学中理论最完善、方法最成熟，并具有广泛应用的一个分支。许多实际问题都可以用线性规划问题来表示，如能源供应和能源价格变化怎样影响经济过程、生产计划安排、车辆调度问题等。早在 20 世纪 30 年代，苏联数学家康托洛维奇(L. V. Kantorovich)首先提出了线性规划的模型，之后人们对线性规划问题的求解进行了广泛的研究。1947 年，美国数学家丹兹格(G. B. Dantzig)提出的求解线性规划问题的单纯形法是应用最广泛、取得经济效益最大的一种方法。单纯形法的提出，标志着线性规划在理论和方法上日臻完善。近几十年来，线性规划取得了重大的进展，卡马卡(Karmarkar)内点法的提出和计算机技术日新月异的发展，使得有成千上万个约束条件和决策变量的线性规划问题能被快速地求解。这为线性规划在企业管理等领域的应用提供了极其有利的条件。线性规划理论和方法已经成为现代管理、工程设计、经济规划等的重要手段之一，在煤炭工业中亦得到了广泛的应用。

线性规划主要研究两类问题：一是在现有资源有限的条件下，如何合理地安排，才能以最少的人力、物力资源去完成任务；二是在任务确定后，如何计划、安排，才能在完成任务的前提下，使得现有资源的消耗最少。这两类问题本质都是一样的，即在一组约束条件下，使某一目标达到最优。

一、线性规划问题及其数学模型

例 3-1(生产组织问题)　某矿开采两层煤，第一层煤的粉煤采出率为 20%，第二层煤的粉煤采出率为 30%。由于生产工艺环节的限制，第一层煤最大年产量不超过 50 万 t，第二层煤最大年产量不超过 20 万 t。由于采掘工作超前条件的限制，第二层煤的年产量不能超过第一层煤的年产量。按照粉煤的供销情况，矿井粉煤年产量不应超过 12 万 t。试确定这两个煤层的合理年产量，使得全矿产量达最大。

解　设第一层煤的产量为 x_1 万 t/a，第二层煤的产量为 x_2 万 t/a，根据已知条件可建立如下数学模型：

$$\max z = x_1 + x_2$$

$$\begin{cases} x_1 \leqslant 50 \\ x_2 \leqslant 20 \\ x_2 \leqslant x_1 \\ 0.2x_1 + 0.3x_2 \leqslant 12 \\ x_1, x_2 \geqslant 0 \end{cases}$$

例 3-2(运输问题) 某矿区有三个矿井 A_1,A_2,A_3,所产原煤全部运到两个选煤厂 B_1,B_2 进行分选。各矿井产煤量及选煤厂的分选能力,各矿井到选煤厂的吨煤运价如表 3-1 所示。试问如何分配各矿井运往各选煤厂的煤量才能使总的运费最省。

表 3-1 各矿井产煤量、选煤厂的分选能力以及矿井到选煤厂的吨煤运价

	选煤厂 B_1	选煤厂 B_2	产煤量/(t/d)
矿井 A_1	$C_{11}=4$ / x_{11}	$C_{12}=6$ / x_{12}	600
矿井 A_2	$C_{21}=1$ / x_{21}	$C_{22}=5$ / x_{22}	900
矿井 A_3	$C_{31}=3$ / x_{31}	$C_{32}=4$ / x_{32}	1 000
分选能力/(t/d)	1 000	1 500	2 500

解 设 C_{ij} 表示由 A_i 矿井运往 B_j 选煤厂的吨煤运价,x_{ij} 表示由 A_i 矿井运往 B_j 选煤厂的煤量($i=1,2,3;j=1,2$)。如 C_{11} 表示由 A_1 矿井到 B_1 选煤厂的吨煤运价,x_{11} 表示由 A_1 矿井运往 B_1 选煤厂的煤量等。根据已知条件可建立如下数学模型:

$$\min z = 4x_{11} + 6x_{12} + x_{21} + 5x_{22} + 3x_{31} + 4x_{32}$$

$$\begin{cases} x_{11} + x_{12} = 600 \\ x_{21} + x_{22} = 900 \\ x_{31} + x_{32} = 1\ 000 \\ x_{11} + x_{21} + x_{31} = 1\ 000 \\ x_{12} + x_{22} + x_{32} = 1\ 500 \\ x_{ij} \geqslant 0 \quad (i = 1,2,3; j = 1,2) \end{cases}$$

例 3-3(配料问题) 有三个矿井向一家工厂提供炼焦煤。精煤产量应不少于 3 500 t/d,有关煤的数量与质量、采煤费用以及运煤到工厂的费用、铁路通过能力等数据如表 3-2 所示。试求如何安排煤炭运量,才能使总费用最少。

表 3-2 矿井产煤量、煤质、生产费用及铁路通过能力

矿井编号	产煤量/(t/d)	灰分/%	硫分/%	精煤回收率/%	由矿井到工厂铁路的通过能力/(t/d)	开采和运输费用/(元/t)
1	2 200	14	2.0	75	2 400	14
2	2 500	20	0.8	60	2 400	10
3	1 500	16	1.2	75	1 200	12
工厂订货		≤17	≤1.4			最小值

解 设 x_1,x_2 和 x_3 分别为 1,2 和 3 号矿井分别运给工厂的煤量。则可列出如下的约束条件表达式。

精煤量的约束条件为:

$$0.75x_1+0.6x_2+0.75x_3 \geqslant 3\,500$$

矿井产煤量的约束条件为：

$$x_1 \leqslant 2\,200, x_2 \leqslant 2\,500, x_3 \leqslant 1\,500$$

铁路通过能力的约束条件为：

$$x_1 \leqslant 2\,400, x_2 \leqslant 2\,400, x_3 \leqslant 1\,200$$

灰分的约束条件为：

$$0.14x_1+0.2x_2+0.16x_3 \leqslant 0.17(x_1+x_2+x_3)$$

硫分的约束条件为：

$$0.02x_1+0.008x_2+0.012x_3 \leqslant 0.014(x_1+x_2+x_3)$$

经整理和去掉多余约束条件，得该问题的数学模型为：

$$\min z = 14x_1+10x_2+12x_3$$

$$\begin{cases} 0.75x_1+0.6x_2+0.75x_3 \geqslant 3\,500 \\ x_1 \leqslant 2\,200 \\ x_2 \leqslant 2\,400 \\ x_3 \leqslant 1\,200 \\ -0.03x_1+0.03x_2-0.01x_3 \leqslant 0 \\ 0.006x_1-0.006x_2-0.002x_3 \leqslant 0 \\ x_1, x_2, x_3 \geqslant 0 \end{cases}$$

上述三个例子描述的问题就是线性规划问题，线性规划问题的数学模型就是线性规划模型。

从数学上看，所有线性规划问题都具有以下共同特征：

① 每一个问题都可以用一组变量$(x_1, x_2, \cdots, x_n)$表示某一方案。一般情况下，变量的取值是非负的。

② 约束条件用线性等式或线性不等式表示。

③ 每一个问题都有一个目标函数，且该目标函数可表示为一组变量的线性函数。

④ 每一个问题要求目标函数实现最大化(max)或者最小化(min)。

由于问题的性质不同，线性规划模型也有不同的形式，一般的，可以描述为：

$$\max(\text{或 }\min) z = c_1x_1+c_2x_2+\cdots+c_nx_n \tag{3-1}$$

$$\text{s. t.}\begin{cases} a_{11}x_1+a_{12}x_2+\cdots+a_{1n}x_n \leqslant (\text{或}=,\text{或}\geqslant) b_1 \\ a_{21}x_1+a_{22}x_2+\cdots+a_{2n}x_n \leqslant (\text{或}=,\text{或}\geqslant) b_2 \\ \vdots \\ a_{m1}x_1+a_{m2}x_2+\cdots+a_{mn}x_n \leqslant (\text{或}=,\text{或}\geqslant) b_m \\ x_1, x_2, \cdots, x_n \geqslant 0 \end{cases} \tag{3-2}$$

式中，z为目标函数。$x_1, x_2, \cdots, x_n$为决策变量。$c_1, c_2, \cdots, c_n; b_1, b_2, \cdots, b_m; a_{11}, a_{12}, \cdots, a_{1n}; a_{21}, a_{22}, \cdots, a_{2n}; \cdots; a_{m1}, a_{m2}, \cdots, a_{mn}$都是常数。

这就是线性规划问题的一般数学模型。其中，s. t. 是 subject to(以……为条件)的缩写。式(3-1)称为目标函数，式(3-2)称为约束条件。

二、线性规划模型的标准型及其转化

线性规划模型中的约束条件出现了三种形式(⩽，=，⩾)，目标函数存在两种形式

(max,min)。这种多样性给讨论问题带来不便,因此规定了线性规划模型的标准型(标准形式):

$$\max z = c_1x_1 + c_2x_2 + \cdots + c_nx_n$$

$$\text{s.t.}\begin{cases} a_{11}x_1 + a_{12}x_2 + \cdots + a_{1n}x_n = b_1 \\ a_{21}x_1 + a_{22}x_2 + \cdots + a_{2n}x_n = b_2 \\ \vdots \\ a_{m1}x_1 + a_{m2}x_2 + \cdots + a_{mn}x_n = b_m \\ x_1, x_2, \cdots, x_n \geqslant 0 \end{cases}$$

这种形式可简记为:

$$\max z = \sum_{j=1}^{n} c_jx_j$$

$$\text{s.t.}\begin{cases} \sum_{j=1}^{n} a_{ij}x_j = b_i \quad (i = 1,2,\cdots,m) \\ x_j \geqslant 0 \quad (j = 1,2,\cdots,n) \end{cases}$$

这里假设 $b_i \geqslant 0$。

如果引入如下向量和矩阵:

$$\boldsymbol{C} = (c_1, c_2, \cdots, c_n)$$

$$\boldsymbol{X} = (x_1, x_2, \cdots, x_n)^{\mathrm{T}}$$

$$\boldsymbol{b} = (b_1, b_2, \cdots, b_m)^{\mathrm{T}}$$

$$\boldsymbol{p}_j = (a_{1j}, a_{2j}, \cdots, a_{mj})^{\mathrm{T}} \quad (j = 1,2,\cdots,n)$$

$$\boldsymbol{A} = \begin{pmatrix} a_{11} & a_{12} & \cdots & a_{1n} \\ a_{21} & a_{22} & \cdots & a_{2n} \\ \vdots & \vdots & & \vdots \\ a_{m1} & a_{m2} & \cdots & a_{mn} \end{pmatrix} = (\boldsymbol{p}_1, \boldsymbol{p}_2, \cdots, \boldsymbol{p}_n)$$

则上述线性规划模型的标准型就可表述为以下两种形式。

向量形式为:

$$\max z = \boldsymbol{CX}$$

$$\text{s.t.}\begin{cases} \sum_{j=1}^{n} \boldsymbol{p}_jx_j = \boldsymbol{b} \\ x_j \geqslant 0 \quad (j = 1,2,\cdots,n) \end{cases}$$

矩阵形式为:

$$\max z = \boldsymbol{CX}$$

$$\text{s.t.}\begin{cases} \boldsymbol{AX} = \boldsymbol{b} \\ \boldsymbol{X} \geqslant \boldsymbol{0} \end{cases}$$

式中,$\boldsymbol{A}$ 为约束方程组的系数矩阵($m \times n$ 阶),一般情况下 $m < n$;m 为线性规划的阶数(约束方程的个数);n 为线性规划的维数(未知量个数);$\boldsymbol{b}$ 为限定向量;$\boldsymbol{C}$ 为价值向量。

三、线性规划问题解的概念

线性规划问题:

$$\max z = \sum_{j=1}^{n} c_j x_j \tag{3-3}$$

$$\text{s.t.}\begin{cases}\sum_{j=1}^{n} a_{ij} x_j = b_i \quad (i = 1,2,\cdots,m) & (3\text{-}4)\\ x_j \geqslant 0 \quad (j = 1,2,\cdots,n) & (3\text{-}5)\end{cases}$$

可行解——满足上述约束条件式(3-4)和式(3-5)的解，称为线性规划问题的可行解。全部可行解的集合称为可行域。

最优解——使目标函数(3-3)达到最大值的可行解称为最优解。

基——设 $\boldsymbol{A}$ 为约束方程组(3-4)的 $m\times n$ 阶系数矩阵(设 $n>m$)，其秩为 m，$\boldsymbol{B}$ 是矩阵 $\boldsymbol{A}$ 的一个 $m\times m$ 阶的满秩子矩阵，称 $\boldsymbol{B}$ 是线性规划问题的一个基。不失一般性，设：

$$\boldsymbol{B} = \begin{pmatrix} a_{11} & \cdots & a_{1m} \\ \vdots & & \vdots \\ a_{m1} & \cdots & a_{mm} \end{pmatrix} = (\boldsymbol{P}_1,\cdots,\boldsymbol{P}_m)$$

$\boldsymbol{B}$ 中的每一个列向量 $\boldsymbol{P}_j(j=1,2,\cdots,m)$ 称为基向量，与基向量 $\boldsymbol{P}_j$ 对应的变量 x_j 称为基变量。线性规划中基变量以外的变量称为非基变量。

基解——在约束方程组(3-4)中，令所有非基变量 $x_{m+1}=x_{m+2}=\cdots=x_n=0$，又因为有 $|\boldsymbol{B}|\neq 0$，根据克莱姆规则，由 m 个约束方程可解出 m 个基变量的唯一解 $\boldsymbol{X}_B=(x_1,x_2,\cdots,x_m)^{\mathrm{T}}$。将这个解加上非基变量取 0 的值有 $\boldsymbol{X}=(x_1,x_2,\cdots,x_m,0,\cdots,0)^{\mathrm{T}}$，称 $\boldsymbol{X}$ 为线性规划问题的基解。

基可行解——满足变量非负的约束条件(3-5)的基解称为基可行解。

可行基——对应于基可行解的基称为可行基。

四、线性规划的图解法与基本定理

1. 图解法

对于一般形式的线性规划问题，当只含有两个决策变量时，可用图解法求解。图解法简单直观，便于我们理解线性规划问题解的几何意义和一般解法的基本思想，下面通过例 3-1 来说明图解法。先将例 3-1 的数学模型重列如下：

$$\max z = x_1 + x_2$$

$$\begin{cases} x_1 \leqslant 50 \\ x_2 \leqslant 20 \\ x_2 \leqslant x_1 \\ 0.2x_1 + 0.3x_2 \leqslant 12 \\ x_1, x_2 \geqslant 0 \end{cases}$$

解　首先在 x_1Ox_2 坐标系中画出满足约束条件的可行域，如图 3-1 所示。由非负约束可知，可行域应该在第一象限，然后逐个考虑满足每个约束条件的非负解。满足条件 $x_1\leqslant 50$ 的区域为直线 L_1 的左边部分，满足条件 $x_2\leqslant 20$ 的区域为直线 L_2 的下方部分，满足条件 $x_2\leqslant x_1$ 的区域为直线 L_3 的下方部分，满足条件 $0.2x_1+0.3x_2\leqslant 12$ 的区域为直线 L_4 的下方部分。综合考虑所有约束条件，得到问题的可行域，如图 3-1 中阴影线所示。

确定了可行域以后，我们希望找到可行域中哪些解是最优解，即使目标函数 $z=x_1+x_2$ 取尽可能大的可行解。考虑给定目标函数一个值，如给定 $z=20$，可以在图中画出一条直线

$x_1+x_2=20$，在该直线上的任一点处，对应的目标函数值均为 20，故称该直线为目标函数的等值线。对于其他 z 的给定值，如 $z=30$，也可以在图上画出一条直线 $x_1+x_2=30$。显然，对于不同的给定值 k，$x_1+x_2=k$ 是一组平行的直线，当 k 值由小变大时，目标函数的等值线平行移动，它的最后一个与可行域的交点（一般是可行域的一个顶点）就是所求的最优点，即图 3-1 中的 A 点，其坐标为 $(50,20/3)$。最优解 $z=170/3$。

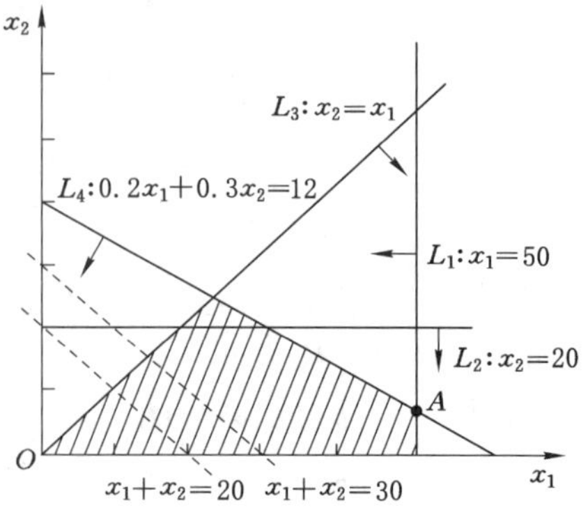

图 3-1

通过上面的图解法可以看出，当目标函数的等值线在可行域中平行移动时，可能出现以下几种特殊情况。

（1）存在多个最优解

通过图解法对上面例 3-1 的求解过程分析，我们知道最优解在目标函数等值线与可行域边界的交点处达到。如果目标函数等值线与可行域的一个边界所在的约束直线重合，出现这种情况时，则问题就有多个最优解。对于有多个最优解的线性规划问题，则意味着有很多决策变量的组合可供选择，决策者可从中选择一个最理想的。

（2）无可行解

如果没有一个点能同时满足所有的约束条件和非负条件，则可行域不存在，因此目标函数就不可能与可行域相交，此时无可行解。

在实际问题中，一般情况下，如果问题不存在可行解，则一般与目标函数无关，说明约束条件过于严格，通常解决的方法是去掉一个或多个约束条件。如果修改后的问题有最优解，则说明去掉的这些约束条件导致问题无可行解。

（3）有无界解

当目标函数等值线的 k 值无限增大时（对最大化问题而言），该等值线仍在可行域中，即如果线性规划问题的解无限地变大时仍满足约束条件，则这样的最大化问题的解称为无界解。对于最小化问题，如果它的可行解无限地变小时仍满足约束条件，则它的解亦称为无界解。

在实际问题中，如果出现线性规划问题的解是无界的，则说明所建立的数学模型不能真实地反映实际问题。其原因通常是遗漏了一些约束条件。

可行域与最优解具有如下关系：当可行域为空集时，则无最优解；当可行域为有界集时，则或有唯一最优解，或有多个最优解；当可行域为无界集时，则或有唯一最优解，或有多个最优解，或有无界解。

2. 凸集、凸组合及顶点的概念

凸集是线性规划中一个很重要的概念，凸集的一般定义为：如果在集合 C 中任意取两个点 x_1，x_2，其连线上的所有点也都在集合 C 中，则称集合 C 为凸集。用数学解析式表达为：对任意 $x_1,x_2\in C$，均有 $\alpha x_1+(1-\alpha)x_2\in C(0<\alpha<1)$，则称 C 为凸集。

如图 3-2 中的(a)和(c)不是凸集，(b)是凸集。

凸组合 —— 设 $x_1,x_2,\cdots,x_k$ 是从集合 C 中任意取得的 k 个点，若存在数 $u_1,u_2,\cdots,u_k$，

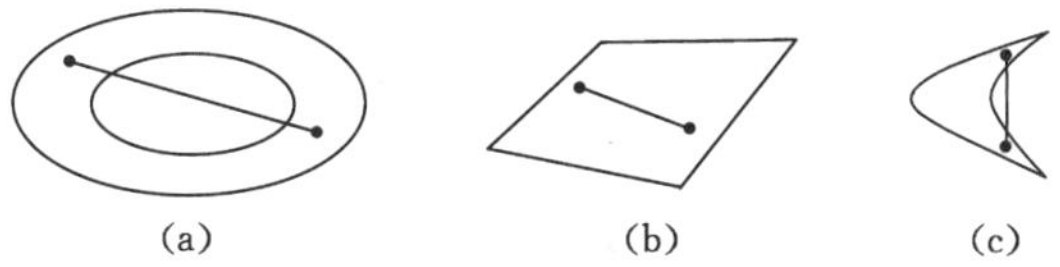

图 3-2

且 $0 < u_i < 1(i = 1,2,\cdots,k)$，$\sum_{i=1}^{k} u_i = 1$，使得 $x = u_1x_1 + u_2x_2 + \cdots + u_kx_k$ 成立，则称 x 为 $x_1,x_2,\cdots,x_k$ 的凸组合。

顶点——凸集 C 中满足下述条件的点称为顶点，如果凸集 C 中不存在两个不同的点 x_1,x_2，使 x 成为这两个点连线上的一个点。或者这样叙述：对任意 $x_1,x_2 \in C$，如果 x 不能表示为 $x = \alpha x_1 + (1-\alpha)x_2[\forall \alpha \in (0,1)]$，则称 x 是凸集 C 的顶点。

3. 线性规划的基本定理

定理 3-1　线性规划问题的可行解集是凸集，即连接线性规划问题任意两个可行解的线段上的点仍然是可行解。

定理 3-2　线性规划问题的可行解 x 为基可行解的充分必要条件是：x 的非零分量所对应的系数矩阵 $\boldsymbol{A}$ 的列向量是线性无关的。

定理 3-3　线性规划问题的可行解集 D 中的点 x 是顶点的充分必要条件是：x 是基可行解。

推论 1　可行解集 D 中的顶点个数是有限的。

推论 2　若可行解集 D 是有界的凸集，则 D 中任意一点 x 都可表示成 D 的顶点的凸组合。

定理 3-4　若可行解集 D 有界，则线性规划问题的最优解必定在 D 的顶点上达到。

说明 1　若可行解集 D 无界，则线性规划问题可能有最优解，也可能无最优解。若有最优解，则必在顶点上达到。

说明 2　有时目标函数可能在多个顶点上达到最优值。这些顶点的凸组合也是最优值（有无穷多最优解）。

五、单纯形法

单纯形法是一种迭代方法，它的思路是：从可行域的某个顶点出发，转换到相邻的一个顶点，使目标函数逐渐接近最优值，当目标函数达到最优值时，线性规划问题的解就找到了。几何上从一个顶点到另一个顶点的迭代，对应代数上从一个基可行解到另一个基可行解。

用凸集理论不难证明：两个变量的线性规划问题，满足其约束条件的一切可行解构成凸多边形。n 个变量的线性规划问题，满足其约束条件的可行域是 n 维凸多面体。n 维凸多面体有 $n+1$ 个顶点，几何上这种凸多面体被称为单纯形。而线性规划问题是在凸多面体顶点集中迭代求解的，因此，将该线性规划问题的求解方法称为单纯形法。

单纯形法首先要解决的问题是，如何确定初始基可行解（即顶点）；其次是如何判断一个基可行解是否为最优解；最后，如不是最优解，则如何构造一个更优的基可行解。

1. 初始基可行解的确定

为了求得初始基可行解，首先要找出初始可行基，其方法如下：

（1）对于等式约束（系数矩阵存在单位矩阵）的情况

$$\max z = \sum_{j=1}^{n} c_j x_j$$

$$\text{s. t.} \begin{cases} \sum_{j=1}^{n} \boldsymbol{p}_j x_j = \boldsymbol{b} \\ x_j \geqslant 0 \quad (j = 1, 2, \cdots, n) \end{cases}$$

若从 $\boldsymbol{p}_j$ 中能直接观察到 m 个线性独立的单位向量，那么经过重新安排其顺序便得到一个可行基：

$$\boldsymbol{B} = (\boldsymbol{p}_1, \boldsymbol{p}_2, \cdots, \boldsymbol{p}_m) = \begin{pmatrix} 1 & 0 & \cdots & 0 \\ 0 & 1 & \cdots & 0 \\ \vdots & \vdots & & \vdots \\ 0 & 0 & \cdots & 1 \end{pmatrix}$$

实际上，若 $\boldsymbol{B}$ 是单位矩阵，则约束方程式可表示成：

$$\begin{cases} x_1 + a_{1,m+1} x_{m+1} + \cdots + a_{1n} x_n = b_1 \\ x_2 + a_{2,m+1} x_{m+1} + \cdots + a_{2n} x_n = b_2 \\ \quad \vdots \\ x_m + a_{m,m+1} x_{m+1} + \cdots + a_{mn} x_n = b_m \\ x_j \geqslant 0 \quad (j = 1, 2, \cdots, n) \end{cases} \tag{3-6}$$

令非基变量 $x_{m+1} = x_{m+2} = \cdots = x_n = 0$，由式(3-6)可得：

$$x_i = b_i \quad (i = 1, 2, \cdots, m)$$

又因为 $b_i \geqslant 0$，于是得到初始基可行解为：

$$\boldsymbol{x}^{(0)} = (x_1, \cdots, x_m, 0, \cdots, 0)^{\mathrm{T}} = (b_1, \cdots, b_m, 0, \cdots, 0)^{\mathrm{T}}$$

(2) 对于约束是“⩽”形式的不等式约束情况

此时，只要在每个不等式约束的左端加上一个非负的松弛变量，重新对 x_j 和 a_{ij} $(i=1, 2, \cdots, m; j=1, 2, \cdots, n)$ 进行编号，就可得到下面的方程组：

$$\begin{cases} x_1 + a_{1,m+1} x_{m+1} + \cdots + a_{1n} x_n = b_1 \\ x_2 + a_{2,m+1} x_{m+1} + \cdots + a_{2n} x_n = b_2 \\ \quad \vdots \\ x_m + a_{m,m+1} x_{m+1} + \cdots + a_{mn} x_n = b_m \\ x_j \geqslant 0 \quad (j = 1, 2, \cdots, n) \end{cases} \tag{3-7}$$

显然可以得到一个 $m \times m$ 阶的单位矩阵：

$$\boldsymbol{B} = (\boldsymbol{p}_1, \boldsymbol{p}_2, \cdots, \boldsymbol{p}_m) = \begin{pmatrix} 1 & 0 & \cdots & 0 \\ 0 & 1 & \cdots & 0 \\ \vdots & \vdots & & \vdots \\ 0 & 0 & \cdots & 1 \end{pmatrix}$$

将 $\boldsymbol{B}$ 作为初始可行基，并令非基变量 $x_{m+1} = x_{m+2} = \cdots = x_m = 0$，就得到初始基可行解：

$$\boldsymbol{x}^{(0)} = (b_1, \cdots, b_m, 0, \cdots, 0)^{\mathrm{T}}$$

(3) 对于约束是“⩾”或“=”(不存在单位矩阵)的情况

对“⩾”形式的不等式约束，在其左端减去一个非负的剩余变量，将不等式约束变为等式约束，再在等式的左端加上一个非负的人工变量，然后用大 M 法或两阶段法求解，就可以得到初始基可行解。

① 大 M 法

大 M 法是处理人工变量的一种方法。当在线性规划的约束条件中加入人工变量后，以人工变量对应的系数列向量作为基向量，可以得到一个初始可行基。为了使人工变量不影响目标函数的取值，就需要在迭代过程中尽快地把人工变量从基变量中替换出来变为非基变量。为此，若目标函数是实现最大化的问题，就必须假定人工变量在目标函数中的价值系数为“$-M$”(M 为无穷大的正数)，这样只要在基变量中还存在人工变量，目标函数就不可能实现最大化。若目标函数是实现最小化的问题，则必须假定人工变量在目标函数中的价值系数为“$+M$”。这种方法称为大 M 法。

现考虑如下线性规划问题：

$$\max z=c_1x_1+c_2x_2+\cdots+c_nx_n$$

$$\text{s.t.}\begin{cases}a_{11}x_1+a_{12}x_2+\cdots+a_{1n}x_n\geqslant b_1\\a_{21}x_1+a_{22}x_2+\cdots+a_{2n}x_n\geqslant b_2\\\quad\vdots\\a_{m1}x_1+a_{m2}x_2+\cdots+a_{mn}x_n\geqslant b_m\\x_j\geqslant 0\quad(j=1,2,\cdots,n)\end{cases}$$

在上述问题的约束条件中，引入剩余变量 $x_1',x_2',\cdots,x_m'$ 和人工变量 $x_1'',x_2'',\cdots,x_m''$，可得标准型：

$$\max z=c_1x_1+c_2x_2+\cdots+c_nx_n-Mx_1''-\cdots-Mx_m''$$

$$\text{s.t.}\begin{cases}a_{11}x_1+a_{12}x_2+\cdots+a_{1n}x_n-x_1'+x_1''=b_1\\a_{21}x_1+a_{22}x_2+\cdots+a_{2n}x_n-x_2'+x_2''=b_2\\\quad\vdots\\a_{m1}x_1+a_{m2}x_2+\cdots+a_{mn}x_n-x_m'+x_m''=b_m\\x_j\geqslant 0\quad(j=1,2,\cdots,n)\\x_i'\geqslant 0\quad(i=1,2,\cdots,m)\\x_i''\geqslant 0\quad(i=1,2,\cdots,m)\end{cases}$$

② 两阶段法

两阶段法是处理人工变量的另一种方法。它把加入人工变量后的线性规划问题分为两个阶段来求解。第一阶段通过单纯形迭代，把人工变量从基变量中置换出来，找到原问题的一个基可行解，再转入第二阶段，对原目标要求继续迭代，直到求得最优解。

第一阶段：构造一个辅助线性规划，其目标函数为所有人工变量之和。当人工变量从基变量中逐步置换出来时，此目标函数值逐渐减小，直至为零，故目标要求最小。约束条件仍为原问题的标准约束条件，即

$$\min \omega=\sum_{i=1}^{m}x_{n+i}$$

$$\text{s.t.}\begin{cases}\sum_{j=1}^{n}a_{ij}x_j+x_{n+i}=b_i\quad(i=1,2,\cdots,m)\\x_j\geqslant 0,x_{n+i}\geqslant 0\end{cases}$$

式中，x_{n+i}为引入的人工变量。

对辅助线性规划用单纯形法求最优解。如果最优解的目标函数 $\min \omega=0$，则说明所有人工变量都为零，于是可以去掉人工变量，转入第二阶段继续计算；如果 $\min \omega>0$，则说明仍有某些人工变量没有降到零，表示原问题没有可行解，停止计算。

第二阶段：若原问题有解，则在辅助线性规划的最优单纯形表中，划去人工变量所在的列，并将目标函数换成原线性规划的目标函数，重新计算 σ_j，就可得到原线性规划的单纯形表，再应用单纯形表进行计算，确定最优解。

2. 最优解检验

得到初始基可行解后，就进入迭代过程，但在开始迭代之前应建立一个判断准则，以便检验每次迭代后的基可行解是否是最优解，从而决定迭代过程是停止还是继续。

最优解检验用式(3-8)判断：

$$\sigma_j = c_j - \sum_{i=1}^{m} c_i a_{ij} \tag{3-8}$$

判断准则为：

① 若目标函数为最大化函数，则要求 $\sigma_j \leqslant 0$；

② 若目标函数为最小化函数，则要求 $\sigma_j \geqslant 0$。

3. 基变换

在最优解的检验中，若初始基可行解 $\boldsymbol{x}^{(0)}$ 既不是最优解，也不属于无有限最优解的情况，则需要进一步寻找新的基可行解，即在保证线性独立的基础上，将原可行基换一个列向量，从而得到一个新的可行基，这就称为基变换。

(1) 换入变量的确定

对于最大化问题，当某些 $\sigma_j>0$ 时，x_j 增加则目标函数值也要增加，这就要将某一个非基变量 x_j 换到基变量中去。若有两个以上的 $\sigma_j>0$，为了使目标函数增加更快，一般应选 $\sigma_j>0$ 中的最大值，即

$$\max_j(\sigma_j \mid \sigma_j>0)=\sigma_k$$

则对应的非基变量 x_k 为换入变量。

(2) 换出变量的确定

当确定非基变量 x_k 为换入变量(基变量)后，它的取值从零变为非零了，而其他非基变量仍为零。则存在：

$$\begin{cases} x_1=b_1-a_{1k}x_k\geqslant 0 \\ x_2=b_2-a_{2k}x_k\geqslant 0 \\ \quad\vdots \\ x_m=b_m-a_{mk}x_k\geqslant 0 \end{cases} \tag{3-9}$$

从式(3-9)可以看出，当 $a_{ik}>0$ 时，x_k 的增大必将使 x_i 变小，甚至还可能出现负值。为了保证变量非负的要求，应取出随 x_k 的增大而首先变为零的那个基变量，换句话说，就是要从 $\frac{b_1}{a_{1k}},\frac{b_2}{a_{2k}},\cdots,\frac{b_m}{a_{mk}}$ 中取出最小值所对应的那个基变量。因此，换出变量可以按下式确定：

$$\theta=\min_i\left(\frac{b_i}{a_{ik}} \mid a_{ik}>0\right)=\frac{b_l}{a_{lk}}$$

其对应的基变量 x_l 为换出变量。按最小值确定 θ 称为最小比值规则(或 θ 规则)。

4. 旋转运算

在确定了换入变量 x_k 和换出变量 x_l 之后，要把 x_k 和 x_l 的位置进行交换，为此需要把 x_k 所对应的系数列向量 $\boldsymbol{P}_k$ 变成单位列向量。这只要对系数矩阵的增广矩阵进行“行”的初等变换即可。称这种行的初等变换过程为旋转运算。

六、单纯形法的计算步骤

1. 单纯形表

为了便于计算和检验，人们设计了一种与增广矩阵相似的计算表，称为单纯形表。将标准型约束方程组和目标函数一起组成 $n+1$ 变量，$m+1$ 个方程的系数写成增广矩阵形式：

$$\begin{matrix} -z & x_1 & x_2 & \cdots & x_m & x_{m+1} & \cdots & x_n & b \end{matrix}$$
$$\left(\begin{array}{cccccccc|c} 0 & 1 & 0 & \cdots & 0 & a_{1,m+1} & \cdots & a_{1n} & b_1 \\ 0 & 0 & 1 & \cdots & 0 & a_{2,m+1} & \cdots & a_{2n} & b_2 \\ \vdots & \vdots & \vdots & & \vdots & \vdots & & \vdots & \vdots \\ 0 & 0 & 0 & \cdots & 1 & a_{m,m+1} & \cdots & a_{mn} & b_m \\ 1 & c_1 & c_2 & \cdots & c_m & c_{m+1} & \cdots & c_n & 0 \end{array}\right)$$

将目标函数 z 看作不参与基变换的基变量。它和 $x_1,x_2,\cdots,x_m$ 的系数构成一个基，因此，需要采用行的初等变换将 $c_1,c_2,\cdots,c_m$ 变为零。根据初等变换后的增广矩阵，设计成一种计算表，即单纯形表，如表 3-3 所列。

表 3-3　单纯形表

$c_j \to$			c_1	$\cdots$	c_m	c_{m+1}	$\cdots$	c_n	θ_i
c_B	x_B	b	x_1	$\cdots$	x_m	x_{m+1}	$\cdots$	x_n	
c_1	x_1	b_1	1	$\cdots$	0	$a_{1,m+1}$	$\cdots$	$a_{1,n}$	θ_1
c_2	x_2	b_2	0	$\cdots$	0	$a_{2,m+1}$	$\cdots$	$a_{2,n}$	θ_2
$\vdots$	$\vdots$	$\vdots$	$\vdots$		$\vdots$	$\vdots$		$\vdots$	$\vdots$
c_m	x_m	b_m	0	$\cdots$	1	$a_{m,m+1}$	$\cdots$	$a_{m,n}$	θ_m
c_j-z_j		$\sum_{i=1}^{m} c_ib_i$	0	$\cdots$	0	$c_{m+1}-\sum_{i=1}^{m} c_ia_{i,m+1}$	$\cdots$	$c_n-\sum_{i=1}^{m} c_ia_{i,n}$	

表 3-3 中，x_B 列为基变量；c_B 列为基变量的价值系数；b 列为约束方程组右端的常数；c_j 行为各变量的价值系数；最后一行为检验数，对应各非基变量 x_j 的检验数是 $c_j-\sum_{i=1}^{m} c_ia_{ij}$，即 $\sigma_j=c_j-z_j(j=m+1,\cdots,n)$；$\theta$ 列是按 θ 规则算出来的，作为确定换出变量准则。

表 3-3 称为初始单纯形表，以它为起点进行迭代。每迭代一次就得到一个新的单纯形表。

2. 单纯形法的计算步骤

综上所述，单纯形法求解线性规划问题的步骤可归纳如下：

① 找出初始可行基，确定初始基可行解，建立初始单纯形表。

② 检查对应非基变量的检验数 σ_j，如果所有的 $\sigma_j\leqslant 0$，则停止计算，所得到的结果已是

最优解；在所有 $\sigma_j>0$ 中，若有一个 σ_k 对应 x_k 的系数列向量 $\boldsymbol{P}_k\leqslant 0$，即对 $i=1,2,\cdots,m$ 均有 $a_{ik}\leqslant 0$，则此问题无界，停止计算；在所有 $\sigma_j>0$ 中，若有一个 σ_k 所对应的非基变量 x_k 的系数列向量 $\boldsymbol{P}_k$ 存在正分量，则基可行解不是最优解，转入下一步。

③ 根据 $\max(\sigma_j|\sigma_j>0)=\sigma_k$，确定 x_k 为换入变量，根据

$$\theta=\min_i\left(\frac{b_i}{a_{ik}}\middle|a_{ik}>0\right)=\frac{b_l}{a_{lk}}$$

确定 x_l 为换出变量，于是得到主元素 a_{lk}，转入下一步。

④ 以 a_{lk} 为主元素，用高斯消去法进行迭代，把 x_k 的系数列向量变换为单位列向量，即

$$\boldsymbol{P}_k=\begin{pmatrix}a_{1k}\\ \vdots\\ a_{lk}\\ \vdots\\ a_{mk}\end{pmatrix}\xrightarrow{\text{迭代}}\begin{pmatrix}0\\ \vdots\\ 1\\ \vdots\\ 0\end{pmatrix}\xleftarrow{\text{第 } l \text{ 行}}$$

将 x_k 与 x_l 的位置交换，则得新的单纯形表，再以它为起点重复步骤②—④，直至得到最优解为止。

下面通过例子说明用单纯形法求解线性规划问题的过程。

例 3-4 用单纯形法求解如下线性规划问题。

$$\max z=7x_1+12x_2$$

$$\begin{cases}9x_1+4x_2\leqslant 360\\ 4x_1+5x_2\leqslant 200\\ 3x_1+10x_2\leqslant 300\\ x_1,x_2\geqslant 0\end{cases}$$

解 首先引入松弛变量 x_3,x_4,x_5，将上述线性规划问题化为标准型：

$$\max z=7x_1+12x_2$$

$$\begin{cases}9x_1+4x_2+x_3=360\\ 4x_1+5x_2+x_4=200\\ 3x_1+10x_2+x_5=300\\ x_1,x_2,\cdots,x_5\geqslant 0\end{cases}$$

第一步：写出初始单纯形表，见表 3-4。

表 3-4

c_j			7	12	0	0	0	θ_i
c_B	x_B	b	x_1	x_2	x_3	x_4	x_5	
0	x_3	360	9	4	1	0	0	
0	x_4	200	4	5	0	1	0	
0	x_5	300	3	10	0	0	1	
c_j-z_j			7	12	0	0	0	

由于 x_3,x_4,x_5 在系数矩阵中所对应的列是线性无关的，取 x_3,x_4,x_5 作为基变量，写在

表 3-4 的基变量 x_B 列中。c_j 表示目标函数中各变量的系数。表 3-4 的 c_B 列中的值是基变量在目标函数中的系数，它们将随基变量的改变而改变，并与基变量相对应，在本例中初始的 c_B 都是 0。b 列是约束方程组右边的常数。θ 列是确定进基和退基变量列。最后一行，称为检验数行，对应非基变量 x_j 的检验数为：

$$c_j - \sum_{i=1}^{m} c_{B_i} a_{ij} = c_j - x_j$$

式中，c_{B_i} 是表 3-4 中的系数矩阵第 i 行对应的基变量在目标函数中的系数（本例中基变量为 x_3，x_4，x_5，它们在目标函数中的系数均为 0），c_j 是目标函数中 x_j 的系数，所以：

$$c_1 - z_1 = 7 - (0 \times 9 + 0 \times 4 + 0 \times 3) = 7$$

$$c_2 - z_2 = 12 - (0 \times 4 + 0 \times 5 + 0 \times 10) = 12$$

令 $x_1 = x_2 = 0$，得 $(0, 0, 360, 200, 300)^T$ 为一初始基可行解，所对应的目标函数值 $z = 7 \times 0 + 12 \times 0$。

第二步：判断基可行解是否最优。如果检验数行的元素均小于或等于 0（对于最大值问题），则基可行解最优。否则继续第三步（在本例中，x_2 所对应的检验数 12 是最大的）。

第三步：找出检验数行中最大者所在列，并作为主列，即第二列作为主列。将主列中大于零的元素分别除 b 列中相应的值，即得 $\frac{360}{4}=90$，$\frac{200}{5}=40$，$\frac{300}{10}=30$，将它们写在表 3-4 最右边的列中，见表 3-5。

表 3-5

c_j			7	12	0	0	0	θ_i
c_B	x_B	b	x_1	x_2	x_3	x_4	x_5	
0	x_3	360	9	4	1	0	0	90
0	x_4	200	4	5	0	1	0	40
0	x_5	300	3	10	0	0	1	30
$c_j - z_j$			7	12	0	0	0	

将最大检验数所在主列（即第二列）对应的变量 x_2 作为换入变量，替换 θ 列中最小值 30 所对应行（即第三行）的基变量 x_5。同时，用行变换把这行与主列的交叉元素 $a_{32}=10$ 化为 1，主列的其他元素化为 0，得到表 3-6。

表 3-6

c_j			7	12	0	0	0	θ_i
c_B	x_B	b	x_1	x_2	x_3	x_4	x_5	
0	x_3	240	7.8	0	1	0	−0.4	30.8
0	x_4	50	2.5	0	0	1	−0.5	20
12	x_2	30	0.3	1	0	0	0.1	100
$c_j - z_j$			3.4	0	0	0	−1.2	

第四步：因为表 3-6 中检验数有大于零的数（3.4），所以重复第三步，得表 3-7。

表 3-7

c_j			7	12	0	0	0	θ_i
c_B	x_B	b	x_1	x_2	x_3	x_4	x_5	
0	x_3	84	0	0	1	−3.12	1.16	
7	x_1	20	1	0	0	0.4	−0.2	
12	x_2	24	0	1	0	−0.12	0.16	
c_j-z_j			0	0	0	−1.36	−0.522	

对于最大值问题，由表 3-7 知，由于所有的检验数小于或等于零，所以得到最优解：$x_1=20, x_2=24, x_3=84, x_4=0, x_5=0$。目标函数最大值 $z_{\max}=428$。

同理，利用上面介绍的单纯形法求解例 3-1，首先将原模型化为标准型：

$$\max z = x_1 + x_2$$

$$\begin{cases} x_1 + x_3 = 50 \\ x_2 + x_4 = 20 \\ -x_1 + x_2 + x_5 = 0 \\ 2x_1 + 3x_2 + x_6 = 120 \\ x_1, x_2, \cdots, x_6 \geqslant 0 \end{cases}$$

则 x_3, x_4, x_5, x_6 为基变量，x_1, x_2 为非基变量。可得初始基可行解 $\boldsymbol{x}^{(0)}=(0,0,50,20,0,120)^{\mathrm{T}}$。列初始单纯形表(表 3-8)并进行迭代。

表 3-8

c_j			1	1	0	0	0	0	θ_i
c_B	x_B	b	x_1	x_2	x_3	x_4	x_5	x_6	
0	x_3	50	1	0	1	0	0	0	50
0	x_4	20	0	1	0	1	0	0	
0	x_5	0	−1	1	0	0	1	0	
0	x_6	120	2	3	0	0	0	1	60
c_j-z_j			1	1	0	0	0	0	
1	x_1	50	1	0	1	0	0	0	
0	x_4	20	0	1	0	1	0	0	20
0	x_5	50	0	1	1	0	1	0	50
0	x_6	20	0	3	−2	0	0	1	20/3
c_j-z_j			1	1	0	0	0	0	
1	x_1	50	1	0	1	0	0	0	
0	x_4	40/3	0	0	2/3	1	0	−1/3	
0	x_5	130/3	0	0	5/3	0	1	−1/3	
1	x_2	20/3	0	1	−2/3	0	0	1/3	
c_j-z_j			0	0	−1/3	0	0	−1/3	

该检验数均为负数或零，说明该模型已得到最优解，即 $\boldsymbol{X}^*=(50,20/3,0,40/3,130/3,0)$，目标函数值 $Z^*=170/3$。

例 3-5　某矿近期计划安排 4 对新建片盘斜井投产，产量达到 90 万 t/a，4 对已设计完成的片盘斜井基本情况如表 3-9 所列。共有投资 7 300 万元，问各片盘斜井产量安排多少时，年总生产成本最少？

表 3-9

片盘斜井编号	生产能力/(万 t/a)	吨煤投资/元	吨煤成本/元
1	27	60	8
2	36	77	9
3	27	81	9
4	36	55	11

解　设 x_1,x_2,x_3,x_4 为各片盘斜井的产量(万 t/a)，根据已知条件可建立如下数学模型：

$$\min z = 8x_1 + 9x_2 + 9x_3 + 11x_4$$

$$\begin{cases} 60x_1 + 77x_2 + 81x_3 + 55x_4 \leqslant 7\,300 \\ x_1 + x_2 + x_3 + x_4 \geqslant 90 \\ x_1 \leqslant 27 \\ x_2 \leqslant 36 \\ x_3 \leqslant 27 \\ x_4 \leqslant 36 \\ x_1,x_2,x_3,x_4 \geqslant 0 \end{cases}$$

在约束条件中引入松弛变量和剩余变量后，约束条件可变为：

$$\begin{cases} 60x_1 + 77x_2 + 81x_3 + 55x_4 + x_5 = 7\,300 \\ x_1 + x_2 + x_3 + x_4 - x_6 = 90 \\ x_1 + x_7 = 27 \\ x_2 + x_8 = 36 \\ x_3 + x_9 = 27 \\ x_4 + x_{10} = 36 \\ x_1,x_2,\cdots,x_{10} \geqslant 0 \end{cases}$$

由于第二个约束条件无单位矩阵，因此构不成初始可行基，所以要加入人工变量 x_{11}，则数学模型变为：

$$\min z = 8x_1 + 9x_2 + 9x_3 + 11x_4 + Mx_{11}$$

$$\begin{cases} 60x_1 + 77x_2 + 81x_2 + 55x_4 + x_5 = 7\,300 \\ x_1 + x_2 + x_3 + x_4 - x_6 + x_{11} = 90 \\ x_1 + x_7 = 27 \\ x_2 + x_8 = 36 \\ x_3 + x_9 = 27 \\ x_4 + x_{10} = 36 \\ x_1,x_2,\cdots,x_{11} \geqslant 0 \end{cases}$$

用单纯形法求解上述问题，在迭代过程中，注意最大判别数中的 M 是无穷大的正数，比每个已知的正数都大。其求解过程如表 3-10 所列。

表 3-10

	c_j		8	9	9	11	0	0	0	0	0	0	M	θ_i
c_B	x_B	b	x_1	x_2	x_3	x_4	x_5	x_6	x_7	x_8	x_9	x_{10}	x_{11}	
0	x_5	7 300	60	77	81	55	1	0	0	0	0	0	0	121.7
M	x_{11}	90	1	1	1	1	0	−1	0	0	0	0	1	90
0	x_7	27	[1]	0	0	0	0	0	1	0	0	0	0	27
0	x_8	36	0	1	0	0	0	0	0	1	0	0	0	
0	x_9	27	0	0	1	0	0	0	0	0	1	0	0	
0	x_{10}	36	0	0	0	1	0	0	0	0	0	1	0	
	c_j-z_j		$8-M$	$9-M$	$9-M$	$11-M$	0	M	0	0	0	0	0	
0	x_5	5 680	0	77	81	55	1	0	−60	0	0	0	0	73.8
M	x_{11}	63	0	1	1	1	0	−1	−1	0	0	0	1	63
8	x_1	27	1	0	0	0	0	0	1	0	0	0	0	
0	x_8	36	0	[1]	0	0	0	0	0	1	0	0	0	36
0	x_9	27	0	0	1	0	0	0	0	0	1	0	0	
0	x_{10}	36	0	0	0	1	0	0	0	0	0	1	0	
	c_j-z_j		0	$9-M$	$9-M$	$11-M$	0	M	$M-8$	0	0	0	0	
0	x_5	2 908	0	0	81	55	1	0	−60	−77	0	0	0	39
M	x_{11}	27	0	0	[1]	1	0	−1	−1	−1	0	0	1	27
8	x_1	27	1	0	0	0	0	0	1	0	0	0	0	
9	x_2	36	0	1	0	0	0	0	0	1	0	0	0	
0	x_9	27	0	0	1	0	0	0	0	0	1	0	0	27
0	x_{10}	36	0	0	0	1	0	0	0	0	0	1	0	
	c_j-z_j		0	0	$9-M$	$11-M$	0	M	$M-8$	$M-9$	0	0	0	
0	x_5	721	0	0	0	−26	1	81	21	4	0	0	−81	
9	x_3	27	0	0	1	1	0	−1	−1	−1	0	0	1	
8	x_1	27	1	0	0	0	0	0	1	0	0	0	0	
9	x_2	36	0	1	0	0	0	0	0	1	0	0	0	
0	x_9	0	0	0	0	−1	0	1	1	1	1	0	−1	
0	x_{10}	36	0	0	0	1	0	0	0	0	0	1	0	
	c_j-z_j		0	0	0	2	0	9	1	0	0	0	$M-9$	

M 是无穷大的正数，因是最小化问题，由表 3-10 知，所有检验数 $c_j-z_j\geqslant 0$，所以目标函数达最小值。并且因为人工变量 $x_{11}=0$，故原问题的最优解 $\boldsymbol{X}^*=(27,36,27,0,721,0,0,0,0,36,0)^{\mathrm{T}}$，目标函数值 $Z^*=783$ 万元。

用两阶段法求解例 3-5 时，第一阶段的线性规划问题可写为：

$$\min \omega = x_{11}$$

$$\begin{cases} 60x_1 + 77x_2 + 81x_3 + 55x_4 + x_5 = 7\ 300 \\ x_1 + x_2 + x_3 + x_4 - x_6 + x_{11} = 90 \\ x_1 + x_7 = 27 \\ x_2 + x_8 = 36 \\ x_3 + x_9 = 27 \\ x_4 + x_{10} = 36 \\ x_1, x_2, \cdots, x_{11} \geqslant 0 \end{cases}$$

用单纯形法求解上述线性规划问题,其结果如表 3-11 所列。

表 3-11

	c_j		0	0	0	0	0	0	0	0	0	0	1	θ_i
c_B	x_B	b	x_1	x_2	x_3	x_4	x_5	x_6	x_7	x_8	x_9	x_{10}	x_{11}	
0	x_5	7 300	60	77	81	55	1	0	0	0	0	0	0	121.7
1	x_{11}	90	1	1	1	1	0	−1	0	0	0	0	1	90
0	x_7	27	[1]	0	0	0	0	0	1	0	0	0	0	27
0	x_8	36	0	1	0	0	0	0	0	1	0	0	0	
0	x_9	27	0	0	1	0	0	0	0	0	1	0	0	
0	x_{10}	36	0	0	0	1	0	0	0	0	0	1	0	
	$c_j - z_j$		−1	−1	−1	−1	0	1	0	0	0	0	0	
0	x_5	5 680	0	77	81	55	1	0	−60	0	0	0	0	73.8
1	x_{11}	63	0	1	1	1	0	−1	−1	0	0	0	1	63
0	x_1	27	1	0	0	0	0	0	1	0	0	0	0	
0	x_8	36	0	[1]	0	0	0	0	0	1	0	0	0	36
0	x_9	27	0	0	1	0	0	0	0	0	1	0	0	
0	x_{10}	36	0	0	0	1	0	0	0	0	0	1	0	
	$c_j - z_j$		0	−1	−1	−1	0	1	1	0	0	0	0	
0	x_5	2 908	0	0	81	55	1	0	−60	−77	0	0	0	35.9
1	x_{11}	27	0	0	[1]	1	0	−1	−1	−1	0	0	1	27
0	x_1	27	1	0	0	0	0	0	1	0	0	0	0	
0	x_2	36	0	1	0	0	0	0	0	1	0	0	0	
0	x_9	27	0	0	1	0	0	0	0	0	1	0	0	27
0	x_{10}	36	0	0	0	1	0	0	0	0	0	1	0	
	$c_j - z_j$		0	0	−1	−1	0	1	1	1	0	0	0	
0	x_5	721	0	0	0	−26	1	81	21	4	0	0	−81	
0	x_3	27	0	0	1	1	0	−1	−1	−1	0	0	1	
0	x_1	27	1	0	0	0	0	0	1	0	0	0	0	
0	x_2	36	0	1	0	0	0	0	0	1	0	0	0	
0	x_9	0	0	0	0	−1	0	1	1	1	1	0	−1	
0	x_{10}	36	0	0	0	1	0	0	0	0	0	1	0	
	$c_j - z_j$		0	0	0	0	0	0	0	0	0	0	1	

因是最小化问题，所以当 $c_j-z_j\geqslant 0$ 时，目标函数达最小值，$\min\ \omega=0$，因此此模型有最优解。下面开始转入第二阶段。将第一阶段的最终计算结果表 3-11 中的人工变量取消，并将目标函数改为原问题的目标函数。即求下列线性规划问题：

$$\min z = 8x_1 + 9x_2 + 9x_3 + 11x_4$$

$$\begin{cases} -26x_4 + x_5 + 81x_6 + 21x_7 + 4x_8 = 721 \\ x_3 + x_4 - x_6 - x_7 - x_8 = 27 \\ x_1 + x_7 = 27 \\ x_2 + x_8 = 36 \\ -x_4 + x_6 + x_7 + x_8 + x_9 = 0 \\ x_4 + x_{10} = 36 \\ x_1, x_2, \cdots, x_{10} \geqslant 0 \end{cases}$$

第二阶段：用单纯形法求解上述线性规划问题，其求解过程如表 3-12 所列。

表 3-12

c_j			10	9	9	11	0	0	0	0	0	0	θ_i
c_B	x_B	b	x_1	x_2	x_3	x_4	x_5	x_6	x_7	x_8	x_9	x_{10}	
0	x_5	721	0	0	0	−26	1	81	21	4	0	0	
9	x_3	27	0	0	1	1	0	−1	−1	−1	0	0	
8	x_1	27	1	0	0	0	0	0	1	0	0	0	
9	x_2	36	0	1	0	0	0	0	0	1	0	0	
0	x_9	0	0	0	0	−1	0	1	1	1	1	0	
0	x_{10}	36	0	0	0	1	0	0	0	0	0	1	
c_j-z_j			0	0	0	2	0	9	1	0	0	0	

因是最小化问题，从表 3-12 可知，所有检验数 $c_j-z_j\geqslant 0$，所以得到最优解 $\boldsymbol{X}^*=(27,36,27,0,721,0,0,0,0,36,0)^{\mathrm{T}}$，目标函数值 $Z^*=783$ 万元。

第二节　整数规划法

前面讨论的线性规划问题，其最优解变量的值，可能是整数，也可能是小数或分数。但有许多实际线性规划问题要求最优解的部分变量或全部变量取整数值，如确定人员数量、机器台数、运输车辆数等时，决策变量就必须取非负整数值。这种要求部分变量或全部变量取整数值的数学规划问题，称为整数规划问题。

整数规划中全部变量都必须为整数时，就称为纯整数规划；如果只要求部分变量必须为整数，则称为混合整数规划。整数规划的一种特殊情形是它的变量取值仅限于 0 或 1，称为 0-1 规划。

整数规划是近 40 年来发展起来的规划论中的一个分支，它在矿业工程中的应用十分广泛，如采掘进度计划的编制、设备的配置和人员分配、矿区发展规划等。

整数规划问题的解法很多，这里主要介绍常用的分支定界法和解 0-1 规划的隐枚举法。

一、分支定界法

分支定界法用搜索的方法来寻求最优整数解，它通过考虑整数规划问题的连续形式来求解整数问题。这种方法的基本思想是把整数规划问题按连续变量线性规划模型求解，假定 x_r 是一个有整数约束的变量，而它的最优连续值 x_r^* 是分数，则因区间 $([x_r^*],[x_r^*]+1)$ 内不包含任何整数，x_r 的可行整数解必满足两个条件 $x_r \leqslant [x_r^*]$ 或 $x_r \geqslant [x_r^*]+1$ 之一。把这两个条件作为约束条件加到原来的可行域中去，使原来的可行域被分割为两个部分，相应地把这个约束条件分别加入原问题中去，形成两个互斥的问题，这就是"分支"。原来的问题被分割为两个部分问题。这样做，实际上是利用整数性的必要条件，在划分的过程中删去不含可行整数点的部分连续空间，从而缩小原来作为连续变量线性规划问题的可行域。

把每一个部分问题，以原目标函数按一般线性规划问题求解。如果部分问题的最优解都满足整数条件，那么就把最好的一个记录下来作为最优解。在这种情况下，就不需要再进一步划分部分问题了，因为通过增加约束条件划分部分问题缩小了可行域，不可能产生更好的整数解。如果仍有整数变量的最优值是分数，那么再把整数条件加进去而将部分问题再划分为两个部分问题进行求解。当某一个部分问题得到一个比记录在案的整数解更好的整数可行解时，就用它来代替现有的一个。按此步骤进行下去，直到每一个部分问题得到一个整数解或者明显看出不能产生一个更好的整数解为止。此时，最后记录下来的满足整数条件的可行解，就是问题的最优整数解。

所谓"定界"，是指如果一个部分问题的连续最优解的目标函数值比已得到的最好整数解的目标函数值还差，那么就不值得进一步去研究这个部分问题了。因为通过增加整数约束条件缩减可行域所求得部分问题的整数解，不会比相应的连续变量下的最优解好。在这种情况下，称这个部分问题已被"查清"了，从此可以舍去。也就是说，一旦求出一个可行整数解，它的相应目标函数值可以用来作为一个界（对于最大化问题是下界，而对于最小化问题是上界）来舍弃那些较差的部分问题。因此，运用定界的概念可以提高计算效率。

下面通过一个例子来说明分支定界法的具体步骤。

例 3-6　求解整数规划：

$$\max z=3x_1+2x_2$$
$$\begin{cases}2x_1+3x_2\leqslant 14\\4x_1+2x_2\leqslant 18\\x_1,x_2\geqslant 0,\text{且 } x_1,x_2 \text{ 取整数}\end{cases}\tag{3-10}$$

解　① 考虑式(3-10)的相应线性规划：

$$\max z=3x_1+2x_2$$
$$\begin{cases}2x_1+3x_2\leqslant 14\\4x_1+2x_2\leqslant 18\\x_1,x_2\geqslant 0\end{cases}\tag{3-10-B}$$

求式(3-10-B)得最优解 $x_1=3.25$，$x_2=2.5$，目标函数值 $z_0=14.75$，该值为整数规划式(3-10)的上界。

② 分支过程。任选一个取分数值的变量，如选 x_1 进行分支，构造两个新的约束条件：

$$x_1\leqslant[3.25]=3\tag{3-11}$$

$$x_1\geqslant[3.25]+1=4\tag{3-12}$$

将式(3-11)添加到式(3-10-B)中,构成线性规划式(3-10-B_1);将式(3-12)添加到式(3-10-B)中,构成线性规划式(3-10-B_2)。

$$\max z = 3x_1 + 2x_2$$
$$\begin{cases} 2x_1 + 3x_2 \leqslant 14 \\ 4x_1 + 2x_2 \leqslant 18 \\ x_1 \leqslant 3 \\ x_1, x_2 \geqslant 0 \end{cases} \tag{3-10-B_1}$$

$$\max z = 3x_1 + 2x_2$$
$$\begin{cases} 2x_1 + 3x_2 \leqslant 14 \\ 4x_1 + 2x_2 \leqslant 18 \\ x_1 \geqslant 4 \\ x_1, x_2 \geqslant 0 \end{cases} \tag{3-10-B_2}$$

求解分支式(3-10-B_1)得最优解 $x_1 = 3, x_2 = 8/3$,相应的目标函数值 $z_1 = 14\frac{1}{3}$。求解分支式(3-10-B_2)得最优解 $x_1 = 4, x_2 = 1$,相应的目标函数值 $z_2 = 14$。由于式(3-10-B_2)的最优解是整数解,所以该分支无须再分支,并且该值可以作为其余各个节点的下界,即任何一个目标函数值 $z \leqslant 14$ 的节点可以舍弃。而 $z_2 = 14 < z_1 = 14\frac{1}{3}$,但式(3-10-$B_1$)的最优解是非整数解。所以,对式(3-10-$B_1$)分支下去,所得整数解的目标函数值有可能比 $z_2 = 14$ 大,也可能比 $z_2 = 14$ 小,故需要对式(3-10-B_1)继续分支,分支得线性规划式(3-10-B_{11})和式(3-10-B_{12})。

$$\max z = 3x_1 + 2x_2$$
$$\begin{cases} 2x_1 + 3x_2 \leqslant 14 \\ 4x_1 + 2x_2 \leqslant 18 \\ x_1 \leqslant 3 \\ x_2 \leqslant 2 \\ x_1, x_2 \geqslant 0 \end{cases} \tag{3-10-B_{11}}$$

$$\max z = 3x_1 + 2x_2$$
$$\begin{cases} 2x_1 + 3x_2 \leqslant 14 \\ 4x_1 + 2x_2 \leqslant 18 \\ x_1 \leqslant 3 \\ x_2 \geqslant 3 \\ x_1, x_2 \geqslant 0 \end{cases} \tag{3-10-B_{12}}$$

解线性规划式(3-10-B_{11})得最优解 $x_1 = 3, x_2 = 2$,相应的目标函数值 $z_{11} = 13$。解线性规划式(3-10-B_{12})得最优解 $x_1 = 2.5, x_2 = 3$,相应的目标函数值 $z_{12} = 13.5$。

③ 检查计算所有待求解的分支。虽然式(3-10-B_{12})的最优解仍为非整数解,但其目标函数值 $z_{12} = 13.5 < z_2 = 14$,所以再对式(3-10-B_{12})进行分支所得目标函数值也不能超过 $z_2 = 14$,故没有必要继续分支。而式(3-10-B_{11})的最优解是整数解,但其目标函数值 $z_{11} = 13 < z_2 = 14$。由此得到整数规划式(3-10)的最优解 $x_1 = 4, x_2 = 1$,相应的目标函数

值 $z=14$。计算过程如图 3-3 所示。

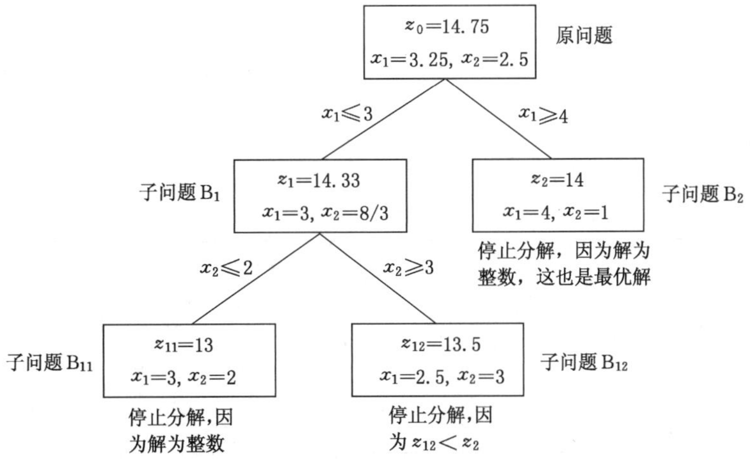

图 3-3　计算过程

二、0-1 规划

0-1 规划是整数规划的特殊情形，它的变量 x_i 仅取值 0 或 1。其解法可以采用枚举法，即检查变量取值 0 或 1 的每一种组合，比较函数值的大小求得最优解。采用枚举法，当变量个数较多时，就很难进行。因此，在枚举法的基础上，通过增加某些条件，以减少计算工作量，求得问题的最优解。这样的方法叫作隐枚举法。

隐枚举法的做法是：先从所有变量等于零出发，然后依次指定一些变量取值 1，直到获得一个可行解。于是，把这第一个可行解的目标函数值作为一个"界"，制定出一个约束条件，称为过滤性约束条件。接下来再依次检查变量取值 0 或 1 的各种组合，不断地对迄今为止的可行解加以改进，直到获得最优解为止。由于在检查中对那些不可能得到较好可行解的许多组合就不去检查了，故称为隐枚举法。

下面通过实例来说明隐枚举法的计算方法和步骤。

例 3-7　某矿区制订长远规划，在规划期内，要建新井且使产量不少于 100 万 t/a。用于建新井的投资仅有 16 000 万元，现有 4 个井田，各矿井设计年产量、投资和建成后获利情况见表 3-13。现在要选择最优建设方案，在满足上述条件下，使矿区的赢利最大。

表 3-13

矿井序号	设计产量/(万 t/a)	建设投资/($\times 10^7$ 元)	建成后获利(预计)/($\times 10^7$ 元/a)
1	30	6	3
2	60	7	5
3	90	8	6
4	120	10	8

解　引入 0 或 1，取 1 表示选取该矿井进行建设，取 0 表示舍弃，即不建该矿井。

建立数学模型：

$$\max z = 3x_1 + 5x_2 + 6x_3 + 8x_4$$

$$\begin{cases} 6x_1 + 7x_2 + 8x_3 + 10x_4 \leqslant 16 & ① \\ 30x_1 + 60x_2 + 90x_3 + 120x_4 \geqslant 100 & ② \\ x_1, x_2, x_3, x_4 = 0 \text{ 或 } 1 \end{cases}$$

求解过程如表 3-14 所列。

表 3-14

(x_1, x_2, x_3, x_4)	z 值	约束条件		过滤条件
		①	②	
(0,0,0,0)	0	√	√	$z \geqslant 0$
(0,0,0,1)	8	√	√	$z \geqslant 8$
(0,0,1,0)	6			
(0,0,1,1)	14	×		
(0,1,0,0)	5			
(0,1,0,1)	13	×		
(0,1,1,0)	11	√	√	$z \geqslant 11$
(0,1,1,1)	19	×		
(1,0,0,0)	3			
(1,0,0,1)	11	√	√	$z \geqslant 11$
(1,0,1,0)	9			
(1,0,1,1)	17	×		
(1,1,0,0)	8			
(1,1,0,1)	16	×		
(1,1,1,0)	14	×		
(1,1,1,1)	22	×		

所以，最优解$(x_1, x_2, x_3, x_4)^{\mathrm{T}} = (0,1,1,0)^{\mathrm{T}}$ 或$(x_1, x_2, x_3, x_4)^{\mathrm{T}} = (1,0,0,1)^{\mathrm{T}}$。从计算结果看，得到两个最优方案。第一方案建设 2,3 号井，产量为 60＋90＝150(万 t/a)，建设投资为 15 000 万元；第二方案建设 1,4 号井，产量为 30＋120＝150(万 t/a)，建设投资为 16 000 万元。两个方案获利情况相同，决策者可根据矿区开采技术条件、接续状况以及外部条件等进行比较，确定采用哪个方案。

需要注意的是，为了减少运算量，常按目标函数中各变量系数的大小顺序排列各变量，以使最优解有可能较早出现。对于最大化问题，可按由小到大的顺序排列；对于最小化问题，则相反。如例 3-7，目标函数中各变量系数是由小到大排列的，只作了 16 次运算。

第三节　多目标规划法

在第一节中介绍的线性规划，目前已成为世界上使用得最为广泛的一种用于科学管理的数学方法。但它有两个明显的弱点：一是“目标单一”。线性规划只能解决在一组约束条件下，求某一个目标的最大或最小值问题，这与现代经济社会的要求是很不一致的。在现实社会经济系统中的任何一项活动，其利益关系是多元的，目标是综合的。通常决策者总是面临着一连串的目标，其中有主要的，也有次要的；有近期的，也有远期的；有相互补充的，也有相互对立的。对于这样的决策问题，线性规划就很难解决。二是"约束条件不能矛盾"。一旦约束条件出现矛盾方程，线性规划只能得出此问题无可行解的结论，这与实际决策问题也是不符合的。在实际决策中，一旦出现矛盾，人们总是力图设法解决，或增加资源，或减少消耗，从而得出比较可行的方案。多目标规划是在线性规划的基础上为适应多目标最优决策的需要而逐步发展起来的。它能较好地克服线性规划的上述弱点。

本节先介绍多目标规划模型及其建立方法，然后着重介绍如何用图解法和单纯形法求解。

一、多目标规划模型的基本思想

多目标规划模型的主要特点是允许在规划决策时，提出多方面的目标要求。下面通过一个例子来看如何建立多目标规划的数学模型。

例 3-8　回到本章例 3-1 的两个煤层合理产量上来，若在原给定条件的基础上增加如下两个条件：① 回采第一层煤的成本为 15 元/t；② 回采第二层煤的成本为 10 元/t。那么，问如何确定这两个煤层的合理年产量，使得全矿井的产量最大而生产成本最低。

解　设第一层煤的产量为 x_1 万 t/a，第二层煤的产量为 x_2 万 t/a，根据已知条件可建立如下数学模型：

$$
\max z_1 = x_1 + x_2
$$

$$
\min z_2 = 15x_1 + 10x_2
$$

$$
\begin{cases}
x_1 \leqslant 50 \\
x_2 \leqslant 20 \\
x_2 \leqslant x_1 \\
0.2x_1 + 0.3x_2 \leqslant 12 \\
x_1, x_2 \geqslant 0
\end{cases}
$$

这是一个包含多个目标的线性规划，可以转化为一个多目标规划来求解。多目标规划的基本思想是：对每个目标函数引进一个期望值（理想值），但由于种种条件的限制，这些期望值往往并不都能达到，从而对每个目标引进正、负偏差变量，然后将所有的目标函数并入原来的约束条件，组成新的约束条件，它由原约束条件加上新并入的目标函数约束构成；在这组新的约束条件下，寻找使各种目标偏差达到最小的方案。

二、多目标规划模型的建立

下面具体讨论如何建立多目标规划模型。分以下几个方面。

1. 目标函数的期望值

一个线性规划如果包含 n 个目标，则在建立多目标规划模型时，首先要对每一个目标确定一个希望能达到的期望值 $e_i(i=1,2,\cdots,n)$。这些值的确定并不要求十分精确和严格，它们可以根据以往的历史资料或市场的需求、上级部门的布置和要求等来确定。显然，这样确定的目标期望值往往是互相矛盾的，不可能全部实现。但这对求解问题是不要紧的，以后要做的事情就是寻找某个可行解，使这些目标函数的期望值如何最好地、最接近地得以实现。

2. 正、负偏差变量

由于各个目标函数的期望值往往不能都达到，为了从数量上描述诸目标的期望值没有达到的程度，对每个目标函数分别引入正、负偏差变量 d_i^+，d_i^-（$d_i^+,d_i^- \geqslant 0, i=1,2,\cdots,n$）。其中，$d_i^+$ 可表示第 i 个目标超出期望值的数值，d_i^- 可表示第 i 个目标未达到期望值的数值。由于对同一目标，其取值不可能同时超出期望值又没达到期望值，故 d_i^+ 与 d_i^- 中至少有一个为零，即

$$d_i^+ \cdot d_i^- = 0$$

引入了目标函数的期望值及正、负偏差变量后，原来的目标函数变成了约束条件的一部分，这是多目标规划的一个特点。

例如，在例 3-8 中，我们已得到一个多目标的数学模型。若取全矿产量的期望值为 50 万 t/a，开采成本的期望值为 700 万元/a。引入正、负偏差变量 d_i^+，d_i^-（$i=1,2$）。d_1^+ 表示产量超过 50 万 t/a 的数值，d_1^- 表示产量不到 50 万 t/a 的数值；d_2^+ 表示开采成本高于 700 万元/a 的数值，d_2^- 表示开采成本低于 700 万元/a 的数值。这样，可得到两个目标约束条件，将它们并入原来的约束条件中，此时该问题的全部约束条件为：

$$\begin{cases} x_1 + x_2 + d_1^- - d_1^+ = 50 \\ 15x_1 + 10x_2 + d_2^- - d_2^+ = 700 \\ x_1 \leqslant 50 \\ x_2 \leqslant 20 \\ x_2 \leqslant x_1 \\ 0.2x_1 + 0.3x_2 \leqslant 12 \\ x_i, d_i^+, d_i^- \geqslant 0 \quad (i=1,2) \end{cases}$$

3. 达成函数

原来多目标规划模型中的各个目标函数，在引入期望值和正、负偏差变量后，可列入约束条件中。接下来要做的事情就是如何选择一个方案，使它的各目标函数值最接近各自的期望值，也就是说要使各目标函数值与它们期望值的偏差最小。为此要构造一个新的目标函数，称它为达成函数，用于求出有关偏差变量的最小值。这是一个单一的综合目标，这样就将一个多目标模型转化为一个单目标模型了。

在达成函数中，各正、负偏差变量的运用要根据对各目标的不同要求而定。一般的做法如下。

① 若要准确地实现某个目标（第 i 个目标）的期望值，则应该使相应的正、负偏差变量 d_i^+，d_i^- 同时尽可能小，故应将 d_i^+ 和 d_i^- 同时列入达成函数中。形式为：

$$\min(d_i^- + d_i^+)$$

② 若某个目标允许超过而尽可能不要低于期望值，如利润、产值目标等，则应该使相应的负偏差变量 d_i^- 尽可能小，故只需要将 d_i^- 列入达成函数中。形式为：

$$\min d_i^-$$

由于 d_i^+ 的取值为该目标超过期望值的数值，这是问题所允许的或欢迎的，因此，不需要将 d_i^+ 列入达成函数中。

③ 若某个目标允许低于而不得超过期望值，如资源约束，则应使相应的正偏差变量 d_i^+ 尽可能小，故只需要将 d_i^+ 列入达成函数中。形式为：

$$\min d_i^+$$

同样道理，由于 d_i^- 的取值为该目标低于期望值的数值，这是问题所允许的或欢迎的，因此，不需要将 d_i^- 列入达成函数中。

在例 3-8 所得到的模型中，如果我们希望全矿产量不得低于期望值 50 万 t/a，开采成本不得超过期望值 700 万元/a，则其达成函数为：

$$\min f = d_1^- + d_2^+$$

此时的数学模型为：

$$\min f = d_1^- + d_2^+$$

$$\begin{cases} x_1 + x_2 + d_1^- - d_1^+ = 50 \\ 15x_1 + 10x_2 + d_2^- - d_2^+ = 700 \\ x_1 \leqslant 50 \\ x_2 \leqslant 20 \\ x_2 \leqslant x_1 \\ 0.2x_1 + 0.3x_2 \leqslant 12 \\ x_i, d_i^+, d_i^- \geqslant 0 \quad (i = 1,2) \end{cases}$$

这是一个标准的线性规划模型，可以用一般的单纯形法求出它的解。

例 3-9　某车间生产甲、乙两种产品，每种产品均需要经过相同的两道工序，所需的加工时间、车间的最大生产能力及每种产品的单价如表 3-15 所列。试确定生产方案，使 1 天之内的产值最大。

表 3-15

项目	产品甲	产品乙	每天最大生产能力/h
工序Ⅰ所需的加工时间/(h/kg)	2	1	30
工序Ⅱ所需的加工时间/(h/kg)	1	2	24
单价/(元/kg)	200	370	

解　设 x_1, x_2 分别为产品甲、乙的日产量（单位：kg），则得线性规划模型：

$$\max z = 200x_1 + 370x_2$$

$$\begin{cases} 2x_1 + x_2 \leqslant 30 \\ x_1 + 2x_2 \leqslant 24 \\ x_1, x_2 \geqslant 0 \end{cases}$$

运用单纯形法不难求出，它的最优解 $x_1 = 12, x_2 = 6$，目标函数值 $z = 4\ 620$。

若厂部下达指标：每天产值为 5 000 元。把它看成产值这个目标的期望值，引入正、负偏差变量 d_1^+, d_1^-，可得该问题的多目标规划模型：

$$\min f = d_1^-$$

$$\begin{cases} 200x_1 + 370x_2 + d_1^- - d_1^+ = 5\ 000 \\ 2x_1 + x_2 \leqslant 30 \\ x_1 + 2x_2 \leqslant 24 \\ x_1, x_2, d_1^-, d_1^+ \geqslant 0 \end{cases}$$

应用单纯形法求解，可得最优解 $x_1=12$，$x_2=6$，$d_1^-=380$。即每日生产甲产品 12 kg，生产乙产品 6 kg，最优产值比期望值少了 380 元，达到 5 000－380＝4 620(元)。

例 3-10 在例 3-9 中假定该车间不但要有较大的产值，而且希望有较高的利润。设甲产品每千克可得利润 30 元，乙产品每千克可得利润 80 元，且假定利润的期望值为每天 960 元。问如何安排生产，才能使产值、利润两个目标最接近实现期望值？

解 考虑产值与利润的期望值，且引进产值与利润的正、负偏差变量，可得这个问题的多目标规划模型：

$$\min f = d_1^- + d_2^-$$

$$\begin{cases} 200x_1 + 370x_2 + d_1^- - d_1^+ = 5\ 000 \\ 30x_1 + 80x_2 + d_2^- - d_2^+ = 960 \\ 2x_1 + x_2 \leqslant 30 \\ x_1 + 2x_2 \leqslant 24 \\ x_1, x_2, d_i^-, d_i^+ \geqslant 0 \quad (i = 1,2) \end{cases}$$

用单纯形法解得最优解 $x_1=12$，$x_2=6$，$d_1^-=380$，$d_2^-=120$。即每日生产甲产品 12 kg，生产乙产品 6 kg，总产值 4 620 元，比期望值少 380 元；总利润 840 元，比期望值少 120 元。

4. 目标的权系数和优先等级

对于多目标规划问题来说，显然各个目标的重要程度是不完全一样的。多目标规划方法允许根据目标的重要程度赋予每个目标不同的权系数及优先等级。在相同的约束条件下，不同的权系数、不同的优先等级会得出完全不同的最优解。

在例 3-10 中，$\min f=d_1^-+d_2^-$，这表示两个偏差变量有同等的意义。也就是说，d_1^- 每减少 1 元，与 d_2^- 减少 1 元具有相同的目标价值，所求的是 d_1^- 与 d_2^- 之和的最小值。实际上，也可以赋予它们不同的含义。例如，认为利润 d_2^- 每减少 1 元，相当于产值 d_1^- 减少 2 元，此时，就必须对达成函数 f 中的这两个偏差变量赋予适当的权系数，以反映这一点。即在 f 中将 d_2^- 乘上权系数 2，此时的达成函数就变为：

$$\min f = d_1^- + 2d_2^-$$

同样使用单纯形法求解，其结果就不同了。最优解 $x_1=0$，$x_2=12$，$d_1^-=560$，$d_2^-=0$。即不生产甲产品，每日生产乙产品 12 kg，总产值为 5 000－560＝4 440(元)，总利润实现期望值 960 元。

因此，将达成函数中各偏差变量乘上适当的权系数是十分必要的。

对达成函数中诸偏差变量引入权系数之后，虽然这些偏差变量在达成函数中的作用程度可以反映得比较合理一些，但这不一定能最终解决问题。因为这种办法仍意味着在做最优选择时，不同目标的偏差可以互相抵消(因为求的是所有相关偏差变量之和的最小值)。而这样做，显然是不尽合理的。有时在决策者的心目中，认为不同的目标之间是不能互相抵消的。各个目标都必须有一定程度的保证，并且某些目标是另一些目标的前提，即决策者想在达到某些最重要目标的前提下，再来求解次要的目标。这就要求把目标按其重要程度排列起来：先求解第一个(或第一批)目标，以它作为前提，然后求解第二个(或第二批)目标，这样逐步地求解下去。为此，就必须引进目标优先等级这个概念。用优先等级因子 $p_i(i=1,2,\cdots,k)$表示第 i 等级的目标，它是一种特殊的权系数。优先等级因子 p_i 之间的关系是：

$$p_1 \gg p_2 \gg \cdots \gg p_i$$

在这里，“≫”的含义是远远大于，即当 $p_i \gg p_{i+1}$ 时，不存在任何大的正实数 M，能使 $Mp_{i+1} > p_i$。这说明 p_i 与 p_{i+1} 不是同一级别的量，它们之间的大小已不能用数的概念来进行比较。必须注意的是，p_i 仅仅是个优先等级的记号，在具体计算时，它并不表示任何具体的数。在求解过程中，首先要满足 p_1 级别的目标，再求解 p_2 级别的目标，依次直到 p_k 级别目标。而且，在求较低级别目标的最优值时，不容许破坏已得到的较高级别的目标。这样，就可以根据目标的重要程度依次求解。一般来说，必须严格实现的目标以及不能超过的资源约束等均须列入 p_1 级别目标。

在例 3-10 中，如果假定利润为第一优先等级的目标，产值为第二优先等级的目标，则它的达成函数就变为：

$$\min f = p_1 d_2^- + p_2 d_1^-$$

这就要求在求解的过程中，首先要考虑利润这一目标，然后在不破坏已得最大利润的情况下，寻求最大的产值。

在实际问题中，往往还可以把若干个重要程度相仿的目标列入同一优先等级。一般来讲，列入同一优先等级的各目标要有统一的度量单位，再在它们之间选取适当的权系数。这样得到的达成函数既有优先等级，又在同一优先等级内有相应的权系数。如：

$$\min f = p_1(2d_1^- + d_3^+) + p_2 d_2^- + p_3(d_4^- + 3d_1^+)$$

这个达成函数，共有 3 个优先等级，在第一优先等级目标中，有两个需要求最小值的目标 d_1^- 和 d_3^+，它们的权系数分别为 2 和 1。在第二优先等级目标中，只有一个目标 d_2^-。在第三优先等级目标中，有两个目标 d_4^- 和 d_1^+，它们的权系数分别为 1 和 3。

正因为在达成函数中引进了各目标的优先等级，多目标规划问题与一般线性规划问题有了较大的区别，从而使多目标规划问题的求解方法不同于一般的单纯形法，而有它自己的特点。

三、多目标规划模型的标准型

多目标规划模型的标准型为：

$$\min f = \sum_{i=1}^{k} p_i \cdot \sum_{j=1}^{m} (\omega_{ij}^- d_i^- + \omega_{ij}^+ d_i^+)$$

$$\text{s.t.} \begin{cases} \sum_{j=1}^{n} c_{ij} x_j + d_i^- - d_i^+ = e_i \quad (i = 1,2,\cdots,m) \\ \sum_{j=1}^{n} a_{ij} x_j \leqslant (\text{或} \geqslant, \text{或} =) b_i \quad (i = 1,2,\cdots,l) \\ x_i \geqslant 0 \quad (i = 1,2,\cdots,n) \\ d_i^-, d_i^+ \geqslant 0 \quad (i = 1,2,\cdots,m) \end{cases}$$

式中　x_j——决策变量；

c_{ij}——第 i 个目标中 x_j 的相应系数；

e_i——第 i 个目标的期望值；

a_{ij}——第 i 个约束条件中 x_j 的相应系数；

b_i——第 i 个约束条件的限制值(即资源消耗限额)；

d_i^-——第 i 个目标低于期望值的偏差变量；

d_i^+——第 i 个目标高于期望值的偏差变量；

p_i——目标的优先等级；

ω_{ij}^-——p_i 级别目标中 d_i^- 的权系数；

ω_{ij}^+——p_i 级别目标中 d_i^+ 的权系数。

该多目标规划模型的标准型共有 n 个决策变量，m 个目标，$2m$ 个偏差变量，l 个资源约束条件。

p_i 表示目标的优先等级，即反映各目标在管理决策中所处的地位和应起的作用；而 ω_{ij}^-，ω_{ij}^+ 则反映在同一优先等级下诸偏差变量相互之间的关系与重要性。在同一优先等级下的各目标偏差互相可以抵消、补偿；但在不同的优先等级下，各项目标偏差不能互相抵消。并且，只有在尽可能满足更高优先等级的目标要求之后，在不使其最优值退化的条件下，才能依次考虑较低等级的目标要求。

在模型中：

$$\sum_{j=1}^{n} c_{ij}x_j + d_i^- - d_i^+ = e_i \quad (i = 1,2,\cdots,m)$$

为目标约束条件，它反映了各目标实际值与期望值之间的关系。

$$\sum_{j=1}^{n} a_{ij}x_j \leqslant b_i \quad (i = 1,2,\cdots,l)$$

为实际资源约束条件关系式，它反映了生产活动中所消耗的各项资源的限制。

建立多目标规划模型的基本步骤如下：

① 按生产和工作要求确定各个目标及其优先等级和期望值；

② 设立决策变量，建立各个约束条件方程；

③ 对每个目标引进正、负偏差变量，建立目标约束条件，并入已有的约束条件中；

④ 如果各约束条件之间有矛盾，则可适当引入偏差变量；

⑤ 根据各目标的优先等级和权系数建立达成函数。

四、多目标规划的图解法

以上所讨论的多目标规划数学模型可以看作线性规划模型的补充和发展，因此，多目标规划可以用类似线性规划的求解方法来解。特别的，对于仅有两个决策变量的多目标规划，可以用简便而直观的图解法求解。下面举例说明。

例 3-11 试用图解法解例 3-8 所建立的多目标规划数学模型。要求产量为第一重要目标，这样可以得到该问题的数学模型：

$$\min z = p_1 d_1^- + p_2 d_2^+$$

$$\begin{cases} x_1 + x_2 + d_1^- - d_1^+ = 50 \\ 15x_1 + 10x_2 + d_2^- - d_2^+ = 700 \\ x_1 \leqslant 50 \\ x_2 \leqslant 20 \\ x_2 \leqslant x_1 \\ 0.2x_1 + 0.3x_2 \leqslant 12 \\ x_i, d_i^+, d_i^- \geqslant 0 \quad (i = 1,2) \end{cases}$$

解 根据该问题的多目标规划数学模型，可以依次将各个目标约束方程在直角坐标系中一一画出。

首先是第一目标约束，即产量约束。这一目标约束要求产量不得低于 50 万 t/a，也就是要求 $d_1^- = 0$。因此，满足这一约束方程的可行域位于图 3-4 所示的 AB 线段的上方。

其次，第二目标约束是生产成本的约束。这个目标约束要求生产成本不高于 700 万元/a，即要求 $d_2^+ = 0$。满足这两个目标约束条件的可行域如图 3-5 所示的 ACF 区域。

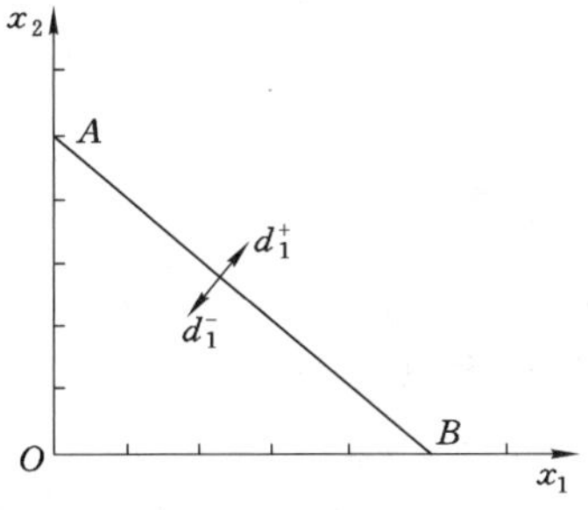

图 3-4

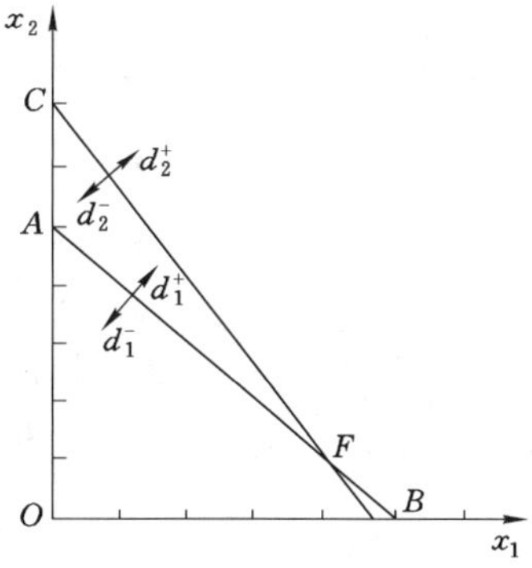

图 3-5

最后将绝对约束 $x_1 \leqslant 50$，$x_2 \leqslant 20$，$x_2 \leqslant x_1$，$0.2x_1 + 0.3x_2 \leqslant 12$ 表示到坐标系中，满足 6 个约束条件的可行域如图 3-6 所示的 DEF 区域。三角形 DEF 的边和其中任何一点都满足要求。容易求得 D，E，F 三点的坐标分别为(30，20)，(36，16)，(40，10)，故问题的解可表示为：

$$\alpha_1(30,20)+\alpha_2(36,16)+\alpha_3(40,10)=(30\alpha_1+36\alpha_2+40\alpha_3, 20\alpha_1+16\alpha_2+10\alpha_3)$$

式中，$\alpha_1, \alpha_2, \alpha_3 \geqslant 0$，$\alpha_1+\alpha_2+\alpha_3=1$。

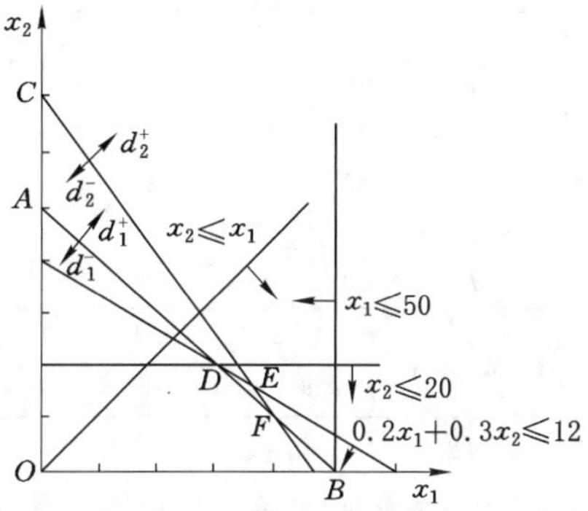

图 3-6

五、多目标规划的单纯形法

以上讨论的多目标规划数学模型和线性规划数学模型有着相似的结构，所不同的只是多目标规划的目标函数带有优先等级因子 p_k 和正、负偏差变量，因此，仍可用单纯形法来求解多目标规划问题。但在求解过程中，要把优先等级因子 $p_k(k=1,2,\cdots,n)$ 看作具有不同数量级的 n 个很大的正数。

具体来讲，可按如下步骤进行计算：

① 建立初始单纯形表，在表中将检验数行按优先等级因子个数分别列成 K 行，其中，$p_1 \gg p_2 \gg \cdots \gg p_K$。

② 检查检验数(仍以 $\sigma_j = c_j - \sum_{i=1}^{m} c_i a_{ij}$ 作为判断准则)是否存在负数。若有负数，则取其中最小者对应的变量为换入变量，转 ③；若无负数，则转 ⑤。

③ 按最小比值规则确定换出变量，当存在两个和两个以上相同的最小比值时，选取具有较高优先等级的变量作为换出变量。

④ 按单纯形法进行基变换运算，建立新的计算表，返回②。

⑤ 当 $k=K$ 时，计算结束，表中的解即满意解。否则置 $k=k+1$，返回②。

例 3-12 试用单纯形法求解例 3-11。

解 将例 3-11 的数学模型转化为标准型：

$$\min z = p_1 d_1^- + p_2 d_2^+$$

$$\begin{cases} x_1 + x_3 = 50 \\ x_2 + x_4 = 20 \\ -x_1 + x_2 + x_5 = 0 \\ 2x_1 + 3x_2 + x_6 = 120 \\ x_1 + x_2 + d_1^- - d_2^+ = 50 \\ 15x_1 + 10x_2 + d_2^- - d_2^+ = 700 \\ x_i, d_j^+, d_j^- \geqslant 0 \quad (i = 1,2,\cdots,6; j = 1,2) \end{cases}$$

取 $x_3, x_4, x_5, x_6, d_1^-, d_2^-$ 为初始基变量，列初始单纯形表，见表 3-16。

表 3-16

c_j			0	0	0	0	0	0	p_1	0	0	p_2	θ_i
c_B	x_B	b	x_1	x_2	x_3	x_4	x_5	x_6	d_1^-	d_1^+	d_2^-	d_2^+	
0	x_3	50	1	0	1	0	0	0	0	0	0	0	50/1
0	x_4	20	0	1	0	1	0	0	0	0	0	0	
0	x_5	0	−1	1	0	0	1	0	0	0	0	0	
0	x_6	120	2	3	0	0	0	1	0	0	0	0	120/2
p_1	d_1^-	50	1	1	0	0	0	0	1	−1	0	0	50/1
0	d_2^-	700	[15]	10	0	0	0	0	0	0	1	−1	700/15
$c_j - z_j$		p_1	−1	−1	0	0	0	0	0	1	0	0	
		p_2	0	0	0	0	0	0	0	0	0	1	

其中，非基变量 x_1, x_2 的检验数均为 $-p_1$，由于两个负数一样大，任取其中之一对应的变量为换入变量，如取 x_1 为换入变量。在表 3-16 中计算最小比值：$\theta = \min(50/1, -, -, 120/2, 50/1, 700/15) = 700/15$。它所对应的变量 d_2^- 为换出变量。

进行基变换运算，得表 3-17。

表 3-17

c_j			0	0	0	0	0	0	p_1	0	0	p_2	θ_i
c_B	x_B	b	x_1	x_2	x_3	x_4	x_5	x_6	d_1^-	d_1^+	d_2^-	d_2^+	
0	x_3	10/3	0	−2/3	1	0	0	0	0	0	−1/15	1/15	
0	x_4	20	0	1	0	1	0	0	0	0	0	0	12
0	x_5	140/3	0	5/3	0	0	1	0	0	0	1/15	1/15	140/3
0	x_6	80/3	0	5/3	0	0	0	1	0	0	−2/15	2/15	16
p_1	d_1^-	10/3	0	[1/3]	0	0	0	0	1	−1	−1/15	1/15	10
0	x_1	140/3	1	2/3	0	0	0	0	0	0	1/15	−1/15	70
$c_j - z_j$		p_1	0	−1/3	0	0	0	0	0	1	1/15	−1/15	
		p_2	0	0	0	0	0	0	0	0	0	1	

非基变量 x_2 的检验数的 $-p_1/3$，x_2 为换入变量。在表 3-17 中计算最小比值：$\theta=\min(-,12,140/3,16,10,70)=10$。它所对应的变量 d_1^- 为换出变量。

进行基变换，得表 3-18。

表 3-18

	c_j		0	0	0	0	0	0	p_1	0	0	p_2	θ_i
c_B	x_B	b	x_1	x_2	x_3	x_4	x_5	x_6	d_1^-	d_1^+	d_2^-	d_2^+	
0	x_3	10	0	0	1	0	0	0	2	−2	−1/5	1/5	
0	x_4	10	0	0	0	1	0	0	−3	3	1/5	−1/5	
0	x_5	30	0	0	0	0	1	0	−5	5	2/5	−2/5	
0	x_6	10	0	0	0	0	0	1	−5	5	1/5	−1/5	
0	x_2	10	0	1	0	0	0	0	3	−3	−1/5	1/5	
0	x_1	40	1	0	0	0	0	0	−2	2	1/5	−1/5	
c_j-z_j		p_1	0	0	0	0	0	0	1	0	0	1	
		p_2	0	0	0	0	0	0	0	0	0	1	

从表 3-18 可以看出，已无负检验数，故为最终表。可得一个满意解 $x_1^*=40,x_2^*=10$，即图 3-6 中的 F 点。

在单纯形表 3-18 中，由于非基变量 d_1^+,d_2^- 的检验数都是零，故知例 3-11 有多重最优解（满意解）。

例 3-13　用单纯形法解下列多目标规划模型。

$$\min\{p_1d_1^-,p_2d_2^+,p_3(5d_3^-+3d_4^-),p_4d_1^+\}$$

$$\begin{cases}x_1+x_2+d_1^--d_1^+=80\\x_1+x_2+d_2^--d_2^+=90\\x_1+d_3^--d_3^+=70\\x_2+d_4^--d_4^+=45\\x_1,x_2,d_i^-,d_i^+\geqslant 0\quad(i=1,2,3,4)\end{cases}$$

解　用单纯形法解上面的标准型多目标规划模型，解题过程如表 3-19 所列。

表 3-19

	c_j		0	0	p_1	p_4	0	p_2	$5p_3$	0	$3p_3$	0	θ_i
c_B	x_B	b	x_1	x_2	d_1^-	d_1^+	d_2^-	d_2^+	d_3^-	d_3^+	d_4^-	d_4^+	
p_1	d_1^-	80	1	1	1	−1	0	0	0	0	0	0	80
0	d_2^-	90	1	1	0	0	1	−1	0	0	0	0	90
$5p_3$	d_3^-	70	[1]	0	0	0	0	0	1	−1	0	0	70
$3p_3$	d_4^-	45	0	1	0	0	0	0	0	0	1	−1	
c_j-z_j		p_1	−1	−1	0	1	0	0	0	0	0	0	
		p_2	0	0	0	0	0	1	0	0	0	0	
		p_3	−5	−3	0	0	0	0	0	5	0	3	
		p_4	0	0	0	1	0	0	0	0	0	0	

表 3-19(续)

c_j			0	0	p_1	p_4	0	p_2	$5p_3$	0	$3p_3$	0	θ_i
c_B	x_B	b	x_1	x_2	d_1^-	d_1^+	d_2^-	d_2^+	d_3^-	d_3^+	d_4^-	d_4^+	
p_1	d_1^-	10	0	[1]	1	−1	0	0	−1	1	0	0	10
0	d_2^-	20	0	1	0	0	1	−1	−1	1	0	0	20
0	x_1	70	1	0	0	0	0	0	1	−1	0	0	
$3p_3$	d_4^-	45	0	1	0	0	0	0	0	0	1	−1	45
c_j-z_j		p_1	0	−1	0	1	0	0	1	−1	0	0	
		p_2	0	0	0	0	0	1	0	0	0	0	
		p_3	0	−3	0	0	0	0	5	0	0	3	
		p_4	0	0	0	1	0	0	0	0	0	0	
0	x_2	10	0	1	1	−1	0	0	−1	1	0	0	
0	d_2^-	10	0	0	−1	[1]	1	−1	0	0	0	0	10
0	x_1	70	1	0	0	0	0	0	1	−1	0	0	
$3p_3$	d_4^-	35	0	0	−1	1	0	0	1	−1	1	−1	35
c_j-z_j		p_1	0	0	1	0	0	0	0	0	0	0	
		p_2	0	0	0	0	0	1	0	0	0	0	
		p_3	0	0	3	−3	0	0	2	3	0	1	
		p_4	0	0	0	1	0	0	0	0	0	0	
0	x_2	20	0	1	0	0	1	−1	−1	1	0	0	
p_4	d_1^+	10	0	0	−1	1	1	−1	0	0	0	0	
0	x_1	70	1	0	0	0	0	0	1	−1	0	0	
$3p_3$	d_4^-	25	0	0	0	0	−1	1	1	−1	1	−1	
c_j-z_j		p_1	0	0	1	0	0	0	0	0	0	0	
		p_2	0	0	0	0	0	1	0	0	0	0	
		p_3	0	0	0	0	3	−3	2	3	0	3	
		p_4	0	0	1	0	−1	1	0	0	0	1	

由表 3-19 所示的结果来看,表Ⅳ所有非基变量检验数皆非负,故单纯形表Ⅳ为最终单纯形表,因此,从单纯形表Ⅳ得到一最优解:$x_1^*=70$,$x_2^*=20$,$d_1^+=10$,$d_4^-=25$,$d_1^-=d_2^-=d_2^+=d_3^-=d_3^+=d_4^+=0$。

例 3-14 某矿今年计划原煤产量为 67 万 t,其中回采煤量 60 万 t,共有四个采区,分别为一采区、二采区、四采区和五采区,每个采区均布置一个采煤工作面。在去年年末,各个采煤工作面的基本情况如表 3-20 所列。其中,一采区的 1266 工作面仅剩 3 万 t 可采煤量,待其采完后,将由同采区的 12512 备用工作面接替。

根据该矿本年度生产计划及综合经济效益,制订了以下四个目标:

一级目标:原煤回采产量达到或超额完成计划;

二级目标:采煤工作面直接成本不超过控制指标;

表 3-20　采煤工作面开采情况

采区编号	工作面编号	走向长度/m	倾斜长度/m	煤厚/m	煤密度/(t/m³)	可采煤量/万 t	开采方式	生产能力/(万 t/a)
一	1266	130	70	2.4	1.7	3.0	炮采	20
	12512	380	100	2.4	1.7	14	炮采	20
二	2202	450	215	1.7	1.7	27.6	机采	30
四	22512	886	113	1.8	1.7	27	机采	30
五	2258	340	100	1.8	1.7	8.8	炮采	20

三级目标：回采工效不低于计划；

四级目标：回采坑木消耗、电力消耗和原煤灰分不超过预定目标，机械化程度不低于 60%。

解　(1) 决策变量的确定

由于 12512 备用工作面和 1266 工作面的地质条件、开采技术措施和劳动组织方式等基本相同，因此将这两个工作面的产量之和作为一个决策变量，记为 x_1，再将 2202，22512，2258 工作面的产量分别设为 x_2, x_3, x_4。

(2) 约束条件的确定

根据工作面开采情况及目标，可得如下约束条件：

$$\begin{cases} x_1 \geqslant 3 \\ x_i \leqslant I_i \quad (i=1,2,3,4) \\ \sum_{i=1}^{4} x_i \geqslant T \\ \sum_{i=1}^{4} c_i x_i \leqslant C \\ \sum_{i=1}^{4} l_i x_i \geqslant L \\ \sum_{i=1}^{4} m_i x_i \leqslant M \\ \sum_{i=1}^{4} d_i x_i \leqslant D \\ \sum_{i=1}^{4} h_i x_i \leqslant H \\ x_2 + x_3 \geqslant J \end{cases}$$

式中　I_i——第 i 个工作面的可采煤量；

T——回采产量目标值；

c_i——第 i 个工作面直接成本系数；

C——工作面直接成本目标值；

l_i——第 i 个工作面回采工效系数；

L——工作面回采工效目标值；

m_i——第 i 个工作面坑木消耗系数；

M——工作面坑木消耗目标值；

d_i——第 i 个工作面电力消耗系数；

D——工作面电力消耗目标值；

h_i——第 i 个工作面灰分系数；

H——灰分量目标值；

J——机械化采煤目标值。

(3) 各工作面参数的确定

以去年 7—12 月份各工作面实际直接成本的加权平均数作为各工作面直接成本系数，如表 3-21 所列。其中，带 * 的数为各工作面直接成本系数。

表 3-21 采煤工作面直接成本系数

月份	1266 工作面		2202 工作面		22512 工作面		2258 工作面	
	产量/万 t	单位成本/(万元/万 t)	产量/万 t	单位成本/(万元/万 t)	产量/万 t	单位成本/(万元/万 t)	产量/万 t	单位成本/(万元/万 t)
7	1.212 8	8.7	1.901 8	8.57	1.478 5	12.33	0.795 3	9.53
8	1.042 0	6.75	1.243 3	11.21	0.882 0	10.92	0.587 5	11.81
9	1.171 1	6.33	1.521 0	7.25	0.777 8	8.47	0.496 0	11.41
10	1.300 3	5.99	1.793 6	4.51	0.673 5	5.26	0.403 0	14.04
11	1.319 6	5.25	1.696 1	9.62	1.350 2	7.03	0.661 2	10.15
12	1.223 7	7.28	1.673 5	8.74	2.027 0	7.62	0.919 4	8.45
$\sum$	7.269 5	6.69*	9.829 3	8.17*	7.189 0	8.75*	3.862 4	10.44*

工作面用工系数、坑木消耗系数、灰分系数和电力系数均来源于统计资料，如表 3-22 所列。

表 3-22 工作面用工系数、坑木消耗系数、灰分系数和电力系数

工作面编号		1266	2202	22512	2258
用工系数	回采工效/(t/工)	4.115	5.554	5.324	3.361
	用工系数/($\times 10^4$ 工/万 t)	0.243	0.180	0.188	0.279
坑木消耗系数/(m^3/万 t)		11	5	25	39
灰分系数/(万 t/万 t)		0.28	0.24	0.275	0.12
电力系数/[($\times 10^4$ kW·h)/万 t]		4.2	4.4	4.5	4.2

(4) 目标值的确定

① 回采产量目标：计划回采产量 60 万 t。

② 工作面直接成本目标：由表 3-21 可知，去年 7—12 月份全矿工作面平均直接成本为 8.5 元/t，今年计划将工作面平均直接成本控制在 8 元/t，按回采产量 60 万 t 计算，工作面

直接成本为 480 万元。

③ 工作面用工目标：今年计划回采工效为 4.88 t/工，则计划用工数为 600 000/4.88≈12.3 万。

④ 回采坑木消耗目标：根据过去几年的坑木消耗量进行统计分析并预测，得出今年回采坑木消耗目标值为 1 050 m^3。

⑤ 工作面电力消耗目标：该矿今年计划用电量为 2.56×10^7 kW·h，工作面直接电力消耗目标值约为全矿的 1/10，则工作面电力消耗目标值为 2.56×10^6 kW·h。

⑥ 灰分量目标：今年计划原煤灰分为 25.5%，以回采产量 60 万 t 测算，则灰分量目标值为 60×25.5%＝15.3(万 t)。

⑦ 机械化产量目标：今年计划回采机械化程度为 60%，则机械化产量目标值为 60×60%＝36(万 t)。

(5) 确定模型

根据上述四步确定的参数，并引入偏差变量，得多目标规划模型：

$$\min z = p_1 d_1^- + p_2 d_2^+ + p_3 d_3^- + p_4(d_4^+ + d_3^+ + d_6^+ + d_7^-)$$

$$\begin{cases} x_1 \leqslant 17 \\ x_2 \leqslant 27.6 \\ x_3 \leqslant 27 \\ x_4 \leqslant 8.8 \\ x_1 \geqslant 3 \\ x_1 + x_2 + x_3 + x_4 + d_1^- - d_1^+ = 60 \\ 6.69x_1 + 8.17x_2 + 8.75x_2 + 10.44x_4 + d_2^- - d_2^+ = 480 \\ 0.243x_1 + 0.18x_2 + 0.188x_3 + 0.279x_4 + d_3^- - d_3^+ = 12.3 \\ 11x_1 + 5x_2 + 25x_3 + 39x_4 + d_4^- - d_4^+ = 1\,050 \\ 4.2x_1 + 4.4x_2 + 4.5x_3 + 4.2x_4 + d_5^- - d_5^+ = 256 \\ 0.28x_1 + 0.24x_2 + 0.275x_3 + 0.12x_4 + d_6^- - d_6^+ = 15.3 \\ x_2 + x_3 + d_7^- - d_7^+ = 36 \\ x_1, x_2, x_3, x_4, d_i^-, d_i^+ \geqslant 0 \quad (i = 1, 2, \cdots, 7) \end{cases}$$

(6) 求解

由于此规划模型的变量及约束条件较多，采用单纯形法求解将非常烦琐。为了便于求解线性规划、多目标规划等模型，人们开发了许多计算机软件。目前，常用的程序是 LINDO (Linear Interactive and Discrete Optimizer)，它是美国 LINDO 系统公司开发的用于求解最优化问题的软件包。但使用 LINDO，必须有专门的软件，同时必须学习 LINDO 的使用方法，学习 LINDO 的建模语言和许多常用的数学函数。这对一般的非专业人员并不十分方便。

对于规模不是很大的线性规划模型，如百余个变量、几十个约束方程的线性规划等模型，也可以方便地利用 Excel 中的宏程序——“规划求解”进行求解。

下面采用 Excel 中的“规划求解”求解本模型。

第一步：建立一张新表，将模型的参数输入表中，并给予一定的文字说明，以便于阅读，如图 3-7 所示。需要注意的是，模型不一定要转化成标准型的，并且总贡献值栏和总和栏的结果应该是由公式得到的值，而为了清楚起见，我们展示了所有输入的公式。对于目标函数，根据各个目标的重要性给各目标赋予权系数，越重要权系数越大，这里定义目标函数为 $40p_1+10p_2+4p_3+p_4$。

	A	B	C	D	E	F	G	H	I	J	K	L	M
1													
2		约束条件系数				总贡献值		目标值	正偏差	负偏差	总和		约束右端常数
3	1266工作面	1	0	0	0	=B16	<=	17			=B16	<=	17
4	2202工作面	0	1	0	0	=C16	<=	27.6			=C16	<=	27.6
5	22512工作面	0	0	1	0	=D16	<=	27			=D16	<=	27
6	2258工作面	0	0	0	1	=E16	<=	8.8			=E16	<=	8.8
7	1266被接续条件	1	0	0	0	=B16	>=	3			=B16	>=	3
8	全矿回采产量	1	1	1	1	=B16+C16+D16+E16	>=	60			=F8+J8-I8	=	60
9	工作面直接成本	6.69	8.17	8.75	10.43	=6.69*B16+8.17*C16+8.75*D16+10.43*E16	<=	480			=F9+J9-I9	=	480
10	工作面用工数	0.243	0.18	0.188	0.279	=0.243*B16+0.18*C16+0.188*D16+0.279*E16	<=	12.3			=F10+J10-I10	=	12.3
11	工作面坑木消耗	11	5	25	39	=11*B16+5*C16+25*D16+39*E16	<=	1050			=F11+J11-I11	=	1050
12	工作面电力消耗	4.2	4.4	4.5	4.2	=4.2*B16+4.4*C16+4.5*D16+4.2*E16	<=	256			=F12+J12-I12	=	256
13	灰分量	0.28	0.24	0.275	0.12	=0.28*B16+0.24*C16+0.275*D16+0.12*E16	<=	15.3			=F13+J13-I13	=	15.3
14	机械化	1	0	1	0	=B16+D16	>=	36			=F14+J14-I14	=	36
15													
16	决策变量												
17													
18			总偏移量			=40*J8+10*I9+4*J10+J11+J12+J13+I14							

图 3-7

第二步：启动“规划求解”宏程序。

打开工具条中的“工具”一栏，启动“规划求解”宏程序，如图 3-8 所示。

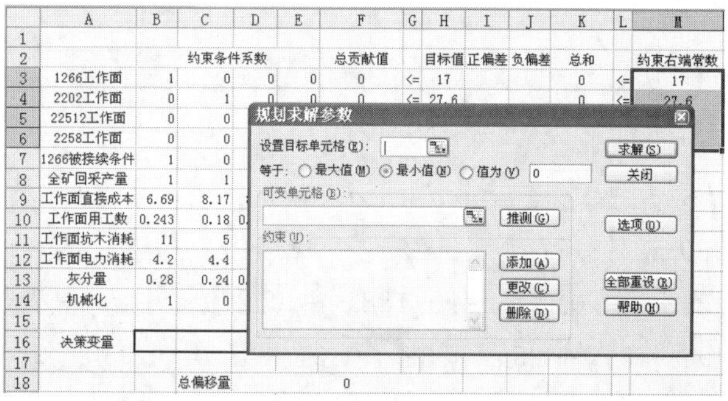

图 3-8

第三步：设置目标单元格，即目标函数值所在的单元格，本例中在 D18，并选择目标函数求最小值，如图 3-9 所示。

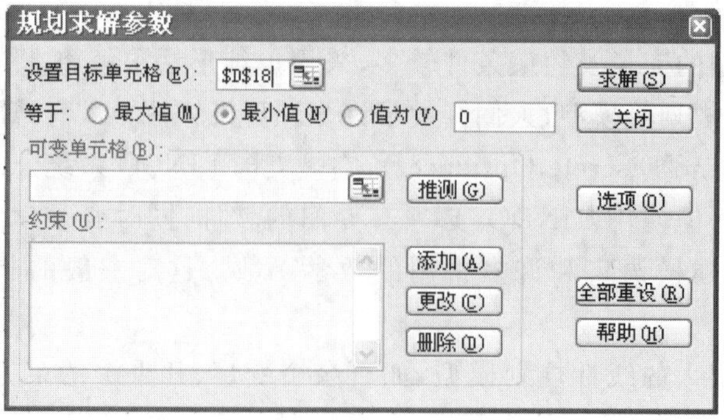

图 3-9

第四步：设置可变单元格，即告诉程序，哪些单元格是变量，本例中应是 B16-E16，I8-J14，如图 3-10 所示。

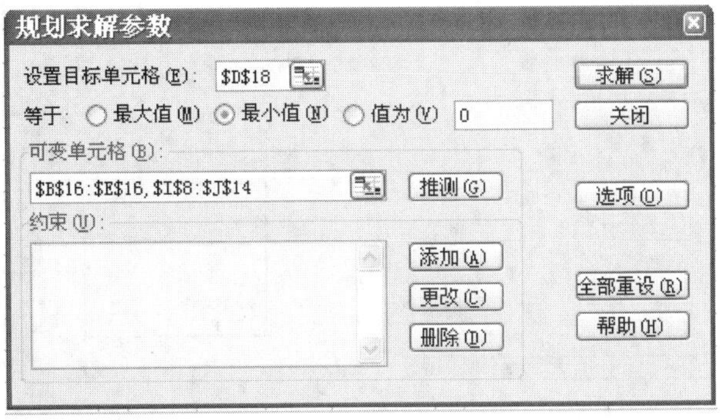

图 3-10

第五步：设置约束条件。通过“添加”按钮，指定单元格引用位置、连接符及约束值。对于有相同连接符的连续约束条件，可同时设置，如本例可用三个约束完成。完成设置后的对话框如图 3-11 所示。

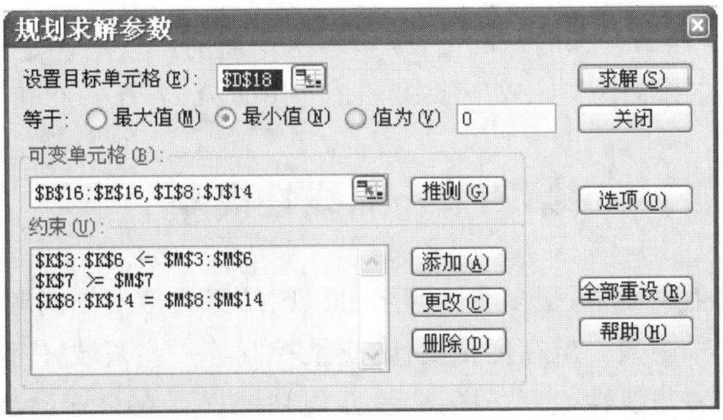

图 3-11

第六步：选项设置。通过“选项”按钮，在本例中选择“采用线性模型”及“假定非负”选项。如图 3-12 所示。

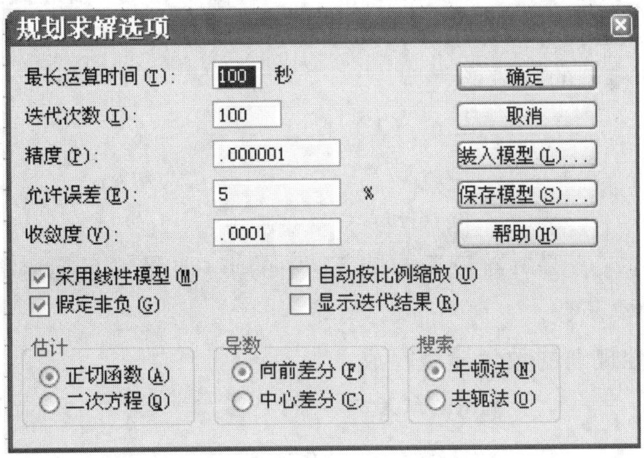

图 3-12

第七步：求解。完成上述步骤后，即可通过“求解”按钮进行求解。求解结果如图 3-13 所示。

	A	B	C	D	E	F	G	H	I	J	K	L	M
1													
2			约束条件系数			总贡献值		目标值	正偏差	负偏差	总和		约束右端常数
3	1266工作面	1	0	0	0	17	<=	17			17	<=	17
4	2202工作面	0	1	0	0	11.6704443	<=	27.6			11.67044431	<=	27.6
5	22512工作面	0	0	1	0	27	<=	27			27	<=	27
6	2258工作面	0	0	0	1	3.32430201	<=	8.8			3.324302011	<=	8.8
7	1266被接续条件	1	0	0	0	17	>=	3			17	>=	3
8	全矿回采产量	1	1	1	1	58.9947463	>=	60	0	1.00525368	60	=	60
9	工作面直接成本	6.69	8.17	8.75	10.43	480	<=	480	0	0	480	=	480
10	工作面用工数	0.243	0.18	0.19	0.279	12.2351602	<=	12.3	0	0.06483976	12.3	=	12.3
11	工作面坑木消耗	11	5	25	39	1050	<=	1050	0	0	1050	=	1050
12	工作面电力消耗	4.2	4.4	4.5	4.2	258.212023	<=	256	2.212023416	0	256	=	256
13	灰分量	0.28	0.24	0.28	0.12	15.3848229	<=	15.3	0.084822876	0	15.3	=	15.3
14	机械化	1	0	1	0	44	>=	36	8	0	36	=	36
15													
16	决策变量	17	11.67044431	27	3.324302011								
17													
18			总偏移量			48.46950615							

图 3-13

通过以上七步的计算，可得到本模型的最优解：$x_1^* = 17$，$x_2^* = 11.67$，$x_3^* = 27$，$x_4^* = 3.32$，$d_1^+ = d_2^+ = d_2^- = d_3^+ = d_4^+ = d_4^- = d_5^- = d_6^- = d_7^- = 0$，$d_1^- = 1.005$，$d_3^- = 0.065$，$d_5^+ = 2.21$，$d_6^+ = 0.085$，$d_7^+ = 8$。

因此，该矿在满足四个目标的基础上，今年各工作面的产量应确定为：1266 与 12512 工作面为 17 万 t；2202 工作面为 11.67 万 t；22512 工作面为 27 万 t；2258 工作面为 3.32 万 t。

第四节　非线性规划

在矿山管理和其他领域中，很多实际问题可以归结为线性规划问题，其目标函数与约束条件均是自变量的一次函数。但在优化设计、质量控制等一些领域，广泛应用着另一种规划方法——非线性规划。与线性规划一样，非线性规划同样存在目标函数和约束条件。如果在目标函数或约束条件中有一个或一个以上的自变量是非线性函数，则称这种规划为非线性规划。

非线性规划在矿业中的应用较为广泛，特别表现在矿井最优设计中。例如，工作面长度确定、采区参数选择、采区巷道布置方案选择、水平高度确定、开拓方式选择、矿井与采区生产能力确定、工艺方式选择等均可用非线性规划理论与方法来解决。

非线性规划数学模型的一般形式为：

$$\min f(\boldsymbol{X})$$
$$\begin{cases} h_i(\boldsymbol{X})=0 & (i=1,2,\cdots,m) \\ g_j(\boldsymbol{X})\geqslant 0 & (j=1,2,\cdots,l) \end{cases}$$

其中，$\boldsymbol{X}=(x_1,x_2,\cdots,x_n)^{\mathrm{T}}$ 是 n 维欧氏空间 E_n 中的点（向量）；目标函数 $f(\boldsymbol{X})$ 和约束函数 $h_i(\boldsymbol{X})$，$g_j(\boldsymbol{X})$ 为 $\boldsymbol{X}$ 的实函数。

有时，也将非线性规划的数学模型写成：

$$\begin{cases} \min f(\boldsymbol{X}) \\ g_j(\boldsymbol{X})\geqslant 0 & (j=1,2,\cdots,l) \end{cases} \tag{3-13}$$

即约束条件中不出现等式，如果有某一约束条件为等式 $g_j(\boldsymbol{X})=0$，则可用如下两个不等式约束替代它：

$$\begin{cases} g_j(\boldsymbol{X}) \geqslant 0 \\ -g_j(\boldsymbol{X}) \geqslant 0 \end{cases}$$

模型(3-13)也常表示成另一种形式：

$$\begin{cases} \min f(\boldsymbol{X}) \quad (\boldsymbol{X} \in R \subset E_n) \\ R = \{\boldsymbol{X} | g_j(\boldsymbol{X}) \geqslant 0\} \quad (j=1,2,\cdots,l) \end{cases}$$

式中，R 为问题的可行域。

若某个约束条件是“$\leqslant$”不等式的形式，则只需要用“-1”乘这个约束的两端，即可将其变成“$\geqslant$”的形式。此外，由于 $\min f(\boldsymbol{X}) = -\min[-f(\boldsymbol{X})]$，且这两种情况下求出的最优解相同（如有左右解存在），故当需要使目标函数极大化时，只需求其负函数极小化即可。

一、微分求极值法

采用微分方法求极值的原理确定矿井设计参数，称为微分求极值法。此法适用于设计项目参数为定量的，初始数据为确定型的，变量数目较少的情况。

具体应用时，首先要设法列出目标函数与参变量之间的函数关系式，然后求最高（如产量、赢利、效率）或最低（如成本、耗材）的极值，这个极值就是在经济上（或其他指标）最优的参数值。通常以吨煤费用最低为目标函数。

例 3-15　某矿掘进一条运输大巷，该巷道通过风量为 39.6 m^3/s，断面形状为半圆拱形，采用锚喷支护，围岩为砂岩，坚固性系数 f 为 6～10，服务年限为 20 a，能够满足大巷运输、行人等要求的断面面积为 8～12 m^2，试确定其最优经济断面面积。

解　巷道掘进费用为：

$$f_1 = C_d S L$$

式中　f_1——总的掘进费用，元；

C_d——单位体积掘进费用，元/m^3；

S——掘进断面面积，m^2；

L——巷道长度，m。

C_d 参照《煤炭建设井巷工程直接费概算定额》(NB/T 51073—2017)按 $C_d = C_{10}/(10S_a)$ 计算。其中，C_{10} 为 10 m 巷道概算费用，主要与巷道断面尺寸、煤岩硬度、支护方式等因素有关，元/(10 m)；S_a 为所取费用对应的巷道断面面积，m^2。

巷道通风费用为：

$$f_2 = \frac{\alpha P L Q^2}{102\eta S^3} \times 365 \times 24 \times K_{电}$$

式中　f_2——通风动力费用，元/a；

α——巷道摩擦阻力系数，$(N \cdot m^2)/s^4$；

P——巷道周长，$P = C\sqrt{S}$；

C——断面形状系数；

Q——巷道通过的风量，m^3/s；

$K_{电}$——单位电价，元/(kW · h)；

η——通风机总效率。

其他符号意义同上。

把上述两项费用相加并整理，得巷道总费用为：

$$\min f = f_1 + f_2 = C_d SL + \frac{8\ 760\alpha K_{电} CLQ^2}{102\eta} S^{-\frac{5}{2}}$$

将该式对断面面积 S 进行求导，并令 $\frac{df}{dS}=0$，则：

$$S = \sqrt[3.5]{\frac{21\ 900\alpha K_{电} CQ^2}{102 C_d \eta}}$$

根据《煤炭建设井巷工程直接费概算定额》，当所取费用对应断面面积为 10 m^2 时，$C_{10}=$ 14 400 元/(10 m)；也可取对应断面面积为 8 m^2，此时 $S_a=8\ m^2$，C_{10} 作相应改变。

根据类似巷道实测数据，取巷道摩擦阻力系数 α 为 0.008 $(N \cdot m^2)/s^4$，断面形状系数 $C=4.0$，单位电价 $K_{电}$ 为 0.8 元/(kW·h)，通风机总效率 η 为 0.7。

将已知数据代入上式得最优经济断面面积 S 为 10.2 m^2。

二、一维搜索法

非线性规划问题一般不能用解析法求其目标函数的精确解，必须用数值计算法来逐步求得其近似解。这就要用迭代方法，它的基本思想是：给出一个初始近似值，按照某种规划（即算法）找出比 $x^{(0)}$ 更好的解 $x^{(1)}$，再按此规划找出比 $x^{(1)}$ 更好的解 $x^{(2)}$……如此即可求得一个解的序列 $\{x^{(k)}\}$，直到满足精度为止。由此可见，搜索法是一系列的迭代过程。其步骤如下：

① 选定一初始近似点 $x^{(0)}$，并令 $k=0$；

② 确定搜索方向 $p^{(k)}$，并从 $x^{(k)}$ 出发，沿方向 $p^{(k)}$ 求步长 λ_k，以产生下一迭代点 $x^{(k+1)}$；

$$x^{(k+1)} = x^{(k)} + \lambda_k p^{(k)}$$

③ 检查新得到的点是否在要求精度 $\varepsilon>0$ 条件下，满足：

$$| f(x^{(k+1)}) - f(x^{(k)}) | < \varepsilon$$

若上式成立，则 $x^{(k+1)}$ 就是所求近似最优解；否则，令 $k=k+1$，转回②继续进行迭代。

在以上步骤中，选取搜索方向 $p^{(k)}$ 是最关键的一步，各种算法的区分主要在于确定搜索方向的方法不同。沿某一已知直线方向寻求目标函数极小点的方法，称为一维搜索。

1. 抛物线逼近法

若原目标函数 $f(x)$ 比较复杂，不连续且无导数，或求导后很难求解，即不能用 $f'(x)=0$，$f''(x)\geqslant 0$ 的方法求解，则需要寻求其他的求解方法，如可用一个简单抛物线函数多次逼近原函数，利用抛物线函数替代原 $f(x)$，此方法称为抛物线逼近法。

在目标函数 $f(x)$ 区间中，找三点 x_1, x_2, x_3，满足 $x_1<x_2<x_3$ 使 $f(x_1)\geqslant f(x_2)\leqslant f(x_3)$，如图 3-14 所示。设抛物线函数 $\varphi(x)=a_0+a_1x+a_2x^2$，其中，$a_0, a_1, a_2$ 为待定系数。先在大范围内接近，后逐渐缩小 (x_1, x_3) 区间。

设：

$$\begin{cases} \varphi(x_1) = a_0 + a_1 x_1 + a_2 x_1^2 = f(x_1) \\ \varphi(x_2) = a_0 + a_1 x_2 + a_2 x_2^2 = f(x_2) \\ \varphi(x_3) = a_0 + a_1 x_3 + a_2 x_3^2 = f(x_3) \end{cases}$$

解线性方程组得：

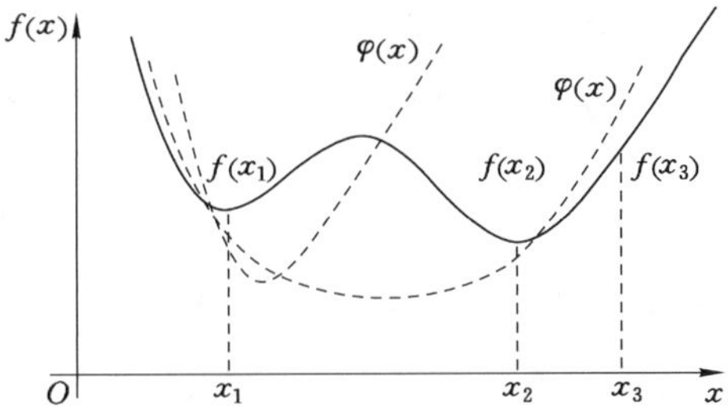

图 3-14　抛物线逼近法取点图

$$\begin{cases} a_1 = \dfrac{(x_2^2 - x_3^2)f(x_1) + (x_3^2 - x_1^2)f(x_2) + (x_1^2 - x_2^2)f(x_3)}{(x_2 - x_3)(x_3 - x_1)(x_1 - x_2)} \\ a_2 = -\dfrac{(x_2 - x_3)f(x_1) + (x_3 - x_1)f(x_2) + (x_1 - x_2)f(x_3)}{(x_2 - x_3)(x_3 - x_1)(x_1 - x_2)} \end{cases}$$

对 $\varphi(x)$ 求极值得：　　　　$\varphi'(x) = a_1 + 2a_2x = 0$

$$\bar{x} = -\frac{1}{2} \cdot \frac{a_1}{a_2} = \frac{1}{2} \cdot \frac{(x_2^2 - x_3^2)f(x_1) + (x_3^2 - x_1^2)f(x_2) + (x_1^2 - x_2^2)f(x_3)}{(x_2 - x_3)f(x_1) + (x_3 - x_1)f(x_2) + (x_1 - x_2)f(x_3)} \tag{3-14}$$

令 $x^{(1)} = \bar{x}$，计算 $f(x^{(1)})$，产生如下两种情况：

① 如果 $f(x^{(1)}) \leqslant f(x_2)$，则以 $x^{(1)}$ 左右各一点组成三个点重新计算式(3-14)。

② 如果 $f(x^{(1)}) > f(x_2)$，则以 x_2 左右各一点组成三个点再计算式(3-14)，这样反复计算，直至 $|x^{(k)} - x^{(k-1)}| < \varepsilon$，其中，$\varepsilon$ 为预先给定的精度。

抛物线逼近法的计算步骤为：

① 给定精度 ε，任选三点 $x_1 < x_2 < x_3$，且 $f(x_1) > f(x_2) < f(x_3)$。

② 计算：

$$\bar{x} = \frac{(x_2^2 - x_3^2)f(x_1) + (x_3^2 - x_1^2)f(x_2) + (x_1^2 - x_2^2)f(x_3)}{2[(x_2 - x_3)f(x_1) + (x_3 - x_1)f(x_2) + (x_1 - x_2)f(x_3)]}$$

③ 如果 $|\bar{x} - x_2| < \varepsilon$，得到最优解。否则：

$f(\bar{x}) \geqslant f(x_2)$，且 $\bar{x} < x_2$，以 $\bar{x}, x_2, x_3$ 为三点，转②；

$f(\bar{x}) \geqslant f(x_2)$，且 $\bar{x} > x_2$，以 $x_1, x_2, \bar{x}$ 为三点，转②；

$f(\bar{x}) < f(x_2)$，且 $\bar{x} < x_2$，以 $x_1, \bar{x}, x_2$ 为三点，转②；

$f(\bar{x}) < f(x_2)$，且 $\bar{x} > x_2$，以 $x_1, \bar{x}, x_3$ 为三点，转②。

例 3-16　试用抛物线逼近法求解例 3-15。

例 3-15 的数学模型经过整理得：

$$\min f = 144S + 195\,043.47S^{-\frac{5}{2}}$$

解　取 $\varepsilon = 0.1, s_1 = 8, s_2 = 10, s_3 = 12$。

将 s_1, s_2, s_3 代入该模型中得：

$$f(x_1) = 144s_1 + 195\,043.47s_1^{-\frac{5}{2}} = 2\,229.47,$$
$$f(x_2) = 2\,056.78, f(x_3) = 2\,119$$

满足 $s_1 < s_2 < s_3, f(s_1) \geqslant f(s_2) \leqslant f(s_3)$ 的条件。

① $s^{(1)} = \dfrac{(s_2^2 - s_3^2)f(s_1) + (s_3^2 - s_1^2)f(s_2) + (s_1^2 - s_2^2)f(s_3)}{2[(s_2 - s_3)f(s_1) + (s_3 - s_1)f(s_2) + (s_1 - s_2)f(s_3)]} = 10.47$

② 由于 $$|s^{(1)}-s_2|=|10.47-10|=0.47>\varepsilon$$

此时 $f(s^{(1)})>f(s_2)$，且 $s^{(1)}>s_2$，所以以 $s_1,s_2,s^{(1)}$ 为三点重新计算。则 $s_1=8,s_2=10,s_3=s^{(1)}=10.47$。

$$f(s_1)=2\ 229.47,f(s_2)=2\ 056.78,f(s_3)=2\ 057.56$$

③ $$s^{(2)}=\frac{(s_2^2-s_3^2)f(s_1)+(s_3^2-s_1^2)f(s_2)+(s_1^2-s_2^2)f(s_3)}{2[(s_2-s_3)f(s_1)+(s_3-s_1)f(s_2)+(s_1-s_2)f(s_3)]}=10.2$$

$$f(s^{(2)})=2\ 055.79$$

④ 由于 $$|s^{(2)}-s_2|=|12.2-12|=0.2>\varepsilon$$

此时 $f(s^{(2)})<f(s_2)$，且 $s^{(2)}>s_2$，所以以 $s_2,s^{(2)},s_3$ 为三点重新计算。则 $s_1=10,s_2=10.2,s_3=10.47$。

$$f(s_1)=2\ 056.78,f(s_2)=2\ 055.79,f(s_3)=2\ 057.56$$

⑤ $$s^{(3)}=\frac{(s_2^2-s_3^2)f(s_1)+(s_3^2-s_1^2)f(s_2)+(s_1^2-s_2^2)f(s_3)}{2[(s_2-s_3)f(s_1)+(s_3-s_1)f(s_2)+(s_1-s_2)f(s_3)]}=10.18$$

$$f(s^{(3)})=2\ 055.80$$

由于 $$|s^{(3)}-s_2|=|10.18-10.2|=0.02<\varepsilon$$

而 $$f(s^{(2)})<f(s^{(3)})$$

因此，取最优解 $x^*=10.2$。

2. 0.618 法(黄金分割法)

在求 min $f(x)$ 时，假设包括最优解在内的区间为$[a_0,b_0]$$(a_0<b_0)$，$a_0,b_0$ 的值可根据试验或实际经验确定。在$[a_0,b_0]$内，任取两点 $a_1,b_1$$(a_1\neq b_1$，且 $a_1<b_1)$ 如图 3-15 所示，计算比较 $f(a_1)$，$f(b_1)$的大小，存在三种情况：

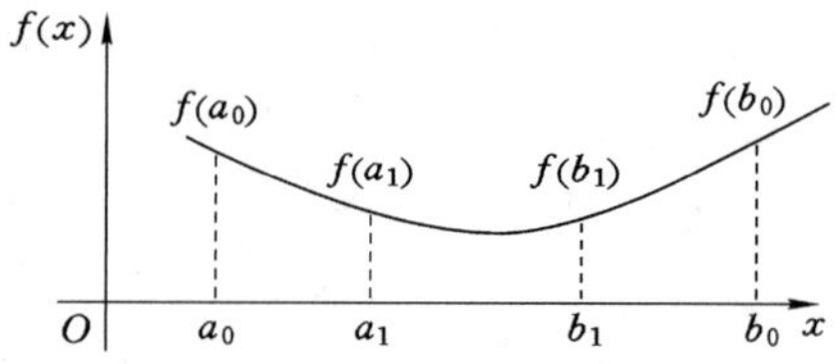

图 3-15 0.618 法取点图

① $f(a_1)<f(b_1)$，最优解在区间$[a_0,b_1]$内；

② $f(a_1)>f(b_1)$，最优解在区间$[a_1,b_0]$内；

③ $f(a_1)=f(b_1)$，最优解在区间$[a_1,b_1]$内。

利用上述方法多次计算，包括最优解的区间不断缩小，直到满足精度要求，得到最优解。

怎样选择 a_1,b_1 点，才能使计算量最小呢？

经证明：每次按等比例选择 a_1,b_1 点，即每次缩小后的区间长度与原区间长度之比，等于去掉的区间长度与保留下的区间长度之比，此时计算量最小。

原区间长度与缩小后的区间长度比例关系如图 3-16 所示。

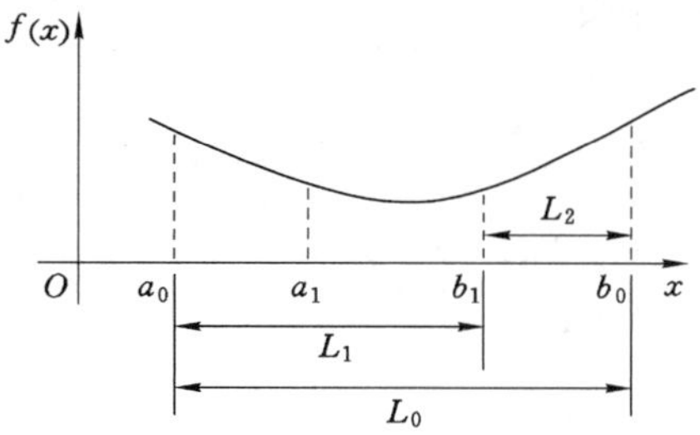

图 3-16

则存在：

$$\frac{L_1}{L_0}=\frac{L_2}{L_1}=\alpha \tag{3-15}$$

将满足式(3-15)比例关系的分割称为黄金分割，其中，α 为比例系数。由式(3-15)得：

$$\alpha^2+\alpha-1=0 \tag{3-16}$$

求解式(3-16)得 $\alpha=0.618$。

黄金分割点在区间$[a_0,b_0]$长度 L_0 的 0.618

倍处，这也是 0.618 法名称的由来。

在图 3-16 中，a_1，b_1 可分别表示为：

$$a_1 = a_0 + (1-0.618)(b_0 - a_0)$$

$$b_1 = a_0 + 0.618(b_0 - a_0)$$

0.618 法的计算步骤为：

① 设 $k=1$（计算次数），精度 $\varepsilon \geqslant 0$，选定 $[a_0, b_0]$，计算 a_k，b_k。

$$a_k = a_0 + 0.382(b_0 - a_0)$$

$$b_k = a_0 + 0.618(b_0 - a_0)$$

② 计算 $f(a_k)$ 与 $f(b_k)$。

如果 $|b_k - a_k| < \varepsilon$，则得到最优解，$\dfrac{a_k + b_k}{2}$ 为最优解；否则，令 $k=k+1$。

③ 当 $f(a_{k-1}) < f(b_{k-1})$ 时，$a_0 = a_0$，$b_0 = b_{k-1}$，$b_k = a_{k-1}$，$a_k = a_0 + 0.382(b_0 - a_0)$，计算 $f(a_k)$ 并转至②；当 $f(a_{k-1}) \geqslant f(b_{k-1})$ 时，$a_0 = a_{k-1}$，$b_0 = b_0$，$a_k = b_{k-1}$，$b_k = a_0 + 0.618(b_0 - a_0)$，计算 $f(b_k)$ 并转至②。

例 3-17 经实际分析，吨煤费用可由三部分组成，即随工作面长度增加而增加的费用，随工作面长度增加而减少的费用，不随工作面长度变化而改变的费用。因此，工作面长度与吨煤成本之间的数学模型可表示为：

$$\min f(L) = aL + b/L + c \quad (a, b, c \text{ 为常数})$$

根据实际统计分析得：$a=0.023\,1$，$b=487$，$c=7.66$，则：

$$\min f(L) = 7.66 + 0.023\,1L + 487/L$$

试用 0.618 法求吨煤成本最低时的工作面长度。

解 一般的，工作面长度应为 120～200 m。取精度 $\varepsilon = 5$ m。

① 令 $k=1$，$a_0=120$，$b_0=200$。

$$a_1 = a_0 + 0.382(b_0 - a_0) = 120 + 0.382(200-120) = 150.56$$

$$b_1 = a_0 + 0.618(b_0 - a_0) = 120 + 0.618(200-120) = 169.44$$

$$f(a_1) = 14.37, f(b_1) = 14.44$$

② $|b_1 - a_1| = |169.44 - 150.56| = 18.88 > \varepsilon = 5$，令 $k=2$。

③ 因为 $f(a_1) < f(b_1)$，去掉区间 [169.44，200]，最优解在区间 [120，169.44] 内。

$$a_0 = 120, b_0 = 169.44, b_2 = a_1 = 150.56$$

$$a_2 = a_0 + 0.382(b_0 - a_0) = 120 + 0.382(169.44 - 120) = 138.89$$

$$f(a_2) = 14.38, f(b_2) = 14.37$$

④ $|b_2 - a_2| = |150.56 - 138.89| = 11.67 > \varepsilon = 5$，令 $k=3$。

⑤ 因为 $f(a_2) > f(b_2)$，去掉区间 [120，138.89]，最优解在区间 [138.89，169.44] 内。

$$a_0 = a_2 = 138.89, b_0 = 169.44, a_3 = b_2 = 150.56$$

$$b_3 = a_0 + 0.618(b_0 - a_0) = 138.89 + 0.618(169.44 - 138.89) = 157.77$$

$$f(a_3) = 14.37, f(b_3) = 14.39$$

⑥ $|b_3 - a_3| = |157.77 - 150.56| = 7.21 > \varepsilon = 5$，令 $k=4$。

⑦ 因为 $f(b_3) > f(a_3)$，去掉区间 [157.77，169.44]，最优解在区间 [138.89，157.77] 内。

$$a_0 = 138.89, b_0 = b_3 = 157.77, b_4 = a_3 = 150.56$$

$$a_4 = a_0 + 0.382(b_0 - a_0) = 138.89 + 0.382(157.77 - 138.89) = 146.1$$

$$f(a_4) = 14.36, f(b_4) = 14.37$$

⑧ $|b_4 - a_4| = |150.56 - 146.1| = 4.46 < \varepsilon = 5$。

所以，最优解（即吨煤成本最低时的工作面长度）为$(a_4 + b_4)/2 = 148.33$ (m)，根据实际情况可取 150 m。当然，此模型比较简单，可以用微分求极值法求解。

3. 牛顿法

牛顿法的基本思想是：在给出一个 $f(x)$ 极小值点的初始估计点 $x^{(0)}$ 后，利用 $f'(x)$ 和 $f''(x)$ 可求出一个点序列 $\{x^{(k)}\}$，$k=1,2,\cdots$，该点序列的极限点 x^* 就是 $f(x)$ 的极小值点。因此，牛顿法除给定初始估计点 $x^{(0)}$ 外，还必须已知 $f(x)$，并且要求 $f'(x)$ 和 $f''(x)$ 存在。该法具有收敛速度快的特点，但当初始估计点 $x^{(0)}$ 选得不合适时，可能不收敛于极小值点；再者，该法需求一阶、二阶导数，计算工作量大。

设一已知函数为 $f(x)$，并已给出一个较好的极小值点的初始估计点 $x^{(0)}$，在 $x^{(0)}$ 处用泰勒公式展开，并保留到二次项得：

$$f(x) \approx f(x^{(0)}) + f'(x^{(0)})(x - x^{(0)}) + \frac{1}{2} f''(x^{(0)})(x - x^{(0)})^2 = \varphi(x)$$

即过 $x^{(0)}$ 点，用 $f(x^{(0)})$，$f'(x^{(0)})$，$f''(x^{(0)})$ 构造一个新的函数 $\varphi(x)$，近似地代替 $f(x)$。对 $\varphi(x)$ 求导并令其为零，得：

$$f'(x^{(0)}) + f''(x^{(0)})(x - x^{(0)}) = 0$$

则有：

$$x = x^{(0)} - \frac{f'(x^{(0)})}{f''(x^{(0)})} \tag{3-17}$$

令 x 为 $x^{(1)}$，$x^{(1)}$ 是比 $x^{(0)}$ 更逼近 $f(x)$ 的极小值点。得到 $x^{(1)}$ 后，再以 $x^{(1)}$ 为初始点，用同样的方法求 $x^{(2)}$，$x^{(3)}$，$\cdots$，如此迭代，直至满足给定的精度要求为止。将式(3-17)写成迭代形式：

$$x^{(k+1)} = x^{(k)} - \frac{f'(x^k)}{f''(x^{(k)})} \quad (k = 0,1,2,\cdots,r) \tag{3-18}$$

当 $|f'(x^{(k+1)})| \leqslant \varepsilon$（$\varepsilon$ 为给定的某个很小的正数）时，迭代终止，则 $x^{(k+1)}$ 即近似最优解。

上述算法的迭代步骤为：

① 事先给定一要求精度 $\varepsilon > 0$，选取初始估计点 $x^{(0)}$，令 $k=0$。

② 计算 $f'(x^{(k)})$，若 $|f'(x^{(k)})| \leqslant \varepsilon$，则停止迭代，$x^{(k)}$ 为最优解；否则，计算 $f''(x^{(k)})$。

③ 计算 $x^{(k+1)} = x^{(k)} - \dfrac{f'(x^{(k)})}{f''(x^{(k)})}$。

④ 令 $k = k+1$，返回②。

例 3-18 试用牛顿法求解例 3-16。

解 取 $x^{(0)} = 10\ \mathrm{m}^2$，$\varepsilon = 0.1$，$k=0$。

$$f'(x) = 144 - 487\ 608.675 s^{-\frac{7}{2}}$$

$$f''(x) = 1\ 706\ 630.362\ 5 s^{-\frac{9}{2}}$$

$$|f'(x^{(0)})| = |f'(10)| = 10.195\ 4 > \varepsilon = 0.1$$

计算

$$x^{(1)} = x^{(0)} - \frac{f'(x^{(0)})}{f''(x^{(0)})} = 10 - \frac{-10.195\ 4}{53.968\ 4} = 10.188\ 9$$

令 $k=1$　　　$|f'(x^{(1)})|=|f'(10.1889)|=0.4195>\varepsilon=0.1$

继续迭代　　$x^{(2)}=x^{(1)}-\dfrac{f'(x^{(1)})}{f''(x^{(1)})}=10.1889-\dfrac{-0.4195}{49.6097}=10.1974$

令 $k=2$　　　$|f'(x^{(2)})|=|f'(10.1974)|=0.0014<\varepsilon=0.1$

得到近似最优解。故 $x^*=x^{(2)}=10.1974\approx 10.2(\mathrm{m}^2)$为最优解，与前面微分求极值法和抛物线逼近法的计算结果一致。

三、梯度法

在求解无约束极值问题的解析法中，梯度法是最古老但又十分基本的数值方法。它也采用搜索法进行迭代，即从某一近似点 $x^{(k)}$ 出发，选定一搜索方向 $p^{(k)}$，使目标函数值沿该方向下降；然后选择步长 λ，沿 $p^{(k)}$ 方向移动一个步长，得到下一个近似点 $x^{(k+1)}$，即

$$x^{(k+1)}=x^{(k)}+\lambda p^{(k)}\quad(\lambda\geqslant 0)$$

那么沿哪个方向函数值下降最快呢？从爬山中我们体会到，沿垂直于等高线方向爬得最快，这个垂直于等高线的方向就是函数的梯度方向；反之，负梯度方向，即下降最快方向，称 $p^{(k)}=-\nabla f(x^{(k)})$为负梯度方向。$\nabla f(x^{(k)})$为函数 $f(x)$在点 $x^{(k)}$ 处的梯度，即

$$\nabla f(x^{(k)})=\left(\frac{\partial f(x^{(k)})}{\partial x_1},\frac{\partial f(x^{(k)})}{\partial x_2},\cdots,\frac{\partial f(x^{(k)})}{\partial x_n}\right)^{\mathrm{T}}$$

为了得到下一个近似极小值点，在选定了搜索方向之后，还要确定步长 λ。当采用可接受点算法时，就是取某一 λ 进行试算，使之满足不等式：

$$f(x^{(k)}-\lambda\nabla f(x^{(k)}))<f(x^{(k)})$$

若该不等式成立，就可迭代下去；否则，缩小 λ 使该不等式成立为止。

另一种方法是通过在负梯度方向的一维搜索来确定使 $f(x)$最小的 λ_k，这种梯度法就是最速下降法。

将 $f(x^{(k)}-\lambda\nabla f(x^{(k)}))<f(x^{(k)})$展开成泰勒级数：

$$f(x^{(k)}-\lambda\nabla f(x^{(k)}))=f(x^{(k)})-\nabla f(x^{(k)})^{\mathrm{T}}\nabla f(x^{(k)})+\frac{1}{2}\lambda\nabla f(x^{(k)})\boldsymbol{H}(x^{(k)})\lambda\nabla f(x^{(k)})$$

对 λ 求导并令其等于零，则可得“最佳”步长：

$$\lambda_k=\frac{\nabla f(x^{(k)})^{\mathrm{T}}\nabla f(x^{(k)})}{\nabla f(x^{(k)})^{\mathrm{T}}\boldsymbol{H}(x^{(k)})\nabla f(x^{(k)})}$$

式中，$\boldsymbol{H}(x^{(k)})$为 $x^{(k)}$ 的黑赛矩阵，即

$$\boldsymbol{H}(x^{(k)})=\begin{pmatrix}\dfrac{\partial^2 f(x^{(k)})}{\partial x_1^2} & \dfrac{\partial^2 f(x^{(k)})}{\partial x_1\partial x_2} & \cdots & \dfrac{\partial^2 f(x^{(k)})}{\partial x_1\partial x_n}\\ \dfrac{\partial^2 f(x^{(k)})}{\partial x_2\partial x_1} & \dfrac{\partial^2 f(x^{(k)})}{\partial x_2^2} & \cdots & \dfrac{\partial^2 f(x^{(k)})}{\partial x_2\partial x_n}\\ \vdots & \vdots & & \vdots\\ \dfrac{\partial^2 f(x^{(k)})}{\partial x_n\partial x_1} & \dfrac{\partial^2 f(x^{(k)})}{\partial x_n\partial x_2} & \cdots & \dfrac{\partial^2 f(x^{(k)})}{\partial x_n^2}\end{pmatrix}$$

可见，“最佳”步长不只与梯度有关，与黑赛矩阵 $\boldsymbol{H}$ 也有关系，计算起来比较麻烦。

确定步长 λ_k 也可以采用任一种一维搜索法(如 0.618 法)。

梯度法解无约束极值问题的步骤如下：

① 给定初始近似点 $x^{(0)}$ 及精度 ε，令 $k=0$；

② 计算$\nabla f(x^{(k)})$，若$\| \nabla f(x^{(k)}) \|^2 \leqslant \varepsilon$，则$x^{(k)}$即近似极小值点；否则，求步长$\lambda_k$，并确定下一近似点：

$$x^{(k+1)} = x^{(k)} - \lambda_k \nabla f(x^{(k)})$$

取$k=k+1$，重复第②步，直到达到要求的精度为止。

例 3-19 用梯度法求$f(x)=(x_1-1)^2+(x_2-1)^2$的极小值点，已知$\varepsilon=0.1$。

解 取初始点$\boldsymbol{x}^{(0)}=(0,0)^{\mathrm{T}}$。

$$\nabla f(x) = \left(\frac{\partial f}{\partial x_1}, \frac{\partial f}{\partial x_2}\right)^{\mathrm{T}} = (2(x_1-1), 2(x_2-1))^{\mathrm{T}}$$

$$\nabla f(x^{(0)}) = (-2, -2)^{\mathrm{T}}$$

$$\| \nabla f(x^{(0)}) \|^2 = (\sqrt{(-2)^2+(-2)^2})^2 = 8 > \varepsilon$$

$$\boldsymbol{H}(x) = \begin{pmatrix} \dfrac{\partial^2 f}{\partial x_1^2} & \dfrac{\partial^2 f}{\partial x_1 \partial x_2} \\ \dfrac{\partial^2 f}{\partial x_2 \partial x_1} & \dfrac{\partial^2 f}{\partial x_2^2} \end{pmatrix} = \begin{pmatrix} 2 & 0 \\ 0 & 2 \end{pmatrix}$$

$$\lambda_0 = \frac{\nabla f(x^{(0)})^{\mathrm{T}} \nabla f(x^{(0)})}{\nabla f(x^{(0)})^{\mathrm{T}} \boldsymbol{H}(x^{(0)}) \nabla f(x^{(0)})} = \frac{(-2,-2)\begin{pmatrix} 2 & 0 \\ 0 & 2 \end{pmatrix}\begin{pmatrix} -2 \\ -2 \end{pmatrix}}{(-2,-2)\begin{pmatrix} 2 & 0 \\ 0 & 2 \end{pmatrix}\begin{pmatrix} -2 \\ -2 \end{pmatrix}} = \frac{1}{2}$$

$$x^{(1)} = x^{(0)} - \lambda_0 \nabla f(x^{(0)}) = \begin{pmatrix} 0 \\ 0 \end{pmatrix} - \frac{1}{2}\begin{pmatrix} -2 \\ -2 \end{pmatrix} = \begin{pmatrix} 1 \\ 1 \end{pmatrix}$$

$$\| \nabla f(x^{(1)}) \|^2 = (\sqrt{[2(1-1)]^2+[2(1-1)]^2})^2 = 0 < \varepsilon$$

故$x^{(1)}$即所求极小值点。

四、制约函数法

带有约束条件的非线性规划问题是最优化问题中最为常见的形式。下面介绍求解这类非线性规划问题的制约函数法，它通过构造某种制约函数，并将之加到非线性规划问题的目标函数中，从而将原来的约束极值问题转化为无约束问题来求解。常用的制约函数法大致有两类：惩罚函数法（外点法）和障碍函数法（内点法）。

1. 惩罚函数法

考虑非线性规划问题：

$$\min f(x) \quad (x \in R \subset E^n)$$
$$R = \{x \mid g_j(x) \geqslant 0\} \quad (j=1,2,\cdots,m)$$

为求其最优解，构造一个函数$\varphi(x)$：

$$\varphi(x) = \begin{cases} 0 & (t \geqslant 0) \\ t^2 & (t < 0) \end{cases}$$

现把某一约束函数$g_j(x)$视为t，显然，当x满足约束条件时，$g_j(x) \geqslant 0$，从而有$\sum_{j=1}^{m} \varphi(g_j(x)) = 0$；当$x$不满足约束条件时，有$0 < \sum_{j=1}^{m} \varphi(g_j(x)) < \infty$。取充分大的整数$M$（惩罚因子），将原问题构造成如下函数：

$$p(x,M) = f(x) + M\sum_{j=1}^{m} \varphi(g_j(x))$$

或等价于：

$$p(x,M)=f(x)+M\sum_{j=1}^{m}[\min(0,g_j(x))]^2$$

当 $x\in R$ 时，有 $p(x,M)=f(x)$；当 $x\notin R$ 时，由于 M 很大，将使惩罚项 $M\sum_{j=1}^{m}\varphi(g_j(x))$ 很大，从而使 $p(x,M)$ 很大，这就是对非可行点的惩罚。这样，构造惩罚函数 $p(x,M)$ 将原有约束问题化成无约束问题，从而可使 $\min p(x,M)$ 的解 $x(M)$ 为原问题的极小值解或近似极小值解。若 $x(M)\in R$，则它必是原问题的极小值解。

若对于某一个惩罚因子 M，如 M_1，$x(M_1)\notin R$，就加大惩罚因子的值，随着 M 值的增大，惩罚函数中惩罚项所起的作用随之增大，$\min p(x,M)$ 的解 $x(M)$ 与可行域 R 的距离越来越近，当 M 序列趋于无穷大时，点序列 $\{x(M_k)\}$ 就从可行域 R 的外部趋于原非线性规划问题的极小值点。

例 3-20　求非线性规划：

$$\min f(x)=x_1+x_2$$

$$\text{s.t.}\begin{cases}g_1(x)=-x_1^2+x_2\geqslant 0\\ g_2(x)=x_1\geqslant 0\end{cases}$$

解　构造惩罚函数：

$$p(x,M)=x_1+x_2+M\{[\min(0,(-x_1^2+x_2))]^2+[\min(0,x_1)]^2\}$$

$$\frac{\partial p}{\partial x_1}=1+2M[\min(0,(-x_1^2+x_2)(-2x_1))]+2M[\min(0,x_1)]$$

$$\frac{\partial p}{\partial x_2}=1+2M[\min(0,(-x_1^2+x_2))]$$

对于不满足约束条件的点 $\boldsymbol{x}=(x_1,x_2)^{\mathrm{T}}$，有：

$$-x_1^2+x_2<0$$

令：

$$\frac{\partial p}{\partial x_1}=\frac{\partial p}{\partial x_2}=0$$

即

$$\frac{\partial p}{\partial x_1}=1+2M[\min(0,(-x_1^2+x_2)(-2x_1))]+2M[\min(0,x_1)]=0$$

$$\frac{\partial p}{\partial x_2}=1+2M[\min(0,(-x_1^2+x_2))]=0$$

得 $\min p(x,M)$ 的解：

$$\boldsymbol{x}(M)=\left(-\frac{1}{2(1+M)},\left(\frac{1}{4(1+M)^2}-\frac{1}{2M}\right)\right)^{\mathrm{T}}$$

令 $M\to\infty$，得 $\boldsymbol{x}^*=(0,0)^{\mathrm{T}}$，即原问题极小值解。

2. 障碍函数法

障碍函数法(也称内点法)与惩罚函数法不同，它要求迭代过程始终在可行域的边界上设置一道“障碍”，使迭代点靠近可行域的边界时，给出的新目标函数值迅速增大，从而使迭代点始终留在可行域内部。

考虑非线性规划问题：

$$\min f(x)\quad (x\in R\subset E^n)$$

$$R=\{x\,|\,g_j(x)\geqslant 0\}\quad (j=1,2,\cdots,m)$$

当 x 点从可行域 R 内部趋于其边界时，至少有某一个约束条件 $g_j(x)$ 趋于零。因而，函数 $\sum_{j=1}^{m} 1/g_j(x)$ 和 $-\sum_{j=1}^{m} \lg(g_j(x))$ 将无限增大。取一个充分小的数 r_k（障碍因子），将原问题构造成如下障碍函数：

$$\bar{p}(x,r_k) = f(x) + r_k \sum_{j=1}^{m} \frac{1}{g_j(x)} \quad (r_k > 0)$$

或

$$\bar{p}(x,r_k) = f(x) - r_k \sum_{j=1}^{m} \lg(g_j(x)) \quad (r_k > 0)$$

障碍函数右端第二项称为障碍项。

这样，通过构造障碍函数 $\bar{p}(x,r_k)$，将有约束问题化成无约束问题 $\min \bar{p}(x,r_k)$。如果从可行域内部的某一点 $x^{(0)}$ 出发，按约束极小化方法进行迭代，则随着障碍因子 r_k 的逐步减小，障碍项所起作用也越来越小，因而，求出的 $\min \bar{p}(x,r_k)$的解 $x(r_k)$也逐步逼近原非线性规划问题的极小值解，直到满足所给精度要求为止。

例 3-21 用障碍函数法求解：

$$\min f(x) = \frac{1}{3}(x_1+1)^3 + x_2$$

$$\begin{cases} g_1(x) = x_1 - 1 \geqslant 0 \\ g_2(x) = x_2 \geqslant 0 \end{cases}$$

解 构造障碍函数：

$$\bar{p}(x,r_k) = \frac{1}{3}(x_1+1)^3 + x_2 + r_k\left(\frac{1}{x_1-1} + \frac{1}{x_2}\right)$$

$$\frac{\partial \bar{p}}{\partial x_1} = (x_1+1)^2 - \frac{r_k}{(x_1-1)^2} = 0$$

$$\frac{\partial \bar{p}}{\partial x_2} = 1 - \frac{r_k}{x_2^2} = 0$$

得 $\min \bar{p}(x,r_k)$的解：

$$x_1(r_k) = \sqrt{1+\sqrt{r_k}}, x_2(r_k) = \sqrt{r_k}$$

令 $r_k \to 0$，得 $\boldsymbol{x}^* = (1,0)^{\mathrm{T}}$，即原问题的极小值解。

第五节　动态规划

动态规划大约产生于 20 世纪 50 年代，由美国数学家贝尔曼（R. Bellman）等创立，是解决多阶段决策过程的最优化问题的一种方法。动态规划的中心思想是所谓的最优性原理，该原理归结为一个基本的递推关系式，从整个过程的最后阶段出发，逆推计算到第一阶段，找到最优解。

一、多阶段决策问题

将系统运行过程划分为若干个相互联系的阶段，而在每一阶段都要作出决策，但是每个阶段最优决策的选择不只是孤立地考虑本阶段所取得的效果如何，而必须把整个过程中的各阶段联系起来考虑，使得整个过程达到最优，这就是多阶段决策过程。

在多阶段决策问题中，各个阶段采取的决策一般来说与时间是有联系的，决策依赖当前的状态，又随即引起状态的转移，前一阶段的决策确定以后，常常影响以后各阶段的决策，也就是说，多阶段决策是一个动态过程。

下面以最短路径问题为例，说明动态规划的基本思路及求解方法。

例 3-22　如图 3-17 所示，某矿井的压气机房位于 A 处，F 表示采煤工作面。从 A 到 F 要经过若干段巷道，用节点 $B_1, B_2, \cdots, E_1, E_2$ 表示巷道的交岔口，用线段表示所经过的巷道，线段上所标注的数字表示相应节点之间的距离。现在要从 A 点出发，铺设一条压气管道至 F，问应怎样选择线路，才能使所用的管道最省。

该问题具有多阶段决策的特性，可用动态规划方法求解。

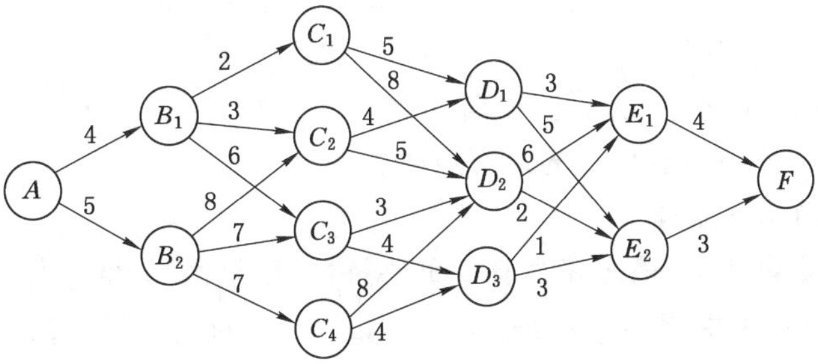

图 3-17

二、动态规划的基本概念

(1) 阶段变量

在多阶段决策问题中，一般根据时间或空间的自然特性来划分阶段。如图 3-17 所示最短路径问题，由 A 到 F 可分为 5 个阶段。描述阶段的变量称为阶段变量，用 k 表示，令 $k=1,2,\cdots,n$ 表示阶段符号。

(2) 状态变量

状态表示每个阶段开始所处的状况。状态就是某阶段的出发位置，一个阶段可以包含若干个状态，如图 3-17 中第三阶段的状态是 C_1, C_2, C_3, C_4。状态既是该阶段某支路的起点，又是前一阶段某支路的终点。用 S_k 表示第 k 阶段的状态，S_k 称为状态变量。第三阶段的状态集合 $S_3=\{C_1, C_2, C_3, C_4\}$。

(3) 决策变量

决策是指某阶段状态给定之后，从该状态演变到下一阶段某状态的选择。用 $U_k(S_k)$ 表示第 k 阶段处于 S_k 状态时的决策，$U_k(S_k)$ 称为决策变量；用 $D_k(S_k)$ 表示第 k 阶段从状态 S_k 出发的允许决策集合。在图 3-17 中，从状态 B_1 出发，就可以作出 3 种不同的决策。其允许决策集合 $D_2(B_1)=\{C_1, C_2, C_3\}$，若选择 C_1，则 $U_2(B_1)=C_1$。

由每阶段的决策 $U_k(S_k)$ 组成的决策函数序列就称为全过程策略，记为 $P_{1n}(S_1)$，即

$$P_{1n}(S_1)=\{U_1(S_1), U_2(S_2), \cdots, U_k(S_k), \cdots, U_n(S_n)\}$$

由过程的第 k 阶段开始到终止状态为止的过程，称为 k 子过程，k 子过程策略记为 $P_{kn}(S_k)$，即

$$P_{kn}(S_k)=\{U_k(S_k), U_{k+1}(S_{k+1}), \cdots, U_n(S_n)\}$$

(4) 状态转移方程

过程由状态 S_k 到 S_{k+1} 的演变关系称为状态转移方程，记为 $S_{k+1}=T_k(S_k,U_k)$。它表示在 k 阶段，由状态 S_k 出发采取决策 U_k 演变到状态 S_{k+1}，S_k，U_k 和 S_{k+1} 之间的关系。

(5) 指标函数

用来衡量所实现过程优劣的一种数量指标，称为指标函数。用 $d_k(S_k,U_k)$ 表示第 k 阶段状态 S_k 采取决策 U_k 的阶段指标函数，$d_{k,n}$ 表示第 k 子过程指标函数。在图 3-17 中，阶段指标函数表示两点间的距离，第 k 子过程指标函数表示从状态 S_k 出发到终点 S_n 的距离。

指标函数的最优值，称为最优指标函数，记为 $f_k(S_k)$，一般为：

$$\begin{cases} f_k(S_k) = \mathrm{opt}\{d_{k,n}\} = \mathrm{opt}\{d_k(S_k,U_k) + f_{k+1}(S_{k+1})\} \\ f_{n+1}(S_{n+1}) = 0 \end{cases}$$

式中，opt 全称 optimum，表示最优化，根据具体问题分别为 max 或 min。$f_k(S_k)$ 表示从状态 S_k 出发，采取最优策略到达终点的最短距离。

三、动态规划的基本原理

生活中的常识告诉我们，最短路径有一重要特性：如果由 A 经过 B_1，C_2，D_2，E_2 到达终点 F 是一条最短路径，则由 B_1 出发经过 C_2，D_2，E_2 到达终点 F 的这条子路径，对于从 B_1 到达终点 F 的所有可能路径来说，必定也是最短的。根据最短路径的这一特征，寻找最短路径的方法就是从最后一段开始，由后向前逐步递推计算，求出各点到 F 的最短路径，最后求出 A 到 F 的最短路径。所以，动态规划的方法是从终点逐段向始点逆序求解。它以贝尔曼的最优性原理为依据，该原理指出多阶段决策过程的最优决策序列具有这样的性质：不论初始状态和初始决策如何，对于前面决策所形成的状态而言，其后各阶段的决策序列必然构成最优策略。

四、动态规划的方法

下面以例 3-22 为例，介绍动态规划的求解方法。

① 逆序过程在图上实现(图 3-18)。采用标号法求出各点到终点的最短距离，如图 3-18 所示。

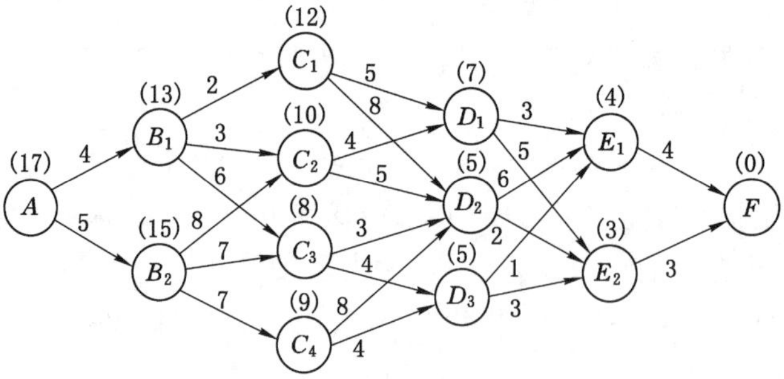

图 3-18　逆序解法

② 动态规划的函数递推法。下面按照动态规划的方法，用函数方程形式求解例 3-22，其函数递推关系为：

$$\begin{cases} f_k(S_k) = \min\{d_k(S_k, U_k) + f_{k+1}(S_{k+1})\} \\ f_6(S_6) = 0 \end{cases}$$

式中，$d_k(S_k, U_k)$为阶段指标函数，表示第 k 阶段状态 S_k 采用决策 U_k 的策略。

解　当 $k=5$ 时

$$f_5(E_1)=4, f_5(E_2)=3$$

当 $k=4$ 时

$$f_4(D_1)=\min\begin{Bmatrix} d(D_1,E_1)+f_5(E_1) \\ d(D_1,E_2)+f_5(E_2) \end{Bmatrix}=\min\begin{Bmatrix} 3+4 \\ 5+3 \end{Bmatrix}=7$$

$$f_4(D_2)=\min\begin{Bmatrix} d(D_2,E_1)+f_5(E_1) \\ d(D_2,E_2)+f_5(E_2) \end{Bmatrix}=\min\begin{Bmatrix} 6+4 \\ 2+3 \end{Bmatrix}=5$$

$$f_4(D_3)=\min\begin{Bmatrix} d(D_3,E_1)+f_5(E_1) \\ d(D_3,E_2)+f_5(E_2) \end{Bmatrix}=\min\begin{Bmatrix} 1+4 \\ 3+3 \end{Bmatrix}=5$$

当 $k=3$ 时

$$f_3(C_1)=\min\begin{Bmatrix} d(C_1,D_1)+f_4(D_1) \\ d(C_1,D_2)+f_4(D_2) \end{Bmatrix}=\min\begin{Bmatrix} 5+7 \\ 8+5 \end{Bmatrix}=12$$

$$f_3(C_2)=\min\begin{Bmatrix} d(C_2,D_1)+f_4(D_1) \\ d(C_2,D_2)+f_4(D_2) \end{Bmatrix}=\min\begin{Bmatrix} 4+7 \\ 5+5 \end{Bmatrix}=10$$

$$f_3(C_3)=\min\begin{Bmatrix} d(C_3,D_2)+f_4(D_2) \\ d(C_3,D_3)+f_4(D_3) \end{Bmatrix}=\min\begin{Bmatrix} 3+5 \\ 4+5 \end{Bmatrix}=8$$

$$f_3(C_4)=\min\begin{Bmatrix} d(C_4,D_2)+f_4(D_2) \\ d(C_4,D_3)+f_4(D_3) \end{Bmatrix}=\min\begin{Bmatrix} 8+5 \\ 4+5 \end{Bmatrix}=9$$

当 $k=2$ 时

$$f_2(B_1)=\min\begin{Bmatrix} d(B_1,C_1)+f_3(C_1) \\ d(B_1,C_2)+f_3(C_2) \\ d(B_1,C_3)+f_3(C_3) \end{Bmatrix}=\min\begin{Bmatrix} 2+12 \\ 3+10 \\ 6+8 \end{Bmatrix}=13$$

$$f_2(B_2)=\min\begin{Bmatrix} d(B_2,C_2)+f_3(C_2) \\ d(B_2,C_3)+f_3(C_3) \\ d(B_2,C_4)+f_3(C_4) \end{Bmatrix}=\min\begin{Bmatrix} 8+10 \\ 7+8 \\ 7+9 \end{Bmatrix}=15$$

当 $k=1$ 时

$$f_1(A)=\min\begin{Bmatrix} d(A,B_1)+f_2(B_1) \\ d(A,B_2)+f_2(B_2) \end{Bmatrix}=\min\begin{Bmatrix} 4+13 \\ 5+15 \end{Bmatrix}=17$$

于是得到从 A 到 F 的最短距离为 17，其路径为：

$$A\to B_1\to C_2\to D_2\to E_2\to F$$

例 3-23　某矿在第一开采水平共有 19 个采区，其中，9 个综采采区，分别为 E_1（东一）、E_2（东二）、E_3（东三）、E_4（东四）、E_5（东五）、E_6（东六）、E_7（东七）、S_3（南三）、S_4（南四）。首采区分别为 E_2，E_3。其他采区为炮采和普采采区。按不同机械化程度的采区不得接替的原则，将 9 个综采采区分成两个独立的分支，试寻求最优的接替关系。

解　根据题意，9 个综采采区的可能接替关系如图 3-19 和表 3-23 所示。

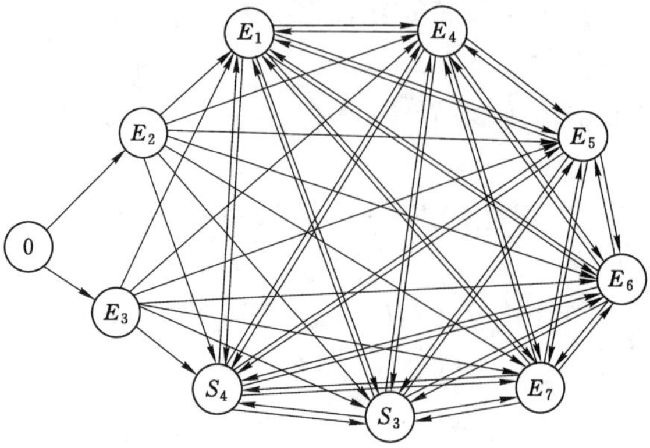

图 3-19 综采采区的接替关系

表 3-23 采区接替关联矩阵

	E_1	E_2	E_3	E_4	E_5	E_6	E_7	S_3	S_4
E_1	0	0	0	1	1	1	1	1	1
E_2	1	0	0	1	1	1	1	1	1
E_3	1	0	0	1	1	1	1	1	1
E_4	1	0	0	0	1	1	1	1	1
E_5	1	0	0	1	0	1	1	1	1
E_6	1	0	0	1	1	0	1	1	1
E_7	1	0	0	1	1	1	0	1	1
S_3	1	0	0	1	1	1	1	0	1
S_4	1	0	0	1	1	1	1	1	0

表 3-23 中"1"表示有接替关系，或者说允许接替；"0"表示无接替关系。列栏目为现采区，行栏目为接替采区。由于 E_2，E_3 为同时投产的两个采区，不能作为其他采区的接替采区，所以 E_2，E_3 两列皆为"0"。接替费用指数矩阵如表 3-24 所列。

表 3-24 采区接替关系费用指数矩阵

元/t

	E_1	E_2	E_3	E_4	E_5	E_6	E_7	S_3	S_4
E_1	0	0	0	4	1.5	2.8	5	[5]	[6]
E_2	1	0	0	4	3	3	5	5	7
E_3	2	0	0	1.5	5	3	2	3	4
E_4	[6]	0	0	0	5	3.5	2	[3.2]	3
E_5	[3]	0	0	[5.2]	0	2.5	5	[7]	[7]
E_6	[3.5]	0	0	[4]	[3.5]	0	[4]	[5]	[5]
E_7	[5.3]	0	0	[3]	[5.5]	3.5	0	2	[4]
S_3	4	0	0	3	6	3	[2.2]	0	2
S_4	5	0	0	[3.5]	6	4	3.5	[3]	0

从图 3-19 可以看出，有些采区的连接弧是双向的，如 $E_1 \to E_4$，$E_4 \to E_1$ 等。在费用指数矩阵中，将接替费用大的一条弧的费用用“[]”扩上，表示该接替关系不再考虑。经过以上处理，各采区的接替关系变成单向的，如表 3-25 和图 3-20 所示。

表 3-25

	E_1	E_2	E_3	E_4	E_5	E_6	E_7	S_3	S_4
E_1	0	0	0	1	1	1	1	0	0
E_2	1	0	0	1	1	1	1	1	1
E_3	1	0	0	1	1	1	1	1	1
E_4	0	0	0	0	1	1	1	0	1
E_5	0	0	0	0	0	1	1	0	0
E_6	0	0	0	0	0	0	0	0	0
E_7	0	0	0	0	0	1	0	1	0
S_3	1	0	0	1	1	1	0	0	1
S_4	1	0	0	0	1	1	1	0	0

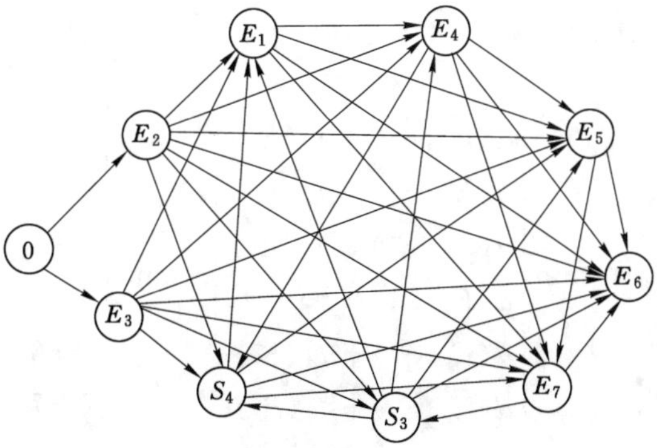

图 3-20　配产的单向弧网络图

从图 3-20 可以看出，E_6 为确认的最后一个接替采区。由于有两个采区同采，还应有一个接替采区待定。

整个水平有 9 个综采采区，同时有两个综采采区已开采，因而有两条接替路线。一条接替路线上有 4 个采区，另一条接替路线上有 5 个采区，先确定 4 个采区的接替路线。为此，将接替关系划分为 4 个阶段，各阶段的状态点及接替关系和费用指标见图 3-21。阶段的划分由始点到终点依次为 $k=1$，$k=2$，$k=3$，$k=4$，用标号法求解由始点到终点的最短路径。

当 $k=4$ 时

$f_4(E_1)=2.8$，$f_4(E_4)=3.5$，$f_4(E_5)=2.5$，$f_4(E_7)=3.5$，$f_4(S_3)=3$，$f_4(S_4)=4$

当 $k=3$ 时

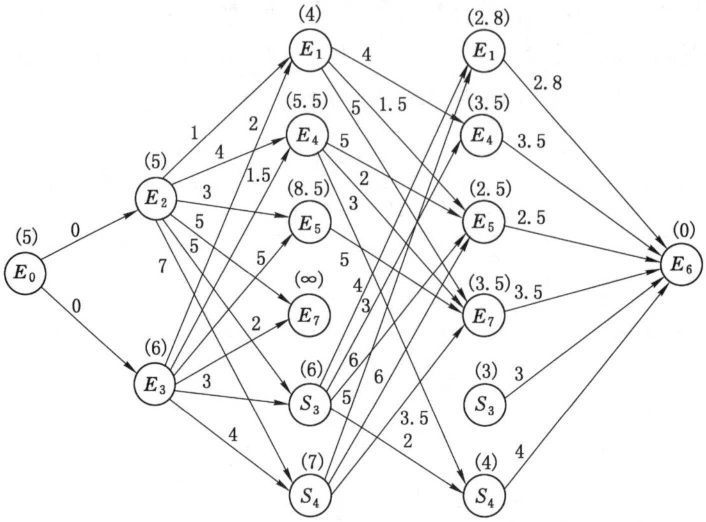

图 3-21　采区接替关系网络图(一)

$$f_3(E_1)=\min\begin{cases}d(E_1,E_4)+f_4(E_4)\\d(E_1,E_5)+f_4(E_5)\\d(E_1,E_7)+f_4(E_7)\end{cases}=\min\begin{cases}4+3.5\\1.5+2.5\\5+3.5\end{cases}=4$$

同理　$f_3(E_4)=5.5, f_3(E_5)=8.5, f_3(E_7)=\infty, f_3(S_3)=6, f_3(S_4)=7$

当 $k=2$ 时

$$f_2(E_2)=\min\begin{cases}d(E_2,E_1)+f_3(E_1)\\d(E_2,E_4)+f_3(E_4)\\d(E_2,E_5)+f_3(E_5)\\d(E_2,E_7)+\infty\\d(E_2,S_3)+f_3(S_3)\\d(E_2,S_4)+f_3(S_4)\end{cases}=\min\begin{cases}1+4\\4+5.5\\3+8.5\\5+\infty\\5+6\\7+7\end{cases}=5$$

同理　$$f_2(E_3)=6$$

当 $k=1$ 时

$$f_1(E_0)=\min\begin{cases}d(E_0,E_2)+f_2(E_2)\\d(E_0,E_3)+f_2(E_3)\end{cases}=\min\begin{cases}0+5\\0+6\end{cases}=5$$

则从 E_0 到 E_6 的最短距离为 5,其路径为 $E_0\to E_2\to E_1\to E_5\to E_6$。由于 E_0 状态是虚设的,其目的是使初始状态点唯一,至此,找到的一条接替路线为 $E_2\to E_1\to E_5\to E_6$。

从 E_3 出发的另一条接替路线上还有 4 个采区,分别为 E_4,E_7,S_3,S_4,每个采区都可以作为各阶段的状态点,再虚设一个采区 S_0 作为最终采区,使终点变为一个点。加上虚设终点 S_0 后,全过程共划分为 5 个阶段,如图 3-22 所示。同样采用标号法从后向前推,找出各阶段状态点到终点的最短路径长度,标在相应状态点上方。E_3 到终点的最短路径长度为 7.5,最短路径(即第二条接替路线)为 $E_3\to E_4\to E_7\to S_3\to S_4$。

至此,第一水平的两条最优接替路线已经求出,分别为 $E_2\to E_1\to E_5\to E_6$,接替费用为 5;$E_3\to E_4\to E_7\to S_3\to S_4$,接替费用为 7.5。

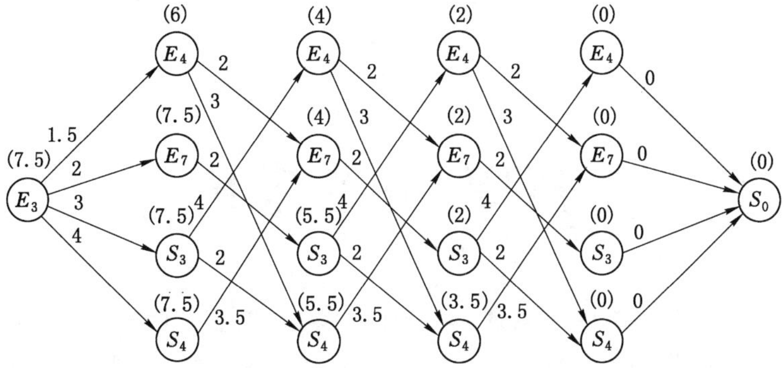

图 3-22　采区接替关系网络图(二)

第四章 网络系统

在实际生活及工业生产中，经常遇到一类由许多节点通过线路连成的网络系统。在线路中，有物料、能量或信息的流动。例如，铁路、公路运输网，由线路把站点连接成网络，有客流或者货流在网络内运动。又如矿山的通风网络是由巷道风流组成的网络，凡此种种，都是向空间延伸的网络。

有一些工作计划，也是按相互关系绘制成网络形式的，可以认为是沿时间展开的网络。计算机的程序框图也是某种形式的网络。还有一些设备更新、任务指派等问题，也可化为网络问题来分析。

系统工程中遇到的网络系统问题，有相当一部分是网络流的优化问题，也就是在网络节点或支路有某些约束的条件下，希望系统某一指标（如路径长度、流量、费用）取最小或最大值的问题。这类问题有的可用线性规划或整数规划求解，但由于节点数与支路数是有限的，所以属于组合优化范围。当节点与支路数很少时，用枚举法就能解决问题；当节点与支路数多时，计算工作量大得惊人，需要利用一些试探方法或计算机技术来解决。本章介绍其中两类问题，即最短路径和最大流问题。

在国内外已广泛应用的网络计划方法（统筹法）在本章中是作为时间网络来分析的。

第一节 最短路径问题

一、问题的提出

所谓最短路径问题，就是在一个网络中，相连节点间线路长度是已知的，现在要从某一起点到某一终点，找出路径最短的一条路线来。如图 4-1 所示的网络，如果连线上标明的数字表示路径的长度，试问从节点 1 到节点 4 怎样走路径最短。

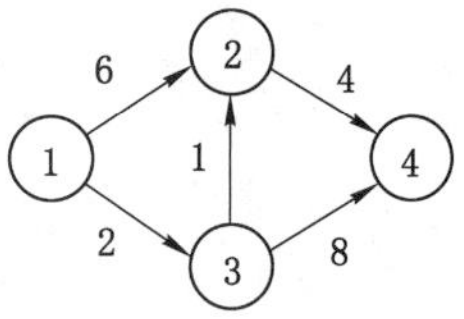

图 4-1

很明显，这种问题在运输系统中是很有意义的，因为找出最短路径，可以节省时间、运费，减少消耗。

从图 4-1 这个简单的例子可以看出，从节点 1 到节点 4 共有 3 种走法：从节点 1 到节点 2 再到节点 4，距离总共为 10；从节点 1 到节点 3 再到节点 4，距离也是 10；从节点 1 到节点 3 再到节点 2 然后到节点 4，距离为 7。显然，最后这条路线是最短路径。

像这样一个极其简单的网络，我们可以穷举各种可能的路径，从中选择最短的一条。如果网络比较复杂，各种可能的路径多得不胜枚举，就需要采用有效的方法，较快地找出最短路径来。下面介绍一种“标记法”，结合上面的例子来具体说明它的应用。

二、标记法

① 从起始点 S 出发，令 L_{SK}' 表示从起点 S 到节点 K 的支路长度，$L_{SK}'=d_{SK}$，显然 $L_{SS}'=0$。在这个例子中，S 为节点 1，所以在节点 1 附近的方框中标记上 0 这个数值[图 4-2(a)]。

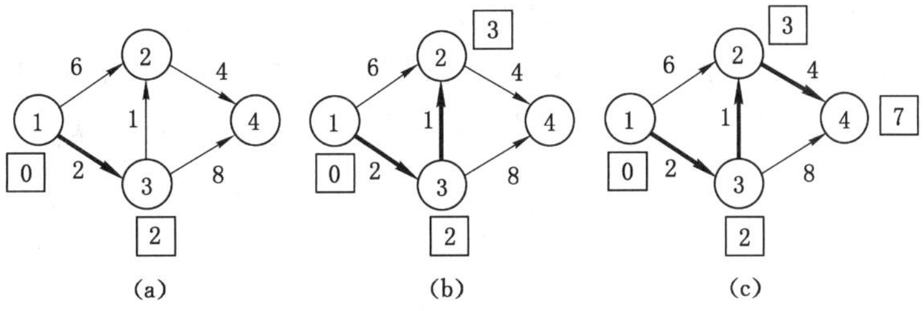

图 4-2

② 找出与起点 S 相邻的各节点中最近的一个节点 r，这可以从

$$L_{Sr}=\min L_{SK}'$$

中去找。其中，K 是在这一轮计算中与已标记的节点相邻（一条支路可到）的节点；L_{SK}' 是从起点到这一点的直接支路距离，无直接支路者标以∞。在这些相邻节点中找出最近的一个即节点 r，给它标记上 L_{Sr}，并将相应支路画出（如加粗）。在这个例子里，与节点 1 相邻的有节点 2 和 3，而：

$$L_{12}'=d_{12}=6$$
$$L_{13}'=d_{13}=2$$

显然：

$$L_{Sr}=\min(L_{12}',L_{13}')=\min(6,2)=2=L_{13}$$

则节点 3 是最近的相邻节点，在它附近的方框中写上 2，作为标记，如图 4-2(a)所示，并将 1→3 支路加粗。

③ 从已标记的节点出发，找相邻节点中距起始点 S 最近的节点。这也是从

$$L_{SK}=\min(L_{SK}',L_{Sr}+d_{rK})$$

中找出的。其中，d_{rK} 表示从已标记的 r 节点到邻近节点 K 的距离，并规定 r 到 K 无直接支路时，$d_{rK}=\infty$。

在这个例子中，与已标记的节点 1，3 相邻的节点是 2 和 4，而：

$$L_{12}=\min(L_{12}',L_{13}+d_{32})=\min(6,2+1)=3$$
$$L_{14}=\min(L_{14}',L_{13}+d_{34})=\min(\infty,2+8)=10$$

由于：

$$\min\{L_{12},L_{14}\}=\min\{3,10\}=3=L_{12}$$

所以节点 2 是从已标记的节点出发，距 S 最近的节点，给它以标记，在它附近方框中标以数字 3[图 4-2(b)]，并加粗 3→2 支路，把这时的 L_{14} 作为今后的 L_{14}'。

④ 重复上一步，这时已标记的节点为 1，2，3，相邻的只有 4 了。

$$L_{14}=\min(L_{14}',L_{12}+d_{24})=\min(10,3+4)=7$$

因此，在节点 4 附近的方框中标上 7，如图 4-2(c)所示，并加粗 2→4 支路，这样就得到最短路径（粗线）1→3→2→4，长度为 7。

三、算法步骤

为了人工计算或者在计算机上计算时更有规律，标记法的计算可按下列步骤进行。

① 对于每一个节点 i 来说，可以给它加上临时标记 $T(i)$ 或永久标记 $P(i)$，临时标记 $T(i)$ 是从起点到节点 i 的最短路径长度的上界，永久标记 $P(i)$ 是从起点到节点 i 的最短路径长度。一开始只能给起点加上永久标记，而给其余节点加上临时标记∞，即

$$P(1) = 0$$

$$T_0(i) = \infty \quad (i = 2,3,\cdots,n)$$

例如，在上面的例子中：

$$P(1) = 0$$

$$T_0(2) = \infty$$

$$T_0(3) = \infty$$

$$T_0(4) = \infty$$

其中，T_0 的脚注(下标)为零，表明是初始值。

② 对所有没有得到永久标记的节点进行新一轮的标记，即给每一个节点 i 以新的临时标记 $T(i)$。例如，第 1 轮标记时，新的临时标记为 $T_1(i)$，$T_1(i)$ 的值可按下式计算：

$$T_1(i) = \min[T_0(i), P(1) + d_{1i}]$$

即 $T_1(i)$ 取 $T_0(i)$ 值与 $P(1)+d_{1i}$ 值中小的那一个，其中，d_{1i} 为从节点 1(起始节点)到节点 i 的距离，当从节点 1 不能直接到达节点 i 时，$d_{1i}=\infty$。例如，在上面的例子中：

$$T_1(2) = \min[T_0(2), P(1) + d_{12}] = \min[\infty, 0 + 6] = 6$$

$$T_1(3) = \min[T_0(3), P(1) + d_{13}] = \min[\infty, 0 + 2] = 2$$

$$T_1(4) = \min[T_0(4), P(1) + d_{14}] = \min[\infty, 0 + \infty] = \infty$$

在 $T_1(2)$，$T_1(3)$，$T_1(4)$，…中找出最小的那一个，如上例中的 $T_1(3)=2$，这样就可以给节点 3 以永久标记：

$$P(3) = T_1(3) = 2$$

和前面一样，可以在节点 3 附近标上这个值，如图 4-2(a)所示。

③ 以上面得到的永久标记为基准，通过计算比较，进行第 2 轮标记，这时上例中：

$$T_2(i) = \min[T_1(i), P(3) + d_{3i}]$$

即

$$T_2(2) = \min[T_1(2), P(3) + d_{32}] = \min[6, 2 + 1] = 3$$

$$T_2(4) = \min[T_1(4), P(3) + d_{34}] = \min[\infty, 2 + 8] = 10$$

两者相比，$T_2(2)$ 小，所以节点 2 得到永久标记：

$$P(2) = T_2(2) = 3$$

也可画在图上[图 4-2(b)]。

④ 同样进行第 3 轮标记：

$$T_3(i) = \min[T_2(i), P(2) + d_{2i}]$$

现在上例只有节点 4 未加上永久标记了，因此：

$$T_3(4) = \min[T_2(4), P(2) + d_{24}] = \min[10, 3 + 4] = 7$$

因它是唯一的一个 $T_3(i)$ 值，所以也是最小的一个，因而它可以加上永久标记：

$$P(4) = T_3(4) = 7$$

这样一直做下来，等所有节点都加上永久标记为止。永久标记值便是最短路径长度。

这里虽算出了最短路径长度，但还没有给出通过哪些节点才是最短的。为了得到最短路径上一串节点的序号，应该在每次计算 $T(i)$ 时，同时确定一个占优序号 PRIOR(i)。例如，上例在进行第 1 轮计算时，$T_1(2)$，$T_1(3)$，$T_1(4)$ 都是由于方括号中含 $P(1)$ 的项占优势而得出的，所以：

$$\mathrm{PRIOR}_1(2)=1, \mathrm{PRIOR}_1(3)=1, \mathrm{PRIOR}_1(4)=1$$

第 2 轮计算时，$T_2(2)$，$T_2(4)$ 都因含 $P(3)$ 的项占优势而得出，所以：

$$\mathrm{PRIOR}_2(2)=3 \quad \mathrm{PRIOR}_2(4)=3$$

第 3 轮计算时，$T_3(4)$ 是由于含 $P(2)$ 的项占优势而得出的，所以：

$$\mathrm{PRIOR}_3(4)=2$$

这样由 $\mathrm{PRIOR}_3(4)=2$ 找到终点 4 应该回溯到节点 2，再由 $\mathrm{PRIOR}_2(2)=3$ 找到节点 3，又由 $\mathrm{PRIOR}_1(3)=1$ 找到节点 1，倒推回去是 4→2→3→1，即 1→3→2→4 是最短路径。

四、设备更新的例子

其实最短路径问题中支路上的系数不一定就是距离，它也可以是运输成本或其他投资，这样可用最短路径解决的问题就多了，下面用一个设备更新的例子来说明它的应用。

某矿井需要使用一台设备，它的购价是：第一年买需要 11 000 元，第 2 年买同样需要 11 000 元，第 3 年买则要 12 000 元，第 4 年买也需要 12 000 元，第 5 年买则要 13 000 元。设备购进后，维修费为第 1 年 5 000 元，第 2 年 6 000 元，第 3 年 8 000 元，第 4 年 11 000 元，第 5 年 18 000 元。该矿需要使用该设备 5 年。究竟买进该设备后连续用 5 年合算呢？还是用一两年更新合算呢？

如果买进该设备后连续使用 5 年（每年进行维修），则总投资为：

$$11\,000+5\,000+6\,000+8\,000+11\,000+18\,000=59\,000(\text{元})$$

如果每年更新，则 5 年总投资为：

$$(11\,000+5\,000)+(11\,000+5\,000)+(12\,000+5\,000)+$$
$$(12\,000+5\,000)+(13\,000+5\,000)=84\,000(\text{元})$$

如果第 1 年购进用两年、第 3 年更新再用两年、第 5 年又更新，则总投资为：

$$(11\,000+5\,000+6\,000)+(12\,000+5\,000+6\,000)+(13\,000+5\,000)=63\,000(\text{元})$$

由此可见，方案不同，投资不同，那么怎样一种方案可使投资最少呢？

这个问题可化为一个最短路径问题，如图 4-3 所示。每个节点表示一年的开始，节点 6 表示第 5 年终了（也是第 6 年开始）。每条支路的系数表示这段时间的投资（购置加维修）。各系数 d_{ij} 可用下列矩阵表示（单位为千元）：

$$\begin{pmatrix} 0 & 16 & 22 & 30 & 41 & 59 \\ \infty & 0 & 16 & 22 & 30 & 41 \\ \infty & \infty & 0 & 17 & 23 & 31 \\ \infty & \infty & \infty & 0 & 17 & 23 \\ \infty & \infty & \infty & \infty & 0 & 18 \\ \infty & \infty & \infty & \infty & \infty & 0 \end{pmatrix}$$

d_{ij} 是按下列公式计算出来的：

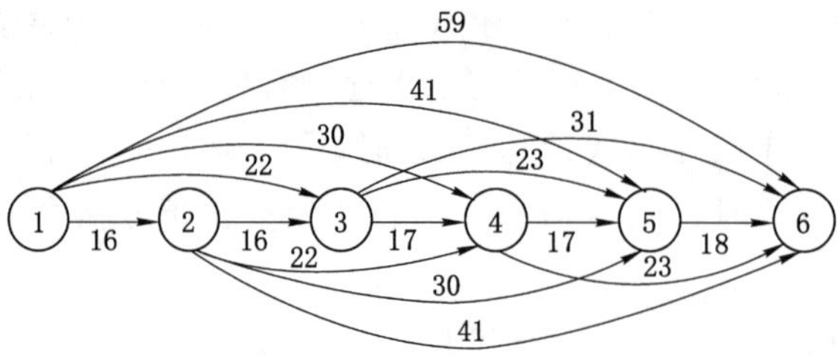

图 4-3

$$d_{ij} = \sum_{k=1}^{k-i} m_k + P_i$$

式中，P_i 为第 i 年的购置费；m_k 为第 k 年的维修费。

利用前面讲过的标记法，初始值为：

$$P(1) = 0$$
$$T_0(2) = \infty$$
$$T_0(3) = \infty$$
$$T_0(4) = \infty$$
$$T_0(5) = \infty$$
$$T_0(6) = \infty$$

第 1 轮标记：

$$T_1(2) = \min[\infty, 0 + 16] = 16, \text{PRIOR}_1(2) = 1$$
$$T_1(3) = \min[\infty, 0 + 22] = 22, \text{PRIOR}_1(3) = 1$$
$$T_1(4) = \min[\infty, 0 + 30] = 30, \text{PRIOR}_1(4) = 1$$
$$T_1(5) = \min[\infty, 0 + 41] = 41, \text{PRIOR}_1(5) = 1$$
$$T_1(6) = \min[\infty, 0 + 59] = 59, \text{PRIOR}_1(6) = 1$$

因而得到永久标记：

$$P(2) = T_1(2) = 16$$

第 2 轮标记：

$$T_2(3) = \min[22, 16 + 16] = 22, \text{PRIOR}_2(3) = 1$$
$$T_2(4) = \min[30, 16 + 22] = 30, \text{PRIOR}_2(4) = 1$$
$$T_2(5) = \min[41, 16 + 30] = 41, \text{PRIOR}_2(5) = 1$$
$$T_2(6) = \min[59, 16 + 41] = 57, \text{PRIOR}_2(6) = 2$$

因而得到永久标记：

$$P(3) = T_2(3) = 22$$

这里应该指出的是：$T_2(6)$因含 $P(2)$的项占优势而使 $\text{PRIOR}_2(6)=2$；而 $T_2(3)$，$T_2(4)$，$T_2(5)$则因含 $P(2)$的项未占优势，还是上一轮计算出的值占优势，占优序号仍是 1。

第 3 轮标记：

$$T_3(4) = \min[30, 22 + 17] = 30, \text{PRIOR}_3(4) = 1$$
$$T_3(5) = \min[41, 22 + 23] = 41, \text{PRIOR}_3(5) = 1$$
$$T_3(6) = \min[57, 22 + 31] = 53, \text{PRIOR}_3(6) = 3$$

因而得到永久标记：

$$P(4) = T_3(4) = 30$$

第 4 轮标记：

$$T_4(5) = \min[41, 30 + 17] = 41, \text{PRIOR}_4(5) = 1$$

$$T_4(6) = \min[53, 30 + 23] = 53, \text{PRIOR}_4(6) = 4 \text{ 或 } 3$$

因而得到永久标记：

$$P(5) = T_4(5) = 41$$

第 5 轮标记：

$$T_5(6) = \min[53, 41 + 18] = 53, \text{PRIOR}_5(6) = 4 \text{ 或 } 3$$

到此，所有的节点都加上了永久标记。

因此，得到了最短路径，倒推回去是：6→3→1 或 6→4→1；顺着看则是：1→3→6 或 1→4→6。也就是说，可以在第 1 年买一台设备，用两年，第 3 年再更新，用 3 年，这时总投资为：

(11 000+5 000+6 000)+(12 000+5 000+6 000+8 000)=53 000(元)

也可以在第 1 年买进，用 3 年，第 4 年再更新，用两年，这时总投资为：

(11 000+5 000+6 000+8 000)+(12 000+5 000+6 000)=53 000(元)

可见两方案效果是一样的。

五、多起点多终点问题

有时候，我们不只需要知道从一个起点到一个终点的最短路径，还需要知道多个起点到多个终点各自之间的最短路径。从上面的计算可以看出，它可以计算起点到任一点的最短路径。如果需要知道从任何一点到其他各点的最短路径，那么可以靠距离矩阵的帮助，通过距离矩阵运算的办法求得最短路径。以图 4-1 为例，该网络系统的距离矩阵为：

$$\boldsymbol{D} = (d_{ij}) = \begin{pmatrix} 0 & 6 & 2 & \infty \\ \infty & 0 & \infty & 4 \\ \infty & 1 & 0 & 8 \\ \infty & \infty & \infty & 0 \end{pmatrix}$$

它的每个元素 d_{ij} 表明从 i 节点到 j 节点的支路长度(距离)，如无支路则长度无穷大，节点到它本身长度为零。这个矩阵给出了从某点只经过一步(一条支路)时的最短距离(因为只有唯一可能)。如果要想知道经过两步到某一节点的最短距离，可以计算：

$$\boldsymbol{D}^{(2)} = (d_{ij}^{(2)})$$

而：

$$d_{ij}^{(2)} = \min[d_{ik} + d_{kj}] \quad (k=1,2,\cdots,n)$$

仍以图 4-1 为例。

$$\begin{aligned} d_{12}^{(2)} &= \min[d_{11} + d_{12}, d_{12} + d_{22}, d_{13} + d_{32}, d_{14} + d_{42}] \\ &= \min[0+6, 6+0, 2+1, \infty+\infty] = 3 \end{aligned}$$

这样算出的矩阵为：

$$\boldsymbol{D}^{(2)} = \begin{pmatrix} 0 & 3 & 2 & 10 \\ \infty & 0 & \infty & 4 \\ \infty & 1 & 0 & 5 \\ \infty & \infty & \infty & 0 \end{pmatrix}$$

同样可以算 $\boldsymbol{D}^{(3)}$，它的各元素是：

$$d_{ij}^{(3)}=\min[d_{ik}^{(2)}+d_{kj}] \quad (k=1,2,\cdots,n)$$

由图 4-1 可算出：

$$\boldsymbol{D}^{(3)}=\begin{pmatrix} 0 & 3 & 2 & 7 \\ \infty & 0 & \infty & 4 \\ \infty & 1 & 0 & 5 \\ \infty & \infty & \infty & 0 \end{pmatrix}$$

一直算到 $\boldsymbol{D}^{(k)}$ 为止：

$$\boldsymbol{D}^{(k)}=\boldsymbol{D}^{(k+1)}=\boldsymbol{D}^{(k+2)}$$

这样便得到任意两点间的最短距离。

上面讲的是无回路的有向网络，对于有回路的网络和无向网络，也有相应的方法，而上述矩阵运算则是通用的。

还有一类最短路径问题，是依次（不重复）走遍各节点（走一环路），使路径最短。这类问题称为“行商问题”，可参看有关书籍。

第二节　最大流问题

一、问题的提出

所谓最大流问题，就是在网络的每一支路容量一定时，从网络的某一点到另一点的最大流量究竟有多大的问题。这里所谓的“流”，可以是运输系统中的货物流，也可以是通风网络中的风流。线路对它们都有一定的容量限制。研究某一起点到某一终点间最大流量是很有实际意义的。

对于连接节点 i 和 j 的支路 (i,j) 来说，从 i 到 j 的流量用 $x(i,j)$ 表示，从节点 i 流出的总流量为 $\sum\limits_{j\in S(i)} x(i,j)$，其中，$S(i)$ 为可直接到达 i 节点的节点集合。同样，如果用 $x(j,i)$ 表示由节点 j 流往节点 i 的流量，则流入节点 i 的总流量为 $\sum\limits_{j\in R(i)} x(j,i)$，其中，$R(i)$ 为可直接到达 i 节点的节点集合。

如果（图 4-4）把从外面流入物资、流量的节点称为源节点（用 s 表示），汇集的节点称为汇节点（用 t 表示），则对每个节点来说，存在下列关系：

$$\sum_{j\in S(i)} x(i,j)-\sum_{j\in R(i)} x(j,i)=0 \tag{4-1}$$

这个方程叫流量守恒方程。

寻求最大流问题，就是在式(4-1)条件和下列约束条件下，求 f 的极大值问题，其中 $C(i,j)$ 是支路 (i,j) 的容量。

$$0\leqslant x(i,j)\leqslant C(i,j)$$

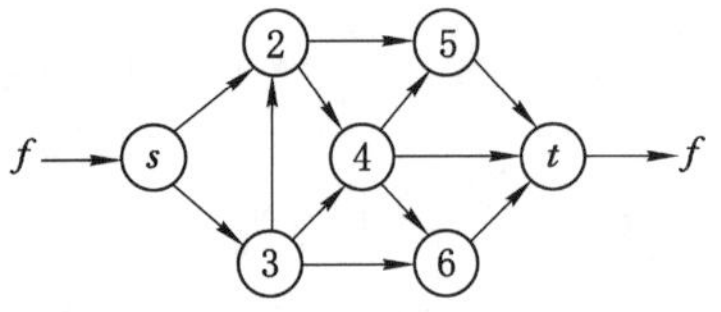

图 4-4

例如，在图 4-4 所示的网络系统中：

对于节点 s 来说　　$x(s,2)+x(s,3)=f$

对于节点 2 来说　　$x(2,4)+x(2,5)-x(s,2)-x(3,2)=0$

对于节点 3 来说　$x(3,4)+x(3,6)+x(3,2)-x(s,3)=0$

对于节点 4 来说　$x(4,5)+x(4,t)+x(4,6)-x(2,4)-x(3,4)=0$

对于节点 5 来说　$x(5,t)-x(2,5)-x(4,5)=0$

对于节点 6 来说　$x(6,t)-x(4,6)-x(3,6)=0$

所以：　$f=x(s,2)+x(s,3)=x(4,t)+x(5,t)+x(6,t)$

求最大流问题，就是求 $\max f$。

二、网络拓扑结构分析

为了寻求最大流，先从网络的拓扑结构上作一些分析。

用一条线把网络分成两个部分，使源节点在一部分内，汇节点在另一部分内。如图 4-5 所示，线 L 把网络分成两个部分：$S=\{s,2,5\}$，$\bar{S}=\{3,4,6,t\}$。这样的一种切分称为一个切割，从 S 通过 L 到 $\bar{S}$ 的支路总体称为割元，这里有$(s,3)$，$(2,4)$，$(5,t)$，它们不同于图论中的割集，因为它们只包括从 S 到 $\bar{S}$ 的支路。对于一个网络来说，分割的方法不同，割元也就不同，表 4-1 就是不同的分割情况(图 4-5 中括号内的数字目前无用，留待后面的计算举例中使用)。

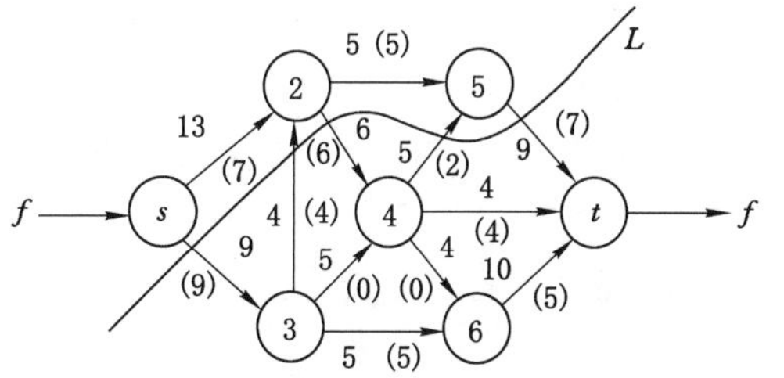

图 4-5

表 4-1

S	$\bar{S}$	割　元	割元容量
s	$2,3,4,5,6,t$	$(s,2),(s,3)$	22
$s,2$	$3,4,5,6,t$	$(s,3),(2,5),(2,4)$	20
$s,3$	$2,4,5,6,t$	$(s,2),(3,4),(3,2),(3,6)$	27
$s,2,3$	$4,5,6,t$	$(2,5),(2,4),(3,4),(3,6)$	21
$s,2,3,4$	$5,6,t$	$(2,5),(4,5),(4,6),(4,t),(3,6)$	23
$s,2,3,4,5,6$	t	$(4,t),(5,t)$	23
$s,3,6$	$2,4,5,t$	$(s,2),(3,2),(3,4),(6,t)$	32
$s,2,4,5$	$3,6,t$	$(s,3),(4,6),(4,t),(5,t)$	26
$s,3,4,6$	$2,5,t$	$(s,2),(3,2),(4,5),(4,t),(6,t)$	36
$s,2,5$	$3,4,6,t$	$(s,3),(2,4),(5,t)$	24
$s,2,3,4,5$	$6,t$	$(3,6),(4,6),(4,t),(5,t)$	22

有一个"最大流-最小割定理"，它定量地表明了从源节点 s 到汇节点 t 的最大流量和割元容量。所谓割元容量，就是割元中各支路容量的和。如图 4-5 所示，割元为$(s,3)$，$(2,4)$，$(5,t)$，割元容量为 $9+6+9=24$(各支路容量见图 4-5)。表 4-1 给出了各种分割情况下的割元容量。

"最大流-最小割定理"：网络中从源节点 s 到汇节点 t 的最大流量，等于将 s 与 t 分开的最小割元容量。从表 4-1 可以看出，图 4-5 所示网络的最大流为 20。对应 $S=\{s,2\}$，$\bar{S}=$

$\{3,4,5,6,t\}$。

一般来说，从 S 到 $\overline{S}$ 的净流量为：

$$f=\sum_{i\in S,j\in\overline{S}}x(i,j)-\sum_{i\in S,j\in\overline{S}}x(j,i) \tag{4-2}$$

由于 $x(i,j)\leqslant C(i,j)$，而 $x(j,i)\geqslant 0$，所以：

$$f=\sum_{i\in S,j\in\overline{S}}x(i,j)-\sum_{i\in S,j\in\overline{S}}x(j,i)\leqslant\sum_{i\in S,j\in\overline{S}}C(i,j) \tag{4-3}$$

很明显，只有当式(4-3)的右端变成等式时，f 才能取极大值，这时：

$$f=\sum_{i\in S,j\in\overline{S}}C(i,j) \tag{4-4}$$

而：

$$\sum_{i\in S,j\in\overline{S}}x(j,i)=0 \tag{4-5}$$

上述分析表明，当最大流情况出现时，从 S 到 $\overline{S}$ 的各支路流量 $x(i,j)$ 必定饱和，则：

$$x(i,j)=C(i,j) \tag{4-6}$$

从 $\overline{S}$ 到 S 的各支路流量为零，即

$$x(j,i)=0 \tag{4-7}$$

这个定理给出了最大流由割元容量计算的思路。如果对一个网络，能把 S 到 $\overline{S}$ 的各种组合列举出并算出相应的容量，就很容易得到最大流的数值。可是对复杂的网络，这样做并不容易。把这个问题作为一个线性规划问题，用单纯形法解算是可能的，但计算工作量也太大，这里介绍一种"标记法"，比较简便。

这种方法的思路是先假定网络的各支路中已有一个初始的流量，而各初始流量之间符合式(4-1)所给出的关系，称之为"可行流"(相容流)。为了简单起见，可以认为各初始流量都是零，当然也可假定为某些符合式(4-1)的数值。然后试探着对各初始流量进行扩充。一次次地试探，一次次地扩充，直到无法再扩充为止，这时便是最大流的对应情况。

三、算法

具体的算法是以标记形式进行的。

① 先给源节点以标记(－,∞)，－ 表示开始，∞表示进入 s 的流量无限制。这时节点已经是已标号而未检查的节点。

② 对任一节点 j 的标记法如下：先考虑流入量，若 i 到 j 的支路上，初始流量 $x(i,j)$ 小于最大容量，即

$$x(i,j)<C(i,j)$$

则给节点 j 以标记 $(i^{+},\varepsilon(j))$，其中：

$$\varepsilon(j)=\min\{\varepsilon(i),[C(i,j)-x(i,j)]\}$$

然后考虑流出量，若 j 流向 i 的支路上，初始流量 $x(j,i)>0$，则给节点 j 以标记 $(i,\varepsilon(j))$，其中：

$$\varepsilon(i)=\min\{\varepsilon(j),x(j,i)\}$$

如对应不同的 i 有不同的 $\varepsilon(j)$ 值，则选择其中最大的一个作为 $\varepsilon(j)$ 标记值。经过这样处理后 j 就成为已标记而未检查的节点了。从 s 开始，一直这样推下去。

③ 如果汇节点 t 还未标记，就一直按②做下去，直到节点 t 标上 $(n^{+},\varepsilon(t))$ 为止。

④ 按反向查找的办法，找出经过②标记的可扩充的路径。查找是从汇节点查起的，如

节点 t 的标记为 $(n^{+},\varepsilon(t))$，则倒推到节点 n，再按 n 的标记倒推到另一节点，一直这样推下去，直到源节点 s 为止。这样就找到了从 s 到 t 的路径。

就沿着这条路径来扩充流量，对其中的支路 (i,j)，如果 j 的标记是 $(n^{+},\varepsilon(t))$，那么流量 $x(i,j)$ 就增加 $s(j)$；如果标记是 $(i,\varepsilon(j))$，那么流量 $x(j,i)$ 就减少 $\varepsilon(j)$。

到此就算完成了一轮扩充。再重新开始，一步步做下来。

⑤ 一直做到找不到流量扩充的路径为止。这时的情况，就是最大流的情况。

从上面步骤可以看出，该算法是一次次扩充的。

四、计算举例

以图 4-5 所示网络为例，假定已选定一组初始的可行流（相容流），如图 4-5 所示的各支路上括号中标明的数值。按标记法：

先给源节点标上 $(-,\infty)$，这样源节点就成了已标记而未检查的节点了。

对节点 2，从支路 $(s,2)$ 看，由于：

$$C(s,2)=13>x(s,2)=7$$

其中，$x(s,2)=7$ 是初始可行流，而：

$$s(2)=\min\{\varepsilon(s),[C(s,2)-x(s,2)]\}=\min\{\infty,13-7\}=6$$

所以给节点 2 标记为 $(s^{+},6)$，这样节点 2 也成了已标记而未检查的节点。

对节点 3，从支路 $(s,3)$ 看：

$$C(s,3)-x(s,3)=9-9=0$$

无法标记，再看支路 $(3,2)$，$x(3,2)=4>0$，所以：

$$\varepsilon(3)=\min\{\varepsilon(2),x(3,2)\}=\min(6,4)=4$$

因而给节点 3 标记为 $(2,4)$。

同样，对节点 4：

$$C(2,4)-x(2,4)=6-6=0$$

$$C(3,4)-x(3,4)=5-0=5$$

$$\varepsilon(4)=\min\{\varepsilon(3),[C(3,4)-x(3,4)]\}=4$$

节点 4 标记为 $(3^{+},4)$。

对节点 5：

$$C(2,5)-x(2,5)=5-5=0$$

$$C(4,5)-x(4,5)=5-2=3$$

$$\varepsilon(5)=\min\{\varepsilon(4),[C(4,5)-x(4,5)]\}=3$$

节点 5 应标记为 $(4^{+},3)$。

对节点 6：

$$C(3,6)-x(3,6)=5-5=0$$

$$C(4,6)-x(4,6)=4-0=4$$

$$\varepsilon(6)=\min\{\varepsilon(4),[C(4,6)-x(4,6)]\}=4$$

节点 6 标记为 $(4^{+},4)$。

对节点 t：

$$C(4,t)-x(4,t)=4-4=0$$

$$C(5,t)-x(5,t)=9-7=2$$

所以：

$$\varepsilon_5(t)=\min\{\varepsilon(5),[C(5,t)-x(5,t)]\}=2$$
$$C(6,t)-x(6,t)=10-5=5$$

所以：

$$\varepsilon_6(t)=\min\{\varepsilon(6),[C(6,t)-x(6,t)]\}=4$$

而：

$$\varepsilon(t)=\max\{\varepsilon_5(t),\varepsilon_6(t)\}=\max\{2,4\}=4$$

因而节点 t 标记为$(6^+,4)$。标记后的网络如图 4-6 所示。按反向追踪法，从 t 的标记$(6^+,4)$找到节点 6，再从 6 的标记$(4^+,4)$找到节点 4，一直这样找下去，可得流量扩充路径 $s\to2\to3\to4\to6\to t$，流量扩充量为 4，这样一来，支路$(s,2)$的扩充后的流量为 $x(s,2)=7+4=11$，支路(3,2)的为 $x(3,2)=4-4=0$，支路(3,4)的为 $x(3,4)=0+4=4$，以及 $x(4,6)=0+4=4$，$x(6,t)=5+4=9$ 等。这些扩充后的流量写在图 4-6 的相应支路下的括号中。

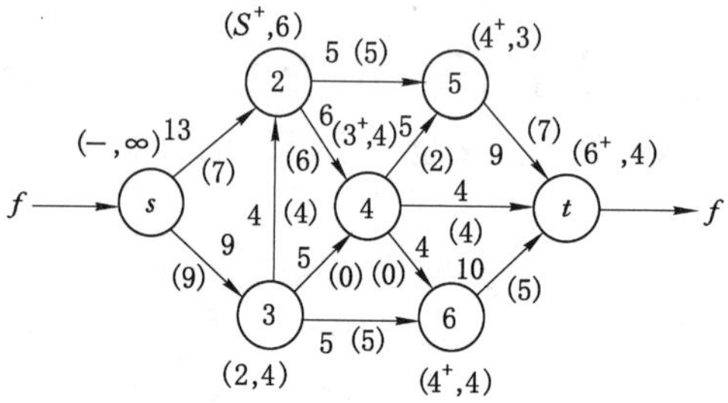

图 4-6

再按图 4-6 进行标记。

节点 s 标记为$(-,\infty)$。节点 2 标记为$(s^+,2)$。节点 3 不能标记，因 $C(s,3)-x(s,3)=0$，同时 $x(3,2)=0$。同样，节点 4,5,6 也不能标记。因此无法扩充，图 4-6 的情况就是实现最大流的情况。

最大流如果从引出的两条支路来计算，就是 $x(s,2)+x(s,3)=11+9=20$。当然，从图 4-5 的截割方案看，也是这样，因为：

$$x(s,3)+x(2,5)+x(2,4)-x(3,2)=9+5+6-0=20$$

这里，$(s,3)$，(2,5)，(2,4)三条支路均已饱和，而支路(3,2)流量为零。

上述是在适当选择一组初始可行流的情况下进行迭代计算的，初始值选择恰当与否对于计算工作量影响很大。如果为了选择方便起见，把各初始值均选为零，则计算工作量大。如这个例子的选择，把其中一些初始值选为饱和流量，则计算可以简单一些。对于复杂的网络，要用计算机来计算。

第三节　网络计划方法

一、问题的提出

前面讲的两个问题都是在空间展开的网络中的问题，这一节将要讨论一类沿时间展开的网络，也就是用网络方法来编制工作计划的问题。

在煤矿生产技术迅速发展和工程规模越来越大的条件下，影响生产过程和各项工作的因素日益增多。各个生产环节之间，各项工作之间的关系是错综复杂的。在这种情况下，应合理地组织好、管理好整个系统，做到全面规划、统筹安排，以便各个环节相互配合，在一定条件下使整个系统在最佳状态下工作。要做到这一点，靠传统方法越来越难以反映这些复杂关系，更难以统筹安排众多的工作人员与成千上万的工作环节。所有这些都要求一种新的、更好的方法，统筹方法就是在这种情况下应运而生的。

网络计划技术，又称为统筹方法。它是一种组织生产和进行计划管理的科学方法，其基本原理是先以工作任务的工时为时间因素，按照工作的先后顺序和相互关系作出网络图，然后进行时间参数计算，找出关键工作和关键路线，最后对网络计划合理安排，得到最优方案。

二、网络图

1. 网络图的基本概念

网络图——由工序、事项及标有完成各道工序所需时间等参数所构成的网状图形，称为网络图。网络图又称为箭线图，由带箭头的线和节点组成，箭线表示工作（或工序、活动），节点表示事项。

事项——表示一个或若干个工作的开始或结束，也可以把箭头图的始点和终点称为事项。

工序——为了完成某项工程，在工艺技术和组织管理上相对独立的活动，称为工序。一个工程由若干道工序组成。工序需要消耗一定的人力、物力等资源，并需要经过一定的时间。例如，巷道支护、绞车安装等通常在网络图中用一个箭线(⟶)来表示一道工序。

虚工序——用虚箭线(--→)表示，它表示工时为零，不消耗任何资源的虚构工作，其作用只是为了正确表示工作的前行后继关系。

紧前工序——紧挨一道工序之前的那几道工序，称为紧前工序。

紧后工序——紧挨一道工序之后的那几道工序，称为紧后工序。

2. 网络图的绘制规则

网络图的绘制规则为：把表示各个工作的箭线按照先后顺序及逻辑关系，由左至右排列画成图，再给节点统一编号。节点 1 表示整个计划的开始（总开工事项），图中最大数码 n 表示计划结束事项（总完工事项），节点由小到大编号，对任一工序(i,j)来讲，要求 $i<j$。

绘制网络图时应注意以下几点：

① 网络图只能有一个总开工事项，一个总完工事项。

如图 4-7 所示，有两个总开工事项①，⑤，两个总完工事项④，⑦，不符合规则。

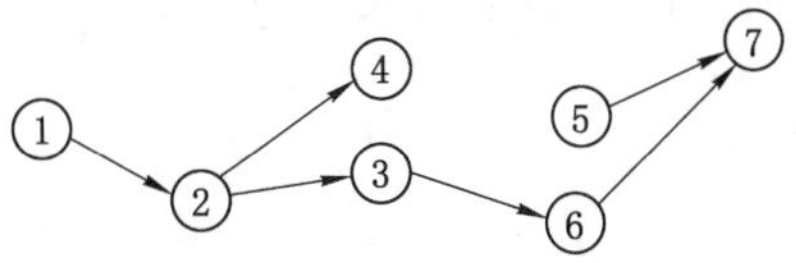

图 4-7

② 网络图是有向图，不允许有回路。

如图 4-8 所示，③→⑥→⑤→③是一个回路，不符合规则。

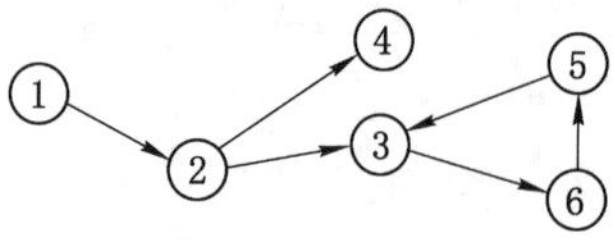

图 4-8

③ 节点 i,j 之间不允许有两道或两道以上的工序。

如图 4-9 所示，节点 i,j 之间有 a,b 两道工序，不符合规则。

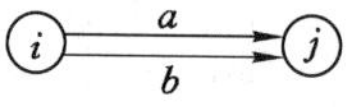

图 4-9

④ 必须正确表示工作之间的前行、后继关系。

如图 4-10 所示，如要表示工序 c 必须在工序 a,b 均完工后才能开工，而工序 d 只要在工序 b 完工后即可开工，图中表示有错误。

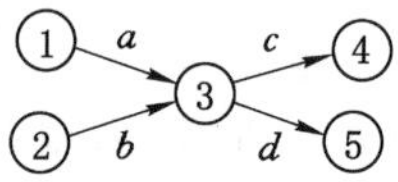

图 4-10

⑤ 虚工序的运用。运用虚工序可将图 4-7，图 4-9 和图 4-10 分别表示成图 4-11，图 4-12 和图 4-13 所示形式。

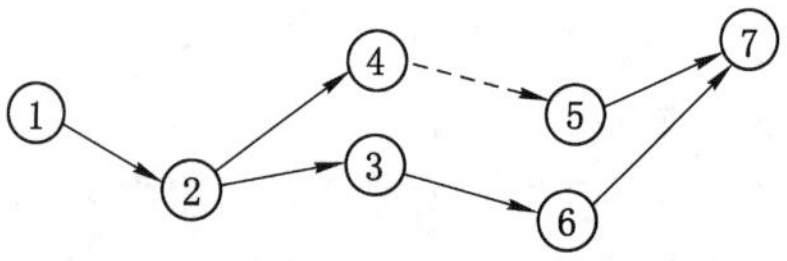

图 4-11

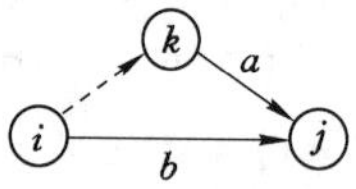

图 4-12

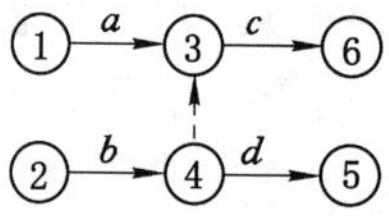

图 4-13

虚工序还可以用于表示平行与交叉工序。如果一道工序可以分为几道工序同时进行，则这几道工序称为平行工序，如图 4-14(a)所示巷道维护需 12 d，如增加工人分为三组同时进行，则可将网络图变为图 4-14(b)。

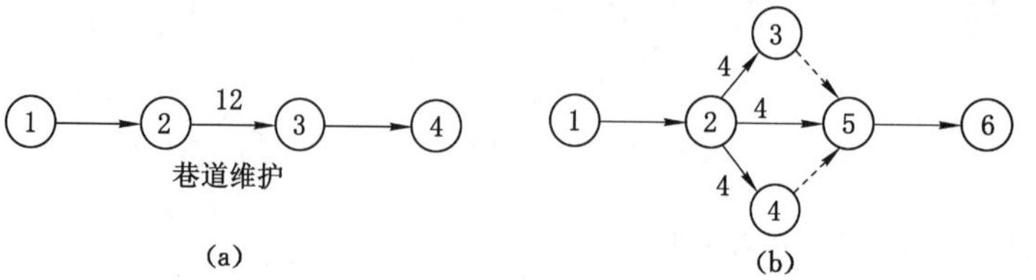

图 4-14

两道或两道以上交叉进行的工序，称为交叉工序。如工序 A 与工序 B 分别表示出货和临时支护，那么它们的关系可以是边出货边进行临时支护，而不必等到出完货以后再进行临时支护。这就可以用交叉工序表示。如把出货和临时支护各分为三段进行，用图 4-15 表示。

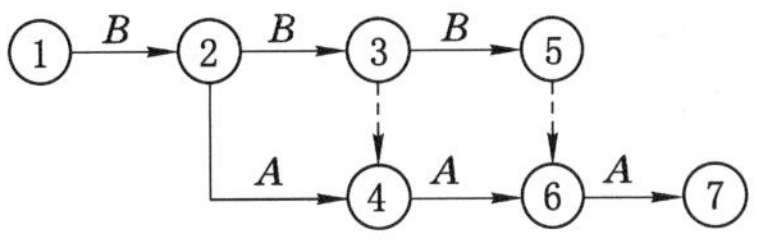

图 4-15

三、关键路线

在网络图中，从始点开始，按照各道工序的顺序，连续不断地到达终点的一条通路，称为路。通常把网络图中需时最长的路称为关键路线，或称主要矛盾线。关键路线的工序称为关键工序。如果能够缩短或延长关键工序的完工时间，就可以提前或推迟工程的完工时间。

图 4-16 中有四条路，分别为：

①→②→③→⑤→⑧，完成各工序所需时间为 $4+5+1+3=13$；

①→②→④→⑥→⑦→⑧，完成各工序所需时间为 $4+3+4+2+4=17$；

①→②→⑥→⑦→⑧，完成各工序所需时间为 $4+2+2+4=12$；

①→②→③→④→⑥→⑦→⑧，完成各工序所需时间为 $4+5+2+4+2+4=21$。

其中，路①→②→③→④→⑥→⑦→⑧所需时间最长，为该网络图的关键路线。

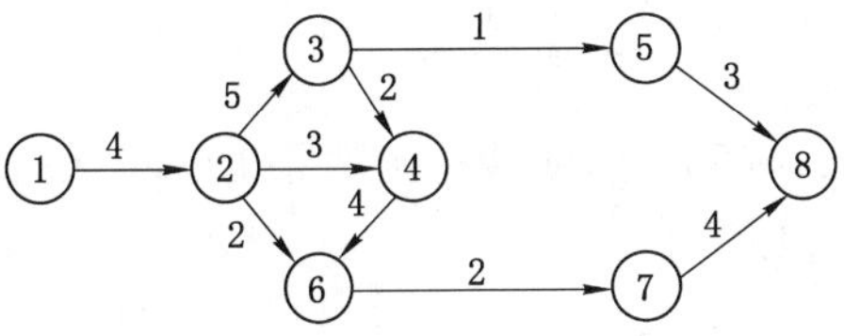

图 4-16

四、工序工时 $t(i,j)$ 的确定

(1) 确定型

指具备工时定额和劳动定额的任务中，工序的工时 $t(i,j)$ 可以用这些定额资料确定。

(2) 概率型

指对工序所需工时难以准确估计的任务，可以采用三点时间估计法来确定工序的工时，则每道工序的期望工时可估计为：

$$t(i,j)=\frac{a+4m+b}{6}$$

式中　a——最快可能完成时间(最乐观时间)；

m——最可能完成时间；

c——最慢可能完成时间(最悲观时间)。

五、事项和工序时间参数的确定

(1) 事项的最早时间

事项 j 的最早时间用 $t_E(j)$ 表示，它表明以它为始点的各工序最早可能开始时间，也表示以它为终点的各工序最早可能完成时间，它等于从始点事项到该事项的最长路线上所有工序的工时总和。设总开工事项编号为1，则可用下式表示：

$$\begin{cases} t_E(1)=0 \\ t_E(j)=\max\{t_E(i)+t(i,j)\} \end{cases}$$

式中 $t_E(j)$——箭头事项最早时间；

$t_E(i)$——箭尾事项最早时间；

$t(i,j)$——工序 $i \to j$ 的工时。

(2) 事项的最迟时间

事项 i 的最迟时间用 $t_L(i)$ 表示，它表明在不影响任务总工期条件下，以它为始点的工序最迟必须开始时间，或以它终点的各工序最迟必须完成时间。设总完工事项编号为 n，则可用下式表示：

$$\begin{cases} t_L(n)=t_E(n) \\ t_L(i)=\min\{t_L(j)-t(i,j)\} \end{cases}$$

式中 $t_E(n)$——工程最早完工时间；

$t_L(j)$——箭头事项的最迟时间。

(3) 工序最早可能开工时间

紧前工序最早结束时间即工序最早可能开始时间，用 $T_{ES}(i,j)$ 表示。它等于该工序箭尾事项的最早时间，即

$$T_{ES}(i,j)=t_E(i)$$

(4) 工序最早完工时间

它是指从最早可能开工时间开始，所能达到的完工时间，用 $T_{EF}(i,j)$ 表示。它等于工序最早可能开工时间加上工序工时，即

$$T_{EF}(i,j)=T_{ES}(i,j)+t(i,j)$$

(5) 工序最迟必须完工时间

它表示工序 (i,j) 按最迟时间开工，所能达到的完工时间，用 $T_{LF}(i,j)$ 表示。它等于工序的箭头事项的最迟时间，即

$$T_{LF}(i,j)=t_L(j)$$

(6) 工序最迟开工时间

它表示工序 (i,j) 在不影响整个任务如期完成的前提下，必须开始的最晚时间，用 $T_{LS}(i,j)$ 表示。它等于工序最迟必须完工时间减去工序工时，即

$$T_{LS}(i,j)=T_{LF}(i,j)-t(i,j)$$

(7) 工序的总时差

在不影响工程最早完工时间的前提下，工序的完工期可以推迟的时间，称为总时差，或称为工序总的允许延误时间，用 $R(i,j)$ 表示。工序的总时差等于该工序最迟开工时间减去工序最早可能开工时间，或者工序最迟必须完工时间减去工序最早完工时间。即

$$R(i,j)=T_{LS}(i,j)-T_{ES}(i,j)=T_{LF}(i,j)-T_{EF}(i,j)$$

关键路线上的各道关键工序，其总时差均为零。所以在网络图上，以那些总时差为零的工序所形成的路线来确定关键路线。

(8) 工序单时差

在不影响紧后工序的最早可能开工时间的前提下，工序最早完工时间可以推迟的时间，称为单时差，用 $r(i,j)$ 表示。

其计算公式为：

$$r(i,j)=T_{ES}(j,k)-T_{EF}(i,j)=T_E(j)-T_E(i)-t(i,j)$$

总时差与单时差之间的关系如图 4-17 所示。

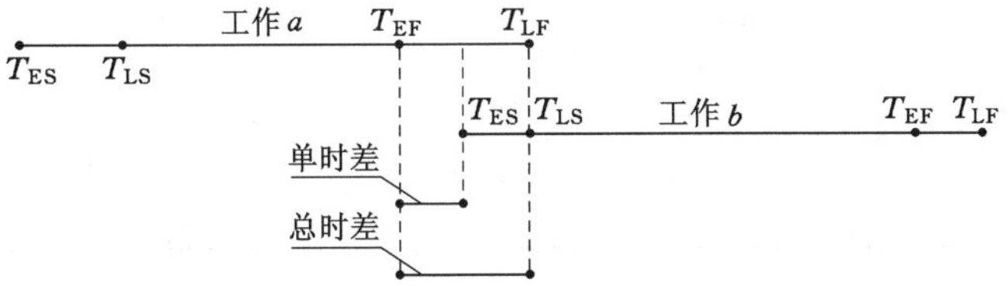

图 4-17

例如，根据表 4-2 绘制网络图，并计算各事项和工序时间参数。

表 4-2　逻辑关系表

工序	紧前工序	工期/d
A	—	1
B	A	5
C	A	6
D	B	3
E	B,C	2
F	D,E	1
G	D,E	7

根据网络图的绘制规则，可得到网络图(图 4-18)。

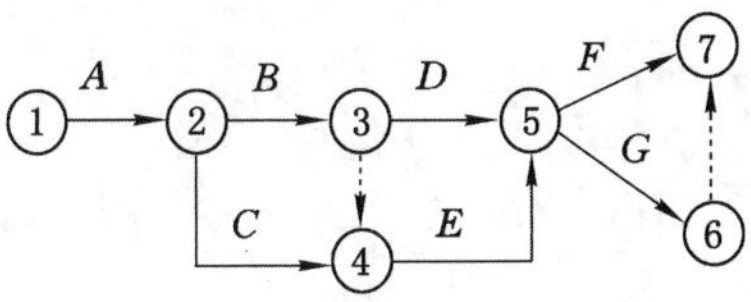

图 4-18

根据事项及工序时间参数的计算公式，可得到各事项及工序时间，如表 4-3 和表 4-4 所示。

表 4-3　各事项时间参数

事项	T_E	T_L
1	0	0
2	1	1
3	6	6
4	7	7
5	9	9
6	16	16
7	16	16

表 4-4　各工序时间参数

工序	工序工时/d	T_{ES}	T_{LS}	T_{EF}	T_{LF}	R/d	r/d
$A(1\to2)$	1	0	0	1	1	0	0
$B(2\to3)$	5	1	1	6	6	0	0
$C(2\to4)$	6	1	1	7	7	0	0
$D(3\to5)$	3	6	6	9	9	0	0
$E(4\to5)$	2	7	7	9	9	0	0
$F(5\to7)$	1	9	15	10	16	6	6
$G(5\to6)$	7	9	9	16	16	0	0

六、实例分析

某矿井综采工作面要进行搬家倒面，该工作面有106架液压支架、1台刮板输送机、2台泵站、1台转载机、1台采煤机、1部胶带输送机、电气设备及其他设备。现要将该工作面的设备撤掉并安装新工作面，进行调机试运转。为了不影响矿井产量并提高效率，如何才能缩短工期，使新工作面尽快投产。

这里用关键路线法进行求解，其求解步骤如下。

（1）绘制网络图

利用统筹方法进行综采工作面搬家倒面时，必须先按某一具体方案进行安排，一般该方案不是最优方案，要得到最优方案，需要将该方案不断改进完善，即要在初始网络图的基础上进行网络优化，在此未作进一步的讨论。当总体方案确定后，即可按绘制网络图的规则及所提供的原始资料，并考虑各工序在时间和空间上的制约关系，绘制出网络图，如图4-19所示。

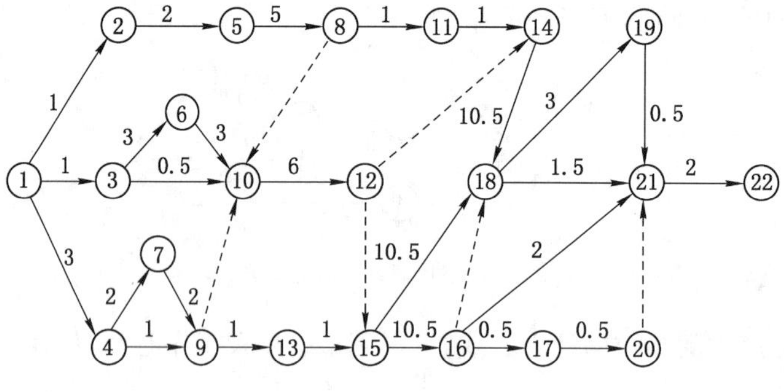

图 4-19

（2）确定关键路线

各工序的工时，按概率型考虑，可用下式计算：

$$t(i,j)=\frac{a+4m+b}{6}$$

按上述公式计算出各工序的工时，见表4-5。把这些数据填在网络图中代表各工序的箭线上，以此来求解关键路线。

表 4-5

工　序	工程名称	工期/d	最早可能开工时间	最迟开工时间	总时差/d	关键工序
1→2	拆运工作面刮板输送机机尾	1.0	0	0	0	*
1→3	安装新工作面临时电源	1.0	0	1	1	
1→4	拆运工作面运输巷胶带输送机	3.0	0	5	5	
2→5	拆运采煤机	2.0	1	1	0	*
3→6	换新工作面第一台胶带输送机	3.0	1	2	1	
4→7	拆运工作面转载机	2.0	3	8	5	
4→9	铺设运输线路轨道	1.0	3	11	8	
3→10	安装新工作面泵站	0.5	1	7.5	6.5	
5→8	拆运工作面刮板输送机	5	3	3	0	*
6→10	换新工作面第二台胶带输送机	3	4	5	1	
7→9	拆运工作面刮板输送机机头	2	5	10	5	
8→10	虚工序	0	8	8	0	*
8→11	拆工作面后头泵站	1.0	8	12	4	
9→10	虚工序	0	7	8	1	
9→13	安装回撤绞车、设装车平台	1.0	7	12	5	
10→12	安装新工作面转载机	6.0	8	8	0	*
11→14	拆工作面前头泵站	1.0	9	13	4	
12→14	虚工序	0	14	14	0	*
12→15	虚工序	0	14	14	0	*
13→15	拆运前 8 架液压支架	1.0	8	13	5	
14→18	开切眼扩帮	10.5	14	14	0	*
15→16	拆运剩余 98 架液压支架	10.5	14	14	0	*
15→18	安装工作面液压支架	10.5	14	14	0	*
16→17	拆运工作面电气设备	0.5	24.5	27	2.5	
16→18	虚工序	0	24.5	24.5	0	*
17→20	安装新工作面电气设备	0.5	25	27.5	2.5	
16→21	铺转载巷胶带输送机	2.0	24.5	26	1.5	
18→19	安装采煤机	3.0	24.5	24.5	0	*
19→21	延长工作面刮板输送机	0.5	27.5	27.5	0	*
20→21	虚工序	0	25.5	28	2.5	
18→21	安装刮板输送机线槽	1.5	24.5	26.5	2	
21→22	调机试运转	2.0	28	28	0	*

把求得的工序最早可能开工时间和工序最迟开工时间分别标注在各工序左面的方框和右面的方框中，把求得的各工序的总时差标在小括弧内，从而确定出关键路线，见图 4-20。

最后把结果填入表 4-5 中。

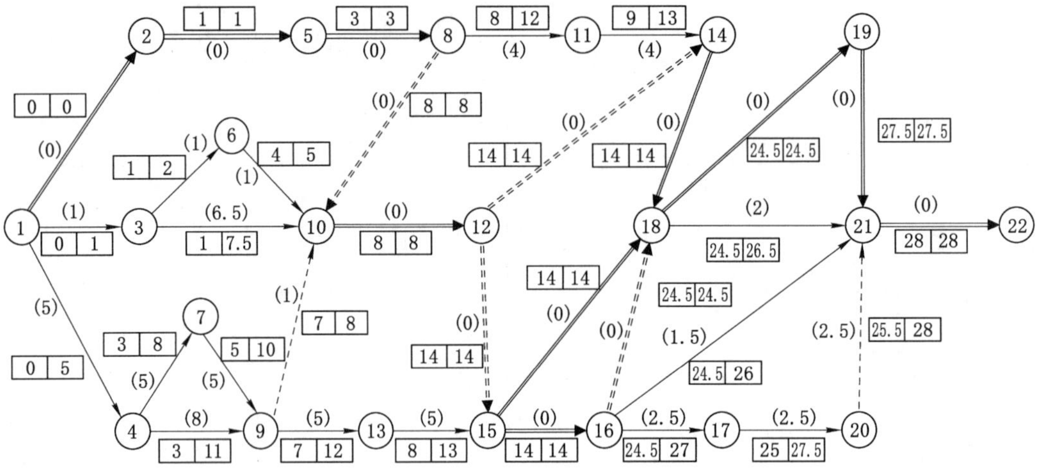

图 4-20

由网络图计算结果可得三条关键路线：

1→2→5→8→10→12→14→18→19→21→22

1→2→5→8→10→12→15→18→19→21→22

1→2→5→8→10→12→15→16→18→19→21→22

总工期为 30 d。

(3) 网络图调整

为了保证总工期能按时完成或提前完成，必须抓住关键工序，缩短关键工序工时。在技术上、组织管理上可采取如下措施：

① 把串联工序改为平行工序或平行交叉工序。

② 利用时差。为了缩短任务的总工期，可以考虑放慢非关键工序的进度，减少这些工序的人力、资源，转去支援关键工序，以使关键工序的工时缩短来达到目的。

③ 有限资源的合理安排。一项任务的可用资源(如人力、物力)总是有限的，因此时间计划应该考虑资源问题。在具体采取措施时可以按下述步骤进行：尽量保证关键工序的日资源需求量；利用非关键工序的时差错开各工序的使用资源时间；在技术章程允许条件下，可适当延长时差大的工序的工时，或切断某些非关键工序，以减少日资源总需求量。

④ 最低成本日程。项目或任务的成本一般包括直接费用和间接费用两部分。直接费用指完成各道工序直接所需人力、资源和设备等的费用，间接费用则包括管理费和办公费等。在一定范围内，工序的作业时间越短，直接费用越大；作业时间越长，间接费用越大。通过计算网络计划不同完工期相应的总费用，以求得成本最低的日程安排，称为工期-成本优化。

第五章 系统评价

第一节 系统评价概述

一、系统评价

系统评价在系统工程中是一个非常重要的问题，也是一项非常困难的工作。系统工程是一门解决问题的技术，也就是说，在系统开发过程中，应用系统工程的思想、程序和方法，不仅要提出许多开发系统的替代方案，而且要通过系统评价技术从众多的替代方案中找出所需的最优方案。然而要决定哪一个方案“最优”未必容易。因为对于复杂的大系统或内容不详的问题来说，“最优”这个词含义并不十分明确，而且评价是否为“最优”的尺度（标准）也是随着时间而变化和发展的。如以城市交通系统为例来进行评价，原来只是从交通工具的动力等技术方面以及交通路线的建设费用和日常经营费用等经济方面来进行评价，但近年来除了进行上述方面的评价外，还要求从交通工具的方便性、舒适性、安全性和美观性等使用方面进行评价，以及从环境保护、能源政策等国家利益方面进行评价等。由此可见系统评价的难度和重要性。

二、价值

当进行系统评价时，人们常常会不自觉地相信价值的存在。然而价值的一般问题虽然自人类产生文化以来，就在宗教、社会、经济和哲学等广泛领域内引起人们的普遍关注和议论，但至今价值问题仍是一个无法彻底解决的问题。有一个问题常被作为例子来提出，即“一杯水和一杯钻石哪个更有价值?”由于评价者所处的环境不同（是在文明社会还是在沙漠里），其答案就会截然不同。

所谓价值，如果从哲学意义上讲，就是评价主体（个人或集体）对某个评价对象（如待开发的系统、待评价的方案等）的认识（主观感受）和估计。如果从经济学角度来说，根据效用观点，价值常被理解为评价主体对于评价对象能满足某种需求的认识或估计。

价值是评价主体主观感受到的，是人们对客观存在的事物从各种各样的分析中主观抽象出来的。因此，就一具体评价对象来说，由于评价主体所处的立场、观点、环境和目的等的不同，其对价值评定也就会有所不同。即使对同一个评价主体来说，同一评价对象的价值也会随着时间的推移而发生变化，因而形成了个人的价值观。但同时，由于人类形成社会，过着群体生活，从而有机会经常交流对事物的认识，所以在价值观念上又会表现出某种程度的共同性和客观性，从而形成所谓的社会价值观。如何把个人价值观和社会价值观合理地统一和协调起来，是系统评价的重要任务。

价值不是孤立地附属于某一评价对象的，也不应该有衡量价值的绝对尺度（标准）。也就是说，评价对象的价值不是其本身所固有的，而是由评价对象和它所处的环境条件等关系相对地确定的。既然没有计量价值的绝对尺度，在系统评价时采用多种尺度相对比较是必不可少的。

三、评价尺度

系统评价是由评价对象、评价主体、评价目的、评价时期和评价地点等要素构成的一个综合性的问题。因此，对评价技术来说，就要首先引进和确定评价尺度(标准)，然后通过评价尺度对评价对象进行测定，并确定其价值。

常用的评价尺度大致可以分为四种：第一种称为绝对尺度，即规定原点尺度不变，如物理学中通常采用的是绝对尺度。以此测得的量，其数值具有重要意义。而有些场合要求只有测得数值差才有意义，故第二种尺度称为间隔尺度，如测量加工零件名义尺寸的上、下偏差，评定学校教育的效果或文化的地区差别等。在这种场合下，绝对值就没有多大意义，而其数值差就能说明问题。第三种是顺序尺度，它可以用数字或反映顺序的字符来表示，如1，2，3，…，Ⅰ，Ⅱ，Ⅲ，…，A，B，C，…这时需要的只是它的顺序关系。如运动员的比赛名次、产品评奖的等级等，就是用这种顺序尺度来进行评价的。最后一种是名义尺度。这仅仅是为了识别或分类需要而用数字与评价对象相对应。如学校班级的编号或运动员的编号等就是这种名义尺度。在评价中，要根据评价的目的和评价对象的性质等来确定评价尺度，这是系统评价的重要工作之一。

四、系统评价的任务

系统评价的主要任务就在于从评价主体根据具体情况所约定的、可能是模糊的评价尺度出发，进行首尾一贯的、无矛盾的价值测定，以获得对多数人来说均可以接受的评价结果，为正确决策提供所需的信息。

由此可见，系统评价和决策是密切相关的。为了在众多的替代方案中作出正确的选择，需要有足够丰富的信息，其中，包括足够的评价信息。所以说，系统评价只有和方案决策和行为决定联系起来才有意义。评价是为了决策，而决策需要评价，评价过程也是决策过程。"评价"和"决策"有时候可以作为同义词使用。在实际问题中由于评价与决策的目的不同，两者仍有区别。

第二节　系统评价的步骤及组成

图5-1即系统评价的一般步骤。由图5-1可知，一个较完整的系统评价的步骤一般包括从"评价系统分析(前提条件的探讨)"到"评价值的计算"和"综合评价"等几个阶段。下面将分别对其作简要介绍。

一、评价系统分析

在正式进行系统评价前，有必要对评价系统进行分析，探讨和明确一系列前提条件，这是做好系统评价的首要工作。其内容包括以下几个方面。

1. 评价目的

总的来说，评价的目的是更好地决策，但具体说，评价目的又大致可以区分为四个方面：

① 使评价系统达到最优。为了使系统结构或技术参数达到最优，就有必要定量化评价系统各种替代方案的价值。

② 对决策的支持。当评价者或决策者在选择最优方案的过程中，对替代方案的各自价

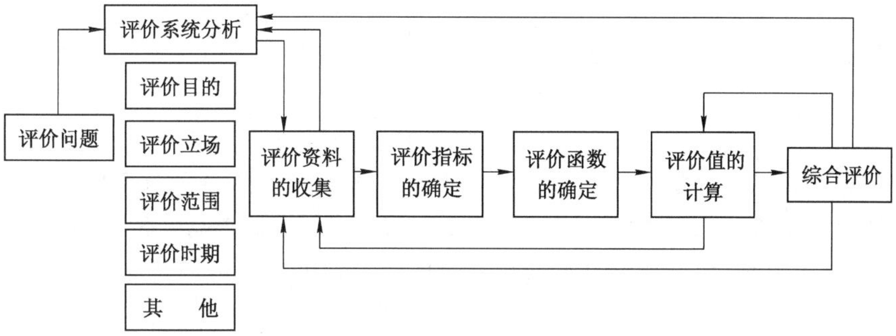

图 5-1 系统评价的步骤

值感到迷惑不解时，评价提供的信息可供决策参考。例如，对重大政策的选择、对复杂情况的判断以及对未来的预测等，若有相应的评价信息，则都可为决策提供极大支持。

③ 决定行为的说明。当决策人推行某项政策、决定开发某个系统或引进某项先进技术时，对于决策人来说，为什么要决定采取这些行为可能是经过细致分析的，采取这些行为与否以及会带来怎样的利弊都是比较明确的。但要让其他人也能很好地领会这些仍是一件不容易的事。所以，为了使他人对决定的行为能够心悦诚服，便于接受，仍需要对其进行评价。总之，对于复杂的问题，即使作出了合理的决定，如果没有评价或评价过程模糊不清，也会遭到人们的怀疑、误解以致抵制。因此，为了形成统一意见，需要有某种程度的客观评价。

④ 问题的分析。评价的过程往往是问题分析的过程。有许多评价问题，如风险分析、技术预测等，利用像关联树法等评价方法，可以把复杂的问题分解成简单易懂的小问题，再通过对这些小问题的分析和评价，才能获得系统的综合评价。

从上述系统评价的目的来看，所谓评价，就是让自己和他人能更好地领会和认识某种人类行为的手段。

2. 评价范围

它主要是确定系统的边界，即评价对象涉及多大范围，如评价问题涉及哪些领域哪些部门等，像一项大型水利工程往往涉及水利、交通、电力、旅游和移民等部门。在评价中应充分考虑所有部门的利益并尽可能地吸收各方人员参加评价。评价范围不应过小，以免忽略重要影响部门而有失系统性；也不应过大，以免使评价问题过分复杂化。

3. 评价立场

在进行系统评价时必须明确评价主体的立场，即明确评价主体是系统使用者还是开发者抑或第三者等，这对于之后评价方案的确定、评价项目的选择等都有直接的影响和关系。这里以铁路交通系统的评价为例。若铁路乘客是评价主体，则其关心的评价项目主要有快速性、准时性、低廉性和舒适性等；而对铁路建设部门来说，其评价项目主要有投资费用、制造费用、经营费用及收益等；若从铁路沿线居民角度出发，则其关心的主要是环境污染程度、噪声的大小等评价项目；而从地区社会立场出发，则主要考虑企业合理选址、沿线销售量的增加程度等；若从国家立场出发，则主要考虑经济发展平衡与否、费用负担的地区差距调整等评价项目。如果要对系统进行综合评价，那么就要选择上述的一些主要评价项目，构成一个综合评价的项目体系。

4. 评价时期

评价时期即系统评价处于系统开发全过程的哪个时期。如以企业开发新产品为例，按评价时期，一般可以分为如下四个阶段。

① 初期评价。这是在制定新产品开发方案时所进行的评价，目的是及早沟通设计、制造、供销等部门的意见，并从系统总体出发来研讨与方案有关的各种重要问题。例如，新产品的功能结构等是否符合用户的需求或本企业的发展方向，新产品开发方案在技术上是否先进、经济上是否合理，以及所需开发费用及时间等。初期评价可使开发方案优化并做到切实可行。

② 期中评价。这是指新产品在开发过程中所进行的评价。当开发过程需要较长时间时，则期中评价一般要进行数次。期中评价主要目的是验证新产品设计的正确性并对评价中暴露出来的设计问题等采取必要的对策。

③ 终期评价。这是指新产品开发试制成功，并经鉴定合格后进行的评价。其重点是全面审查新产品各项技术经济指标是否达到原定的各项要求，同时，通过评价为正式投产做好技术上和信息上的准备，并预防可能出现的其他问题。

④ 跟踪评价。为了考察新产品在社会上的实际效果，在其投产后的若干年内，每隔一定时间（半年或一年）对其进行一次评价，以提高该产品的质量，并为进一步开发同类新产品提供依据。

由此可见，不同时期的评价目的各不相同，同样，其评价方法由初期评价的以定性分析为主逐步过渡到以定量分析为主的方法。

5. 评价系统环境分析

评价系统环境分析是指对存在于系统外的物质的、经济的、信息的影响因素进行分析，以了解这些因素对评价系统的影响。系统环境的影响可分为三大类：技术的、经济的（经营管理）和社会的（人及集团）影响。

二、评价资料的收集

它是指对评价系统的功能、费用、时间及使用寿命进行预测和估计，为设定评价尺度、建立评价函数等收集评价所需资料。

三、评价指标的选择

评价指标的选择是由评价目标与实际情况共同决定的。具体选择时应注意以下几点：

① 评价指标必须与评价目的和目标密切相关。

② 评价指标应当构成一个完整的体系，即全面地反映评价对象的各个方面。

③ 评价指标总数应尽可能少，以降低评价负担。当评价对象较为复杂时，可以利用像解释结构模型法（Interpretative Structural Modeling Method，ISM 法）这样的方法来厘清评价指标间的结构关系。

四、评价函数的确定

评价函数是指使评价定量化的一种数学模型。不同评价问题使用的评价函数可能不同，同一个评价问题也可以使用不同的评价函数，因此，对选用什么样的评价函数本身也必须作出评价。一般应选用能更好地达到评价目的的评价函数或其他更适宜的评价函数。

评价函数本身是多属性、多目标的。尤其当评价目的在于形成统一意见或进行群决策时，则在确定评价函数时会产生不同的看法。因此，在对系统评价之前，应该在有关人员之间进行充分的无拘束的讨论，否则难以获得有效的评价。

五、评价值的计算

当评价函数确定后，评价尺度也随之而定。在计算评价值之前，还需要确定各评价项目的权重。总之，评价尺度和评价项目的权重应保证评价的客观正确和有效。

六、综合评价

综合评价是指对系统进行技术（功能）、经济、社会等各方面的全面评价。一个完整的综合评价体系大致包括以下几个方面（以企业开发新产品为例）。

① 经营管理方面。如新产品是否符合企业的发展战略，对企业今后发展有些什么贡献等方面的评价。

② 技术方面。包括对新产品的设计原理、技术参数、性能、可靠性等是否先进合理等方面的评价。另外，从企业现有技术、生产水平来看，是否有能力进行开发研制、能否进行正常生产等也需要进行评价。

③ 市场方面。从新产品今后市场规模的大小、竞争能力的强弱、产品销路的好坏等方面进行预测和评价。

④ 时间方面。如对新产品的开发动态（包括开发速度、开发周期等）、开发的紧迫程度以及新产品处于生命周期的哪一个阶段等进行预测和评价。

⑤ 经济方面。从新产品开发成本、生产费用、经营费用、机会成本、投资回收期、经济效益、无形收益等方面进行评价。

⑥ 体制方面。在现有的研究开发体制、生产体制、销售体制下，从能否满足开发、生产、销售等的要求方面进行评价。

⑦ 社会方面。从能否满足社会需要，促进国民经济发展和社会进步，保护环境等方面进行评价。

总之，综合评价的各个方面和评价项目不能一概而论，应根据具体评价对象而定。

第三节　系统评价的理论和方法

有关系统评价的理论和方法，归纳起来大致可以区分为三类：第一类是以数理为基础的理论。它以数学理论和解析方法对评价系统进行严密的定量描述和计算。为了使评价能够正常进行而不会出现矛盾，故经常需要在假定的条件下才能进行评价。但有些假定条件在评价实际问题时未必能够做到。因此，这类理论和方法不能完全照搬利用。但由于它整理了有关评价的问题所在，且评价目标和约束条件要清楚明了，因而系统评价人员必须作为知识来理解和掌握它。第二类是以统计为主的理论和方法。它通过统计数据来建立只能凭感觉而不能测量的评价项目的评价模型。例如，菜肴的色、香、味，至少到目前为止还不能拿工程学上常用的测量手段对其进行测量，但如果有了经过人们判断的、足够的统计数据，则进行定量方面的评价也不是不可能的。可以说这是一种试验性的评价方法，也是心理学领域的常用方法。但由于是统计处理，还存在少数人行为在评价中不能被反映的缺点。第三类是重现决策支持的方法。也就是说，与其想方设法对评价系统进行客观而正确的评价，倒不如研究如何才能比较容易地决定与目标一致的人类行为。目前，常用的计算机系统仿真技术就是这一类的有效方法。

下面就评价理论和方法作扼要的介绍。

一、评价理论

评价理论归纳起来大致有如下几种。

(1) 效用理论

最早科学地提出评价问题的是冯·诺伊曼(von Neumann)的效用理论。所谓效用,可以理解为当某个评价主体或决策主体在许多替代方案中选用某一替代方案时,总要把该方案说得很好、很重要。也就是说,这时该方案的效用最大。所以,只能通过效用来对各替代方案进行相对比较。即“效用”只意味着选择顺序,既不是标准也不是数量,从这一点上来说,其应用就很困难。故要考虑具有与效用相同的选择顺序的数量函数,这种函数叫作效用函数。所谓效用理论,是指用数学方法来描述效用与效用函数关系的理论。

由上述可知,效用尺度是一种顺序尺度。例如,某人对如何度过星期天下午拿不定主意,于是他考虑了午睡、打球和看电影三个替代方案,将其分别记作 X,Y,Z,则其评价就像图 5-2 所示的树形图,而 X,Y,Z 的效用,可以用自己喜爱的顺序来决定。如果认为看电影比午睡好,而打球比看电影好,则 Y 的效用最大,X 的效用最小。其选择的顺序关系如下:

$$Y>Z, Z>X$$

所以说,在测量效用时,一定要与其他替代方案进行对比,只有一个方案是不能进行评价的。

若 X,Y 这两个替代方案具有完全相同的效用而无法排序时,即 X 和 Y 没有差别,这时可以写成:

$$X \sim Y$$

如写成 $X>Y$,则表示 X 的效用大于 Y 的效用。这里考虑 X,Y 和 Z 的某一函数 U,则 $U(X)$,$U(Y)$ 和 $U(Z)$ 值的大小与替代方案的选择顺序一致,可以用下式表示:

$$U(X)>U(Y)>U(Z)$$

这样的函数称为效用函数。若应用效用函数,则由于能用数值来表示替代方案的评价,使用方便。但其数值大小只表示顺序尺度,本身没有意义。U 的值如图 5-3 所示,称为效用曲线。如果具有单调性,则无论用什么函数都没有影响。

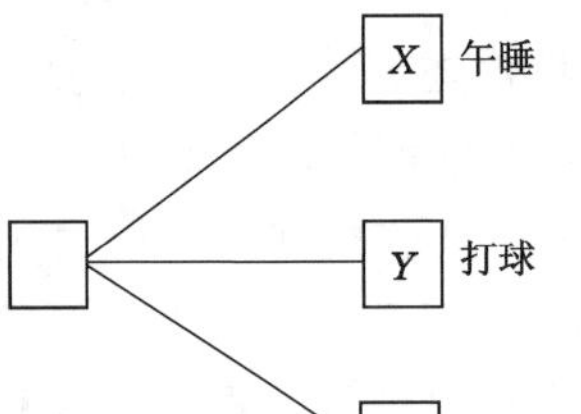

图 5-2　替代方案树形图

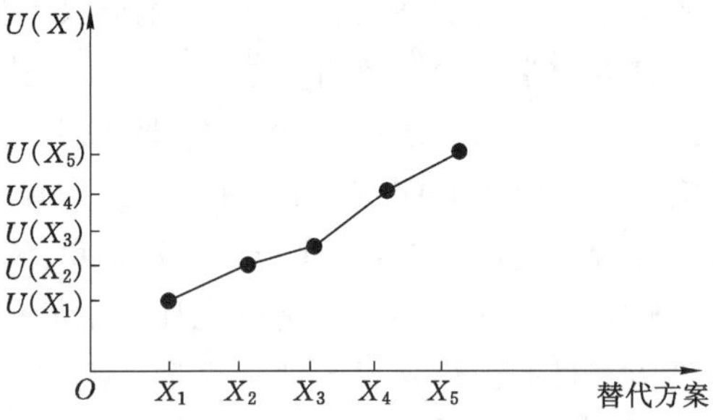

图 5-3　效用曲线

总之,效用理论本身是以评价主体个人的价值观为基础而建立起来的数学理论,其中包含许多假定,因此,一般不能原封不动地应用到实际中去。如何构成实际需要的效用,还要在行为科学和心理学领域开展试验研究。效用理论作为评价理论的基础,从事评价研究的人应该很好地掌握它。

(2) 确定性理论

确定性理论，主要用统计的方法使评价数量化，此时需要收集足够数量的、质量相等的数据，同时要有能看透问题本质的敏锐眼力。因为在人的心里感觉方面没有客观的尺度，能相当自由地选择数据值。另外，由于统计的方法只要有数据对谁都能使用，所以若机械地照搬这种方法，则恐怕只会得出错误的结论。

评价的数量化在数据选择方面怎么变化都有可能，这一点是与自然科学和工程学问题不相同的地方。因而碰到质的问题数量化时，首先必须了解评价的目的，吃透问题的实质，这相当于设立假定或构造概念模型。其程序是，在确认使用统计方法的妥当性和有效性后，收集适当数据，以统计方法确认假定，并在数据通过检验后，能够在一定程度上建立起数量化的评价模型，进行属性评价或综合评价。即从许多被认为是非独立的关于评价属性的数据中，找出任意两个属性之间的关系。然后，可以用相应的分析评价方法来进行评价。

(3) 不确定性理论

不确定性理论，评价处于迷惑不解的困境，多数情况发生在含有不确定因素的决策问题中。但如果已经掌握事件发生的概率，则可以用期望值作为评价函数，以便作为确定性问题来处理。即使在缺乏数据的情况下，也可凭借专家的经验和直观判断，以及过往发生的概率，对事件发生的可能性作出定量估计。这种估计称为主观概率，随着主观概率信息的增加，便逐步接近客观概率。

(4) 非精确理论

除了事件发生的不确定性以外，还有人的认识所固有的模糊性(非精确性)。例如，用语言描述的“大”“红”“好”等概念以及审判、诊断、人物评价等综合判定，本质上都是定性的东西。为了进行这种评价，需要应用模糊集理论。

(5) 最优化理论

评价对象的数学模型本身也可能成为评价函数。如数学规划方法就是一个典型的例子，数学规划本身具有普遍性和严密性，得到的评价也是比较客观的。典型的数学规划方法有线性规划、整数规划、非线性规划、动态规划和多目标规划等，这些都在第三章作过详细介绍，不再赘述。

二、评价方法

评价方法发展到今天，已不下数十种。这里仅就较为常用的几种方法列举如下，在之后各节将作较为详细的介绍。

(1) 费用-效益分析

这是系统评价的经典方法之一。美国政府部门将费用-效益分析作为评价政策的工具。始于 1902 年的《河川江湾法》(*The River and Harbor Act*)规定，在制订河川与江湾的投资规划时，必须有有关部门的专家提供关于费用与效益在内的报告，即在可能的领域内，要进行包括费用与效益在内的经济评价。这种评价方法后来逐步渗透到各种经济领域。而且要求所投资的工程项目给社会提供财富和服务的价值-效益，必须超过其费用，以此作为工程项目投资合理性的依据。在学术界，在福利经济学理论的基础上，则要求从经济总体上考虑费用和效益的关系，以达到资源的最优化分配。

实现这种评价方法的困难在于如何正确地测定效益，以及如何估计长期投资和效益的社会折现率。目前，已经有了几种可供实用的方法。

采用这种评价方法的问题是，其仅仅从经济观点考虑效益，不能被从社会观点考虑效益的人们所完全采纳。为了弥补对社会效益考虑的不足，有人提出了有效度观点和费用-有效度分析的概念。

例如，假定A地区是一个旧区，工业和人口密集；而B地区是待开发的新区，工业和人口还较稀疏。现在要选择在A地区或B地区之一修建公路，如果以费用-效益为基准，则在费用一定条件下选择在A地区修建；如果考虑社会对工业和人口布局的均衡化要求，采用费用-有效度基准，则应选择在B地区修建为佳。

费用-有效度分析最初是由美国兰德公司等于20世纪60年代提出的，是用来对武器系统和国防问题进行系统分析的一种方法，随后又扩大到各个领域之中。

把效果从经济观点扩大到社会观点是费用-有效度分析的优点。问题是如何测定有效度，因为建立有效度的尺度非常困难。观点之一是建立社会指标体系，这就是1970年提出"经济增长本身不是目的，而是建立更好生活环境的一种手段……"的经济合作与发展组织(OECD)的观点。现在社会指标体系已成为具有9个目标领域、23个社会关心项目、39个子项目、48个指标的多级递阶指标体系，用这些指标群表示社会系统的状态和属性。其中，9个目标领域是：① 健康；② 个人的学习与发展；③ 就业与生活质量；④ 时间分配与余暇；⑤ 个人的经济状况；⑥ 物质环境；⑦ 社会环境；⑧ 个人安全与法治；⑨ 社交机会及参加程度等。

显然社会指标的确定及其系统化不是唯一的，应该根据社会制度和实际情况以及未来的目标而不断改进。同时，按照像全国范围这种宏观系统算出平均指标，意义并不太大，应该按照人们日常生活圈的层次或地区来测定。

(2) 关联矩阵法

通常，系统是多目标的，因此，系统评价项目也不是唯一的，而且衡量各个评价项目的评价尺度一般也是不相同的，系统评价问题的困难就在于此。

据此，切斯纳(H. Chestnut)提出的综合方法是，根据具体评价系统，确定系统评价项目及其相应的权重，然后对评价系统的各个替代方案计算其综合评价值，即各评价项目评价值的加权和。

关联矩阵法就采用矩阵形式来表示各替代方案有关评价项目的平均值，然后计算各方案评价值的加权和，再通过分析比较，综合评价值——评价值加权和最大的方案即最优方案。

应用关联矩阵法的关键，在于确定各评价项目的重要度(权重)，以及各评价项目的价值尺度。对此，目前还没有普遍适用的方法，本章第五节将通过实例介绍两种较为常用的方法。

(3) 关联树法

关联树法是作为一种有助于对复杂问题进行评价的方法而产生的。最初它是用来对国家战略性的技术预测和设计进行评价的，后来在市场开拓、投资分析等不确定状态下进行评价时也广泛应用起来。关联树法自20世纪60年代被开发以来，由于方法简单、易被人们掌握，发展很快，其中，尤以霍奈威尔(Honegwell)公司于1963年开发的称作PATTERN的方法最为有名，它作为一种基于需要的系统开发目标和应解决的技术问题的有力手段，正在广泛地应用着。

(4) 层次分析法

层次分析法作为一种评价方法，和上述的关联矩阵法和关联树法属于同一类型。它是由美国学者萨蒂(A. L. Saaty)于20世纪70年代初提出的。层次分析法是一种定性分析和定量分析相结合的评价决策方法,它将评价者对复杂系统的评价思维过程数学化。其基本思路是,评价者通过把复杂问题分解为若干层次和若干要素,并在同一层次的各要素之间简单地进行比较、判断和计算,就可得出不同替代方案的重要度,从而为选择最优方案提供决策依据。层次分析法的特点是,能将人们的思维过程数学化、系统化,便于人们接受;所需定量数据信息较少。但它要求评价者对评价问题的本质、包含的要素及其相互之间的逻辑关系能掌握得十分透彻。这种方法尤其可用于对无结构特性的系统评价以及多目标、多准则、多时期等的系统评价。由于上述这些特点,层次分析法目前已在各个领域获得广泛应用。

(5) 模糊评价法

模糊评价法是运用模糊集理论对系统进行综合评价的一种方法。通过模糊评价,能获得系统各替代方案优先顺序的有关信息。应用模糊评价法时,除了确定评价项目及其权重和评价尺度外,在对各评价项目进行评定时,用对第 f_i 评价项目作出第 e_i 评价尺度的可能程度来表示,这种评定是一种模糊映射,其可能程度用隶属度 r_{ij} 来反映。近年来,模糊评价法也是常用的一种综合评价方法。

第四节 费用-效益分析

一、费用、效益和有效度的基本概念

1. 费用

费用,是指为了实现某个工程项目或企业的目的而投入的资源(如资金、劳动力、材料、能源……)的价值。费用不仅仅局限于实现方案的货币支出,尤其是在评价对社会有广泛影响的大规模事业时,只考察货币支出是不够的。费用应理解为达到目的所必须付出的代价或牺牲。这些费用包含以下四种费用的总和。

① 货币费用和非货币费用。如机场周围的居民遭到噪声污染的损失是难以用货币度量的,构成了非货币费用。

② 实际费用和机会费用。实际费用,是指为达到某个目的所实际支付的费用。机会费用的含义是,当一项资源用于某个用途时,也就失去了该项资源本来可以用于其他方面的用途和由之所带来的价值,在所失去了的用途中的最优用途所带来的价值,就是该项资源的机会费用。

当对各替代方案进行权衡时,仅仅用实际费用所产生的价值还不能评价替代方案的价值。例如,在桥梁建设和房屋建设方面存在着关于水泥资源的权衡问题,比较用于两者的价值孰大孰小后,才能得到合理的评价。

③ 内部费用和外部费用。既要考虑系统内部的费用,也必须考虑系统外部所发生的费用。如减少公共交通工具可以减少公交公司的内部费用,但系统外部必须增加自行车费用或企事业单位自派的交通车的费用。

④ 一次性投资费用和日常经营费用。既要考虑一次性投资费用,也要考虑日常经营费用(包括维修费用)等。

2. 效益

当实现某个工程项目或企业的目的后,即当开发的系统运用以后,就可以获得一定的效果。其中，能够换算成货币价值的那部分效果称作效益。效益又可分成主要效益和次生效益两种。前者是由系统本身直接产生的效益，后者是实现系统的结果而间接派生出来的效益。

3. 有效度

评价系统的效果，虽然通过一定的方法可以将效果数量化，但不一定都能换算成货币。用货币以外的数量尺度所表示的效果称为有效度。

效果的测定，无论是用效益还是用有效度，都需要把效果作为替代方案的价值属性和外部环境的评价属性的函数而公式化。替代方案的价值属性表现为价值要素，如系统功能和可靠性等。外部环境的属性则表现为各评价项目相对系统价值的权重。

二、费用和效果的关系

系统费用和效果之间，一般存在着如图 5-4(a)所示的 S 形曲线关系。由图 5-4 可知，当费用 C 达到一定程度后，效果才能明显表现出来。当费用 $C<C_L$ 时，效果几乎为零[图 5-4(a)]。此后，效果随着费用增加而迅速增加，这是非常值得研究的一个阶段。但当费用超过 C_H 之后，效果趋于不变，曲线呈平稳现象。此后，边际效用 $\left(\frac{\partial V}{\partial C}\right)$ 过小，形成浪费。边际效用可用偏导数表示，以便进行多目标分析。

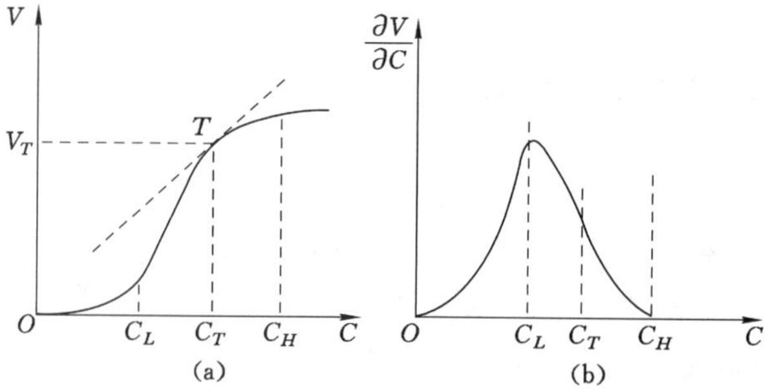

图 5-4 费用和效果关系

边际效用曲线如图 5-4(b)所示。由图 5-4 可知，若出现 $C_L=0$，边际效用就会在整个费用范围内呈下降趋势；在图 5-4(a)所示的 T 点上，费用 C_T 对效果 V_T 之比最小，因此，用该费用建立系统的投资效率最大。我们在对多目标的系统进行费用-效果分析时，可以做到合理的预算分配和目标达成度的最佳组合。

三、费用分析

费用分析是进行费用-效果分析的基础。费用分析是指研究系统开发全过程的一切费用及系统使用期内所发生的经营费用和收益。系统费用和收益的发生，按时间顺序如图 5-5 所示。由图 5-5 可知，当进行费用和效益计算时，首先要将不同时间发生的费用和效益换算成同一时间基准的来进行比较。

1. 终值系数和现值系数

例如，有 P 元资金，其年利率为 r，则 n 年后的本金和利息总计为 C 元，即

$$C = P(1+r)^n$$

这里，C 是 P 经过 n 年后的最终价值，简称终值；系数 $(1+r)^n$ 叫作终值系数。

反之，在 n 年以后若能获得 C 元资金，年利率仍为 r，那么折合成的现在资金 P 为：

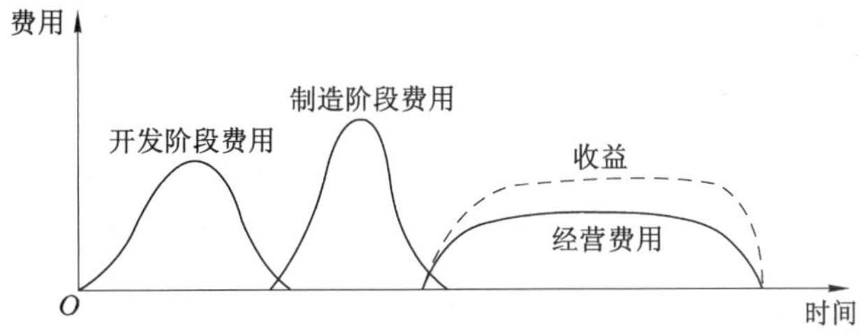

图 5-5　费用和收益的时间序列

$$P=\frac{C}{(1+r)^n}$$

这里，P 是 C 的现在价值，简称现值；系数$\frac{1}{(1+r)^n}$叫作现值系数。

根据上述终值系数和现值系数进行换算，即可将不同时期发生的费用按同一时间标准来进行计算。

2. 费用和效益计算

设某系统的投资费用换算成系统开始运行时的为 K 元[$K=K_n(1+r)^{n-1}+K_{n-1}(1+r)^{n-2}+\cdots+K_1(1+r)^0$]，系统使用期限为 T 年，投入使用后每年经营费用分别为 $C_1,C_2,\cdots,C_T$元，而年收益分别为 $R_1,R_2,\cdots,R_T$元，T 年后预计总收益折算成开始使用年的现值 R 为 S 元，年利率为 r，则 T 年后预计总收益折算成开始使用年的现值 R 为：

$$R=\frac{R_1}{(1+r)}+\frac{R_2}{(1+r)^2}+\cdots+\frac{R_T}{(1+r)^T}+\frac{S}{(1+r)^T}$$

T 年后预计经营费用总额和投资现值之和 C 为：

$$C=\frac{C_1}{(1+r)}+\frac{C_2}{(1+r)^2}+\cdots+\frac{C_T}{(1+r)^T}+K$$

若：

$$R_1=R_2=\cdots=R_T=\bar{R}$$
$$C_1=C_2=\cdots=C_T=\bar{C}$$

即年收益及年经营费用分别取平均值 $\bar{R}$ 和 $\bar{C}$，则 R 和 C 两式可以简化为：

$$R=\frac{\bar{R}}{r}\left[1-\left(\frac{1}{1+r}\right)^T\right]+\frac{S}{(1+r)^T}$$

$$C=\frac{\bar{C}}{r}\left[1-\left(\frac{1}{1+r}\right)^T\right]+K$$

由此可见，要进行投资必须使：

$$R>C$$

要保证 $R>C$，必须使：

$$\bar{R}>\bar{C}$$

同时，因：

$$K>S$$
$$T>1$$

所以，在上述条件下，要保证 $R>C$，必须使 $\bar{R}\gg\bar{C}$，即年平均收益要比年平均经营费用大得多，只有这样才值得投资。

设 $\bar{R}=(2\sim3)\bar{C}$，$T=50$，$r=0.1$，$S=0$，代入式 $R-C>0$ 则：

$$R-C=\left[1-\left(\frac{1}{1+r}\right)^{50}\right]\left[\frac{(2\sim3)\bar{C}-\bar{C}}{r}\right]-K>0$$

化简后近似可得：

$$K<(10\sim20)\bar{C}$$

即当 $\bar{R}=(2\sim3)\bar{C}$ 时，则投资额 K 可达平均一年经营费用的 10～20 倍。

3. 投资回收期计算

在投资现值为 K，年利率为 r 的条件下，则 1 年后尚未回收的投资余额 F_1 为：

$$F_1=K(1+r)-R_1$$

2 年后尚未回收的投资余额 F_2 为：

$$F_2=K(1+r)^2-R_1(1+r)-R_2$$

同理，n 年后尚未回收的投资余额 F_n 为：

$$F_n=K(1+r)^n-R_1(1+r)^{n-1}-R_2(1+r)^{n-2}-\cdots-R_{n-1}(1+r)-R_n$$

设 $R_1=R_2=\cdots=R_n=\bar{R}$，则对 F_n 化简后可得：

$$F_n=\left(K-\frac{\bar{R}}{r}\right)(1+r)^n+\frac{\bar{R}}{r}$$

由此可见，进行投资回收的必要条件为：

$$F_n<S$$

即到 n 年后尚未回收的投资余额要小于残值 S。

如 $n=T$，则：

$$F_T<S$$

由 F_n 公式可见：当 $K>\frac{\bar{R}}{r}$ 时，随着 K 值的增加 F_n 也增大；反之，当 $K<\frac{\bar{R}}{r}$ 时，随着 K 值的减小 F_n 也减小。

所以，使投资回收的必要条件为：

$$K<\frac{\bar{R}}{r}$$

否则，投资就无法回收。

当 $F_n\leqslant0$ 时，即 n 年后投资全部回收完，则：

$$F_n=\left(K-\frac{\bar{R}}{r}\right)(1+r)^n+\frac{\bar{R}}{r}\leqslant0$$

$$\left(K-\frac{\bar{R}}{r}\right)(1+r)^n\leqslant-\frac{\bar{R}}{r}$$

经化简可得：

$$(1+r)^n\geqslant\frac{\bar{R}}{\bar{R}-Kr}$$

两端取对数，得：

$$n\geqslant\frac{1}{\lg(1+r)}\lg\left(\frac{\bar{R}}{\bar{R}-Kr}\right)$$

设 $K=10$，$r=0.1$，$\bar{R}=2$，则：

$$n \geqslant \frac{1}{\lg(1+0.1)} \lg\left(\frac{2}{2-10\times 0.1}\right)=7.283$$

取整数，即 8 年。

四、费用-效益分析

通常，仅仅经过费用和效益的计算和分析，虽然清楚了替代方案的费用和效益，但还不能说就知道了系统的价值。因此，还需要根据评价基准，把费用和效益综合起来考虑。

当费用和效益都可以用货币或其他某个尺度度量时，使用费用-效益分析就比较简单。常用的评价基准有下面三种。

(1) 效率性基准

效率性基准，即指在一定的费用条件下，效益大的替代方案其价值就高。这可以作为当能负担的费用有限时选择替代方案的手段。如图 5-6 所示，当成本 $C=C_1$ 时，效益 $E(A_2)>E(A_1)$；当 $C=C_2$ 时，$E(A_1)>E(A_2)$；当 $C=C_0$ 时，$E(A_1)=E(A_2)$。

(2) 经济性基准

经济性基准，即指在一定的效益条件下，费用小的替代方案其价值就高。当事先给定的收益目标达到时，应从可以达到目标的若干替代方案中选取费用最小的方案。在图 5-6 中，当 $E=E_1$ 时，$C(A_2)<C(A_1)$；当 $E=E_0$ 时，$C(A_2)=C(A_1)$；当 $E=E_2$ 时，则 $C(A_2)>C(A_1)$。

(3) 纯效益基准

所谓纯效益，是指效益减去费用后的余额。纯效益基准，是指纯效益大的替代方案价值高。这种评价基准适用于费用不加限制的情况。如果给出两个具有特定费用和效益的替代方案，尤其当某些效益不能转换为货币形式时，要评价它们的价值大小，通常可以按照追加效益与追加费用相比是否合算的原则进行处理。例如，图 5-7 所示 A，B 两个方案，要求作出价值评定。此时，可以按照追加效益相对追加费用是否合算来考虑替代方案的取舍。具体做法如下：

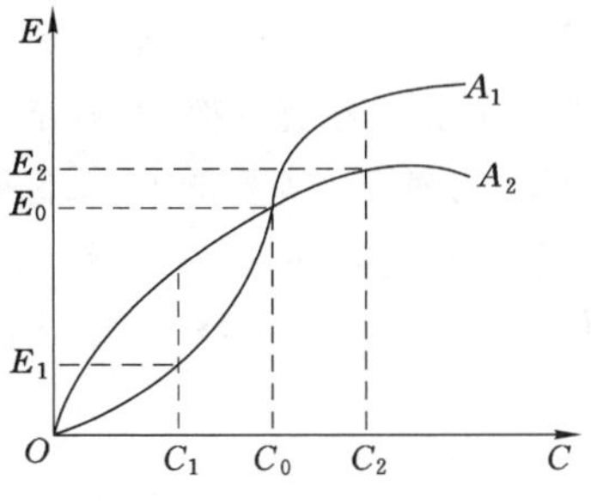

图 5-6　费用和效益关系

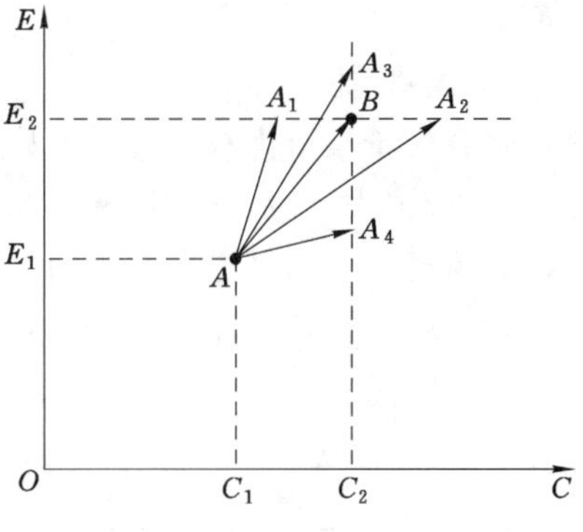

图 5-7　纯效益基准的费用和效益关系

① 等效益分析（即效益一定分析）。以效益作为基准，为了达到系统必须发挥的效益，考虑如何用最少费用把效益自 E_1 提高到 E_2，由图 5-7 所示结果可知，A_1 优于 B，B 优于 A_2，即

$$A_1 > B > A_2$$

② 等费用分析（即费用一定分析）。设系统不能超过一定费用限度，如 C_2，则必须在该范围内谋求提高系统的效益。从图 5-7 可知，A_3 优于 B，B 优于 A_4，即

$$A_3 > B > A_4$$

第五节　关联矩阵法

关联矩阵法是常用的综合评价方法。

设 $A_1, A_2, \cdots, A_m$ 是某评价对象的 m 个替代方案；$x_1, x_2, \cdots, x_n$ 是评价替代方案的 n 个评价指标；$w_1, w_2, \cdots, w_n$ 是 n 个评价指标的权重；$v_{i1}, v_{i2}, \cdots, v_{in}$ 是第 i 个替代方案 A_i 的关于 x_j 指标($j=1,2,\cdots,n$)的价值评定量，相应的关联矩阵表如表 5-1 所列。

表 5-1　关联矩阵表

	x_1	x_2	…	x_j	…	x_n	v_i
	w_1	w_2	…	w_j	…	w_n	
A_1	v_{11}	v_{12}	…	v_{1j}	…	v_{1n}	$v_1 = w_1 v_{11} + w_2 v_{12} + \cdots + w_n v_{1n}$
A_2	v_{21}	v_{22}	…	v_{2j}	…	v_{2n}	$v_2 = w_1 v_{21} + w_2 v_{22} + \cdots + w_n v_{2n}$
⋮	⋮	⋮		⋮		⋮	⋮
A_m	v_{m1}	v_{m2}	…	v_{mj}	…	v_{mn}	$v_m = w_1 v_{m1} + w_2 v_{m2} + \cdots + w_n v_{mn}$

应用关联矩阵法评价的关键在于，确定各评价指标的相对重要度，即权重 w_i，以及由评价主体给定的评价指标的评价尺度。下面结合一实际例子来介绍两种确定权重及评价尺度的方法。

一、逐对比较法

利用多元评价指标对替代方案进行综合评价时，最简便的方法就是逐对比较法。逐对比较法是指先利用所有评价指标对替代方案按照一定的基准进行评分，再利用加权的方法对替代方案的各种评价指标的评价值进行综合的评价方法。下面以交通安全对策为例，对各评价指标加权的方法加以说明。

假定综合评价某市为减少交通事故制定的 3 种措施，评价指标有 5 个：死亡者减少、负伤者减少、经济损失减少、外观以及实施费用。这里首先对如表 5-2 所列的所有评价指标进行两指标间重要程度的判定。判定为更重要的指标给 1 分，相对应的另一个指标就为不重要的指标，给 0 分，把各个评价指标的得分相加，归一化(即所有指标评分的合计值为 1)后即得各指标的权重。

表 5-2　评价指标权重计算结果(逐对比较法，例 5-1)

评价指标	比较次数										得分	权重
	1	2	3	4	5	6	7	8	9	10		
死亡者减少	1	1	1	1							4	0.4
负伤者减少	0				1	1	1				3	0.3
经济损失减少		0			0			1	0		1	0.1
外　观			0			0		0		0	0	0
实施费用				0			0		1	1	2	0.2
合　计	1	1	1	1	1	1	1	1	1	1	10	1.0

对 3 个方案进行比较,它们的效果如表 5-3 所列。假定所设得分计算基准如表 5-4 所列,则各替代方案的综合得分值 v_i 可用下式计算。

表 5-3　替代方案实施效果(逐对比较法,例 5-1)

替代方案	评价指标				
	死亡者减少人数/人	负伤者减少人数/人	经济损失减少数量/万元	外　观	实施费用/万元
方案 A_1(设置防事故栅栏)	5	10	10	差	20
方案 A_2(设置人行道)	6	15	15	很好	100
方案 A_3(设置交通信号)	3	8	5	一般	5

表 5-4　得分基准(逐对比较法,例 5-1)

评价指标	评价尺度(得分)				
	5	4	3	2	1
死亡者减少人数/人	8 及以上	6～7	4～5	2～3	1 及以下
负伤者减少人数/人	30 及以上	20～29	15～19	10～14	9 及以下
经济损失减少数量/万元	30 及以上	20～29	15～19	10～14	0～9
外　观	很好	好	一般	差	较差
实施费用/万元	0～20	21～40	41～60	61～80	81 及以上

设置防事故栅栏:

$$v_1 = 0.4 \times 3 + 0.3 \times 2 + 0.1 \times 2 + 0.2 \times 5 = 3$$

设置人行道:

$$v_2 = 0.4 \times 4 + 0.3 \times 3 + 0.1 \times 3 + 0.2 \times 1 = 3$$

设置交通信号:

$$v_3 = 0.4 \times 2 + 0.3 \times 1 + 0.1 \times 1 + 0.2 \times 5 = 2.2$$

这样,A_1,A_2 方案有了同等的分值,属于待选方案,A_3 属于淘汰方案。要在 A_1,A_2 方案中进一步选择时,需要加入新的因素后才可确定。

再以某紧俏产品的生产方案选择为例加以说明。

A_1——自行设计一条新的生产线。

A_2——从国外引进一条自动化程度较高的生产线。

A_3——在原有设备的基础上改装一条生产线。

权威部门及人士讨论确定了 5 项评价指标,分别为:① 期望利润;② 产品成品率;③ 市场占有率;④ 投资费用;⑤ 产品外观。

根据专业人士的预测和估计,实施这 3 种方案后关于 5 个评价指标的结果如表 5-5 所列。

现将评价过程介绍如下:

用逐对比较法,首先求出各评价指标的权重,结果如表 5-6 所列。如表中的期望利润与产品成品率相比,前者重要,得 1 分,后者得 0 分,依此类推。最后,根据各评价指标的累计得分计算权重。

表 5-5　替代方案实施效果(逐对比较法,例 5-2)

替代方案	评价指标				
	期望利润/万元	产品成品率/%	市场占有率/%	投资费用/万元	产品外观
方案 A_1(自行设计)	650	95	30	110	美观
方案 A_2(国外引进)	730	97	35	180	较美观
方案 A_3(改建)	520	92	25	50	美观

表 5-6　评价指标权重计算结果(逐对比较法,例 5-2)

评价指标	比较次数										得分	权重
	1	2	3	4	5	6	7	8	9	10		
期望利润	1	1	1	1							4	0.4
产品成品率	0				1	1	1				3	0.3
市场占有率		0			0			0	1		1	0.1
投资费用			0			0		1		1	2	0.2
产品外观				0			0		0	0	0	0

随后由评价主体(一般为专家群体)确定得分基准,如表 5-7 所列,以使方案在不同指标下的实施结果能统一度量,便于求加权和。

表 5-7　得分基准(逐对比较法,例 5-2)

评价指标	评价尺度(得分)				
	5	4	3	2	1
期望利润/万元	800 以上	701～800	601～700	501～600	500 及以下
产品成品率/%	97 以上	96～97	91～95	86～90	85 及以下
市场占有率/%	40 及以上	35～39	30～34	25～29	25 以下
投资费用/万元	20 及以下	21～80	81～120	121～160	160 以上
产品外观	非常美观	美观	比较美观	一般	不美观

根据得分基准表 5-7 及表 5-5,对各替代方案的综合评定如下。

替代方案 A_1:

$$v_1=0.4\times3+0.3\times3+0.1\times3+0.2\times3=3.0$$

替代方案 A_2:

$$v_2=0.4\times4+0.3\times4+0.1\times4+0.2\times1=3.4$$

替代方案 A_3:

$$v_3=0.4\times2+0.3\times3+0.1\times2+0.2\times4=2.7$$

以上计算结果可用关联矩阵表示,如表 5-8 所列。

表 5-8 综合得分计算结果(逐对比较法,例 5-2)

	期望利润	产品成品率	市场占有率	投资费用	产品外观	v_i
	0.4	0.3	0.1	0.2	0	
方案 A_1(自行设计)	3	3	3	3	4	3.0
方案 A_2(国外引进)	4	4	4	1	3	3.4
方案 A_3(改建)	2	3	2	4	4	2.7

由表 5-8 可知,由于 $v_2>v_1>v_3$,故替代方案优劣顺序为:$A_2>A_1>A_3$。

在只需要对方案进行初步评估的场合,也可用逐对比较法来确定不同方案对具体评价指标的价值评定量(v_{ij})。

二、古林法

当评价指标间的重要性可以定量估计时,采用古林(Klee)法比逐对比较法前进了一大步。仍以减少交通事故的事例对这种方法的步骤加以说明。

(1) 确定评价指标的权重

按如下步骤进行:

① 将评价指标以任意顺序排列起来。

② 从下至上对相邻的评价指标进行评价。以下面的指标为基准,在数量上进行重要度的判定(r_i列)。如在表 5-9 中,外观的价值是实施费用的 0.5 倍,经济损失减少的价值是外观的 2 倍,负伤者减少的价值是经济损失的 3 倍,死亡者减少的价值是负伤者减少的 3 倍。

表 5-9 评价指标权重计算结果(古林法,例 5-3)

序号(j)	评价指标	r_i	k_i	w_i
1	死亡者减少	3	9	0.621
2	负伤者减少	3	3	0.207
3	经济损失减少	2	1	0.069
4	外　观	0.5	0.5	0.034
5	实施费用	—	1	0.069
合　计			14.5	1.000

③ 将 k 列中最下面一个 k_n 值设为 1,接着进行基准化。即按自下而上的顺序乘以 r_i 的值,从而求出 k_i。

④ 将 k_i 归一化(使列合计值为 1),即权重 w_i。

(2) 对替代方案进行评价

在本例中,除外观以外的评价,其比率的计算都可以用比例尺度表示,表 5-10 给出了 r_i,k_i 和 v_{ij} 的计算过程。k_i 和 v_{ij} 的计算方法与表 5-9 中的 k_i 和 w_i 计算方法相同。

表 5-10　价值评定量计算结果(古林法,例 5-3)

序号(j)	评价指标	替代方案	r_i	k_i	v_{ij}
1	死亡者减少	A_1	0.833	1.667	0.357
		A_2	2.000	2.000	0.429
		A_3	—	1.000	0.214
2	负伤者减少	A_1	0.667	1.250	0.303
		A_2	1.875	1.875	0.455
		A_3	—	1.000	0.242
3	经济损失减少	A_1	0.667	2.000	0.333
		A_2	3.000	3.000	0.500
		A_3	—	1.000	0.167
4	外　观	A_1	0.400	0.667	0.200
		A_2	1.667	1.667	0.500
		A_3	—	1.000	0.300
5	实施费用	A_1	5.000	0.250	0.192
		A_2	0.050	0.050	0.038
		A_3	—	1.000	0.769

(3) 综合评价的得分

综合评价的得分采用下式计算:

$$v_i = \sum \omega_i v_{ij}$$

式中,w_i是用与求 v_{ij} 的同样方法求出的。在此例所给数值的情况下,判定的结果是设置人行道最好(表 5-11)。

表 5-11　综合得分计算结果(古林法,例 5-3)

	死亡者减少	负伤者减少	经济损失减少	外　观	实施费用	v_i
	0.621	0.207	0.069	0.034	0.069	
方案 A_1	0.357	0.303	0.333	0.200	0.192	0.327
方案 A_2	0.429	0.455	0.500	0.500	0.038	0.415
方案 A_3	0.214	0.242	0.167	0.300	0.769	0.258

再以选择紧俏产品生产方案为例来介绍此方法。

首先,按下述步骤确定评价项目的权重:

① 确定评价指标的重要度 r_j。如表 5-12 所列,按评价项目自上而下地两两比较其重要性,并用数值表示其重要程度,然后填入表 5-12 的 r_j一列中。由表 5-12 可知,期望利润的重要性是产品成品率的 3 倍;同样,产品成品率的重要性是市场占有率的 3 倍;由于投资费用的重要性是市场占有率的 2 倍,故反之,市场占有率的重要性是投资费用的 0.5 倍;投资费用的重要性是产品外观的 4 倍。

表 5-12　评价指标权重计算结果(古林法,例 5-4)

序号 (j)	评价指标	r_j	k_j	w_j
1	期望利润	3	18	0.580
2	产品成品率	3	6	0.194
3	市场占有率	0.5	2	0.065
4	投资费用	4	4	0.129
5	产品外观	—	1	0.032
合　计				1.000

② r_j的基准化处理。设基准化处理的结果为 k_j,以最后一个评价指标作为基准,令其 k 值为 1,自下而上计算其他评价指标的 k 值。如表 5-12 所列,k_j列中最后一个 k 值为 1,用 1 乘上一行的 r 值,得 1×4=4,即上一行的 k 值(表中箭线表示),然后以 4 乘上一行的 r 值,得 4×0.5=2 等,直至求出所有的 k 值。

③ k_j 的归一化处理。将 k_j 列的数值相加,分别除各行的 k 值,所得结果即各评价指标的权重 w_j。由表 5-12 可知,$\sum k_j = 31$,则 $w_1 = k_1/\sum k_j = 18/31 = 0.580$,其余可类推。

算出各评价指标的权重后,可按同样的计算方法对各替代方案逐项进行评价。这里,方案 A_i在指标x_j下的重要度r_{ij}不需要再予估计,可以按照表 5-5 各替代方案的预计结果按比例计算出来。如对期望利润(x_1)的 r 值(r_{i1}),因 A_1的期望利润为 650 万元,A_2的期望利润为 730 万元,则在表 5-13 中,$r_{11}=650/730=0.890$,$r_{21}=730/520=1.404$,等等。然后,按计算 k_j和 w_j的同样方法计算出 k_{ij}。

表 5-13　价值评定量计算结果(古林法,例 5-4)

序号 (j)	评价指标	替代方案	r_{ij}	k_{ij}	v_{ij}
1	期望利润	A_1	0.890	1.250	0.342
		A_2	1.404	1.404	0.384
		A_3	—	1	0.274
2	产品成品率	A_1	0.979	1.032	0.334
		A_2	1.054	1.054	0.342
		A_3	—	1	0.324
3	市场占有率	A_1	0.857	1.200	0.333
		A_2	1.400	1.400	0.389
		A_3	—	1	0.278
4	投资费用	A_1	1.636	0.455	0.263
		A_2	0.278	0.278	0.160
		A_3	—	1	0.577
5	产品外观	A_1	1.333	1.000	0.364
		A_2	0.750	0.750	0.272
		A_3	—	1	0.364

如在表 5-13 中，各方案在第一个评价指标下经归一化处理的评价值为：

$$v_{31}=\frac{k_{31}}{\sum k_{i1}}=\frac{1}{3.654}=0.274$$

$$v_{21}=\frac{k_{21}}{\sum k_{i1}}=\frac{1.404}{3.654}=0.384$$

$$v_{11}=\frac{k_{11}}{\sum k_{i1}}=\frac{1.250}{3.654}=0.342$$

对于表 5-13，有以下两点需要说明。

① 在计算投资费用时，希望投资费用越小越好，故其比例取倒数，即

$$r_{14}=\frac{180}{110}=1.636$$

$$r_{24}=\frac{50}{180}=0.278$$

② 在计算产品外观时，参照表 5-7，美观 4 分，较美观 3 分，所以：

$$r_{15}=\frac{4}{3}=1.333$$

$$r_{25}=\frac{3}{4}=0.750$$

综合表 5-12 和表 5-13 的结果，即可计算 3 个替代方案的综合评价结果，见表 5-14。由表 5-14 可知，替代方案 A_2 所对应的综合评价值 v_2 最大，v_1 次之，v_3 最小。

表 5-14 综合得分计算结果(古林法，例 5-4)

	期望利润	产品成品率	市场占有率	投资费用	产品外观	v_i
	0.580	0.194	0.065	0.129	0.032	
方案 A_1	0.342	0.334	0.333	0.263	0.364	0.330
方案 A_2	0.384	0.342	0.389	0.160	0.272	0.344
方案 A_3	0.274	0.324	0.278	0.577	0.364	0.326

三、关联矩阵法在矿业工程中的应用

在采矿方法设计过程中，影响采矿方案选择的因素很多，通常有多个方案可供选择，可采用关联矩阵法对各个方案进行综合评价，以选择最优方案。

以某锌业股份有限公司某矿为例，介绍关联矩阵法在选择采矿方法时的应用。矿区内共有铅锌矿体 9 个，矿体均呈似层状、透镜状产出。矿体埋藏深度为 0～150 m，较稳固，矿石坚固性系数 $f=8\sim12$，自然安息角为 40°，松散系数为 1.60，密度为 2.81 t/m³。

1. 采矿方法评价指标

根据矿体赋存条件以及矿山开采技术条件，初选的 4 个方案为全面法(A_1)、房柱法(A_2)、壁式崩落法(A_3)和壁式充填法(A_4)，选取的评价指标为生产能力(x_1)、采矿工效(x_2)、矿石损失率(x_3)、矿石贫化率(x_4)、采切比(x_5)、采矿成本(x_6)、安全性(x_7)、工艺简单程度(x_8)、矿山对方案的熟悉程度(x_9)和对矿体的适应程度(x_{10})10 个。各方案的评价指标取值见表 5-15。

表 5-15　采矿方法方案评价指标

采矿方法方案	生产能力 /(t/d)	采矿工效 /[t/(工·班)]	矿石损失率 /%	矿石贫化率 /%	采切比 /(m/kt)	采矿成本	安全性	工艺简单程度	矿山对方案的熟悉程度	对矿体的适应程度
方案 A_1(全面法)	30～40	8～12	10～15	5～10	8～15	较低	差	简单	一般	较好
方案 A_2(房柱法)	90～120	8～10	15～20	8～12	5～12	较低	较差	较简单	较熟悉	较好
方案 A_3(壁式崩落法)	120～150	8～11	10～15	5～10	8～15	较高	中等	一般	较生疏	一般
方案 A_4(壁式充填法)	80～100	4～5	5～10	4～8	7～8	高	较好	较复杂	生疏	一般

2. 评价指标权重计算

根据古林法，计算各评价指标的权重，结果如表 5-16 所列。

表 5-16　评价指标权重计算结果

指标编号	评价指标	r_j	k_j	w_j
x_1	生产能力	1.00	1.66	0.071
x_2	采矿工效	2.00	1.66	0.071
x_3	矿石损失率	1.00	0.83	0.035
x_4	矿石贫化率	0.33	0.83	0.035
x_5	采切比	1.00	2.50	0.106
x_6	采矿成本	0.50	2.50	0.106
x_7	安全性	2.00	5.00	0.213
x_8	工艺简单程度	0.50	2.50	0.106
x_9	矿山对方案的熟悉程度	5.00	5.00	0.213
x_{10}	对矿体的适应程度	—	1.00	0.043
总　计			23.48	1.000

3. 评价指标价值评定量计算

评价指标有些是定量的，如生产能力、矿石损失率等；而有些是定性的，如安全性、工艺简单程度等。这两类评价指标重要度 r_{ij} 的计算方法是不同的。

① 定量评价指标 r_{ij} 的计算。对于值越大越好的指标，方案 A_i 在指标 x_j 下的重要度 r_{ij} 可以按照表 5-16 中各指标的平均值相邻两两比较，按比例直接计算出来；对于值越小越好的指标，先按同样的方法计算，然后取倒数，按权重计算方法依次求出 r_{ij}，k_{ij} 及 v_{ij}。

② 定性评价指标 r_{ij} 的计算。根据每个指标相对总目标的重要度，对相邻指标比较其重要性，得出 r_{ij}，并最终计算出 v_{ij}。

4. 综合评定结果计算

运用关联矩阵法计算 4 个备选采矿方法方案的综合得分 v_i，结果见表 5-17。

表 5-17　综合得分计算结果

	x_1	x_2	x_3	x_4	x_5	x_6	x_7	x_8	x_9	x_{10}	v_i
	0.071	0.071	0.035	0.035	0.106	0.106	0.213	0.106	0.213	0.043	
A_1	0.096	0.303	0.228	0.250	0.205	0.364	0.100	0.357	0.300	0.286	0.241

表 5-17(续)

	x_1	x_2	x_3	x_4	x_5	x_6	x_7	x_8	x_9	x_{10}	v_i
	0.071	0.071	0.035	0.035	0.106	0.106	0.213	0.106	0.213	0.043	
A_2	0.288	0.273	0.163	0.188	0.277	0.364	0.200	0.286	0.400	0.286	0.290
A_3	0.370	0.288	0.228	0.250	0.205	0.182	0.300	0.214	0.200	0.214	0.243
A_4	0.247	0.136	0.381	0.313	0.314	0.091	0.400	0.143	0.100	0.214	0.225

从表 5-17 可以看出，方案 A_2 对应的综合得分 v_2 最高，即最适合该矿的采矿方法为房柱法。

第六节 层次分析法

一般情况下，系统评价多为多目标、多判据的。如果仅仅依靠评价者的定性分析和逻辑判断，而缺乏定量分析依据来评价系统方案的优劣，那么显然是十分困难的。同时，对社会经济评价项目非常难以作出精确的定量分析。如果能在评价中引入定量分析，并吸收人们在两两比较中所获得的粗略的量化评价，就有可能获得较为科学的评价结果。

一、层次分析法的基本原理

1. 层次分析法的产生与发展

许多评价问题的评价对象属性多样、结构复杂，难以完全采用定量方法或简单归结为费用-效益或有效度问题进行优化分析与评价，也难以在任何情况下做到使评价项目具有单一层次结构。这时需要建立多要素、多层次的评价系统，并采用定性与定量有机结合的方法或将定性信息定量化，使复杂的评价问题明朗化，如图 5-8 和图 5-9 所示，即这样的评价问题。

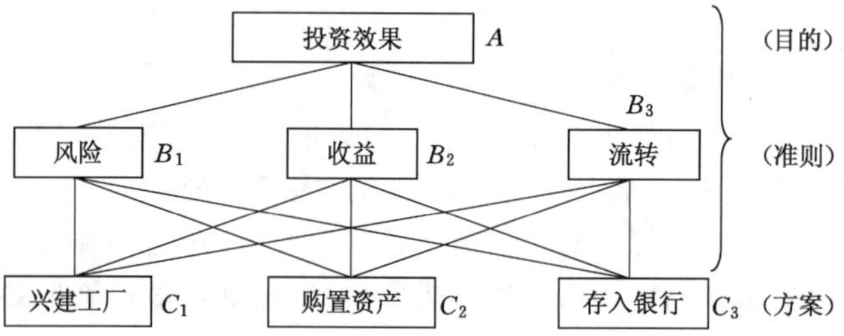

图 5-8 投资效果评价结构模型

在这样的背景下，美国运筹学家、匹兹堡大学教授萨蒂于 20 世纪 70 年代初提出了著名的 AHP(Analytic Hierarchy Process，解析递阶过程，通常意译为“层次分析”)方法。萨蒂于 1971 年用 AHP 方法为美国国防部研究所谓“应急计划”，1972 年又为美国科学基金会研究电力在工业部门的分配问题，1973 年为苏丹政府研究苏丹运输问题，1977 年在第一届国际数学建模会议上发表了《无结构决策问题的建模——层次分析法》，从此 AHP 方法开始引起人们的注意，并在除方案排序之外的计划制订、资源分配、政策分析、冲突求解及决策预报等广泛的领域里得到了应用。该方法具有系统、灵活、简洁的优点。

1982 年 11 月，在中美能源、资源、环境学术会议上，萨蒂的学生高兰尼柴(H. Gholamnezhad)

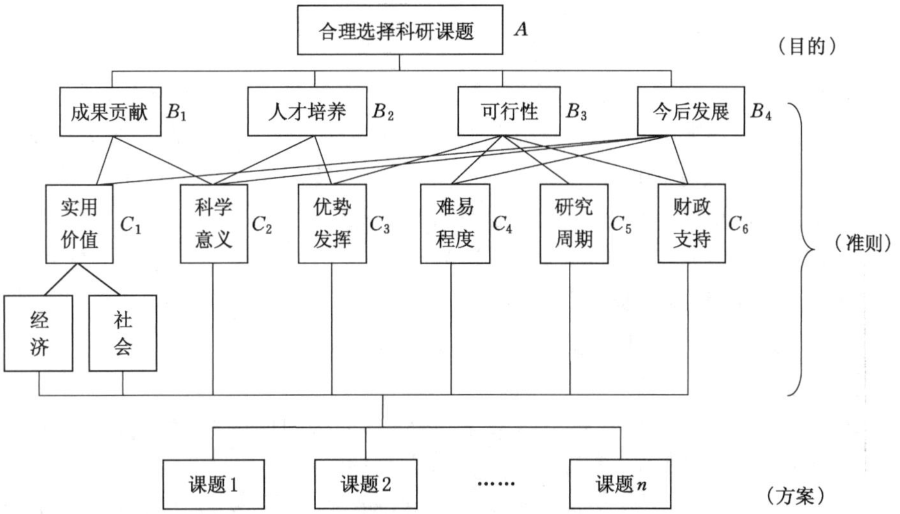

图 5-9 科研课题评选结构模型

向中国学者介绍了 AHP 方法。之后,AHP 方法在我国能源系统分析、城市规划、经济管理、科研成果评价等许多领域得到了应用。1988 年,在我国召开了第一届国际 AHP 学术会议。近年来,该方法仍在管理系统工程中被广泛运用。

2. 层次分析法的原理

人们在日常生活中经常要从一堆同样大小的物品中挑选出贵重的物品。此时,人们总是利用两两比较的方法来达到目的的。假设有 n 个物品,其真实质量分别为 $w_1, w_2, \cdots, w_n$,如果人们可以精确地判断两两物品之质量比,那么就可以得到一个质量比矩阵 $\boldsymbol{A}$:

$$\boldsymbol{A}=\begin{bmatrix} w_1/w_1 & w_1/w_2 & \cdots & w_1/w_n \\ w_2/w_1 & w_2/w_2 & \cdots & w_2/w_n \\ \vdots & \vdots & & \vdots \\ w_n/w_1 & w_n/w_2 & \cdots & w_n/w_n \end{bmatrix}$$

如果用矩阵 $\boldsymbol{A}$ 左乘物品质量向量 $\boldsymbol{W}=[w_1, w_2, \cdots, w_n]$,则有:

$$\boldsymbol{AW}=\begin{bmatrix} w_1/w_1 & w_1/w_2 & \cdots & w_1/w_n \\ w_2/w_1 & w_2/w_2 & \cdots & w_2/w_n \\ \vdots & \vdots & & \vdots \\ w_n/w_1 & w_n/w_2 & \cdots & w_n/w_n \end{bmatrix}\begin{bmatrix} w_1 \\ w_2 \\ \vdots \\ w_n \end{bmatrix}=n\boldsymbol{W}$$

上式中,n 是 $\boldsymbol{A}$ 的特征值,$\boldsymbol{W}$ 是 $\boldsymbol{A}$ 的特征向量。这就提示我们可以利用求质量比矩阵之特征向量的方法来求得物品真实的质量向量 $\boldsymbol{W}$。如果 $\boldsymbol{A}$ 是精确比值矩阵,则其特征值 $\lambda_{\max}=n$,即 $\boldsymbol{AW}=n\boldsymbol{W}$。但一般情况下 $\boldsymbol{A}$ 是近似估值,故有 $\lambda_{\max}\geqslant n$,因此可以用 $\lambda_{\max}$ 与 n 的误差来判断 $\boldsymbol{A}$ 的准确性。

3. 层次分析法的基本思想和实施步骤

AHP 方法把复杂的问题分解成各个组成要素,又将这些要素按支配关系分组形成递阶层次结构,通过两两比较的方式确定层次中诸要素的相对重要性;然后综合有关人员的判断,确定备选方案相对重要性的总排序。整个过程体现了人们分解—判断—综合的思维特征。

在运用 AHP 方法进行评价或决策时，大体可分为以下四个步骤：

① 分析评价系统中各基本要素之间的关系，建立系统的递阶层次结构。

② 对同一层次的各要素关于上一层次中某一准则的重要性进行两两比较，构造两两比较判断矩阵，并进行一致性检验。

③ 由判断矩阵计算被比较要素对于该准则的相对权重。

④ 计算各层次要素对系统目的(总目标)的合成(总)权重，并对各备选方案排序。

二、层次分析法的具体步骤

1. 建立评价系统的递阶层次结构

(1) 三个层次

① 最高层。这一层次中只有一个要素，一般它是分析问题的预定目标或期望实现的理想结果，是系统评价的最高准则，因此也称目的层或总目标层。

② 中间层。这一层次包括为实现目标所涉及的中间环节，它可以由若干个层次组成，包括所需考虑的准则、子准则等，因此也称为准则层。

③ 最低层。这一层次表示为实现目标可供选择的各种方案、措施等，是评价对象的具体化，因此也称为方案层。

(2) 三种结构形式

① 完全相关结构，如图 5-8 所示。

② 完全独立结构——树形结构。

③ 混合结构(包括带有子层次的混合结构)，如图 5-9 所示。

(3) 两种建立递阶层次结构的方法

① 分解法：目的→分目标(准则)→指标(子准则)→……→方案。

② 解释结构模型法：评价系统要素的层次化。

(4) 需要注意的问题

① 递阶层次结构中的各层次要素间须有可传递性、属性一致性和功能依存性，防止在 AHP 方法的实际应用中“人为”地加进某些层次(要素)。这是需要进一步探讨的问题。

② 每一层次中各要素所支配的要素一般不要超过 9 个，否则会给两两比较带来困难。

③ 有时一个复杂问题的分析仅仅用递阶层次结构难以表达，需要引进循环或反馈等更复杂的形式，这在 AHP 方法中有专门研究。

2. 构造两两比较判断矩阵

判断矩阵是 AHP 方法的基本信息，也是进行相对重要度计算的重要依据。为了方便，一般采用这样的尺度，规定用 1,3,5,7,9 分别表示 i 元素与 j 元素相比同样重要、比较重要、重要、很重要、极重要。当然，也可以根据实际需要取其他值。具体尺度定义见表 5-18。

表 5-18　判断矩阵尺度定义

尺　　度	含　　义
1	两个要素相比，具有同样重要性
3	两个要素相比，前者比后者稍重要
5	两个要素相比，前者比后者明显重要

表 5-18(续)

尺　度	含　义
7	两个要素相比,前者比后者强烈重要
9	两个要素相比,前者比后者极端重要
2,4,6,8	上述相邻判断的中间值
倒数	两个要素相比,后者相对前者的重要性尺度

(1) 判断矩阵的性质

$0\leqslant a_{ij}\leqslant 9, a_{ii}=1, a_{ji}=\frac{1}{a_{ij}}$——**A** 为正互反矩阵,$a_{ik}\cdot a_{kj}=a_{ij}$——**A** 为一致性矩阵(对此一般并无要求)。

选择 1～9 之间的整数及其倒数作为 a_{ij} 取值的主要原因是,它符合人们进行比较判断时的心理习惯。实验心理学表明,普通人在对一组事物的某种属性同时作比较,并使判断基本保持一致时,所能够正确辨别的事物最大个数在 5～9 个之间。

(2) 两两比较判断的次数

两两比较判断的次数应为 $n(n-1)/2$,这样可避免判断误差的传递和扩散。

(3) 定量指标的处理

遇有定量指标(物理量、经济量等)时,除按原方法构造判断矩阵外,还可用具体评价数值直接相比较,这时得到的矩阵为定义在正实数集合上的互反矩阵。

3. 相对重要程度的计算

理论上讲,对以某个上级要素为准则所评价的同级要素之相对重要程度可以由计算比较矩阵 **A** 的特征值获得。但因其计算方法较为复杂,而且实际上只能获得对 **A** 粗略的估计(从评价值的尺度上可以看到这一点),因此计算其精确特征值是没有必要的。实践中可以采用求和法或方根法来计算特征值的近似值。

(1) 求和法(算术平均法)

① 将矩阵按列归一化(使列为 1):$b_{ij}=\frac{a_{ij}}{\sum_{k=1}^{n}a_{kj}}$

② 按行求和：$v_i=\sum_{j=1}^{n}b_{ij}$

③ 归一化：$w_i^0=\frac{v_i}{\sum_{i=1}^{n}v_i}\quad (i=1,2,\cdots,n)$

(2) 方根法(几何平均法)

① 将矩阵按行求：$v_i=n\sqrt{\prod_{j=1}^{n}a_{ij}}$

② 归一化：$w_i^0=\frac{v_i}{\sum_{i=1}^{n}v_i}\quad (i=1,2,\cdots,n)$

所得 $w_i^0(i=1,2,\cdots,n)$ 即 **A** 特征值的近似值。

以 $\boldsymbol{A}=\begin{bmatrix}1 & 5 & 3\\1/5 & 1 & 1/3\\1/3 & 3 & 1\end{bmatrix}$ 为例：

求和法：$$\boldsymbol{B}=\begin{bmatrix}0.652 & 0.556 & 0.692\\0.130 & 0.111 & 0.077\\0.218 & 0.333 & 0.231\end{bmatrix},\boldsymbol{V}=\begin{bmatrix}1.900\\0.318\\0.782\end{bmatrix},$$

$$\boldsymbol{W}=\begin{bmatrix}0.633\\0.106\\0.261\end{bmatrix}$$

方根法：$$\boldsymbol{V}=\begin{bmatrix}2.466\\0.405\\1.000\end{bmatrix},\boldsymbol{W}=\begin{bmatrix}0.637\\0.105\\0.258\end{bmatrix}$$

4. 一致性检验方法

在实际评价中，评价者只能对 **A** 进行粗略判断，甚至有时会犯不一致的错误，如已判断 C_1 比 C_2 重要，C_2 比 C_3 重要，那么 C_1 应当比 C_3 重要。如果判断 C_3 比 C_1 较重要或者同样重要，就犯了逻辑错误。为了检验矩阵的一致性（相容性），根据 AHP 的原理，可以利用 $\lambda_{\max}$ 与 n 之差检验一致性。

（1）计算一致性指标（Consistency Index，CI）

$$\mathrm{CI}=\frac{\lambda_{\max}-n}{n-1}\quad（严格证明见有关参考书）$$

$\lambda_{\max}$ 可由下式求出：

$$\lambda_{\max}=\frac{1}{n}\sum_{i}\left[\frac{(\boldsymbol{AW})_i}{w_i}\right]$$

本例中：$$\boldsymbol{AW}=\begin{bmatrix}1 & 5 & 3\\1/5 & 1 & 1/3\\1/3 & 3 & 1\end{bmatrix}\begin{bmatrix}0.637\\0.105\\0.258\end{bmatrix}=\begin{bmatrix}1.936\\0.318\\0.785\end{bmatrix}$$

$$\lambda_{\max}=\frac{1}{3}\left[\frac{1.936}{0.637}+\frac{0.318}{0.105}+\frac{0.785}{0.258}\right]=3.037$$

$$\mathrm{CI}=\frac{3.037-3}{3-1}=0.018\ 5$$

（2）查找相应的平均随机一致性指标（Random Index，RI）

表 5-19 给出了 1—14 阶正互反矩阵计算 1 000 次得到的平均随机一致性指标。

表 5-19 平均随机一致性指标

n	1	2	3	4	5	6	7	8	9	10	11	12	13	14
RI	0	0	0.52	0.89	1.12	1.26	1.36	1.41	1.46	1.49	1.52	1.54	1.56	1.58

RI 是同阶随机判断矩阵的一致性指标的平均值，其引入可在一定程度上克服一致性判断指标随 n 增大而明显增大的弊端。

（3）计算一致性比例（Consistency Ratio，CR）

$$CR=\frac{CI}{RI}$$

若 CR<0.1,则通过一致性检验。

在本例中,计算得:

$$CR=\frac{0.018\ 5}{0.52}=0.035\ 6<0.1$$

通过一致性检验。

5. 综合重要度的计算

在分层获得了同层各要素之间的相对重要程度后,就可以自上而下地计算各级要素关于总体的综合重要度。设 c 级有 m 个要素 $c_1, c_2, \cdots, c_m$,其对总值的重要度分别为 $w_1, w_2, \cdots, w_m$;它的下级有 n 个要素 $p_1, p_2, \cdots, p_n$, p_i 关于 c_j 的相对重要度为 v_{ij},则 p 级的要素 p_i 的综合重要度为:

$$W_i' = \sum_j w_j v_{ij}$$

其计算过程如表 5-20 所列。

表 5-20 综合重要度计算过程

	c_1	c_2	…	c_m	W_i'
	w_1	w_2	…	w_m	
p_1	v_{11}	v_{12}	…	v_{1m}	$W_1' = \sum_j w_j v_{1j}$
p_2	v_{21}	v_{22}	…	v_{2m}	$W_2' = \sum_j w_j v_{2j}$
⋮	⋮	⋮		⋮	⋮
p_n	v_{n1}	v_{n2}	…	v_{nm}	$W_n' = \sum_j w_j v_{nj}$

三、层次分析法在矿业工程中的应用

矿区是由若干个矿井组成的,具有较大规模的矿产资源生产基地。我国煤矿矿区数目最多、规模最大。随着技术进步与国民经济的发展,如何适应变化着的环境和复杂因素的影响,制定矿区生产发展的最优决策和策略,促进矿区的稳定健康发展,是新建矿区和生产矿区经常面临的、需要认真对待和解决的重大问题。

矿区规划方案的评价指标中,除了有一些可以定量表达的指标如产量、效益、投资之外,还有一些难以定量表达的定性指标,如社会效益、就业问题、矿区环境和生活福利等。特别是在最后对少数几个矿区规划或矿区发展方案进行对比分析时,更需要对多项以不同形式表达的指标进行对比和综合评价。这时,就需要用到 AHP 方法。

下面以某一生产规模不大的矿区为例加以说明。

① 矿区现有矿井产量 1.90~2.00 Mt/a,生产稳定。若基本维持现状,为了提高效益需要陆续精简 500 人,则存在就业安排问题;从煤层条件看,可对现有生产矿井进行技术改造,增加产量 60 万~90 万 t/a,产量达 2.50~2.90 Mt/a,预计需要投资 8 000 万元,可获利润 850 万元/a,并且不再减少人员。

② 建设一座与矿井产量相适应的选煤厂,对原煤进行深加工,提高产品质量、增加品

种，使产销对路，预计需要投资 2 500 万元，可增加收入 1 000 万元/a，安排 550 人就业。

③ 利用选煤厂低热值煤(或原煤)建一座 12 MW 的小型电厂，发电供矿井使用，可使吨煤成本降低 1.5 元，可实现集中供热而节省自用煤炭 28.8 万 t/a，并有利于改善职工生活水平。预计需要投资 1 600 万元，年利润 400 万元，可以安排 300 人就业。

④ 利用本地石灰石、煤矸石及电厂灰渣，建设一座年产 10 万 t 新型水泥的建筑材料厂。预计需要投资 1 500 万元，年利润 200 万元，可以安排 500 人就业。

⑤ 建设一座水处理厂，改善职工生活条件和解决工业用水问题。需要投资 60 万元，年利润 50 万元，可安排 50 人就业。

对于这一问题，采用 AHP 方法可以得出优先安排项目的次序。根据上述内容建立的层次分析模型如图 5-10 所示，目的层为合理使用有限投资，准则层为投资、最佳效益、解决就业、提高福利等四项。以此分析上述项目的顺序，其合成优化结果的层次总排序见表 5-21。

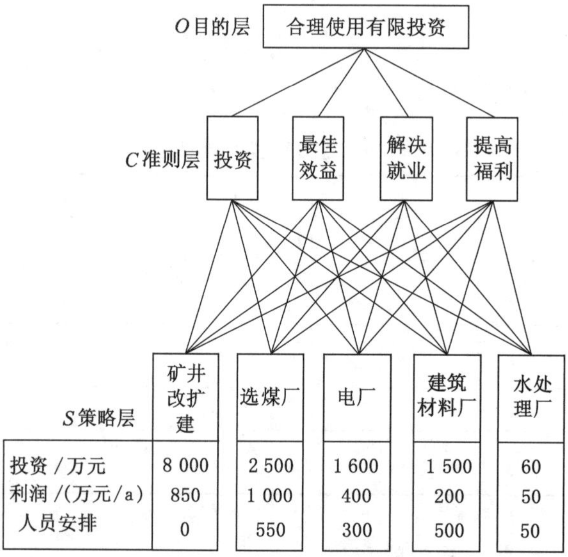

图 5-10　多种经营方案选择的层次分析模型

表 5-21　AHP 方法分析结果

	C_1	C_2	C_3	C_4	W_i
	0.389	0.389	0.152	0.067	
S_1	0.036	0.286	0.028	0	0.198 9
S_2	0.064	0.447	0.398	0	0.258 5
S_3	0.181	0.154	0.141	0.250	0.168 5
S_4	0.213	0.035	0.393	0	0.156 2
S_5	0.503	0.026	0.043	0.750	0.262 6

层次总排序一致性指标：CI=0.074 44

层次总排序平均随机一致性指标：RI=1.046 25

层次总排序一致性比例：CR=0.071 15<0.1

由此得出优先安排的排序为：

$$S_5 \to S_2 \to S_1 \to S_3 \to S_4$$

除此以外，在矿业工程领域，AHP方法还在矿井开拓方案选择、开采方法及方案优化以及露天矿开发条件综合评价等各个方面有着广泛的应用。

第七节　模糊评价法

一、模糊理论及其基本方法

模糊数学是指研究和处理模糊性现象的数学。

集合论是模糊数学立论的基础之一。一个集合可以表现一个概念的外延。普通集合论只能表现“非此即彼”性的现象。而在现实生活中，“亦此亦彼”的现象及有关的不确切概念大量存在，如“好天气”“很年轻”“很漂亮”“教学效果好”等，这些现象及概念严格说来均无绝对明确的界限和外延，称之为模糊现象及模糊概念。

1965年，美国著名的控制论专家扎德(L. A. Zedeh)教授发表了题为*Fuzzy Sets*(模糊集合)的论文，提出了处理模糊现象的新的数学概念“模糊子集”，力图用定量、精确的数学方法去处理模糊现象。

模糊数学的发展与计算机科学的发展密切相关(扎德本人就长期从事计算机相关工作)。计算机的计算速度、记忆能力超人，但计算机缺少模糊识别和模糊意向判决能力，如调电视、找人(大胡子、高个子)等。模糊数学就是要使计算机吸收人脑识别和判决的模糊特点，使部分自然语言作为算法语言直接进入程序，从而使计算机能完成更复杂的任务，如让机器人上街买菜、用计算机控制车辆在闹市行驶等。

目前，模糊数学已在管理科学方面得到广泛应用，如科研项目评选、企业部门的考评及质量评定、教学与科技人员的分类、模糊生产平衡等；在图像识别、人工智能、信息控制、医疗诊断、天气预报、聚类分析、综合评判等方面的应用也已取得不少成果。但需要注意的是，模糊数学仅适用于有模糊概念而又可以量化的场合。

二、模糊评价法的主要步骤及有关概念

(1) 确定因素集F和评定(语)集E

因素集F即评价项目或指标的集合，一般有$F=\{f_i\}, i=1,2,\cdots,n$。

评定集或评语集E即评价等级的集合，一般有$E=\{e_j\}, j=1,2,\cdots,m$。例如，$E=\{e_1,e_2,e_3,e_4\}=$｛好，较好，一般，较差｝。

(2) 统计、确定单因素评价隶属度向量，并形成隶属度矩阵$\boldsymbol{R}$

隶属度是模糊综合评判中最基本和最重要的概念。所谓隶属度r_{ij}，是指多个评价主体对某个评价对象在f_i方面作出e_j评定的可能性大小(可能性程度)。隶属度向量$\boldsymbol{R}_i=(r_{i1},r_{i2},\cdots,r_{im}), i=1,2,\cdots,n, \sum_{j=1}^{m} r_{ij}=1$，隶属度矩阵$\boldsymbol{R}=(R_1,R_2,\cdots,R_m)^{\mathrm{T}}=(r_{ij})$。

(3) 确定权重向量$\boldsymbol{W}_F$等

$\boldsymbol{W}_F$为评价项目或指标的权重或权系数向量。另外，还可有评定(语)集的数值化结果(标准满意度向量)$\boldsymbol{W}, \boldsymbol{E}$或权重$\boldsymbol{W}_E$($\boldsymbol{W}, \boldsymbol{E}$归一化的结果)。

若有考评集$T=$｛第一次考评，第二次考评，……，第r次考评｝，则还应有不同考评次数

的权重向量 $\boldsymbol{W}_t=(W_{t1},W_{t2},\cdots,W_{tr})$。

使用 $\boldsymbol{W}_F$ 和 $\boldsymbol{W}_E$ 为“双权法”，使用 $\boldsymbol{W}_F$ 和 $\boldsymbol{W},\boldsymbol{E}$ 是总分法。

(4) 按某种运算法则，计算综合评定向量(综合隶属度向量)$\boldsymbol{S}$ 及综合评定值(综合得分 $\boldsymbol{\mu}$)通常，$\boldsymbol{S}=\boldsymbol{W}_F\boldsymbol{R}$，$\boldsymbol{\mu}=\boldsymbol{W}_E\boldsymbol{S}^{\mathrm{T}}$。

三、模糊评价法在矿业工程中的应用

矿山开采过程中存在对多个因素的优化问题，特别是矿山设计过程针对多个方案的选择。对于矿山设计这样一个复杂的系统工程，地质资料的误差、一些统计方法的局限性、某些价格指标的不确定性、不能定量描述的影响因素，以及不可预见的政治经济因素及市场行情的变化等，使得设计本身带有较大的模糊性。对它的判断大多属于模糊推理，因此可以采用模糊评价法进行科学评价，以作出合理决策。

如某露天煤矿曾由国内多家设计单位做过可行性方案设计，现选择其中 3 个方案设计结果应用模糊评价法进行评价。各方案参比的技术经济指标如表 5-22 所列，其中，第一层次的指标为：

$$U=\{价值指标,实物指标,时间指标\}=\{u_1,u_2,u_3\}$$

第一层次指标又分为若干个第二层次指标(见表 5-22)。

$$评定集\ v=\{很好,较好,好,差\}=\{v_1,v_2,v_3,v_4\}$$

表 5-22　各设计方案指标集与权重

指标集	权重	单位	方案 A	方案 B	方案 C
时间指标	0.40				
总投资	0.40	亿元	27.41	10.41	12.00
单位投资	0.30	元/t	102.00	115.62	100.00
单位成本	0.30	元/t	16.38	15.15	19.45
实物指标	0.25				
生产能力	0.15	万 t/a	2 700	900	1 200
定　员	0.25	人	4 701	1 840	2 809
工　效	0.25	t/工	19.84	8.00	12.87
基建量	0.10	万 m^3	9 779	1 934	4 700
初期剥采比	0.25	m^3/t	8.6	3.0	4.0
时间指标	0.35				
基建期	0.50	月	36	28	24
达产期	0.50	月	36	48	48

单因素评判矩阵 $\boldsymbol{R}$ 的建立，利用专家评分法让每位专家填写一张评价表，对各项指标作出自己的评价，如表 5-23 所列。统计各位专家对各项指标的评价结果，则可得到 $\boldsymbol{R}$ 中各元素 r_{ij} 的值。例如，参评专家有 10 位，对总投资一项评价结果为，很好 2 位，较好 6 位，好 2 位，差 0 位，则得 $r_{11}=0.2$，$r_{12}=0.6$，$r_{13}=0.2$，$r_{14}=0$。同理，可得其他的 r_{ij}(含义为第 i 项指标对第 j 个评语等级的隶属度)，见表 5-24。

表 5-23 专家评分表(如方案 *C*)

指标集	很好	较好	好	差
总投资		√		
单位投资	√			
单位成本			√	

表 5-24 各方案单因素及综合评定结果

指标集	权重	方案 *A*				方案 *B*				方案 *C*			
总投资	0.40	0	0.2	0.4	0.4	0.6	0.3	0.1	0	0.4	0.5	0.1	0
单位投资	0.30	0	0.6	0.3	0.1	0.1	0.2	0.3	0.4	0.6	0.2	0.2	0
单位成本	0.30	0.4	0.5	0.1	0	0.6	0.3	0.1	0	0.3	0.2	0.4	0.1
生产能力	0.15	0.6	0.2	0.2	0	0.1	0.2	0.4	0.3	0.2	0.4	0.3	0.1
定　员	0.25	0	0.2	0.6	0.2	0.2	0.6	0.1	0.1	0.1	0.5	0.3	0.1
工　效	0.25	0.4	0.4	0.2	0	0	0.3	0.4	0.3	0.4	0.3	0.2	0.1
基建量	0.10	0	0.2	0.4	0.4	0.4	0.4	0.2	0	0.2	0.4	0.3	0.1
初期剥采比	0.25	0	0.1	0.7	0.2	0.5	0.4	0.1	0	0.4	0.3	0.2	0.1
基建期	0.50	0.1	0.2	0.5	0.2	0.2	0.3	0.3	0.2	0.3	0.3	0.2	0.2
达产期	0.50	0.2	0.4	0.2	0.2	0.1	0.5	0.3	0.1	0.1	0.5	0.3	0.1
综合评定向量(归一化)		0.15	0.33	0.34	0.18	0.29	0.31	0.21	0.18	0.29	0.38	0.23	0.10
综合评定值		72.70				75.34				77.51			

各项指标权重的分配仿照表 5-22 的做法，由专家打分评定后，取算术平均值或加权平均值，结果列于表 5-24。将各值与权重进行加权求和再归一化后，即可得到任一方案的综合评定向量。由于综合评定向量结果仍然不易分辨，则可通过给定一个评分基准，如 $\boldsymbol{C}=(90,80,70,50)$，进一步求出综合评定值，如表 5-24 所列。由计算结果可知，3 个方案中，*C* 方案最佳，*B* 方案次之，*A* 方案最差。

第六章 预测方法

第一节 预测概述

预测作为一种社会实践活动，已有几千年的历史。它是适应社会经济的发展和管理的需要而产生、发展起来的。预测真正成为一门自成体系的独立的学科仅仅是近几十年的事情。特别是第二次世界大战以后，由于科学技术和世界经济取得了前所未有的快速发展，社会经济现象的不确定因素显著增加，诸如政治危机、经济危机、能源危机、恐怖活动等，所有这些不确定因素增加了人们从心理上了解和掌握未来的必要性和迫切性。人们日益意识到科学预测的重要性，这也成为预测学科进一步发展的推动力。

一、预测的定义

预测是指通过对客观事实的历史和现状进行科学的调查和分析，由过去和现在去推测未来，由已知去推测未知，从而揭示客观事实未来发展的趋势和规律。

伯努利(J. Bernoulli)创立了预测学，目的在于减少人类生活各个方面不确定性导致错误决策所产生的风险。预测学的理论部分致力于对无知和随机的后果进行数学化分析和描述，无知和随机的具体化就是变异性。预测学的试验部分运用模型，为决策者提供恰当决策的必要信息。

不确定性是几乎所有问题的根源，因此，预测学将成为更有效的问题解决方法的关键。此外，预测学为分析变异性提供了有效方法，因此，为非现实的、确定的世界观转变为现实的、随机的世界观铺平了道路，这一转变，对于科学的所有分支会产生巨大影响。

二、预测的原则

① 连贯性原则。预测对象具有的规律性不仅在过去和现在起作用，而且在未来的一段时间内继续发挥作用，这种连贯性包括时间的连贯性和预测系统结构的连贯性。

② 相关类推原则。预测对象的发展变化与某些因素密切相关，有的呈正相关关系，有的呈负相关关系。因此，相关类推原则要求在建立适当的预测模型后，根据相关因素发展变化情况来类推预测对象的规律。

③ 概率性原则。预测对象的发展既受到偶然因素的影响，又受到必然因素的影响。概率性原则要求利用统计方法获得预测对象发展的必然规律。

三、预测的分类

1. 定性预测

定性预测方法是一种依靠人的主观判断预测未来的方法。这种方法不可能提供有关事件确切的定量的概念，而只能定性地估计某一事件的发展趋势、优劣程度和发生概率。

预测是否准确完全取决于预测者的知识和经验。进行定性预测时，虽然为了汇总个人意见和综合地说明问题，需要将定性的资料进行量化，但并不改变这种方法的性质。定性预测一般用于对缺乏历史统计资料的事件进行预测。

定性预测方法的主要用途是，在定量分析之前先进行定性分析，明确发展趋势，为定量分析做准备工作；在缺乏定量预测的数据时，直接进行预测；与定量分析方法结合使用，以提高预测的可靠程度；对定量预测的结果进行评价。

根据不同的用途，可以将定性预测的主要方法分为以下四种：

① 调查预测方法。调查预测，一般需要组织有专业特长、有实践经验的人员，根据预测目标，制定调查表或调查提纲，选定调查对象，深入实际，调查了解；然后把所收集到的信息加以综合整理，经分析研究或简单推算给出预测结果。

② 综合意见法。所谓综合意见法，是指综合经营管理人员判断意见的预测方法。经营管理人员处于生产经营的第一线，比较熟悉市场需求的情况及其动向，他们的判断比较能反映市场需求的客观实际，因而是企业短期、近期预测的常用方法。

③ 顾客意见法。即在直接征求顾客意见的基础上进行预测。此法对于用户数量不大或用户与本企业有固定协作关系的企业较为适用。

④ 个人判断法。个人判断法，是指由企业的经理或主管业务的人员凭个人的直观经验，对未来市场趋势作出判断，对商品销售进行预测。其优点是迅速、方便、省钱，当市场发生变化时可及时调整或修改。其缺点是侧重主观意识，科学性较差一些。

2. 定量预测

定量预测方法，是指在大量掌握与预测对象有关的各种信息资料的基础上，运用数学方法对资料进行处理，据以建立能够反映各种变量之间规律性联系的数学模型的预测过程。

对数学预测方法，可以进一步将其划分为趋势外推法和因果预测法。趋势外推法，是指根据预测对象的发展规律，结合企业的各种制约条件对预测对象的未来发展进行分析判断的一种预测方法；因果预测法，是指根据各个变量之间的因果关系建立数学模型，对预测对象未来发展趋势进行预测的方法。

主要的数学预测方法有：

① 简单平均法。简单平均法是采用统计学中求简单算术平均数的方法进行预测的。它以历史数据为依据，进行简单平均得出预测值：

$$x=\frac{x_1+x_2+\cdots+x_n}{n} \tag{6-1}$$

式中　x——预测的平均值；

$x_1,x_2,\cdots,x_n$——各个历史时期的实际值；

n——时期数。

② 趋势平均法。趋势平均法假设未来时期的销售量是与其接近时期的销售量的直接延伸，而与较远时期的销售量关系较小，同时为了尽可能缩小偶然因素的影响，可用最近若干时期的平均值作为预测期的预测值的基础。

③ 加权移动平均法。应用加权移动平均法进行预测时，采用权数来计算预测值。

$$x=\sum f_x/f \tag{6-2}$$

式中　f——权数。

权数是一个比较重要的因素。一般情况下，近期的权数比较大，远期的权数比较小。

④ 指数平滑法。指数平滑法是趋势平均法的一种改进方法。它们都以某个指标过去变化的趋势作为预测依据，但是在具体计算上有很大的不同。趋势平均法将前后各期对预测值的影响视为相同的，认为所有使用的信息对预测结果的影响是一样的；而指数平滑法则对前后各期区别对待，分别给予不同的权数，考虑近期信息对预测值的影响比远期的大，因而越是近期的信息，其权数越大，而远期的权数小。这样，指数平滑法计算的结果可比趋势平均法更客观。其计算公式为：

$$Y_t = Y_{t-1} + a(A_{t-1} - Y_{t-1}), Y_t = aA_{t-1} + (1-a)Y_{t-1} \tag{6-3}$$

式中 Y_t——本期预测值；

A_{t-1}——上期的实际销售额；

a——平滑系数，其取值范围为 $0<a<1$。

⑤ 百分比率递增法。使用这种方法时，根据历史资料，用环比发展速度的序时平均值计算出其每年增长的百分比，从而预测该项目的未来期望值。预测值的计算公式如下：

$$s = p(1+x)^n \tag{6-4}$$

式中 s——预测值；

p——基期实际值；

x——年平均递增率；

n——期数。

如果只计算增长部分，则其计算公式为：

$$g = p[(1+x)^{n-1} - 1] \tag{6-5}$$

式中 g——若干年后的年增长数。

3. 灰色预测

灰色预测是指就灰色系统所做的预测。所谓灰色系统，是指介于白色系统和黑箱系统之间的过渡系统，其具体的含义是：如果某一系统的全部信息已知则为白色系统，全部信息未知则为黑箱系统，部分信息已知、部分信息未知，那么这一系统就是灰色系统。一般来说，社会系统、经济系统、生态系统都是灰色系统。例如，物价系统，因导致物价上涨的因素很多，而已知的不多，因此对物价这一灰色系统的预测可以用灰色预测方法。

灰色系统理论认为，对既含有已知信息又含有未知或非确定信息的系统进行预测，就是对在一定方位内变化的、与时间有关的灰色过程的预测。尽管该过程中所显示的现象是随机的、杂乱无章的，但毕竟是有序的、有界的，因此这一数据集合具备潜在的规律，灰色预测就是利用这种规律建立灰色模型对灰色系统进行预测的。

灰色预测通过鉴别系统因素之间发展趋势的相异程度，即进行关联分析，并对原始数据进行生成处理来寻找系统变动的规律，生成有较强规律性的数据序列，然后建立相应的微分方程模型，从而预测事物未来发展趋势的状况。其用等时距观测到的反映预测对象特征的一系列数据构造灰色预测模型，预测未来某一时刻的特征量，或达到某一特征量的时间。

4. 回归分析预测

回归分析是英国生物学家高尔登(F. Galton)在研究人类身高的遗传特性时首先提出来的。通过大量的统计资料，高尔登发现，身材高的父亲，他的儿子身材比其略矮；反之，身材矮的父亲，他的儿子身材比其略高。即人类的身高有向平均数靠近的倾向，这种现象称为回归。回归分析预测是一种因果分析预测方法。它是研究某一个随机变量与一个或几个变量之间的数量关系，用一个或几个非随机变量来预测某一个随机变量的方法。

5. 时间序列预测

时间序列，是指存在于自然科学和社会科学中的某一变量或指标的数值或观测值，按照其出现时间的先后顺序，以相同的间隔时间排列的一组数值。从复杂性理论可知，时间序列中不仅包含系统所有变量过去的信息（在允许的误差精度内），而且包含参与系统演化的所有变量的大量信息。预测要求根据大量的观测数据对系统进行分析，预测出系统在未来的特性，以便对系统的特性进行处理或控制。时间序列预测利用被预测事物过去和现在的观测数据，构造依时间变化的序列模型，并借助一定的规则推测未来，是预测领域的重要组成部分，分析观测时间序列的演变规律是掌握系统动力学特性的重要手段。

时间序列数据存在于自然科学和社会科学的各个领域，如天文观测、股市每日的交易价格等。时间序列预测一般分为线性时间序列预测和非线性时间序列预测两类。

1970 年，博克斯（G. E. P. Box）和詹金斯（G. M. Jenkins）在出版的专著 *Time Series Analysis：Forecasting and Control* 中提出了线性自回归滑动平均（Auto Regressive Moving Average，ARMA）模型的辨别、参数估计、适用性检验等一整套理论，标志着线性时间序列预测的理论已经日臻成熟。然而，现实世界中许多时间序列数据呈现很强的非线性特征，特别是一些非线性复杂系统。为此，大量非线性预测模型被相继提出，如神经网络预测模型、基于软计算的预测模型和支持向量预测模型等，利用非线性模型对时间序列数据进行预测已经成为国内外研究的热点。

6. 故障预测

从目前主流的技术和应用研究工作综合来看，故障预测技术主要可以分为以下几种。

① 基于模型的故障预测技术。基于模型的故障预测技术，一般要求对象系统的数学模型是已知的，这类方法提供了一种掌握被预测组件或系统的故障模式过程的技术手段，在系统工作条件下通过对功能损伤的计算来评估关键零部件的损耗程度，并实现在有效寿命周期内评估零部件使用过程中的故障累积效应，通过集成物理模型和随机过程建模，可以评估零部件剩余寿命的分布状况。基于模型的故障预测技术，具有能够深入分析对象系统的性质和实现实时故障预测的优点。

② 基于数据驱动的故障预测技术。基于数据驱动的故障预测技术不需要对象系统的先验知识（数学模型和专家经验），以采集的数据为基础，通过各种数据分析处理方法挖掘其中的隐含信息进行预测操作，从而避免了基于模型和知识的故障预测技术的缺点，成为一种较为实用的故障预测方法。但是，实际应用中一些关键设备的典型数据（历史工作数据、故障注入数据以及仿真试验数据）的获取代价通常十分高昂，而且对于所获得的数据来说，其往往具有很强的不确定性和不完整性，这些问题都增加了该故障预测技术的实现难度。

③ 基于统计可靠性的故障预测技术。在某些情况下，确定一个完整的动态模型，给出输入和输出之间的系统微分方程，可能是不必要的，也可能是不现实的。通常，基于统计可靠性或者基于概率的故障预测技术适用于从过去故障历史数据的统计特性角度进行故障预测。相比基于模型的故障预测技术，该故障预测技术需要更少的细节信息，因为预测所需要的信息包含在一系列的不同概率密度函数中，而不需要动态微分方程。这种方法的优势就是所需要的概率密度函数可以通过分析统计数据获得，而所获得的概率密度函数能够对预测提供足够的支持。另外，这种方法所给出的预测结果含有置信度，该指标能够很好地表征

预测结果的准确度。

四、预测学的应用领域和发展现状

近年来，预测决策理论和方法渐渐被引入工业安全领域，用以科学指导安全生产，并取得了一定成效。特别是随着现代数学方法和计算机技术的发展，国际上安全评价分析以及预测决策实施得到了广泛应用，如模糊故障树分析预测、模糊概率分析、模糊灰色预测决策等。计算机专家系统、决策支持系统、人工神经网络等现代数学方法和计算机技术，使安全分析评价预测决策实施开拓了一个更广阔的应用前景，这些技术方法在英国、美国、德国、意大利等国家的核工业、化工、环境等领域得到了广泛应用。以安全分析、隐患评价、事故预测决策为主体的安全评价工作作为一种产业在国际上已经出现。

20 世纪 50 年代以来，预测学渐渐地形成一门独立的学科，国内外各部门、各行业不断应用各种预测理论和方法来进行社会预测、经济预测、科学预测、技术预测和军事预测等。同时，决策过程逐步由经验型向决策分析技术型过渡发展。目前，预测决策理论和方法得到了广泛的应用，并已发展成为理论分析与实际应用相结合的专门学科。

金融市场中多含有预测性的技术分析，一般的技术分析因为侧重买卖讯号，所以预测性较不明显，比较显著的如江恩理论、亚当理论、波浪理论等。

预测学已发展成为一门综合性的学科，它突破了自然科学和社会科学的界限。目前，预测学应用研究有很大的拓展，它广泛应用于人口、环境、资源、教育、金融、交通运输、城市规划、医药卫生、材料科学和科技管理等领域。可见，预测方法与各个学科、各个部门均有密切联系。同时，预测学理论研究有了新的进展，但是还不能说预测学已经发展得很成熟。它在以较快的速度继续向前发展，在发展过程中不断地吸收其他学科的营养，进一步丰富和完善。

第二节 定性预测技术

定性预测，是指预测者依靠熟悉业务知识、具有丰富经验和综合分析能力的人员与专家，根据已掌握的历史资料和直观材料，运用个人的经验和分析判断能力，对事物的未来发展作出性质和程度上的判断，再通过一定方式综合各方面的意见，作为预测未来的主要依据。

定性预测在工程实践中被广泛使用，特别适合于对预测对象的数据资料(包括历史的和现实的)掌握不充分，或影响因素复杂、难以用数字描述，或对主要影响因素难以进行量化分析等情况。

定性预测偏重对市场行情的发展方向和施工中各种影响施工项目成本因素的分析，能发挥专家经验和主观能动性，比较灵活，而且简便易行，可以较快地得出预测结果。但是在进行定性预测时，也要尽可能地收集数据，运用数学方法，其结果通常也是从数量上作出测算的。

一、定性预测方法的分类

一般认为，定性预测用于研究和探讨预测对象在未来会表现的性质，是对事物未来的本质认识。它有两个重要含义：① 用于对预测目标的本质认识，即规律性认识；② 所用的方法，既包括主观经验方面的调查方法，也包括定量分析方面的各种方法。定性预测分析从广义上讲，是把定量预测分析作为一种说明性的手段用的；从狭义上讲，只是一种经过科学加工的主观估计。它是将分散的个人经验经过加工，寻找其规律性，然后按此规律进行预测的一种预测方法。根据实际工作的需要，人们提出了许多定性预测方法。常见的有各种调查法：类推法、主观概率法、景气分析法、情景预测法、德尔斐(Delphi)法、交叉概率法、模糊推理法等。这些方法通常按下列标准分类。

(1) 按预测目标限制分类

一般的文献及教科书，仅按此标准将定性预测方法分为两类：

一是探索性预测方法。这种方法是指从当今的知识及其发展趋势出发，试图预计将来会发生什么情况和何时发生，如技术预测、产品需求量预测等。二是规范性预测方法。这种方法首先试图估价组织的目的和目标，然后返回来确定最可能完成这些目标的新技术和新发展。探索性预测方法仅试图描述可能发生什么，而规范性预测方法则使组织在影响事物发展过程中起主导作用。这种分类方法，虽然将各定性预测方法进行了分类，但很难分析各预测方法的精度及有效度。故本书将各定性预测方法进行如下分类。

(2) 按预测结果的表现形式分类

按预测结果的表现形式，将预测方法分为如下四类：

一是状态列举型预测方法。在很多情况下，定性预测方法被用来推断事物未来发展所面临的各种状态。在这些预测中，只要能够预计到这些状态，就可认为预测正确；否则，则认为这种预测是错误的。例如，某城市气象站预报第二天的天气为晴、多云、阴三种状态，若明天天气确实为这三种状态中的一种，则认为这种预测是正确的；否则，若第二天下了中雨，该预测则是错误的。

二是状态判定型预测方法。在某些情况下，列举未来发生的若干种状态并不困难，人们感兴趣的是判定这些状态中的哪个状态发生。若判定发生的状态的确发生了，则这种预测就是正确的；否则，预测就是不正确的。这种情况的重要特例是只有正反两个状态时，预测者要在这两种状态中作出判断。对这类预测往往要求预测者给出是与非的回答。若预测正的状态发生，而实际的确如此，则预测正确；反之，则预测不正确。

三是数值型预测方法。这种预测方法用来对未来事物发展的某个量进行预测，如对明年我国通货膨胀率的预测，对某地区暴发战争时间的预测等均属这一类。对这一类预测方法，可用预测误差来评价预测方法的好坏。

四是状态发生概率型预测方法。在一些情况下，列举各种未来发生的状态是容易的，而准确给出哪种状态发生十分困难，此时人们感兴趣的是了解各状态发生的概率。如第二天的天气可能有晴、多云、阴、雨等四种状态，而各种状态发生的概率有多大呢？对这种预测的评价可用未来发生的实际状态(概率为100%)与该状态预测发生的概率之差来反映。

二、定性预测的精度

根据定性预测方法的第(2)种分类，以下探讨定性预测方法的精度。

(1) 状态列举型预测方法的精度

设 $S_t=\{S_{1t},S_{2t},\cdots,S_{nt}\}$ 为某预测方法 F_t 在时刻 t(期)预测的事物发展的状态集，y_t 为时刻 t(期)事物实际发生的状态，A_t 为预测方法 F_t 在时刻 t(期)的预测精度，则 A_t 可用下式表示：

$$A_t=\begin{cases}1 & (\text{当 } y_t\in S_t \text{ 时})\\ 0 & (\text{当 } y_t\notin S_t \text{ 时})\end{cases}\tag{6-6}$$

(2) 状态判定型预测方法的精度

设 $S_t=\{S_{1t},S_{2t},\cdots,S_{nt}\}$为事物未来发展的状态集，$F_t$ 为某一定性预测方法，$\hat{y}_t$ 为按预测方法 F_t 预测的 t 时刻事物发展的状态（显然 $\hat{y}_t\in S_t$），y_t 为 t 时刻事物实际发生的状态（$y_t\in S_t$），A_t 为预测方法 F_t 在时刻 t 的预测精度，此时 A_t 可用下式表示：

$$A_t=\begin{cases}1 & （当\ \hat{y}_t=y_t 时）\\ 0 & （当\ \hat{y}_t\neq y_t 时）\end{cases} \tag{6-7}$$

特别的，若事物发展的状态只有正、反两个，此时的预测就是在这两个状态中判定哪个发生。如我国的抗日战争是否胜利的预测，$S_t=\{胜利,失败\}$，$y_t=\{胜利\}$，若采用某种方法（推理、判断等）预测的结果 $\hat{y}_t=\{胜利\}$，则 $A_t=1$；否则，若预测 $\hat{y}_t=\{失败\}$，则 $A_t=0$。

(3) 状态发生概率型预测方法的精度

设 $S_t=\{S_{1t},S_{2t},\cdots,S_{nt}\}$为事物未来发展的状态集，$F_t$ 为某预测方法，用预测方法 F_t 预测 t 时刻各状态发生的概率为 P_t，$P_t=\{P_{1t},P_{2t},\cdots,P_{nt}\}$，$S_{it}$为时刻 t 事物实际发生的状态（即 t 时刻 S_{it}状态发生的概率为 100%），此时预测误差可用 $100\%-P_{it}$ 表示，预测精度可描述为：

$$A_t=P_{it}\quad (S_{it}\in S_t) \tag{6-8}$$

例如，某产品明年销售利润有增长、不变、下降三种状态，按某定性预测方法 F_t 预测，明年三种状态发生的概率分别为 50%，10%，40%，若明年产品销售利润的确增长，则这种预测方法的预测精度为 50%。

(4) 数值型预测方法的精度

这类预测是对未来事物发展的某个量的预测。虽然它是一种定性预测方法，但仍可参照定量预测方法有关精度的计算公式确定它的精度。例如，某国家按某一定性预测方法预测（如主观概率法）1996 年失业率，若预测 1996 年平均失业率为 8.2%，而实际为 8.6%，则这种方法在 1996 年时的预测精度为：

$$A_t=(1-\left|\frac{8.6\%-8.2\%}{8.6\%}\right|)\times 100\%=95.35\% \tag{6-9}$$

三、定性预测的有效性

在探讨了定性预测方法的精度之后，可参照定量预测方法的有效性分析来分析定性预测方法的有效性。根据以上定性预测方法的精度分析，从结构上看精度可分为三类，第一类精度具有 0-1 数值的形式，第二类是用概率表示的精度形式，第三类则是等同于定量预测方法的精度形式。按照有效性是平均的、全面的精度的要求，可以对具有不同精度形式的定性预测方法定义其有效度。

1. 精度以 0-1 形式表示的预测方法的有效度

设$[T_1,T_2]$为计算有效度的时间区间，$t=1,2,\cdots,N$ 为 N 个时间点（样本点或预测点），A_t 为 t 点的预测精度（或拟合精度），F_t 为某预测方法，则在区间$[T_1,T_2]$内 F_t 的有效度 m 为：

$$m=\frac{1}{N}\sum_{t=1}^{N}A_t=\frac{预测正确的次数}{总预测次数}=预测正确率 \tag{6-10}$$

与定量预测方法相类似，可定义定性预测方法的拟合有效度、预测有效度和综合有效度。

(1) 拟合有效度 m_s

设$[0,T_0]$为样本区间，F_t 为某预测方法，则预测方法 F_t 的拟合有效度 m_s 为：

$$m_s=\frac{\text{拟合正确的次数}}{\text{总拟合次数}}=\text{拟合正确率} \tag{6-11}$$

(2) 预测有效度 m_j

设$[T_0,T_0+T]$为预测区间，F_t 为某预测方法，则预测方法 F_t 的预测有效度 m_j 为：

$$m_j=\frac{\text{预测正确的次数}}{\text{总预测次数}}=\text{预测正确率} \tag{6-12}$$

(3) 综合有效度 m

设$[0,T_0]$为样本区间，$[T_0,T_0+T]$为预测区间，F_t 为某预测方法，则预测方法 F_t 的综合有效度 m 为：

$$m=\frac{\text{拟合正确的次数}+\text{预测正确的次数}}{\text{总拟合次数}+\text{总预测次数}}=\text{综合正确率} \tag{6-13}$$

若令：

$$\alpha=\frac{\text{总拟合次数}}{\text{总拟合次数}+\text{总预测次数}} \tag{6-14}$$

则有：

$$m=\alpha m_s+(1-\alpha)m_j \tag{6-15}$$

2. 精度以概率形式表示的预测方法的有效度

虽然这种精度的表示形式是概率，但仍可将它视为一个量值而去掉其本身的概率含义，这样就可将它视为定量预测方法的精度了。此时的预测误差永远为正的。

设$[0,T_0]$为样本区间，$[T_0,T_0+T]$为预测区间，A_t 为预测精度，$t=1,2,\cdots,N$ 为样本点，$t=N+1,\cdots,N+m$ 为预测点，则预测方法的拟合有效度 $m_s=\frac{1}{N}\sum_{t=1}^{N}A_t$，预测有效度 $m_j=\frac{1}{m}\sum_{t=N+1}^{N+m}A_t$，综合有效度 $m=\frac{1}{N+m}\sum_{t=1}^{N+m}A_t$。

由于第三类精度形式的预测方法和定量预测方法相同，它的有效度指标及其计算方法也与定量预测方法的相同。另外，该类定性预测方法的各类有效度的作用及它们应满足的原则也与定量预测方法的相同，这里不再赘述。

3. 定性预测方法有效度指标的估计

从上述定性预测方法有效度指标的定义可以看出，这些指标的估计非常困难，其关键在于预测精度的计算上。

(1) 拟合有效度的估计

对于具有第一类精度形式的预测方法的有效度估计，要收集相关历史资料，分析预测方法在历史上的应用情况，确定预测拟合正确的次数及总拟合次数，计算出拟合正确率，即该预测方法的拟合有效度。具有第二类、第三类精度形式的预测方法，其拟合有效度的估计方法与定量预测方法的基本相同，这里不再讨论。

(2) 预测有效度的估计

与拟合有效度相比，预测有效度的估计更加困难，它实质上是一种在定性预测基础上的更高层次的定性估计。虽然说这种估计很困难，但可参照定量预测方法预测有效度的估计方法进行。例如,运用历史数据法、更高层次的专家评价法等。

(3) 综合有效度的估计

在得出拟合有效度和预测有效度之后,可以利用式(6-15)计算某定性预测方法的综合有效度。

4. 定性预测与定量预测的比较

定性预测指决策者通过主观判断进行的预测。定性预测的决策者根据所掌握的信息和情报,并结合各种因素对事物的发展前景作出判断。定量预测的决策者通过寻找历史数据的规律,进而外推事物的发展。定量预测方法可以分成回归分析法和时间序列预测法。回归分析法是研究变量与变量之间相互关系的一种数理统计方法。时间序列预测法是一种考虑变量随时间发展变化规律并用该变量以往数据建立数学模型,然后做外推的预测方法。定性预测和定量预测各有所长,也有各自的局限性。下面从 3 个方面比较定性预测和定量预测。

(1) 预测现有趋势延续或转折的能力

定量预测不能识别预测趋势的转折情况,例如,经济的增长一般属于波动性增长,而不属于一直持续性增长,仅仅应用定量预测方法不能预测出经济发展的波动状况。趋势的转折是暂时的还是长期的,必须依赖定性预测。

(2) 信息应用的充分性

定量预测不能充分运用历史数据所包含的信息。例如,时间序列预测法一般容易忽视较早的历史数据所包含的信息,而过分依赖近期数据。相反,回归分析法则会轻视近期数据所包含的信息,它赋予所有历史数据相同的权重。

定性预测可以充分利用各种信息,包括有关预测环境信息、过去类似案例及其失误情况等,其决策者可以充分利用经验,并结合各种信息作出判断。

(3) 预测的客观性

定量预测的最大优点在于其具有客观性。只要选择好模型,任何人应用同样的数据都会得出相同的预测结果。定性预测则不一样,根据同样的信息,不同的人可得出完全不同的结论。定性预测受决策者性格、情绪和阅历等方面的影响。

定性预测和定量预测各有优缺点,在选择预测方法时,应考虑 3 个主要问题:合适性、费用和精确性。表 6-1 列举了一些常用预测方法的特点。

表 6-1　一些常用预测方法的特点

方　法	适用情况	应做的工作
定性预测法	缺乏历史统计资料或趋势面临转折的事件	需要做大量的调研工作
回归分析法	自变量与因变量之间存在相关关系	为所有变量收集历史资料
加权移动平均法	不随季节变动的预测	预测变量的历史资料收集
指数平滑法	不随季节变动的预测	预测变量的历史资料收集
自适应过滤法	适用于趋势随时间变化,且不具有季节性的预测	预测变量的历史资料收集
博克斯-詹金斯法	适用于任何序列发展形态的一种高级预测	大量预测变量的历史资料收集
灰色预测法	适用于时序发展呈指数趋势的预测	预测变量的历史资料收集

5. 定性预测与定量预测的综合

泰尔(H. Theil)于 1970 年提出定量修正定性的方法,即先做定性预测,然后用定量预测方法修正定性预测的结果。因为定性预测在很大程度上受预测者的知识水平和经验等影响,定性预测的结果可能存在系统偏差和回归偏差。在作出定性预测后,再用回归的定量预测方法去除定性预测中的系统偏差和回归偏差。克莱门(R. T. Clemen)于 1989 年提出定量包含定性的方法,即定性预测结果作为定量预测模型的一部分。目前,除了上面两个人提到的定性预测和定量预测的综合预测方法,还有定性修正定量的方法,也是相对来说更容易应用的方法,即先用定量方法作预测,然后用定性预测方法修正定量预测的结果。先假定事物的发展趋势不会发生变化,然后用定量的方法进行预测,再采用定性预测方法进行修正,判断其趋势是向上的还是向下的,最后作综合预测分析。这种综合方法也有它的缺点,利姆(J. Lim)和康农(O. Connon)于 1995 年发现预测者倾向轻视定量预测结果,而重视他们自己的定性预测。

下面分别介绍这 3 种定性预测和定量预测的综合预测方法。

(1) 定性修正定量

用定性预测修正定量预测不是用定性预测取代定量预测,对定量预测的修正要谨慎为之。一般认为,如果预测将来不会有特别事件发生,那么应该用定量方法预测,仅当认为可能会有特别事件发生时,才对定量预测进行修改。

为避免对定量预测过分频繁的修正,决策者要仔细考虑以下 3 个问题。

① 是否修改。决策者在面对定量预测结果时首先要考虑这个问题,该问题的默认答案是“不修改”,目的就是尽量防止随便修改定量预测结果的举动。

② 调整的理由。该问题的目的也是尽量减少不必要的调整。罗列定量模型需要调整的理由,可以使决策者的思路更清晰,更体系化。

③ 需要调整的幅度。该问题的目的是使决策者仔细考虑对定量预测调整的力度,尽量避免抛弃定量预测的结果而成为从头开始的定性预测。

(2) 定量修正定性

泰尔把一个预测的均方差分成三部分:

$$M=(\overline{Y}-\overline{F})^2+(S_F-rS_Y)^2+(1-r)^2S_Y^2 \tag{6-16}$$

式中,$\overline{Y}$ 和 $\overline{F}$ 分别为实际值和预测值的均值;S_F 和 S_Y 分别为预测值和实际值的标准差;r 为预测值和实际值的相关系数。式(6-16)的解中,第 1 项$(\overline{Y}-\overline{F})^2$ 代表均值的偏差,这是预测值的整体偏差,或者称为系统偏差。第 2 项$(S_F-rS_Y)^2$ 代表回归偏差,它表示预测值未能追踪实际值的程度。例如,当实际值小时,预测值大;当实际值大时,预测值小。第 3 项$(1-r)^2S_Y^2$ 代表预测的随机误差。泰尔认为,可以利用历史数据把均值偏差和回归偏差去除,这需要利用一个优化线性修正方程。方程形式如下:

$$Y_t=\hat{a}+\hat{b}F_t \tag{6-17}$$

式中,Y_t 为 t 时刻的实际值;F_t 为 t 时刻的预测值。

(3) 定量包含定性

有些学者研究了把独立的定量预测和主观定性预测合成统一模型的预测效果。一般的结论都是合成提高了预测的效果,原因是这样可以充分利用有价值的信息。许多研究结果表明，仅仅是定量预测和主观定性预测的简单平均就能明显地提高预测效果。阿姆斯特朗(S. Armstrong)和克洛比(F. Cllopy)认为，当要预测的数值序列非常不稳定时，难以确定其他定性预测和定量预测权重分配方法，此时简单平均是最合适的方法。

合成预测的误差方差与定量预测、主观定性预测误差方差有如下关系：

$$\sigma_c^2=0.25(\sigma_s^2+\sigma_j^2+2r\sigma_s\sigma_j) \tag{6-18}$$

式中，σ_s 为定量预测的误差方差；σ_j 为主观定性预测的误差方差；r 为两种预测误差之间的相关系数。

当下面的条件成立时，合成预测的误差方差小于主观定性预测的误差方差：

$$\frac{\sigma_j}{\sigma_s}>\frac{r+(r^2+3)^{0.5}}{3}=\Phi \text{ 或 } \frac{\sigma_j}{\sigma_s}<\frac{1}{\Phi} \tag{6-19}$$

在上面的合成预测中，如果实际值的均值和主观预测值的均值存在系统偏差，则合成预测的效果要打折扣。如果主观定性预测和定量预测的均值误差分别用 v 和 w 表示，则合成预测的均方差为：

$$M=0.25[(\sigma_s^2+\sigma_j^2+2r\sigma_s\sigma_j)+(v+w)^2] \tag{6-20}$$

如果 $v=w$，主观定性预测和定量预测的偏差就相互抵消了。如果定量预测是无偏估计的，则主观定性预测的均值偏差为 v^2，合成预测只将均值偏差降低了 75%。

6. 方法的适用性研究

定性预测和定量预测各有优点和缺点。定性预测的优点在于注意对当期事物发展变化状况的把握，缺点是容易受到主观因素的影响；定量预测的优点是结果具有客观性，缺点是比较机械，难以预测事物性质的发展变化。上面提到的 3 种定性预测和定量预测的综合预测方法各有特点，选择相对来说更合适的综合预测方法要视具体情况而定。

当表示事物发展的时间序列规则变化时，只应用定量预测方法就可以找出事物发展变化的内在规律。当时间序列不规则时，可以通过定量修正定性的方法修正预测者主观判断的系统误差。半规则的含义，是指事物发展有时候是规则的，有时候受特别事件的影响而不规则。平常时期可以应用定量包含定性的预测方法。当特别事件发生而使时间序列不规则时，可以应用定性修正定量的预测方法把特别事件的影响反映进去。

定量预测和主观定性预测各有所长，它们具有互补性。如何将这两者结合起来是重要的研究课题。相比之下，定性修正定量的方法更容易被接受，它符合人们常规的思维习惯。然而，如果频繁地修正定量预测结果，也会降低它的预测效果。在多数情况下，定量修正定性和定量包含定性这两种方法都可提高预测的效果。目前，对定性预测和定量预测如何结合的研究还不是很深入，还有许多地方需要进一步研究。下面以两个实例说明定性预测技术在矿业工程中的应用。

四、定性预测技术在矿业工程中的应用

1. 实例一——深部巷道围岩蠕变对支护应力场影响的定性分析

岩石有 3 种基本变形性质，即弹性、塑性和黏性，弹性和塑性不考虑时间因素，只研究材料的瞬时变形，而黏性在变形速率中考虑时间因素。大部分岩石都具有这 3 种性质，只不过在特定的条件下，一种性质表现显著，其他性质不明显。例如，在煤矿开采的浅部，由于地应力较低，垂直应力和最大水平应力一般不超过 20 MPa，岩石在此地应力环境中多表现出弹塑性，因此，用不考虑时间因素的弹塑性就可以准确描述大部分岩体的力学性质，以此为基础建立的巷道锚杆锚索支护体系能很好地工作，绝大多数巷道变形能得到较好的控制。但随着煤矿开采向深部转移，岩石所处的应力由低转高，岩石的脆延转换现象越发显著，岩石的黏性表现得越来越突出，蠕变现象越来越明显。这种具有时间效应持续的黏性变形的突出显现造成几乎所有巷道的支护难度变得越来越大，巷道的初期大变形和之后的持续变形得不到有效控制，巷道前掘后修，甚至多次返修也不能满足矿井的生产要求，前述广泛应用于浅部的忽略时间因素的支护体系应用于深部巷道支护时受到不小的挑战。

(1) 蠕变对深部煤岩体影响作用分析

岩石的流变性不同于膨胀性，膨胀性是指有水参与的情况下岩石体积增大的性质，也不同于岩石的碎胀性，碎胀性是指岩石破碎后体积增大的现象；而流变是指岩石的应力、应变随时间不断变化的现象，岩石流变破坏现象普遍存在。在岩石的流变性(蠕变、松弛、弹性后效、黏性流动)当中，人们主要研究岩石的蠕变特性，在工程实践中，往往并非岩体的强度不够，而是蠕变使岩体产生过量变形，进而使岩石产生破坏。岩石的蠕变特性一方面取决于岩石本身的物理力学性质，一般情况下硬岩蠕变很小，可忽略不计，软岩蠕变很大，必须予以考虑；另一方面取决于岩石所处的应力、温度及水等环境，其中，应力环境是一个很重要的影响因素。

随着开采向深部转移，在深部高地应力环境下，除本质软岩外，即使硬岩也表现出软岩的性质。某深部矿井的最大水平应力高达 42.1 MPa，垂直应力达 30 MPa，在如此高量值的地应力作用下，应力的释放引起的巷道瞬时变形量较大，即巷道开挖初期围岩便有大变形。同时，由于该巷道一直处于高地应力环境中，其流变性显著增强，在随后的服务期限内，巷道围岩的流变变形会累计增长，很多深部监测资料表明，这种流变变形在深部巷道全部变形中占很大的比例，即巷道的长期变形较大。这两种变形叠加起来，导致大多数深部巷道很难进入稳定状态之中，变形持续不断，巷道常年需要返修。

巷道的长期蠕变使岩石的应力-应变关系一直处于变化调整之中，这种动态调整如同对岩石进行反复加卸载一样，对岩石造成反复损伤。由于初期在高地应力作用下，巷道掘进时围岩的损伤量很大，如果不能得到有效控制，巷道围岩的初始损伤就会在后期的长时流变中进一步加剧，同时，长期蠕变会对巷道围岩再损伤。这两种损伤共同作用可导致深部巷道的最终破坏。因此，对于深部巷道锚杆支护系统来说，应同时考虑这两种损伤，才能有效地控制深部巷道的大变形。

完整岩块的典型蠕变曲线由图 6-1 所示的 3 个区域组成。OA 段表示加载和产生的瞬时应变；AB 段表示随时间增长的初期蠕变，其应变速率逐渐递减；BC 段为稳态蠕变阶段，是蠕变速率为定值的等速蠕变阶段，该阶段历时的长短主要取决于应力水平；CD 段为达到破坏前应变速率加速增长的蠕变阶段，即破坏前的加速蠕变阶段。由于岩石的自身属性、应力状态及环境条件不同，该曲线的形状是不同的，现场应用时应通过实际岩体蠕变试验获得。

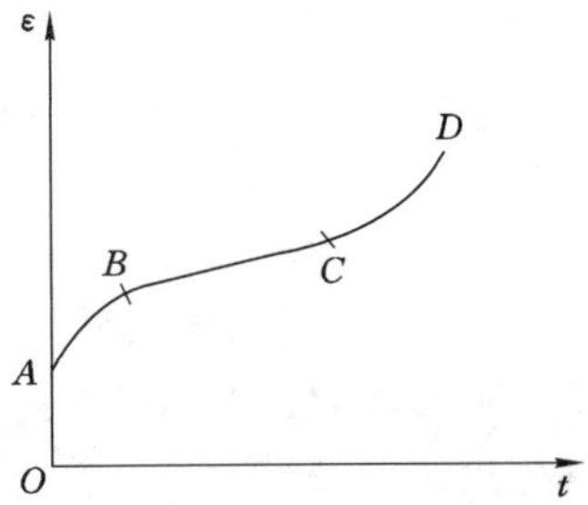

图 6-1　完整岩块的典型蠕变曲线

(2) 蠕变对支护应力场影响的数值模拟分析

支护应力场，是指各种形式的支护体在围岩中产生的应力场及在支护体内部产生的应力场。支护应力场是近年来在煤巷锚杆支护实践与研究中提出来的一个新概念，可形象直观地描述锚杆、锚索等支护体在围岩中产生的附加应力场，支护体对围岩的控制作用主要是通过支护应力场完成的，这一概念对于人们认识锚杆加固机理及分析支护体支护性能有很好的帮助。由于支护体内部产生的应力场不是本书的论述重点，因此，本书讨论的支护应力场特指支护体在围岩中形成的附加应力场，以下所提到的这一概念均代表此含义。

本数值模拟使用 FLAC3D 软件，蠕变模型使用传统的 Viscoelastic 模型，不施加原岩应力，模型介质为单一煤介质，参数如表 6-2 所示。

表 6-2　模型力学参数

密度/(kg/m³)	体积模量/MPa	剪切模量/MPa	内摩擦角/(°)	抗拉强度/MPa	黏聚力/MPa
1 400.0	820	420	20.0	0.2	2

巷道开挖后，及时主动地支护能提早控制围岩，有效地防止围岩进一步恶化。对于只产生弹塑性变形的围岩介质来说，现有的锚杆支护体系可有效地控制其变形发展。围岩-支护系统很容易进入平衡状态，巷道围岩变形可以得到有效控制。对于弹塑性岩石，预应力锚杆在其内部形成支护应力场，在围岩-支护相互作用稳定后，尽管由于实际环境等各种因素会引起其变化，但可近似认为该支护应力场是稳定的，正是这种稳定性使围岩物理力学性质不致劣化，维持了围岩的自承能力。图 6-2 是以弹塑性模型计算的稳定后的预应力锚杆形成的支护应力场，该支护应力场在围岩中产生的最大压应力为 0.29 MPa。

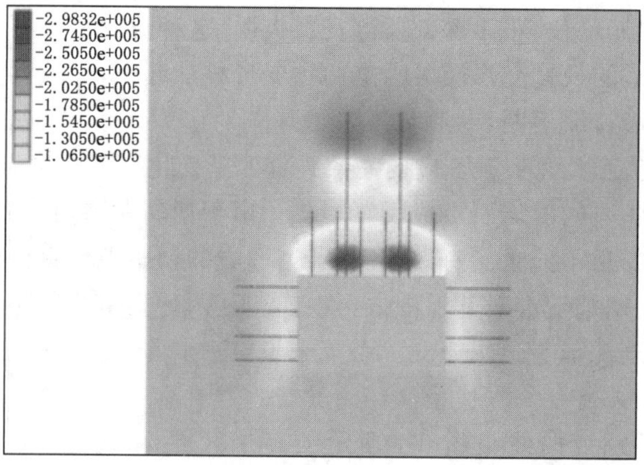

图 6-2　弹塑性模型计算的支护应力场

当围岩介质表现出更多的流变性质时，围岩-支护系统不易进入平衡状态，即应力-应变状态一直处于动态调整之中。由于蠕变和应力松弛，支护应力场处于不停的弱化之中，设计的支护应力逐渐丧失，对巷道围岩的约束能力逐渐减弱，这导致巷道围岩介质的力学性质恶化和强度减损；反过来，强度减损的围岩又进一步减弱支护应力场，正是两者之间的这种逐渐相互折损导致巷道的变形逐渐发展，直至破坏。

蠕变对巷道开挖的瞬时影响较小，在支护应力场刚建立的初期几乎没有影响，但随着时间的延长，开始对支护应力场产生影响。图 6-3 为蠕变第 1 阶段的支护应力场，岩石变形增大导致支护应力增大，支护应力场中产生的最大压应力增大到 0.30 MPa，增加的幅度不大，支护应力达到峰值后即开始逐步减弱。当围岩进入蠕变第 2 阶段即稳态蠕变阶段后，围岩随时间的延长以稳定速率弱化，此阶段的支护应力场如图 6-4 所示。当围岩进入蠕变第 3 阶段后，如图 6-5 所示，围岩加速蠕变，围岩变形发展较快，围岩接近破坏，支护应力亦以高速率减损，支护应力场中产生的最大压应力减小到 0.08 MPa，并很快失效，失去对围岩的约束作用。当采用不同预紧力进行蠕变试验时，发现适当增大预紧力可减慢及减小支护应力的减损速度和减损量，增大预紧力有利于蠕变岩石中支护应力场强度的保持。

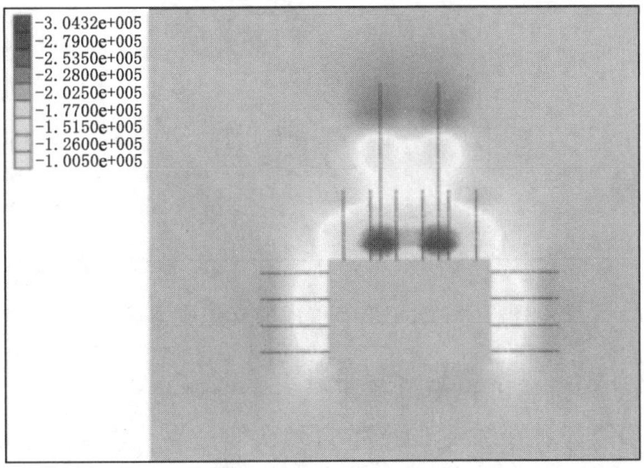

图 6-3　蠕变第 1 阶段的支护应力场

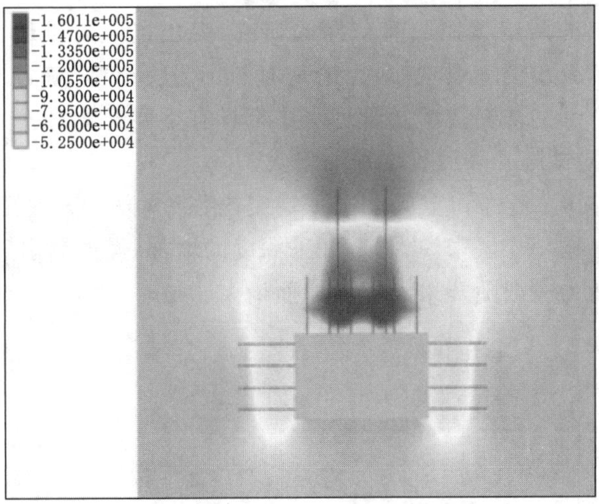

图 6-4　蠕变第 2 阶段的支护应力场

深部巷道的大变形由两部分组成：一是开挖卸载后的瞬时大变形，其原因是在相同条件下，开挖瞬时地应力较高时的损伤区明显大于地应力较低时的；二是开挖稳定后由流变引起的持续累计大变形。

目前，现有锚杆支护体系能很好地控制第一类变形的进一步发展，即由弹塑性引起的变形；对于第二类由流变引起的变形也有一定的控制作用，但未能完全控制。针对深部巷道大变形的特点，开发新一代超高强力锚杆锚索一次支护系统势在必行。

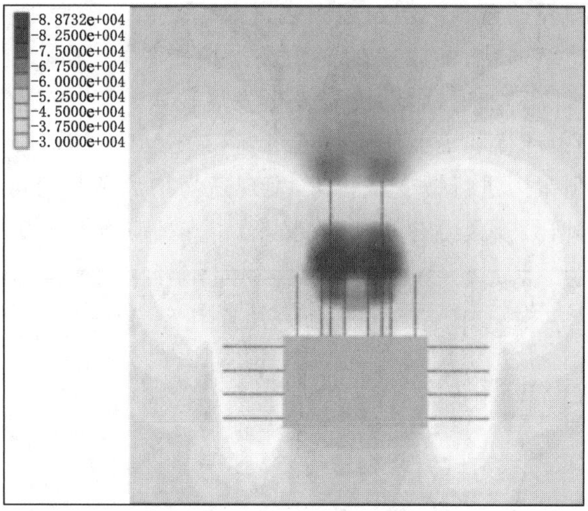

图 6-5　蠕变第 3 阶段的支护应力场

2. 实例二——煤与瓦斯突出一般规律定性定量分析研究

煤与瓦斯突出是采煤过程中发生的严重自然灾害之一，可在极短的时间内由煤体内部向采场、巷道等采掘空间喷出大量的煤和瓦斯，突出物埋人、破坏设施，瓦斯使人窒息，或引起瓦斯爆炸，会造成严重的人死矿毁事故。我国突出矿井多，分布范围广，突出频繁。

人们对突出机理的认识目前还停留在假说阶段，对于突出过程中的主导因素及其作用机理把握不准，对突出的防治与控制有待深入研究，突出造成人员伤亡事故时有发生。因此，统计研究煤与瓦斯突出的一般规律，无论是对制定防突措施、确定突出预测敏感指标及临界值，还是对提高矿井的防突技术及管理水平都具有重要意义。

(1) 煤层突出危险性随开采深度增加而增大

图 6-6 给出了英岗岭、涟邵和重庆地区平均突出强度（以下简称突出强度）与开采深度的关系。对同一矿区、同一煤层来说，随着开采深度的增加，煤层突出危险性增大，这是因为同一煤层应力、瓦斯压力一般随开采深度增加而增大。

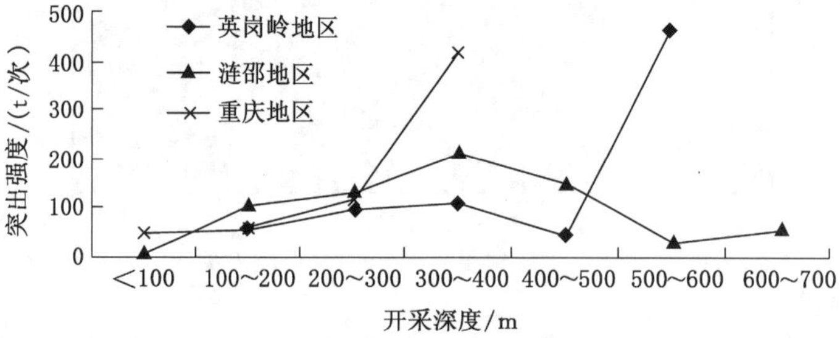

图 6-6　开采深度与突出强度关系曲线

一般一个矿井或一个煤层有一个开始发生突出的深度，当开采深度小于该深度时不会发生突出，而当开采深度大于该深度时就有发生突出的危险，该深度称为始突深度。对不同矿区，其煤层的突出危险程度和开采深度并不存在线性关系，即开采深度小，突出危险性不一定小，开采深度大，突出危险不一定严重。分析其原因为，突出矿井大多构造复杂，主应力大小和方向的决定因素在于区域构造应力场，即矿区及煤层的应力水平由构造因素决定，而不单取决于开采深度。

(2) 绝大多数突出发生在煤巷掘进工作面

在统计的 9 605 次突出中(图 6-7)，煤层平巷掘进工作面突出次数最多，为 4 652 次，上山掘进突出 2 455 次，下山掘进突出 375 次，即煤巷掘进工作面共突出 7 482 次，占 77.90%；采煤工作面突出 1 556 次，占 16.20%；石门揭煤工作面突出 567 次，占 5.90%。

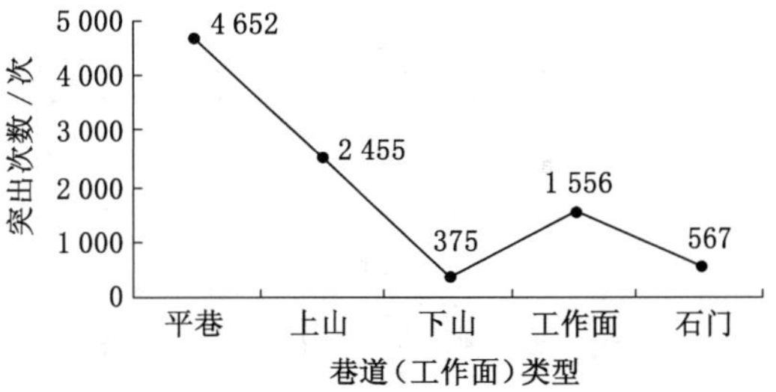

图 6-7 巷道(工作面)类型与突出次数关系曲线

需要指出的是，石门揭煤工作面突出次数少，一个很重要的原因是石门揭煤次数相对较少，尤其是在 20 世纪 60—70 年代，几乎每次石门揭煤都要发生煤与瓦斯突出，而且一旦发生突出，往往发生特大型煤与瓦斯突出，因此，石门揭煤工作面本身相对突出次数并不少。

(3) 石门突出危险性最大

在统计的 9 605 突出中(图 6-8)，石门突出强度最大，为 316.5 t/次，是平巷突出强度的 6 倍多，瓦斯喷出量大，事故波及范围广。从石门揭煤工作面距煤层 2 m 起至穿过煤层全厚而进入顶板或底板 2 m 止，整个揭穿过程都有危险，曾发生过仅 2 m 厚煤层在石门揭穿过程中有两次突出的事例。我国的特大型突出事故几乎都发生在石门揭煤工作面。采煤工作面突出强度最小，为 15.8 t/次，而且多数为危害相对较小的压出型突出，但采煤工作面人员密集，容易造成人员伤亡事故，不可忽视。

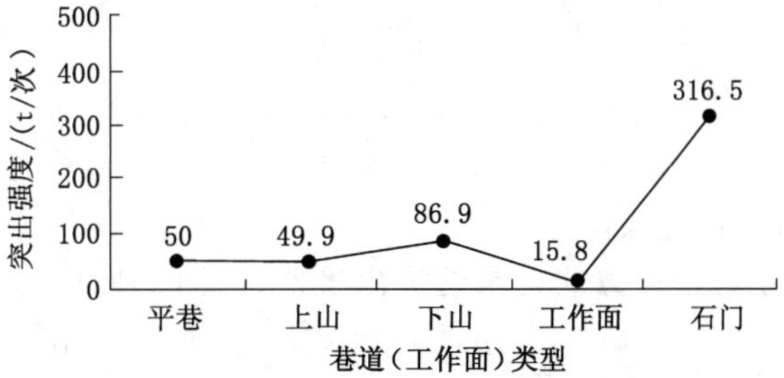

图 6-8 巷道(工作面)类型与突出强度关系曲线

(4) 突出常发生在地质构造带

在 3 082 次有准确记录的突出事例中(图 6-9)，2 525 次突出地点有断层、褶曲、火成岩侵入、煤层厚度变化等地质构造，无地质构造处发生突出 557 次，仅占 18.07%。地质构造作用使煤层破坏程度增高，机械强度降低，比表面积和空隙体积增大，提高了煤的瓦斯放散能力，因此，煤层突出危险性增大。易发生突出的地质构造带主要有向斜轴部地带、帚状构造收敛端、煤层扭转处、煤层产状急剧变化区、煤包及煤层厚度变化带、煤层分叉处、压性及压扭性断层地带和岩浆岩侵入区。

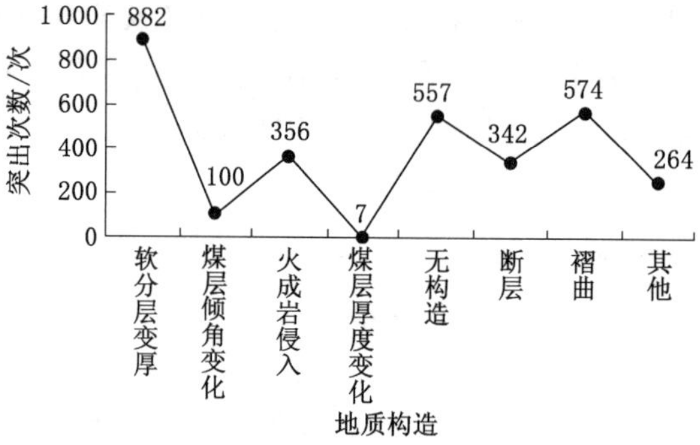

图 6-9　地质构造与突出次数关系曲线

需要指出的是，对刚开始突出的突出矿井、突出煤层，突出几乎都与地质构造有关；而对已有数十年历史的严重突出矿井、突出煤层，无地质构造地点突出次数明显增多。

如图 6-10 所示，在地质构造中，软分层变厚突出强度最大，为 194.9 t/次；次之为煤层倾角变化和褶曲，分别为 116.8 t/次和 74.7 t/次；无构造突出强度一般较小，为 53.0 t/次。除英岗岭地区、平煤集团外，断层与褶曲相比突出强度较小，尤其是在向斜轴部有多次发生特大型突出的事例，分析认为这与褶曲多由压应力形成，且构造未形成断裂，瓦斯和构造应力未通过断裂得到释放有关。

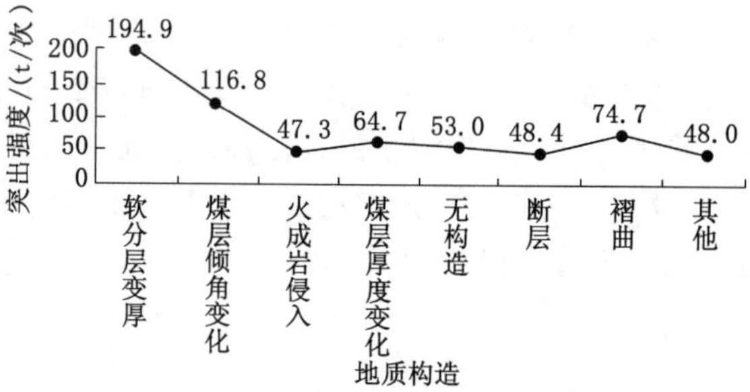

图 6-10　地质构造与突出强度关系曲线

(5) 大多数突出有作业方式诱导

在我国 8 669 次有明确作业方式记录的突出事例中(图 6-11)，8 362 次由爆破、支护、落煤、打钻等作业方式诱导，占 96.46%，其中，爆破和震动爆破诱导突出 5 593 次，占 66.89%，无作业突出 39 次，仅占 0.45%。因此，煤与瓦斯突出除应力、瓦斯、煤质 3 个本质要素外，采掘作业是一种诱导因素。值得注意的是，手镐落煤突出 1 102 次，突出强度为 40 t/次，由于人员在现场作业，一旦发生突出，势必造成人员伤亡事故，因此，手镐落煤不易作为主要采掘工序。

在各种作业方式中，震动爆破突出强度最大(图 6-12)，为 464 t/次，其次为爆破作业，为 92 t/次，即在各种作业方式中，爆破最易诱导突出。

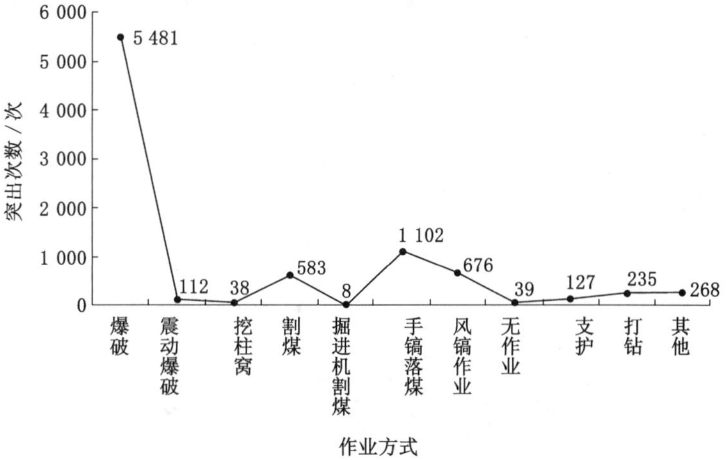

图 6-11　作业方式与突出次数关系曲线

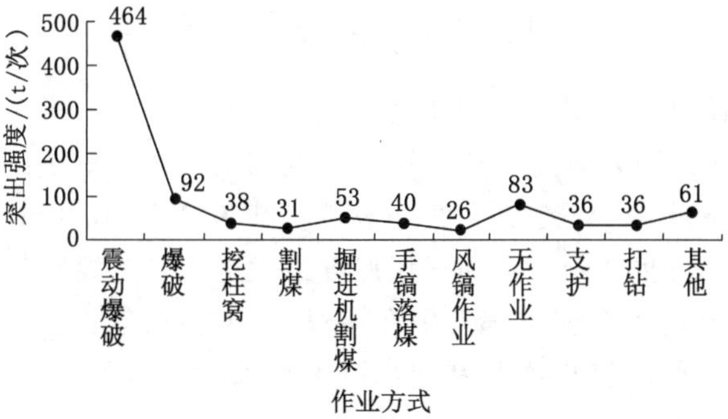

图 6-12　作业方式与突出强度关系曲线

(6) 突出前大多有突出预兆

在 4 597 次有明确突出预兆记载的突出事例中(图 6-13),4 061 次突出发生前有突出预兆,占 88.34%,其中,响煤炮预兆最多,有 1 415 次,占 34.84%;无突出预兆仅有 536 次,占 11.66%。可以认为,大多数突出发生前都会出现突出预兆。因此,熟悉并掌握突出预兆,对防止突出造成人员伤亡事故具有重要的现实意义。

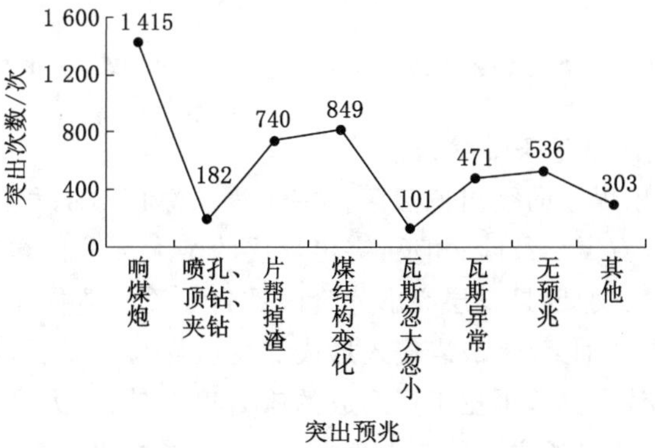

图 6-13　突出预兆与突出次数关系曲线

如图 6-14 所示，在各种突出预兆中，喷孔、顶钻、夹钻突出强度最大，为 128.1 t/次，响煤炮突出强度并不大。需要指出的是，无预兆突出强度达 94.8 t/次，反而比响煤炮等突出强度大，分析主要是由于统计的事例中石门揭煤次数多，而石门揭煤有安全岩柱，一般都无预兆，但突出强度大。

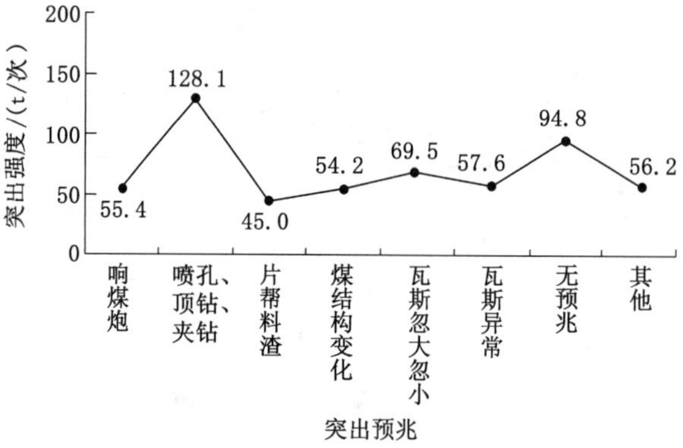

图 6-14　突出预兆与突出强度关系曲线

(7) 煤层突出危险性随煤层厚度增加而加大

图 6-15 和图 6-16 分别为南桐矿务局煤层厚度与突出次数、突出强度关系曲线。从中可以看出，3# 煤厚 0.3～0.5 m，突出强度 2 t/次；5# 煤厚 0.7～0.8 m，突出强度 38 t/次；6# 煤厚 1.0～1.5 m，突出强度 43 t/次；而煤层厚度最大的 4# 煤，煤厚为 2.5～3.2 m，突出强度 88 t/次，且该局所有特大型突出都发生在该煤层，突出次数占全局突出次数的 60% 以上。显然，随煤层厚度增大，突出次数和突出强度均增大。另外，在同一煤层，煤层由薄变厚，突出危险性有增大趋势。

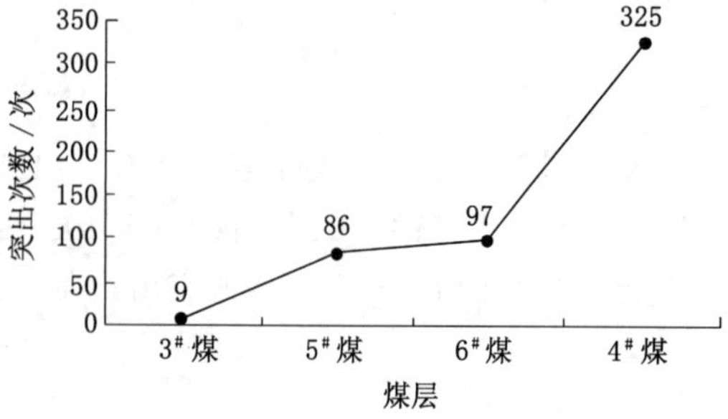

图 6-15　煤层厚度与突出次数关系曲线

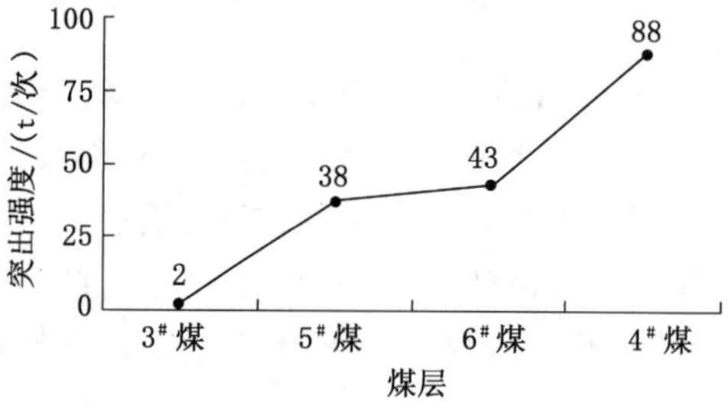

图 6-16　煤层厚度与突出强度关系曲线

(8) 煤层突出危险区常呈条带状分布

统计资料表明，突出煤层的突出危险区占突出煤层总区域面积的比例在 10% 以下，即突出煤层中并非处处都有突出危险；相反，突出煤层的绝大部分区域都无突出危险，突出危险区有带状分布特点。其原因是煤层突出危险区受到地质构造控制，而地质构造具有带状分布的特征，如断层、向斜轴部、火成岩侵入形成的变质煤与非变质煤交互区域或其邻近区域以及各种地质构造交汇处等，采掘工程形成的应力集中带、应力叠加区，如采掘工作面邻近煤柱、采止线、两条巷道贯通之前的应力集中带，相向采掘的两工作面互相接近时的采煤工作面应力集中带等也具有带状分布特点，煤层突出危险性增大。这些区域不仅突出频繁，而且极易发生高强度煤与瓦斯突出。因此，在突出煤层开采过程中，地质部门应随时掌握工作面附近地质构造变化情况，针对性地指导煤矿防突工作。

通过定性和定量分析探讨，得出以下结论：

① 同一矿区、同一煤层，煤层突出危险性随开采深度增加而增大。

② 绝大多数突出发生在煤巷掘进工作面，石门揭煤工作面突出危险性最大，采煤工作面突出强度最小，但一旦发生突出易造成人员伤亡事故，采煤工作面应严格执行好安全防护措施。

③ 煤与瓦斯突出大多数发生在地质构造带，软分层变厚突出危险性最大，向斜轴部有发生特大型突出的危险，突出危险区有带状分布特点，地质构造带是防突的重点区域。

④ 大多数突出有作业方式诱导，并有突出预兆，熟悉并掌握突出预兆，对防止突出造成人员伤亡事故具有重要的现实意义。

第三节 回归分析预测

一、回归分析预测法的概念

回归预测法，是指根据预测的相关性原则，找出影响预测目标的各因素，并用数学方法找出这些因素与预测目标之间的函数关系的近似表达，再利用样本数据对其模型估计参数及模型进行误差检验，一旦模型确定，就可利用模型根据因素的变化值进行预测。

回归分析预测法，是指在分析市场现象自变量和因变量之间相互关系的基础上，建立变量之间的回归方程，并将回归方程作为预测模型，根据自变量在预测期的数量变化情况来预测因变量。因此，回归分析预测法是一种重要的市场预测方法，当人们在对市场现象未来发展状况和水平进行预测时，如果能将影响市场预测对象的主要因素找到，并且能够取得其数量资料，就可以采用回归分析预测法进行预测。它是一种具体的、行之有效的、实用价值很高的常用市场预测方法。

二、回归分析预测法的分类

回归分析预测法有多种类型。依据相关关系中自变量的个数，可将其分为一元回归分析预测法和多元回归分析预测法。在一元回归分析预测法中，自变量只有 1 个；而在多元回归分析预测法中，自变量有 2 个或 2 个以上。依据自变量和因变量之间的相关关系，可分为线性回归预测法和非线性回归预测法。

三、回归分析预测法的步骤

（1）根据预测目标确定自变量和因变量

明确预测的具体目标，也就确定了因变量。如预测的具体目标是下一年度的销售量，那么销售量 Y 就是因变量。通过调查市场和查阅资料，寻找预测目标的相关影响因素，即自变量，并从中选出主要的影响因素。

（2）建立回归预测模型

依据自变量和因变量的历史统计资料进行计算，在此基础上建立回归方程，即回归预测模型。

（3）进行相关分析

回归分析是指对具有因果关系的影响因素(自变量)和预测对象(因变量)所进行的数理统计分析处理。只有当自变量与因变量确实存在某种关系时,建立的回归方程才有意义。因此,作为自变量的影响因素与作为因变量的预测对象是否有关,相关程度如何,以及判断这种相关程度的把握性多大,就成为回归分析必须要解决的问题。进行相关分析,一般要求出相关关系,并以相关系数来判断自变量和因变量的相关程度。

(4) 检验回归预测模型,计算预测误差

回归预测模型是否可用于实际预测,取决于对回归预测模型的检验和对预测误差的计算。回归方程只有通过各种检验,且预测误差较小,才能作为预测模型进行预测。

(5) 计算并确定预测值

利用回归预测模型计算预测值,并对预测值进行综合分析,从而确定最终的预测值。

应用回归分析预测法时应先确定变量之间是否存在相关关系。如果变量之间不存在相关关系,对这些变量应用回归分析预测法就会得出错误的结果。

正确应用回归分析预测法应注意:① 用定性分析判断现象之间的依存关系;② 避免回归预测的任意外推;③ 应用合适的数据资料。

四、线性回归模型

所谓线性回归模型,是指回归模型的因变量和自变量之间的关系是直线型的。

回归分析预测法中最简单和最常用的是线性回归预测法。

回归分析是对客观事物数量依存关系的分析,是数理统计中的一种常用方法,是处理多个变量之间相互关系的一种数学方法。

在现实世界中,人们常与各种变量打交道,在解决实际问题的过程中,常常会遇到多个变量同处于一个过程之中,它们之间互相联系、互相制约。常见的关系有两种:一类为“确定的关系”,即变量间有确定性关系,其关系可用函数表达式表示。例如,路程 s,与时间 t,速度 v 之间有关系式 $s=vt$。另外,还有一些变量,它们之间也有一定的关系,然而这种关系并不完全确定,不能用函数的形式来表达,在这种关系中至少有一个变量是随机的。例如,人的身高与体重有一定的关系,一般来讲身高高的人体重相对大一些,但是它们之间不能用一个确定的表达式表示出来。这类变量(或至少其中有一个是随机变量)之间的关系,称为相关关系。又如环境因素与农作物的产量也有相关关系,而在相同环境条件下农作物的产量也有区别,这就是说农作物的产量是一个随机变量。回归分析就是研究相关关系的一种数学方法,是寻找不完全确定的变量间的数学关系式并进行统计推断的一种方法,它能帮助人们从一个变量取得的值去估计另一个变量的值,在这种关系中最简单的是线性回归。

线性回归分析是指对客观事物数量关系的分析,是一种重要的统计分析方法,被广泛应用于社会经济现象变量之间的影响因素和关联的研究。由于客观事物的联系错综复杂,经济现象的变化往往用一个变量无法描述,在深入分析一元线性回归及其数学模型的情况下,又详细地介绍了多元线性回归方程的参数估计和其显著性检验等,全面揭示这种复杂的依存关系,准确测定现象之间的数量变动情况,以提高预测和控制的准确度。

五、一元线性回归预测法模型分析

一元线性回归预测法是分析一个因变量与一个自变量之间的线性关系的预测方法。常用统计指标包括:平均数、增减量、平均增减量。

1. 一元线性回归预测法模型的建立

① 选取一元线性回归预测法模型的变量；

② 绘制计算表和拟合散点图；

③ 计算变量间的回归系数及其相关的显著性；

④ 回归分析结果的应用。

2. 一元线性回归预测法模型的检验

① 经济意义检验：根据模型中各个参数的经济意义，分析各参数的值是否与分析对象的经济意义相符。

② 回归标准差检验。

③ 拟合优度检验。

④ 回归系数的显著性检验。

3. 一元线性回归预测法模型预测

其可以分为点预测法和置信区间预测法。

① 点预测法：是指将自变量取值代入回归预测模型求出因变量的预测值。

② 置信区间预测法：是指估计一个范围，并确定该范围出现的概率。置信区间大小的影响因素：因变量估计值、回归标准差、概率度 t。

一元线性回归预测法，是根据自变量 x 和因变量 Y 的相关关系，建立 x 与 Y 的线性回归方程进行预测的。由于市场现象一般受多种因素的影响，而并不是仅仅受一个因素的影响，所以应用一元线性回归预测法，必须对影响市场现象的多种因素作全面分析。只有当诸多的影响因素中，确实存在一个对因变量影响作用明显高于其他因素的变量，才能将它作为自变量，应用一元线性回归预测法进行预测。

4. 一元线性回归预测法公式表达

(1) 回归模型的建立

① 一元线性总体回归模型如下：

$$Y_i = b_0 + b_1 X_1 + \mu_1, i = 1, 2, \cdots, n \quad (\mu_1 \text{ 是随机误差项})$$

② 样本回归模型如下：

$$y_i = \hat{b}_0 + \hat{b}_1 x_1 + e_1, i = 1, 2, \cdots, n \quad (e_1 \text{ 为残差})$$

③ 对于给定的一个样本，总体回归模型的近似估计为：

$$\hat{y}_i = \hat{b}_0 + \hat{b}_1 x_1 \quad (\text{样本回归方程，又称为经验方程})$$

④ 式子②又可以写成：

$$y_i = \hat{y}_i + e_1$$

根据最小二乘法原理，使总离差平方和最小，得下列正规方程组：

$$\begin{cases} -2\sum_{i=1}^{n}(Y_i - \hat{b}_0 - \hat{b}_1 X_i) = 0 \\ -2\sum_{i=1}^{n}X_i(Y_i - \hat{b}_0 - \hat{b}_1 X_i) = 0 \end{cases}$$

解正规方程组，便可获得两个参数 $\hat{b}_0$ 和 $\hat{b}_1$ 的最小二乘估计量：

$$\hat{b}_1 = \frac{\sum_{i=1}^{n} X_i Y_i}{\sum_{i=1}^{n} X_i^2 - n\overline{X}^2}, \hat{b}_0 = \overline{Y} - \hat{b}_1 \overline{X}$$

（2）回归模型的检验

① F 检验

对于简单线性回归，可以导出总平方和（SSTO）的分解公式：

$$\mathrm{SSTO} = \sum_{i=1}^{n}(\hat{Y}_i - \overline{Y})^2 + \sum_{i=1}^{n}(Y_i - \hat{Y}_i)^2 = \mathrm{SSR} + \mathrm{SSE}$$

式中，$\mathrm{SSR} = \sum_{i=1}^{n}(\hat{Y}_i - \overline{Y})^2$，为回归平方和；$\mathrm{SSE} = \sum_{i=1}^{n}(Y_i - \hat{Y}_i)^2$，为残差平方和。

对应平方和的分解，自由度也可作相应的分解。总平方和的自由度为 $n-1$，而残差平方和的自由度为 $n-2$。因而只剩下 1 作为回归平方和的自由度。这样总自由度可以分解为 $n-1=1+(n-2)$。

用各项平方和除以相应的自由度，可得各项均方：

回归均方：　　$\mathrm{MSR}=\mathrm{SSR}/1=\mathrm{SSR}$

残差均方：　　$\mathrm{MSE}=\mathrm{SSE}/(n-2)$

要检验总体两变量间是否真正线性相关，可以检验总体的回归系数 b_1 是否等于零。

提出零假设、备择假设：

$$H_0: b_1 = 0; H_1: b_1 \neq 0$$

当 X 与 Y 有线性关系时，可以用 F 统计量检验零假设 H_0：

$$F = \frac{\mathrm{MSR}}{\mathrm{MSE}} \sim F(1, n-2)$$

给定显著性水平 α，计算 F 值，并与查分布表得到的 F 值比较。如果 $F \leqslant F_\alpha(1, n-2)$，则称变量 X 与 Y 没有明显的线性关系，接受 H_0，说明回归方程不显著；如 $F > F_\alpha(1, n-2)$，则拒绝 H_0，说明 X 与 Y 有显著的线性关系。

② t 检验

对于回归系数 $\hat{b}_1$，提出零假设、备择假设

$$H_0: b_1 = 0; H_1: b_1 \neq 0$$

一般样本容量不满足大样本条件，当 $n \geqslant 30$ 时，要用 t 分布检验法。

$$t = \frac{\hat{b}_1}{S_{\hat{b}_1}} \sim t(n-2)$$

式中，$n-2$ 为自由度。

如果 $|t| < t_{\alpha/2}(n-2)$，则认为假设 $H_0: b_1=0$ 成立的概率很大，接受 H_0，说明回归方程不显著；如果 $|t| \geqslant t_{\alpha/2}(n-2)$，则认为假设 $H_0: b_1=0$ 成立的概率很小，拒绝 H_0，说明 X 与 Y 有显著的线性关系。

③ R 检验

由样本回归模型和样本回归方程，可以得到：

$$Y_i - \overline{Y} = (\hat{Y}_i - \overline{Y}) + Y_i - \hat{Y}_i$$

上式把被解释变量的总偏差分解成相应的可解释偏差(回归偏差)和残差(随机偏差)两部分。

SSR 在 SSTO 中所占比例越大，SSE 在 SSTO 中所占比例越小，说明回归系数估计值的显著性越强。因此，可以用 SSR 在 SSTO 中所占的比例表示样本回归直线与样本观察值拟合的程度。定义：

$$R^2 = \frac{\mathrm{SSR}}{\mathrm{SSTO}} = \frac{\sum_{i=1}^{n}(\hat{Y}_i - \overline{Y})^2}{\sum_{i=1}^{n}(\hat{Y}_i - \overline{Y})^2 + \sum_{i=1}^{n}(Y_i - \hat{Y}_i)^2}$$

R^2 可以表示拟合的程度，称为决定系数或拟合优度。

$$0 \leqslant R^2 \leqslant 1$$

决定系数 R^2 是一个回归直线与样本观测值拟合优度判定的指标。一个线性回归模型如果充分利用了 X 的信息，则 R^2 越大，拟合优度就越好；反之，如 R^2 不大，则说明模型中给出的 X 对 Y 的信息还不够充分，应进行修改，使 X 对 Y 的信息得到充分利用。

(3) 一元线性回归模型的点预测和区间估计

① 一元线性回归模型的点预测

给定观察值 X_0，可用下式预测某一个新的 $\hat{Y}_0$ 值：

$$\hat{Y}_0 = \hat{b}_0 + \hat{b}_1 X_0$$

② 一元线性回归模型的区间估计

对于预测问题，除了知道点估计的预测值外，还希望知道预测的精度，因为点估计不能给出与估计有关的任何准确信息。

给定观察值 X_0，新的 $\hat{Y}_0$ 值具有的方差等于平均估计的方差加回归模型的方差：

$$\sigma^2(\hat{Y}_0) = \mathrm{MSE}\left[1 + \frac{1}{n} + (X_0 - \overline{X})^2 \Big/ \left(\sum_{i=1}^{n} X_i^2 - n\overline{X}^2\right)\right]$$

在显著性水平 α 下，相依变量 Y 的某一个新值 Y_0 的置信度为 $100(1-\alpha)\%$ 的预测区间为：

$$(\hat{Y}_0 - t(\alpha/2, n-2)\sigma(\hat{Y}_0), \hat{Y}_0 + t(\alpha/2, n-2)\sigma(\hat{Y}_0))$$

六、多元线性回归预测模型

在市场经济活动中，经常会遇到某一市场现象的发展和变化取决于几个影响因素的情况，也就是一个因变量和几个自变量有依存关系的情况。而且有时几个影响因素主次难以区分，或者有的因素虽属次要的，但也不能略去其作用。例如，某一商品的销售量既与人口的增长变化有关，也与商品价格变化有关。这时采用一元回归分析预测法进行预测是难以奏效的，需要采用多元回归分析预测法。

多元回归分析预测法，是指通过对两个或两个以上自变量与一个因变量的相关分析，建立预测模型进行预测的方法。当自变量与因变量之间存在线性关系时，称为多元线性回归分析。

1. 多元线性回归模型的建立

多元线性回归预测法假设研究目标受到多个因素 $x_1, x_2, \cdots, x_m$ 的影响，如果因变量 y

与其他多个自变量线性相关，存在一定的线性关系，则因变量 y 与 $x_1, x_2, \cdots, x_m$ 的多元线性关系为：

$$y_i = \beta_1 x_{i1} + \beta_2 x_{i2} + \cdots + \beta_m x_{im} + \mu_i$$

若取 x_{i1} 的观察值恒为 1，及对任意 i 有 $x_{i1}=1$，则上式经过变形变成：

$$y_i = \beta_1 + \beta_2 x_{i2} + \cdots + \beta_m x_{im} + \mu_i$$

其矩阵形式为 $\boldsymbol{Y}=\boldsymbol{X\beta}+\boldsymbol{\mu}$。

为了估计参数 $\boldsymbol{\beta}$，采用最小平方法，设观察值与模型估计值的残差为 $\boldsymbol{E}$，则 $\boldsymbol{E}=\boldsymbol{Y}-\hat{\boldsymbol{Y}}$，其中 $\hat{\boldsymbol{Y}}=\boldsymbol{X\beta}$。根据最小平方法整理得出回归系数向量 $\boldsymbol{\beta}$ 的估计值：$\hat{\boldsymbol{\beta}}=(\boldsymbol{X}^{\mathrm{T}}\boldsymbol{X})^{-1}\boldsymbol{X}^{\mathrm{T}}\boldsymbol{Y}$。

2. 多元线性回归模型的显著性检验

多元线性回归模型同一元线性回归模型一样，需要检验多个变量与研究目标是否存在相应的线性关系。如果多元线性回归模型的显著性检验不明显，说明研究目标与影响因素间不存在明显的线性关系，就无法采用多元线性回归模型进行预测。所以说，显著性是采用多元线性回归模型进行预测的前提和基础。多元线性回归模型常用的检验方法有 4 种：R 检验、t 检验、F 检验和 DW 检验。

(1) R 检验

R 检验利用复相关系数检验研究目标数列中每一个自变量 $x_1, x_2, \cdots, x_m$ 与因变量 y 之间的线性关系。R 检验与一元线性回归模型的检验基本类似，可以通过对总离差的分析，得到多元线性回归模型的 R 的计算公式：

$$R = \sqrt{1 - \frac{\sum (y_i - \hat{y}_i)^2}{\sum (y_i - \bar{y}_i)^2}}$$

(2) F 检验

F 检验通过 F 的统计量检验假设 $H_0: \beta_1=\beta_2=\cdots=\beta_m$ 是否成立。具体的 F 统计量计算公式为：

$$F = \frac{\sum (\hat{y} - \bar{y})^2/(m-1)}{\sum (y_i - \hat{y}_i)^2/(n-m)}$$

可以证明，F 统计量服从以$(m-1, n-m)$为自由度的 F 分布，结合研究目标给定的显著性水平 α，查 F 分布表可得临界值 $F_\alpha(m-1, n-m)$。若$F>F_\alpha(m-1, n-m)$，则否定假设 H_0，认为一组自变量 $x_1, x_2, \cdots, x_m$ 与因变量 y 之间的回归效果显著；若 $F \leqslant F_\alpha(m-1, n-m)$，则不显著。

(3) t 检验

t 检验通过 t 统计量对所求回归模型的每一个系数逐一进行检验假设 $H_0: \beta_j=0, j=1, 2, \cdots, m$ 是否成立。

t 检验的步骤如下：

首先计算估计标准误差。

$$S = \sqrt{\frac{\sum (y_i - \hat{y}_i)^2}{n-m}}$$

其次计算样本标准差，由推算可知：$S_{\hat{\beta}_j} = \sqrt{C_{jj}}S$，计算出 t 统计量。

最后建立假设 $H_0:\beta_j=0$。如果$|t_j|\geqslant t_{\alpha/2}(n-m)$成立，则否定假设 H_0，说明 x_j 对 y 有显著影响；如果$|t_j|<t_{\alpha/2}(n-m)$，则假设成立，$H_0:\beta_j=0$ 被接受，说明 x_j 与 y 没有关系或者关系很小，小到可以忽略的程度，所以可以对该因素进行无视处理。

(4) DW 检验

Durbin-Watson(DW)检验是比较常见的一种多元线性相关检验方法，该方法利用回归模型和残差计算出 DW 统计量，DW 的计算公式为：

$$\mathrm{DW}=\frac{\sum_{i=2}^{n}(e_i-e_{i-1})^2}{\sum_{i=1}^{n}e_i^2}$$

通过公式可以看出，DW 取值在 0～4 之间。根据 DW 统计量，检验模型是否存在自相关，其步骤如下：

首先，利用最小平方法求回归模型及残差 e_i，计算出 DW 统计量；

其次，确立假设 $H_0:\rho_1=0$，即假定回归模型不存在自相关；

最后，根据给定的检验水平及自变量个数 m 从 DW 检验表中查得相应的临界值 d_L，d_U，并利用表 6-3 判别检验结论。

表 6-3 DW 检验判别表

DW 值	检验结果
$4-d_L<\mathrm{DW}<4$	否定假设，出现负自相关
$0<\mathrm{DW}<d_L$	否定假设，出现正自相关
$d_U<\mathrm{DW}<4-d_U$	接受假设，不存在自相关
$d_L<\mathrm{DW}<d_U$	检验无结论
$4-d_U<\mathrm{DW}<4-d_L$	检验无结论

3. 多元线性回归模型的预测区间

多元线性回归模型的预测区间计算步骤如下。

① 计算估计标准误差：$S=\sqrt{\dfrac{\sum(y_i-\hat{y}_i)^2}{n-m}}$；

② 记预测点为 $x_{01},x_{02},\cdots,x_{0m}$，则预测值 $y_0=X_0\hat{B}$；

③ 当预测值 $\hat{y}_0$ 的显著性水平为 α 时，多元线性回归模型的预测区间为：

$$\hat{y}_0\pm t_{\alpha/2}(n-m)\boldsymbol{S}_0\quad(n<30)$$

这里的 $\boldsymbol{S}_0$ 是一个影响因素数据向量，在实际预测中，一般用 S 代替 $\boldsymbol{S}_0$ 近似地估计预测区间。

七、非线性回归模型

非线性回归预测法/非线性回归分析是线性回归分析的扩展，也是传统计量经济学的结构模型法分析。

在社会现实经济生活中，很多现象之间的关系并不是线性的，对这种类型现象的分析预测一般要应用非线性回归预测。而通过变量代换，可以将很多非线性回归转化为线性回归。因而，可以用线性回归方法解决非线性回归预测问题。

选择合适的曲线类型不是一件轻而易举的工作，应主要依靠专业知识和经验。常用的曲线类型有幂函数、指数函数、抛物线函数、对数函数和S形函数。

线性回归模型分析的线性经济变量关系只是经济变量关系中的特例，现实中的多数经济变量关系是非线性的。

对于无法通过初等数学变换转化为线性回归模型的非线性经济变量关系，必须直接用非线性变量关系进行分析。

即使非线性变量关系可以通过初等数学变换转化为线性回归模型，也可能造成模型随机误差项性质的改变，在这种情况下，常常也是直接就非线性模型进行分析比较有利。

非线性模型计量经济分析的基本思路与线性回归模型的是相似的，仍然可以以回归分析为核心，称为非线性回归分析。

1. 非线性函数形式的确定

选择回归函数的具体形式应遵循以下原则：

① 函数形式应与经济学的基本理论相一致。如生产函数常采用幂函数的形式，成本函数常采用多项式方程的形式等。

② 方程有较高的拟合优度，说明函数形式选取较为适当。

③ 函数的形式尽可能简单。

2. 非线性回归预测模型的种类

非线性回归预测模型有很多，其中，除“直线回归方程(LIN)”外的对数曲线方程(LOG)、反函数曲线方程(INV)、二次曲线方程(抛物线)(QUA)、三次曲线方程(CUB)、复合曲线方程(COM)、幂函数曲线方程(POW)、S形曲线方程(S)、生长曲线方程(GRO)、指数曲线方程(EXP)与logistic曲线方程(LGS)等均为非线性回归方程。当然，还有双曲线回归方程、超指数曲线方程等许多非线性回归方程，可用于预测预报。

常见的非线性函数形式如下：

(1) 抛物线函数

$$Y = a + bX + cX^2$$

(2) 双曲线函数

$$Y = a + b(1/X)$$

(3) 幂函数

$$Y = aX_1b_1X_2b_2\cdots X_kb_k$$

(4) 指数函数

$$Y = ab^X$$

(5) 对数函数

$$Y = a + b\ln X$$

(6) S形曲线函数

$$y = \frac{1}{a + be^{-x}}$$

(7) 多项式方程

一般先将非线性回归预测模型线性化，然后采用线性方程形式进行估计。常用的变换方法有如下两种。

倒数变换——如对双曲线函数，设 $Z=1/X$，则原函数化为如下线性形式：

$$Y = a + bZ$$

半对数变换——如对对数函数，设 $Z=\ln X$，则原函数变换为：

$$Y = a + bZ$$

3. 化非线性回归为线性回归

在实际问题中，当变量之间不是线性相关关系时，不能用线性回归方程描述它们之间的相关关系，需要进行非线性回归分析；然而，非线性回归方程一般很难求解。因此，把非线性回归化为线性回归应该说是解决问题的好方法。

所研究对象的物理背景或散点图可帮助我们选择适当的非线性回归方程：

$$\hat{y} = \mu(x;a,b)$$

式中，a 和 b 为未知参数(在此仅讨论含两个参数的非线性回归方程)。为求参数 a 和 b 的估计值，往往可以先通过变量置换，把非线性回归化为线性回归，再利用线性回归的方法确定参数 a 和 b 的估计值。

下面列出常用的曲线方程及其图形(表 6-4)，并给出相应的转化为线性方程的变量置换公式，以帮助读者观察散点图确定回归方程的类型。不过，值得注意的是，散点图毕竟只是相关关系的粗略表示，有时散点图可能与几种曲线都很接近，此时建立相应的回归方程可能都是合理的；但一个非线性回归问题，由于选择不同的非线性回归方法，得到同一个问题的多个不同回归方程，哪一个回归方程最优呢？对于能化为一元线性回归的问题，可通过计算样本相关系数的办法来解决，样本相关系数绝对值最大的对应最优的回归方程。

表 6-4　常见的曲线方程及其图形

曲线方程	变换公式	变换后的线性方程	曲线图形
$\frac{1}{y}=a+\frac{b}{x}$	$X=\frac{1}{x}$ $Y=\frac{1}{y}$	$Y = a + bX$	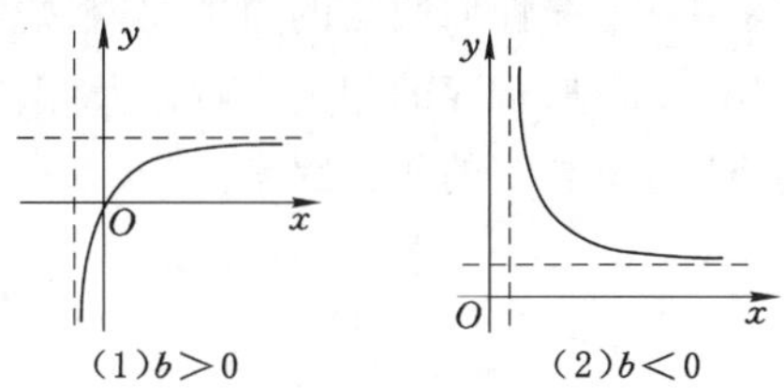
$y = ax^b$	$X=\ln x$ $Y=\ln y$	$Y = a' + bX$ $(a' = \ln a)$	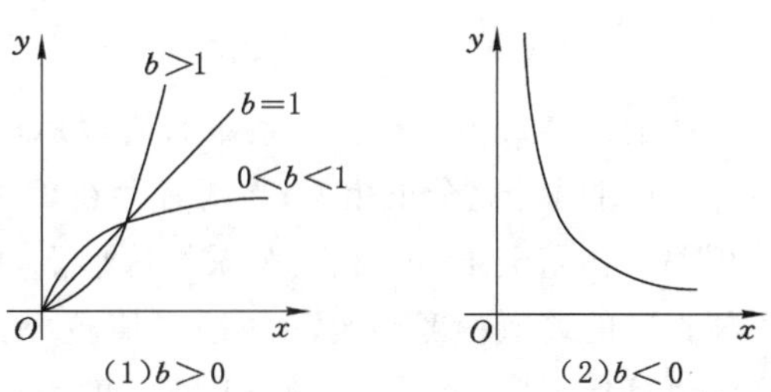

表 6-4(续)

曲线方程	变换公式	变换后的线性方程	曲 线 图 形
$y=a+b\ln x$	$X=\ln x$ $Y=y$	$Y=a+bX$	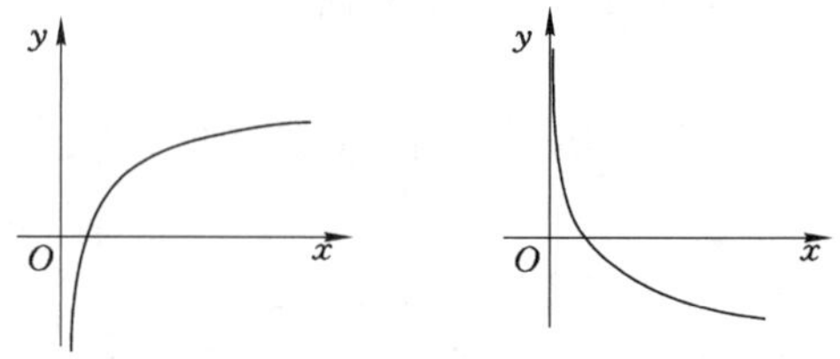 (1)$b>0$　(2)$b<0$
$y=ae^{bx}$	$X=x$ $Y=\ln y$	$Y=a'+bX$ $(a'=\ln a)$	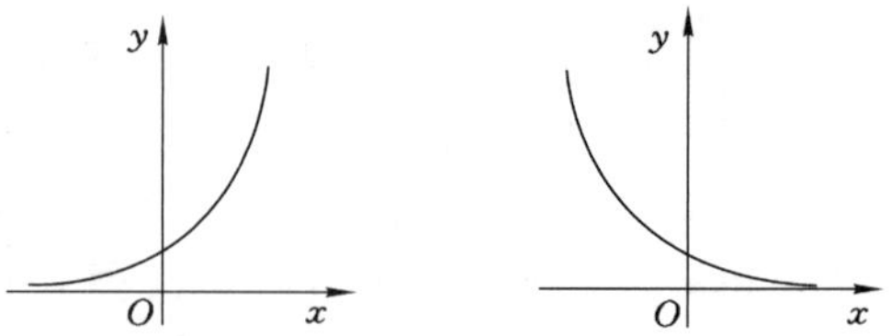 (1)$b>0$　(2)$b<0$
$y=ae^{\frac{b}{x}}$	$X=\frac{1}{x}$ $Y=\ln y$	$Y=a'+bX$ $(a'=\ln a)$	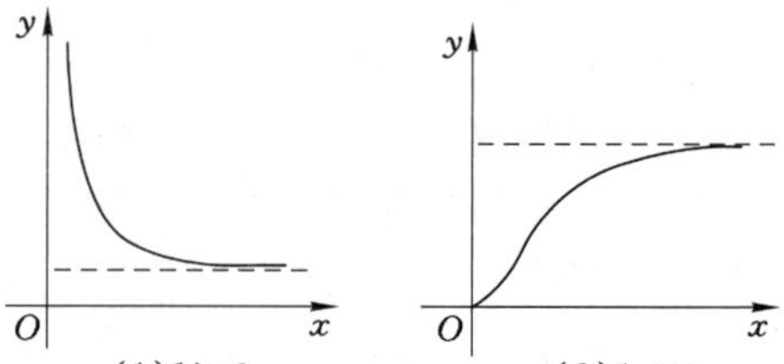 (1)$b>0$　(2)$b<0$

八、线性回归预测在矿业工程中的应用

1. 实例——一元线性回归法在煤矿瓦斯含量预测中的应用

(1) 瓦斯分布与预测的基本原理

运用一元线性回归法的原理，分析煤层不同埋深条件下瓦斯赋存的相关影响、不同底板标高条件下瓦斯赋存的相关影响以及相关系数 r 的意义，从而确定可能对煤层瓦斯含量的分布产生重要影响的相关因素。

$$r=\frac{\sum XY-\frac{\sum X\cdot\sum Y}{n}}{\sqrt{\left[\sum X^2-\frac{\left(\sum X\right)^2}{n}\right]\left[\sum Y^2-\frac{\left(\sum Y\right)^2}{n}\right]}}$$

从上述公式中分析相关系数 r 所表示的意义：当两者存在正相关关系时，r 为正值，其中，$r=1$ 时两者完全正相关；当两者存在负相关关系时，r 为负值，其中，$r=-1$ 时两者完全负相关。在完全正(负)相关关系的情形下，所有的图点都会落在回归直线上。点分布距离回归直线的离散程度越大，r 的绝对值越小；反之，离散程度越小，r 的绝对值越大。当 r 的绝对值接近 1 时，相关性越密切；当 r 的绝对值接近 0 时，相关性越不密切；当 r 等于 0 时，两个变量之间无相关关系。一般情况下，r 的绝对值超过 0.75 即可认为变量间有很强的相关关系。

(2) 瓦斯赋存影响因素及其模型

① 煤层埋深对瓦斯赋存的影响

根据《河北省邢台县邢北煤矿有限公司煤炭资源/储量核实报告》中的相关资料(详见表 6-5),结合《采矿工程设计手册》中的有关煤层瓦斯含量经验公式,预测 15# 煤层的瓦斯含量。

表 6-5　15# 煤层煤质基本特征

煤层	煤样	水分 M_a /%	灰分 A_d /%	挥发分 V_{daf} /%	发热量 $Q_{gr,daf}$ /(MJ/kg)	全硫 $S_{t,d}$/%
15# 煤层	原煤	1.26	22.14	25.85	27.68	1.44

煤层瓦斯含量经验公式:

$$W_h = W_x + W_y$$

将上述数据代入公式得:

$$W_h = \frac{10.2 \times (0.001\,6t^2 - 0.19t + 23 - 0.2V_{daf})p[1 - 0.01(A_d - M_a)]f_n B_0}{0.2p + 1/(0.34 - 0.004t)} + f_n \frac{10.2p}{K_y}$$

式中　W_x——符合 p,t 条件时,吸附瓦斯的含量,m^3/t;

W_y——符合 p,t 条件时,游离瓦斯的含量,m^3/t;

A_d——煤中灰分,取 22.14%;

M_a——煤中水分,取 1.26%;

f_n——煤中孔隙体积,取 0.033 8 m^3/m^3;

t——温度,取 20 ℃;

K_y——特定煤层瓦斯压力条件下的瓦斯压缩系数,取 1.08;

B_0——水分对瓦斯吸附能力的影响系数;

$$B_0 = p/(0.098 \times 0.979\,2)$$

p——煤层瓦斯压力,MPa;

$$p = (2.03 \sim 10.13)H/1\,000$$

H——埋深,m。

参照邻近矿井,取 $p = 6.5H/1\,000$。

根据计算结果,对该矿瓦斯含量实施进一步的预测(详见表 6-6)。

表 6-6　15# 煤层瓦斯含量预测结果

序号	测点埋深/m	煤层底板标高/m	原煤瓦斯含量/(m^3/t)
1	80	1 620	2.05
2	110	1 650	3.15
3	220	1 550	7.52
4	330	1 450	12.08
5	425	1 400	16.06

根据表 6-6 的数据，可以得到不同埋深煤层瓦斯含量分析图(图 6-17)。

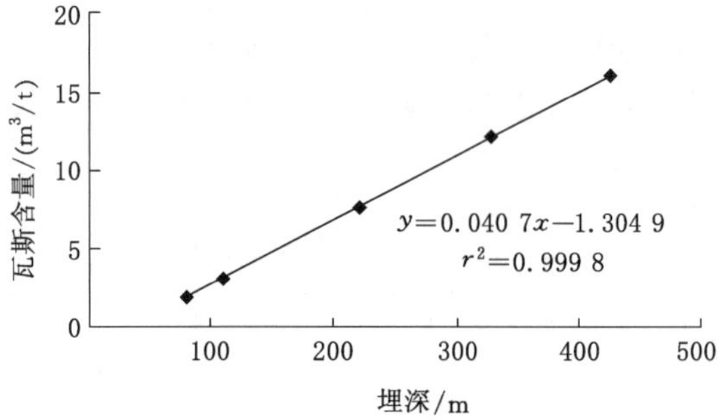

图 6-17 瓦斯含量与煤层埋深之间的回归趋势线

回归方程：$y = 0.040\ 7x - 1.304\ 9$；相关系数：$r = 0.999\ 9$。

② 煤层底板标高对瓦斯赋存的影响

根据表 6-6 的数据，可以得到各煤层底板标高瓦斯含量回归趋势线(图 6-18)。

回归方程：$y = -0.054\ 3x + 91.482$；相关系数：$r = -0.983\ 5$。

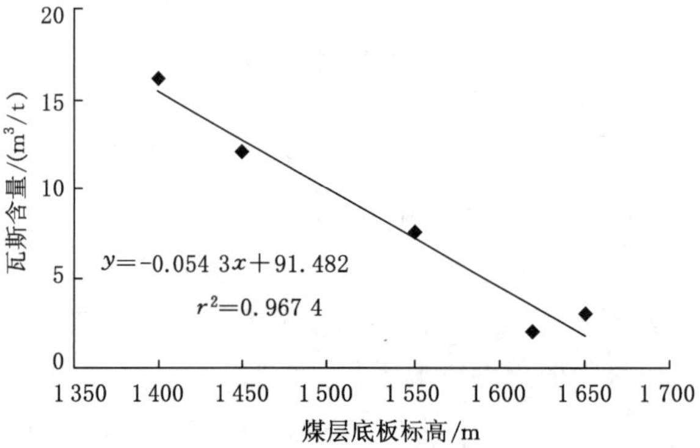

图 6-18 瓦斯含量与煤层底板标高之间的回归趋势线

(3) 煤层瓦斯含量的预测

通过分析上述回归方程可知，煤层瓦斯含量与埋深呈正相关，与底板标高呈负相关，且两者相关系数 r 绝对值均大于 0.75。这说明，埋深、底板标高与瓦斯含量的关系十分密切，都对瓦斯含量产生重要影响。由于埋深相对底板标高来说与瓦斯含量的相关性更好，因此，可将埋深与煤层瓦斯含量的回归方程用于预测矿井内的瓦斯含量分布。

综上所述，煤层埋深是影响该矿 15# 煤层瓦斯含量的主要因素。将各煤层埋深的值代入埋深与瓦斯含量之间的回归方程：$y=0.040\ 7x-1.304\ 9$，可得到以下计算结果，见表 6-7。

该矿矿区范围内 15# 煤层的总体瓦斯含量趋势值均不超过 25 m^3/t。

运用一元线性回归法分析探讨煤矿瓦斯赋存的影响因素，并在研究结果的基础上对瓦斯含量进行具体预测，是一种比较科学和有效的方法。将此方法用于生产实践，取得了一定的效果，具有指导煤矿安全生产的现实意义。

表 6-7　计算结果

埋深/m	瓦斯含量趋势值/(m^3/t)	埋深/m	瓦斯含量趋势值/(m^3/t)
81	2	400	15
155	5	523	20
228	8	646	25
277	10		

2. 实例二——基于多元线性回归法的煤矿突水预测

(1) 模型的建立

① 条件假设

a. 假设矿井突水只受岩溶、断裂构造、水压、含水层厚度、隔水层厚度 5 个因素的影响，而不考虑其他因素的影响。

b. 样本所观测的数据完全客观，不受人为、仪器等因素的影响。

c. 所给观测样本是随机抽取的。

② 模型建立

设 β_0，β_1，β_2，β_3，β_4 分别代表岩溶、断裂构造、水压、含水层厚度、隔水层厚度 5 个因素的数值，Y 代表突水量。当 $Y\leqslant 0$ 时，表示不突水；当 $Y>0$ 时，其数值表示预测突水量。

因此，突水量与岩溶、断裂构造、水压、含水层厚度、隔水层厚度关系的模型为：

$$Y = X_0\beta_0 + X_1\beta_1 + X_2\beta_2 + X_3\beta_3 + X_4\beta_4 + \varepsilon$$

(2) 应用实例

依据某矿区的资料数据，在该矿区采集的样本中，随机抽取 12 个样本数据(表 6-8)。

表 6-8　某矿区水文地质资料

编号	岩溶	断裂构造	水压/MPa	含水层厚度/m	隔水层厚度/m	实际突水量/m^3
1	0.115	2.9	2.00	17.55	1.81	55.31
2	0.210	1.0	1.89	20.88	14.68	0
3	0.173	0.9	1.87	4.50	11.6	0
4	0.189	2.0	2.35	10.57	7.92	37.63
5	0.249	4.9	2.15	19.80	1.11	0
6	0.151	0.7	1.77	37.61	0.95	0
7	0.180	0.7	2.29	11.02	1.87	91.10
8	0.215	0.5	2.09	44.49	0.62	122.72
9	0.172	5.2	2.33	37.11	0.32	83.21
10	0.162	5.3	1.80	8.91	3.19	0
11	0.150	1.1	1.91	29.41	0.35	0
12	0.178	2.3	2.13	43.43	1.30	0

根据表 6-8 的数据，利用最小二乘法求得 $X_0, X_1, X_2, X_3, X_4, \varepsilon$ 的数值，即得突水量与岩溶、断裂构造、水压、含水层厚度、隔水层厚度的线性回归方程：

$$Y = -195.823 - 81.686\beta_0 - 7.270\beta_1 + 131.185\beta_2 + 0.028\beta_3 - 2.567\beta_4$$

表 6-9 是该矿区尚未进行探水工作的一些区域的水文地质资料。

表 6-9　部分未进行探水区域的水文地质资料

编号	岩溶	断裂构造	水压/MPa	含水层厚度/m	隔水层厚度/m
1	0.08	3.1	1.9	9.7	11.4
2	0.97	6.7	9.4	18.7	4.5
3	0.19	9.7	4.7	2.9	3.6

把表 6-9 中的数据代入上式得 $Y_1 = -4.636\ \text{m}^3$，$Y_2 = 898.344\ \text{m}^3$，$Y_3 = 325.547\ \text{m}^3$，即编号 1 区域不突水，编号 2 和编号 3 区域突水，突水量分别为 898.344 m^3 和 325.547 m^3。后续探测表明，预测结果基本符合探测结果。

多元线性回归法在一定范围内可预测突水量，对矿井预防突水具有一定的指导价值。影响矿井突水的因素有很多，其中，岩溶、断裂构造、水压、含水层厚度、隔水层厚度只是 5 个主要因素，采煤方法、矿山压力等因素都会影响矿井突水。因此，在实际生产过程中应结合现场实际情况预测突水量，并采取一定的防御措施，以避免发生突水事故。

第四节　灰色预测技术

灰色系统理论基于对少数据、贫信息系统的特征及运行机制和表现行为的分析，揭示少数据、贫信息背景下事物的演化规律，为人们正确地把握和认识少数据、贫信息系统提供理论支持。在少数据不确定背景下，对数据的处理、现象的分析、模型的建立、发展趋势的预测、重大事项的决策都是灰色系统理论的主要技术内容。

灰序列算子、灰色 GM 预测模型、灰色关联分析、灰色聚类分析和灰色决策方法等是灰色系统理论的重要组成部分。其中，灰色 GM 预测模型一般指灰色 GM(1,1)预测模型及其扩展形式，主要包括 GM(1,1)模型、DGM(1,1)模型和灰色 Verhulst 模型等。它是一个近似微分、差分方程的模型，具有微分、差分、指数兼容等性质，模型的参数、结构随着时间的延长而改变，突破了一般建模方法要求大样本数据的局限，是建模思路和方法上的创新。目前，灰色 GM(1,1)预测模型及其扩展形式已经被广泛应用于工业、农业、社会、经济等领域，其应用价值已经逐渐为人们所认识。下面从 GM(1,1)预测模型的建立以及其在煤矿企业的应用方面对该模型进行介绍。

一、GM(1,1)模型的建立

定义 1　设 $X^{(0)} = \{x^{(0)}(1), x^{(0)}(2), \cdots, x^{(0)}(n)\}$，$X^{(1)} = \{x^{(1)}(1), x^{(1)}(2), \cdots, x^{(1)}(n)\}$，则称：

$$x^{(0)}(k) + ax^{(1)}(k) = b$$

为 GM(1,1)模型的原始形式。

符号 GM(1,1)的含义如下：

G	M	(1，	1)
↑	↑	↑	↑
Grey (灰色)	Model (模型)	1 阶方程	1 个变量

定义 2　设 $X^{(0)}$，$X^{(1)}$ 如定义 1 所示。

$$Z^{(1)} = \{z^{(1)}(2), z^{(1)}(3), \cdots, z^{(1)}(n)\}$$

其中，$z^{(1)}(k)=\frac{1}{2}[x^{(1)}(k)+x^{(1)}(k-1)]$，$(k=2,3,\cdots,n)$，称：

$$x^{(0)}(k)+az^{(1)}(k)=b$$

为 GM(1,1)模型的基本形式。

定理 6-1　设 $X^{(0)}$ 为非负序列：

$$X^{(0)} = \{x^{(0)}(1), x^{(0)}(2), \cdots, x^{(0)}(n)\}$$

其中，$x^{(0)}(k)\geqslant 0, k=1,2,\cdots,n$；$X^{(1)}$ 为 $X^{(0)}$ 1-AGO 序列：

$$X^{(1)} = \{x^{(1)}(1), x^{(1)}(2), \cdots, x^{(1)}(n)\}$$

其中，$x^{(1)}(k) = \sum_{i=1}^{k} x^{(0)}(i)(k = 1,2,\cdots,n)$；$Z^{(1)}$ 为 $X^{(1)}$ 的紧邻均值生成序列：

$$Z^{(1)} = \{z^{(1)}(2), z^{(1)}(3), \cdots, z^{(1)}(n)\}$$

其中，$z^{(1)}(k)=\frac{1}{2}[x^{(1)}(k)+x^{(1)}(k-1)]$，$(k=2,3,\cdots,n)$。

若 $\hat{\boldsymbol{a}}=(a,b)^{\mathrm{T}}$ 为参数列，且：

$$\boldsymbol{Y} = \begin{pmatrix} x^{(0)}(2) \\ x^{(0)}(3) \\ \vdots \\ x^{(0)}(i) \end{pmatrix}, \boldsymbol{B} = \begin{bmatrix} -z^{(1)}(2) & 1 \\ -z^{(1)}(3) & 1 \\ \vdots & \vdots \\ -z^{(1)}(n) & 1 \end{bmatrix}$$

则 GM(1,1)模型 $x^{(0)}(k)+az^{(1)}(k)=b$ 的最小二乘估计参数列满足：

$$\hat{\boldsymbol{a}} = (\boldsymbol{B}^{\mathrm{T}}\boldsymbol{B})^{-1}\boldsymbol{B}^{\mathrm{T}}\boldsymbol{Y}$$

定义 3　设 $X^{(0)}$ 为非负序列，$X^{(1)}$ 为 $X^{(0)}$ 1-AGO 序列，$Z^{(1)}$ 为 $X^{(1)}$ 的紧邻均值生成序列，$(\boldsymbol{a},\boldsymbol{b})^{\mathrm{T}}=(\boldsymbol{B}^{\mathrm{T}}\boldsymbol{B})^{-1}\boldsymbol{B}^{\mathrm{T}}\boldsymbol{Y}$，则称：

$$\frac{\mathrm{d}x^{(1)}}{\mathrm{d}t} + ax^{(1)} = b$$

为 GM(1,1)模型的白化方程，也叫影子方程。

定理 6-2　设 $\boldsymbol{B},\boldsymbol{Y},\hat{\boldsymbol{a}}$ 如定理 1 所述，$\hat{\boldsymbol{a}}=(\boldsymbol{a},\boldsymbol{b})^{\mathrm{T}}=(\boldsymbol{B}^{\mathrm{T}}\boldsymbol{B})^{-1}\boldsymbol{B}^{\mathrm{T}}\boldsymbol{Y}$，则：

(1) 白化方程$\frac{\mathrm{d}x^{(1)}}{\mathrm{d}t}+ax^{(1)}=b$ 的解也称时间响应函数为

$$x^{(1)}(t) = \left(x^{(1)}(1) - \frac{b}{a}\right)\mathrm{e}^{-at} + \frac{b}{a}$$

(2) GM(1,1)模型 $x^{(0)}(k)+az^{(1)}(k)=b$ 的时间响应序列为

$$\hat{x}^{(1)}(k+1) = \left(x^{(0)}(1) - \frac{b}{a}\right)\mathrm{e}^{-at} + \frac{b}{a}, k = 1,2,\cdots,n$$

(3) 还原值

$$\hat{x}^{(0)}(k+1)=a^{(1)}\hat{x}^{(1)}(k+1)=\hat{x}^{(1)}(k+1)-\hat{x}^{(1)}(k)$$
$$=(1-e^{a})\left(x^{(0)}(1)-\frac{b}{a}\right)e^{-ak},k=1,2,\cdots,n$$

定义 4 称 GM(1,1)模型中的参数 $-a$ 为发展系数，b 为灰色作用量。

$-a$ 反映了 $\hat{x}^{(1)}$ 及 $\hat{x}^{(0)}$ 的发展态势。一般情况下，系统作用量应是外生的或者前定的，而GM(1,1)模型属于单序列建模，只用到系统的行为序列（或称输出序列、背景值），而无外作用序列（或称输入序列、驱动量）。GM(1,1)模型中的灰色作用量是从背景值中挖掘出来的数据，它反映数据变化的关系。灰色作用量是内涵外延化的具体体现，它的存在，是区别灰色建模与一般输入输出建模（黑箱建模）的分水岭，也是区别灰色系统观点与灰箱观点的重要标志。

例 6-1 设有原始数据序列：

$$X^{(0)}=\{x^{(0)}(1),x^{(0)}(2),x^{(0)}(3),x^{(0)}(4),x^{(0)}(5)\}$$
$$=\{2.874,3.278,3.337,3.390,3.679\}$$

试用 GM(1,1)模型对 $X^{(0)}$ 进行模拟。

解 第一步，对 $X^{(0)}$ 作 1-AGO，得：

$$X^{(1)}=\{x^{(1)}(1),x^{(1)}(2),x^{(1)}(3),x^{(1)}(4),x^{(1)}(5)\}$$
$$=\{2.874,6.152,9.489,12.897,16.558\}$$

第二步，对 $X^{(1)}$ 进行紧邻均值生成。令：

$$z^{(1)}(k)=\frac{1}{2}x^{(1)}(k)+\frac{1}{2}x^{(1)}(k-1)$$

得：

$$Z^{(1)}=\{z^{(1)}(2),z^{(1)}(3),z^{(1)}(4),z^{(1)}(5)\}$$
$$=\{4.513,7.820,11.184,14.718\}$$

于是：

$$\boldsymbol{B}=\begin{bmatrix}-z^{(1)}(2) & 1\\ -z^{(1)}(3) & 1\\ -z^{(1)}(4) & 1\\ -z^{(1)}(5) & 1\end{bmatrix}=\begin{bmatrix}-4.513 & 1\\ -7.820 & 1\\ -11.184 & 1\\ -14.718 & 1\end{bmatrix},\boldsymbol{Y}=\begin{pmatrix}x^{(0)}(2)\\ x^{(0)}(3)\\ x^{(0)}(4)\\ x^{(0)}(5)\end{pmatrix}=\begin{pmatrix}3.278\\ 3.337\\ 3.390\\ 3.679\end{pmatrix}$$

第三步，对参数 $\hat{\boldsymbol{a}}=(\boldsymbol{a},\boldsymbol{b})^{\mathrm{T}}$ 进行最小二乘估计。得：

$$\hat{\boldsymbol{a}}=(\boldsymbol{B}^{\mathrm{T}}\boldsymbol{B})^{-1}\boldsymbol{B}^{\mathrm{T}}\boldsymbol{Y}=\begin{bmatrix}-0.037\,20\\ 3.065\,36\end{bmatrix}$$

第四步，确定模型：

$$\frac{dx^{(1)}}{dt}-0.037\,2x^{(1)}=3.065\,36$$

及时间响应式：

$$\hat{x}^{(1)}(k+1)=\left(x^{(0)}(1)-\frac{b}{a}\right)e^{-ak}+\frac{b}{a}=85.276\,151e^{0.037\,2k}-82.402\,151$$

第五步，求 $X^{(1)}$ 的模拟值：

$$\hat{X}^{(1)}=\{\hat{x}^{(1)}(1),\hat{x}^{(1)}(2),\hat{x}^{(1)}(3),\hat{x}^{(1)}(4),x^{(1)}(5)\}$$

$$= \{2.8740, 6.1060, 9.4650, 12.9422, 16.5558\}$$

第六步，还原求出 $X^{(0)}$ 的模拟值。由：

$$\hat{x}^{(0)}(k) = a^{(1)}\hat{x}^{(1)}(k) = \hat{x}^{(1)}(k) - \hat{x}^{(1)}(k-1)$$

得：

$$\begin{aligned}\hat{X}^{(0)} &= \{\hat{x}^{(0)}(1), \hat{x}^{(0)}(2), \hat{x}^{(0)}(3), \hat{x}^{(0)}(4), \hat{x}^{(0)}(5)\} \\ &= \{2.8740, 3.2320, 3.3545, 3.4817, 3.6136\}\end{aligned}$$

第七步，检验误差。由表 6-10 可算出残差平方和：

$$\boldsymbol{s} = \boldsymbol{\varepsilon}^{\mathrm{T}}\boldsymbol{\varepsilon} = [\varepsilon(2), \varepsilon(3), \varepsilon(4), \varepsilon(5)]\begin{bmatrix}\varepsilon(2)\\ \varepsilon(3)\\ \varepsilon(4)\\ \varepsilon(5)\end{bmatrix} = 0.01511$$

平均相对误差：

$$\Delta = \frac{1}{4}\sum_{k=2}^{5}\Delta_k = 1.6025\%$$

表 6-10　误差检验表

序号	实际数据 $x^{(0)}(k)$	模拟数据 $\hat{x}^{(0)}(k)$	残差 $\varepsilon(k) = x^{(0)}(k) - \hat{x}^{(0)}(k)$	相对误差 $\left(\Delta_k = \frac{\lvert\varepsilon(k)\rvert}{x^{(0)}(k)}\right)/\%$
2	3.278	3.232 0	0.046 0	1.40
3	3.337	3.354 5	−0.017 5	0.52
4	3.390	3.481 7	−0.091 7	2.71
5	3.679	3.613 6	0.065 4	1.78

二、灰色预测技术在矿业工程中的应用

1. 实例一——应用 GM(1,1)灰色预测模型预测煤矿的百万吨死亡率

(1) GM(1,1)灰色预测模型的建立

选取我国 2003—2008 年的煤矿百万吨死亡率(表 6-11)进行灰色 GM(1,1)预测，通过上述公式建立灰色预测模型 GM(1,1)。

表 6-11　2003—2008 年的煤矿百万吨死亡率和预测结果

序号	年份	实际值 $x^{(0)}(k)$	模拟值 $\hat{x}^{(0)}(k)$	残差值 $\varepsilon^{(0)}(k)$	相对误差 /%
1	2003	4.170	4.170	0	0
2	2004	3.100	3.248	−0.148	−4.8
3	2005	2.836	2.556	0.280	9.9
4	2006	2.041	2.011	0.030	1.5
5	2007	1.485	1.583	−0.098	−6.6
6	2008	1.182	1.246	−0.064	−5.4

根据灰色预测理论，建立我国煤矿百万吨死亡率的预测模型：

$$\hat{x}^{(1)}(t+1)=\left(4.170-\frac{4.651\ 4}{0.239\ 6}\right)e^{-0.239\ 6t}+19.415\ 1$$

（2）检验精度

原始序列平均值： $$\bar{x}=\frac{1}{n}\sum_{k=1}^{n}x^{(0)}(k)=2.469$$

残差的平均值： $$\bar{\varepsilon}=\frac{1}{n}\sum_{k=1}^{n}\varepsilon^{(0)}(k)=0$$

原始序列的方差： $$s_1^2=\frac{1}{n-1}\sum_{k=1}^{n}|x^{(0)}(k)-\bar{x}|^2=1.246\ 8$$

残差的方差： $$s_2^2=\frac{1}{n-1}\sum_{k=1}^{n}|\varepsilon^{(0)}(k)-\bar{\varepsilon}|^2=0.023$$

求得： $$c=\frac{s_2}{s_1}=0.135\ 9<0.35$$

$$p=p\{|\varepsilon_1^{(0)}(i)-\bar{\varepsilon}_1^{(0)}(i)|<0.674\ 5s_1\}=1>0.95$$

综上所述，对照表 6-10 可知，计算精度为一级（好），证明了该方法的合理性和准确性。

（3）预测结果

模型的精度达到了要求，可以用其对下个时间序列进行预测。在煤矿百万吨死亡率预测模型 GM(1,1)的时间响应函数下，令 $t=7,8,9,10,11$，可以预测未来 5 年我国煤矿的百万吨死亡率。预测结果见表 6-12。

表 6-12 我国煤矿的百万吨死亡率预测结果

序号	年份	实际值 $x^{(0)}(k)$	模拟值 $\hat{x}^{(0)}(k)$
4	2006	2.041	2.011
5	2007	1.485	1.583
6	2008	1.182	1.246
7	2009		0.980
8	2010		0.772
9	2011		0.607
10	2012		0.478
11	2013		0.376

（4）预测结果分析

由预测结果可知，全国煤矿的百万吨死亡率呈递减趋势，煤矿的安全形势不断好转。这种预测是在模型精度可靠的前提下进行的，同时灰色预测具有完整严密的理论系统和科学的分析计算方法，预测的相对误差小于 10%，因此预测结果科学可靠，对煤矿的安全管理有重大的指导意义。

2. 实例二——应用 GM(1,1)灰色预测模型预测煤矿首采工作面的瓦斯涌出量

某煤矿首采工作面主采 3# 煤层。该煤层瓦斯含量较低，上部有不明含瓦斯岩层，初步

判断其范围不大，但无具体勘查实测工程及数据。为按进度生产，该矿采用密集钻场边采边抽。为判断首采工作面瓦斯涌出情况，对该矿首采工作面风排瓦斯量进行了统计，并用灰色系统原理进行预测。

(1) GM(1,1)灰色预测模型的建立

对原始离散序列 $X^{(0)}=\{x^{(0)}(1),x^{(0)}(2),\cdots,x^{(0)}(n)\}$进行一次累加：

$$x^{(1)}(k)=\sum_{i=1}^{k}x^{(0)}(i) \tag{6-21}$$

序列 $X^{(1)}=\{x^{(1)}(1),x^{(1)}(2),\cdots,x^{(1)}(n)\}$，以生成序列建立灰色生成模型：

$$\frac{\mathrm{d}x^{(1)}}{\mathrm{d}t}+ax^{(1)}=u \tag{6-22}$$

称式(6-22)为一阶灰微分方程，即GM(1,1)模型的白化方程，其中 a,u 为待辨识参数，可以用最小二乘法原理求解，即

$$(\boldsymbol{a},\boldsymbol{u})^{\mathrm{T}}=(\boldsymbol{B}^{\mathrm{T}}\boldsymbol{B})^{-1}\boldsymbol{B}^{\mathrm{T}}\boldsymbol{Y} \tag{6-23}$$

$$\boldsymbol{B}=\begin{bmatrix}-\frac{1}{2}[x^{(1)}(1)+x^{(1)}(2)] & 1\\ -\frac{1}{2}[x^{(1)}(2)+x^{(1)}(3)] & 1\\ \vdots & \vdots\\ -\frac{1}{2}[x^{(1)}(n-1)+x^{(1)}(n)] & 1\end{bmatrix} \tag{6-24}$$

$$\boldsymbol{Y}=\begin{pmatrix}x^{(0)}(2)\\ x^{(0)}(3)\\ \vdots\\ x^{(0)}(n)\end{pmatrix} \tag{6-25}$$

(2) GM(1,1)模型的求解

利用初始条件对白化方程进行求解，可得方程(6-22)的解，即时间响应函数：

$$x^{(1)}(k+1)=\left(x^{(0)}(1)-\frac{u}{a}\right)\mathrm{e}^{-ak}+\frac{u}{a},k=1,2,\cdots,n \tag{6-26}$$

其中，$x_1^{(1)}=x_1^{(0)}$，对由式(6-26)所求的预测值的累加生成值进行还原变化：

$$\hat{x}^{(0)}(k)=x^{(1)}(k)-x^{(1)}(k-1),k=1,2,\cdots,n \tag{6-27}$$

其中，下标1表示第一列，上标(0)表示原始离散列，上标(1)表示累加计算列。因而，$x_1^{(1)}$ 表示累加计算列的第一列数值，$x_1^{(0)}$ 表示原始离散列的第一列数值。

(3) GM(1,1)模型的精度检查

一般以实测值为基础计算模型的相对误差，从而对该模型所求的解作进一步精度检查。若误差较大而且不能满足实际需要，则可以利用其残差序列来建立一个修正模型，以消除误差。记0阶残差为：

$$\varepsilon_i^{(0)}=x_i^{(0)}-\hat{x}_i^{(0)},i=1,2,\cdots,n$$

其中，$\hat{x}_i^{(0)}(i=1,2,\cdots,n)$为采用预测模型计算的预测值。对此序列同样采用上述方法建立GM(1,1)模型并进行求解：

$$s^{(0)}(k+1)=\left(s^{(1)}(1)-\frac{u'}{a'}\right)\mathrm{e}^{-ak}+\frac{u'}{a'} \tag{6-28}$$

可得修正后的模型：

$$\hat{x}^{(1)}(k+1)=\left(x^{(1)}(1)-\frac{u}{a}\right)\mathrm{e}^{-ak}+\frac{u}{a}+\left(s^{(1)}(1)-\frac{u'}{a'}\right)\mathrm{e}^{-ak}+\frac{u'}{a'} \tag{6-29}$$

(4) 首采工作面瓦斯涌出量预测

在首采工作面投产后，对含瓦斯岩层不间断地进行抽采，边采边抽，当抽采浓度达不到抽采标准时，停止该钻场抽采工作。在工作面正式生产后，每半个月统计 1 次瓦斯涌出量平均值，其数值见表 6-13(2009 年数据)。

表 6-13　原始数据

序号	1	2	3	4	5	6	7	8	9
瓦斯涌出量/(m^3/min)	1.709	1.776	1.833	1.962	1.934	1.802	1.603	1.613	1.872

原始序列：

$$X^{(0)}=\{1.709,1.776,1.833,1.962,1.934,1.802,1.603,1.613,1.872\}$$

对 $X^{(0)}$ 作 1-AGO，得：

$$X^{(1)}=\{1.709,3.485,5.318,7.280,9.214,11.016,12.619,14.232,16.104\}$$

构造数据矩阵 $\boldsymbol{B}$ 及 $\boldsymbol{Y}$：

$$\boldsymbol{B}=\begin{bmatrix}-2.5970 & 1\\ -4.4015 & 1\\ \vdots & \vdots\\ -15.1680 & 1\end{bmatrix},\boldsymbol{Y}=\begin{bmatrix}1.776\\ 1.833\\ \vdots\\ 1.872\end{bmatrix}$$

由式(6-23)、式(6-24)和式(6-25)求解参数 a,u，得 $a=0.0108$，$u=1.8964$。

则预测模型为：

$$\hat{x}_k=-173.884\mathrm{e}^{0.0108k}+175.593$$

方差为原始数据列的预测模型为：

$$\hat{s}_k=-0.8652\mathrm{e}^{0.1327k}+0.8652$$

修正后的预测模型为：

$$\hat{x}_k^{(1)}=-173.884\mathrm{e}^{0.0108k}-0.8652\mathrm{e}^{0.1327k}+176.458$$

经计算，预测结果如表 6-14 所示。

表 6-14　GM(1,1)模型及其修正后的预测结果

序号	实际值	预测值	模型相对误差/%	残差模型修正值	残差模型相对误差/%
1	1.709	1.709	0	1.709	0
2	1.776	1.868	−5.180	1.856	−4.505
3	1.833	1.848	−0.818	1.834	−0.055
4	1.962	1.828	6.830	1.812	7.645

表 6-14(续)

序号	实际值	预测值	模型相对误差 /%	残差模型修正值	残差模型相对误差 /%
5	1.934	1.808	6.515	1.790	7.446
6	1.802	1.789	0.721	1.768	1.887
7	1.603	1.770	−10.418	1.746	−8.921
8	1.613	1.751	−8.555	1.723	−6.820
9	1.872	1.732	7.479	1.701	9.135
10		1.713		1.678	
11		1.695		1.735	
12		1.677		1.723	
13		1.659		1.711	
14		1.641		1.701	

第五节　支持向量机的预测技术

一、支持向量机回归原理

支持向量机理论是由万普尼克(V. N. Vapnik)提出的一种新型的通用机器学习方法。它基于结构风险最小化原则,具有良好的非线性映射和学习推广能力,正成为继神经网络之后的研究热点。支持向量机最初应用于模式识别问题,随后,人们又发展了回归型支持向量机,它能够以任意精度逼近非线性函数,广泛应用于实际工程。下面介绍标准型支持向量机非线性回归。

对于一个给定的数据集(x_i,y_i),$i=1,\cdots,l$,$x_i\in\mathbf{R}^d$ 作为输入,$y_i\in\mathbf{R}$ 作为输出,相应标准型支持向量机非线性回归算法,通过一个非线性的 X 映射映射到高维特征空间,然后在此特征空间中构造如下线性回归函数:

$$f(x)=<\boldsymbol{w}\cdot\boldsymbol{\phi}(x)>+b \tag{6-30}$$

式中,$\boldsymbol{w}\in\mathbf{R}^1$,为权向量;$b\in\mathbf{R}$,为偏置。式(6-30)的求解归结为最小化如式(6-31)所示的结构风险:

$$R_{\text{reg}}=\|\boldsymbol{w}\|^2/2+C\cdot R_{\text{emp}}^{\varepsilon}[f] \tag{6-31}$$

式中,$\|\boldsymbol{w}\|^2$ 表示置信范围;$R_{\text{emp}}^{\varepsilon}[f]$表示经验风险;$C>0$,表示平衡经验风险和置信范围的系数。如果 $R_{\text{emp}}^{\varepsilon}[f]$采用不敏感损失函数 ε,并考虑允许误差,则得到万普尼克所提出的标准型支持向量机模型:

$$\begin{cases}\min\dfrac{1}{2}\|\boldsymbol{w}\|^2+C\sum\limits_{i=1}^{l}(\xi_i+\xi_i^*)\\ \text{s.t.}\begin{cases}y_i-\boldsymbol{w}\cdot\boldsymbol{\phi}(x_i)-b\leqslant\varepsilon+\xi_i\\ \boldsymbol{w}\cdot\boldsymbol{\phi}(x_i)+b-y_i\leqslant\varepsilon+\xi_i^*\end{cases}(i=1,\cdots,l)\end{cases} \tag{6-32}$$

式中,$\xi_i\geqslant 0$,$\xi_i^*\geqslant 0$ 为松弛因子。

支持向量机通过引入核函数 $k(x_i,x_j)=<\phi(x_i),\phi(x_j)>$ 来解决高维特征空间中的内积计算问题。常见的核函数有多项式核函数、径向基核函数和 Sigmoid 核函数，其中以径向基核函数最为常用，其形式为：

$$k(x,x_i)=\exp(-\|x-x_i\|^2/\sigma^2) \tag{6-33}$$

式中，σ 表示核参数。在确定核函数后，通过对偶理论，将优化问题归结为下面的二次规划问题：

$$\begin{cases} \max \frac{1}{2}\sum_{\substack{i=1\\j=1}}^{l}(\alpha_i-\alpha_i^*)(\alpha_j-\alpha_j^*)k(x_i,x_j)-\varepsilon\sum_{i=1}^{l}(\alpha_i+\alpha_i^*)+\sum_{i=1}^{l}y_i(\alpha_i-\alpha_i^*) \\ \text{s.t.} \sum_{i=1}^{l}(\alpha_i-\alpha_i^*)=0,0\leqslant\alpha_i,\alpha_i^*\leqslant C\ (i=1,\cdots,l) \end{cases} \tag{6-34}$$

式中，α_i,α_i^* 为对应的拉格朗日函数的乘子。求解可以得到最终的回归函数：

$$f(x)=\sum_{i=1}^{l}(\alpha_i^*-\alpha_i)k(x_i,x)+b \tag{6-35}$$

二、巷道变形预测模型的建立

影响巷道变形的因素众多，本教材主要研究其中的 5 个主要因素：埋深、围岩强度、距工作面距离、巷道断面尺寸和支护方式。所有的数据均为来自煤矿生产中的真实数据。其中，埋深取巷道所在工作面埋深的平均值；围岩强度（抗压强度）则通过力学试验得出；距工作面距离通过测量取得；巷道断面尺寸源于巷道真实数据；选取的支护方式分为三类：架棚支护、架棚锚网支护和架棚锚网索支护，并将它们分别以数字 1，2，3 代替。

1. 模型参数选择

采用 Matlab 中加载的 LIBSVM 进行建模。模型表达式为：

model=svmtrain(train_y，train_x，'options')；

其中，train_x 表示训练集属性矩阵（自变量），大小为 n＊m，n 表示样本数，m 表示属性数目（维数），数据类型为 double；train_y 表示训练集标签（因变量、目标变量），大小为 n＊1，n 表示样本数，数据类型为 double；options 表示参数选项，比如"－s 3－t 2－c 1－g 0.1－p 0.01"。

model 训练得到的模型，是一个结构体。

对于参数选择，模型中－s 和－t 需要提前选择，其他三个参数－g、－c 和－p 则通过遗传算法优化得出。其中，－c 表示惩罚因子，－g 为核函数参数，－p 为损失函数 epsilon 的值。

2. 模型评价指标

为了对各类模型的预测精度进行评价，常常利用以下三种评价指标来对比分析。

（1）均方误差

$$\text{MSE}=\sqrt{\frac{1}{n}\sum_{t=1}^{n}(y_t-\hat{y}_t)^2} \tag{6-36}$$

（2）平均绝对百分比误差

$$\text{MAPE}=\frac{1}{n}\sum_{t=1}^{n}\frac{|y_t-\hat{y}_t|}{|y_t|} \tag{6-37}$$

式中，$y_t\neq 0$。

（3）平均绝对误差

$$\mathrm{MAE}=\frac{1}{n}\sum_{t=1}^{n}\mid y_t-\hat{y}_t\mid \tag{6-38}$$

式(6-36)至式(6-38)中，y_t 为实测值；$\hat{y}_t$ 为拟合值或预测值。

3. 基于 LIBSVM 的回归模型预测步骤

编程语言采用 Matlab R2013a 版本，实现基于 LIBSVM 的回归模型的构建步骤如下：

① 将输入的数据进行分类，分为训练样本和测试样本两类。

② 由于样本数据中部分数据较大，影响训练效果并会增加训练时间，故而在进行训练之前要先对两类样本数据进行归一化处理。

③ 将处理后的训练样本数据作为学习样本进行训练。

④ 通过遗传算法寻得最优参数。

⑤ 使用最优参数建立支持向量机模型，然后拟合样本数据，保存模型。

⑥ 用得到的模型对测试样本进行测试，并对比测试结果和真实值之间的误差，验证模型的可靠性。

算法流程描述如图 6-19 所示。

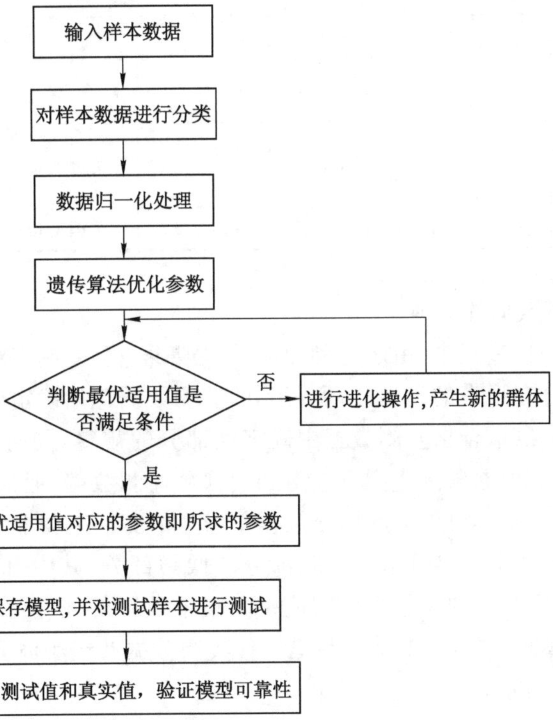

图 6-19　支持向量机(SVM)预测模型算法流程

三、基于支持向量机的预测模型在煤矿巷道围岩变形分析中的应用

1. 样本的采集及模型的建立

由于影响巷道变形的因素众多，无法对每个因素都作详细分析，为此选择巷道埋深、围岩抗压强度、距工作面距离、巷道断面尺寸、支护强度、顶底板变形量、两帮变形量等因素，收集样本数据，建立基于 LIBSVM 的巷道围岩变形预测模型。

2. 变形监测数据预处理

(1) 数据的插补方法

在实际工程中，由于各种客观和主观条件的限制，在现场采集到的监测数据一般无法避免地会存在缺值漏值的情况。这些监测值的缺失有可能是施工或者自然条件等一些没有办法改变的客观原因使得监测测站遭到破坏或者无法正常读取监测数据造成的，也有可能是人为因素造成的，如监测工作人员的疏忽或者去除了监测数据中的异常值。在进行数据分析时，为了能够保证所测得监测数据的连续性和完整性，需要对采集到的数据及时进行插值或补值。在实际工程中，常用的数据插补方法有以下两种。

① 根据监测对象内在的物理联系进行插值和补值。对监测对象进行分析，根据其物理意义及内在的逻辑关系，得出影响监测结果的主要因素，并求出这些因素和监测结果之间的函数关系，然后利用拟合得到的函数关系，将缺漏的数值补上。

② 采用数学的方法进行插值。数学插值方法包括常用的线性插值法、拉格朗日插值法和多项式曲线拟合法等，见表 6-15。

表 6-15　缺漏数据的数学插值方法

插值方法	数学表达式	表达式中字母意义
线性插值法	$y = y_i + \frac{t - t_i}{t_{i+1} - t_i}(y_{i+1} - y_i)$	y, y_i, y_{i+1} 为因变量；t, t_i, t_{i+1} 为自变量
拉格朗日插值法	$y = \sum_{i=0}^{n} y_i \prod_{\substack{j=0 \\ j \neq i}}^{n} \left(\frac{x - x_j}{x_i - x_j}\right)$	y 为因变量；x 为自变量
多项式曲线拟合法	$y = f(x) = a_0 + a_1 x + a_2 x^2 + \cdots + a_n x^n$	y 为因变量；x 为自变量

(2) 小波技术对数据的提纯

在监测数据的采集过程中，由于各种原因或多或少地会受到工程施工的影响，采集到的监测数据中往往是含有噪声的。因此，所得到的监测数据包括确定性的和随机性的两部分，时间序列分析方法可以拟合出监测数据中确定性部分的规律，同时能够给出随机干扰对数据的影响程度。然而，根据预测模型可以得到大部分监测数据，但预测模型并不能确定一些随机部分。因此，找到一种可以去除监测数据中噪声的方法变得非常重要，而近年来迅速发展的小波变换可以将一个信号分解为高频部分和低频部分，其中，信号处在低频段，在高频段的为噪声，只要选取一定的高频系数阈值对高频系数进行处理就可以有效地去除噪声而保留真实的信号。表 6-16 给出了某矿巷道位移实测数据及经小波去噪后的数据，去噪效果如图 6-20 和图 6-21 所示。

表 6-16　某矿巷道位移实测数据

编号	距工作面距离/m	顶底板变形量		两帮变形量	
		原始数据/mm	去噪后数据/mm	原始数据/mm	去噪后数据/mm
1	19.64	167.5	166.1	133.5	133.1
2	23.35	132.3	134.9	102.8	106.9

表 6-16(续)

编号	距工作面距离/m	顶底板变形量		两帮变形量	
		原始数据/mm	去噪后数据/mm	原始数据/mm	去噪后数据/mm
3	26.16	116.2	112.8	87.1	85.8
4	29.05	95.2	94.0	69.8	71.2
5	33.14	77.1	78.8	58.5	58.9
6	36.85	66.8	65.1	48.3	48.1
7	39.08	55.9	56.6	41.3	41.6
8	42.16	50.2	49.4	34.6	35.3
9	45.04	42.3	40.2	29.2	29.2
10	49.95	35.8	33.3	25.1	23.5
11	51.89	28.8	29.8	21.1	20.8
12	56.03	27.1	27.3	17.8	17.7
13	61.12	23.7	25.1	17.2	16.2
14	64.26	23.1	22.9	15.5	14.1
15	65.84	21.4	21.2	11.8	11.8
16	70.96	19.6	19.1	11.7	10.9
17	73.11	19.1	18.2	11.5	10.1
18	75.07	17.3	16.9	11.3	9.9
19	77.99	16.7	16.8	11.1	9.4
20	81.13	16.1	16.3	10.9	9.2

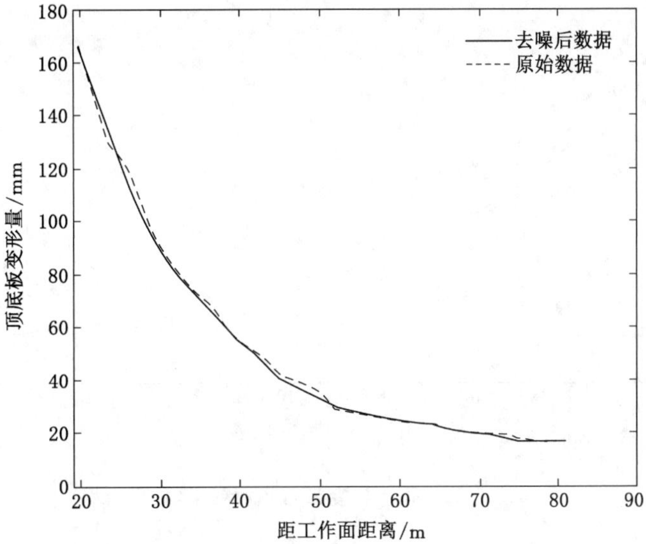

图 6-20 顶底板变形量数据去噪效果

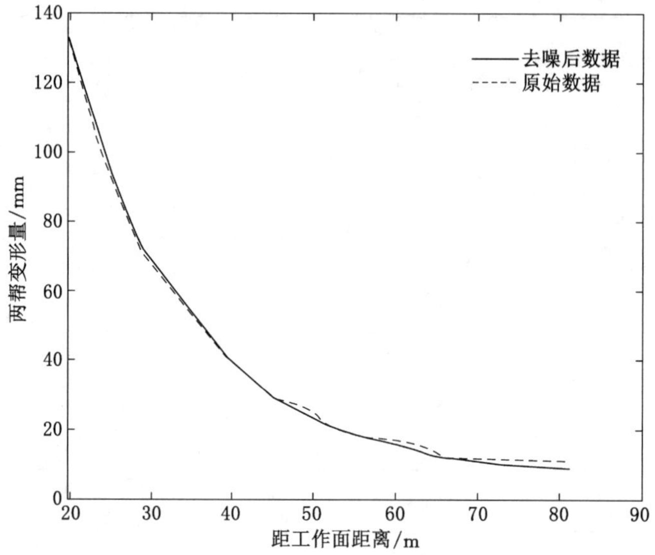

图 6-21　两帮变形量数据去噪效果

由图 6-20 和图 6-21 可以看出，经过小波去噪后的信号保留了原始信号的基本特征，与原始信号相比显得更加光滑。

3. 基于 LIBSVM 的巷道位移预测

在 LIBSVM 中载入已经建好的模型，输入要进行预测的样本数据，以该矿为研究对象，得出了巷道围岩变形预测值，预测值与真实值的对比如图 6-22 和图 6-23 所示。

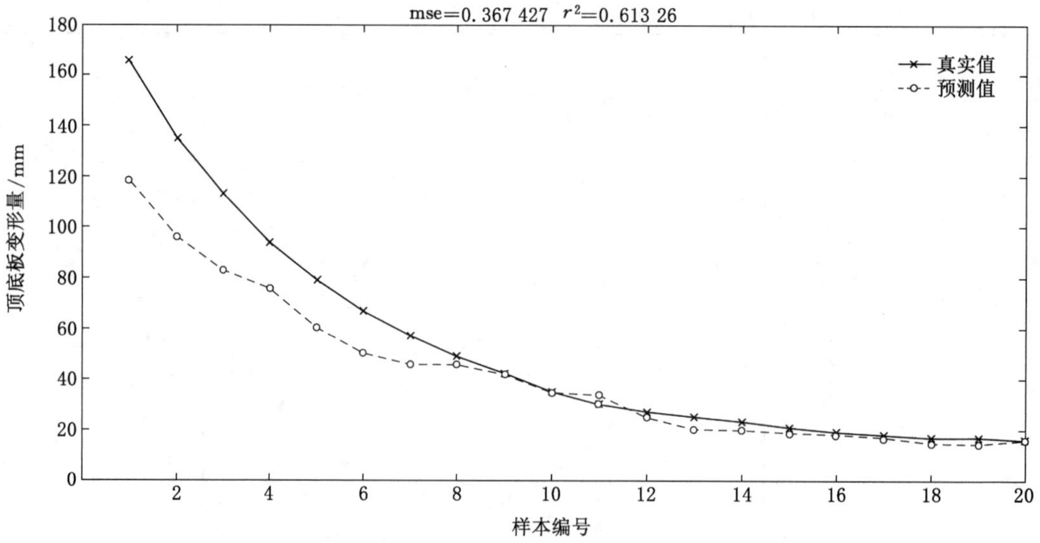

图 6-22　顶底板变形量预测效果对比

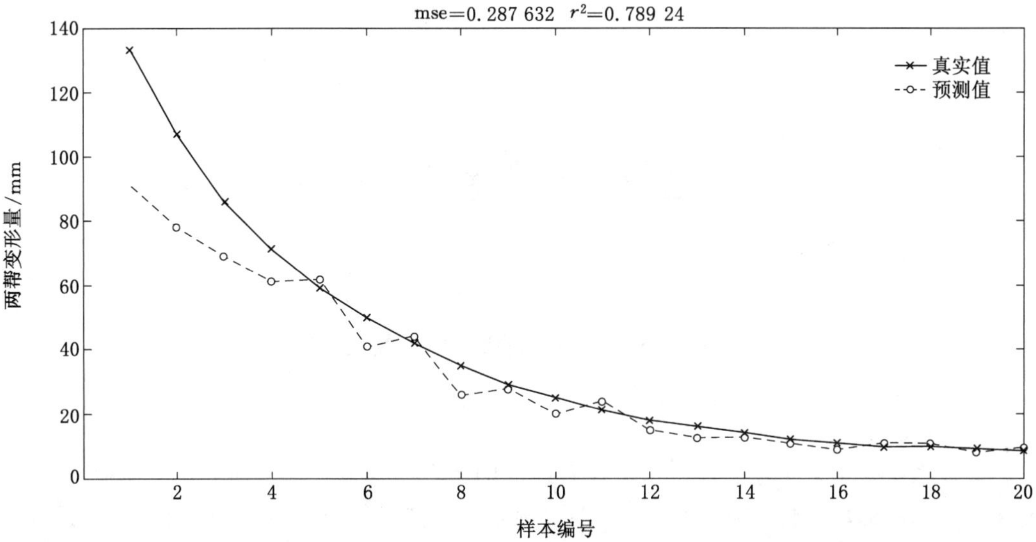

图 6-23　两帮变形量预测效果对比

第七章 矿业系统可靠性

第一节 可靠性的基本概念

一、概述

矿业系统是由多工序、多环节、多设备组成的综合性复杂系统。加之地下作业的特殊环境和作业场所的动态性，因而存在着许多影响生产的随机因素。因此，矿业系统的设计、生产和管理等各个环节都要求有较高的可靠性。

随着煤炭科学技术的不断发展和装备的更新，矿井生产集中化程度和机械化程度的提高，矿井生产系统可靠性也必须随之提高。特别是近年来，世界各主要产煤国家都在积极开发和应用新型高效、大功率、高可靠性的综采设备，取得了良好的效果。在我国已出现了很多“一矿一面”或“一矿两面”的高产高效矿井。如果系统的可靠性不高，经常发生故障而影响生产，其影响的不仅仅是一个工作面的生产，还要影响整个矿井的生产问题。

矿业系统可靠性分析涉及的范围很广，诸如采煤机、胶带输送机、电机车、提升系统、支护系统等的可靠性问题均为矿业系统的重要指标。各主要设备或主要子系统的可靠性高低将直接影响整个矿业系统的好坏。另外，除了设备或一系列子系统本身的可靠性外，生产环境与条件、操作人员水平及素质和维修条件也是影响矿业系统可靠性的主要因素。对于一个具体的生产矿井而言，采煤方法、开采方式与开拓布局等，都将使矿井生产系统的可靠性发生变化。概括起来，矿业系统可靠性分析可实现以下几个方面的研究工作。

① 当设备与工艺系统等作为矿业系统中的一个部件时，需要确定评定部件可靠性的数量指标，特别是它们处于统计平衡状态下的指标。

② 研究如何由统计资料，运用统计方法获得部件(或子系统)乃至系统的可靠性数量指标。

③ 确定评定矿业系统可靠性的数量指标，特别是当矿业系统处于统计平衡状态下的稳态指标。

④ 研究如何根据矿业系统所反映的功能关系，系统中部件(设备、工作面或采区等子系统)的可靠性，系统所采用的维修方式，获得矿业系统可靠性的一套计算方法。

⑤ 为了保证矿业系统在整体功能上能够安全、高效、低耗地发挥作用，在设计整体中的每一个子系统(如井下运输系统、通风系统、开拓系统等)时，要求这些子系统确定达到了预定的可靠性，才能使矿业系统更可靠。

⑥ 如何将系统(或子系统)的可靠性分配到相应的每个子系统(或部件)上，以便为工艺选择、设备选型提供依据。

⑦ 根据系统现有部件的可靠性与系统的结构，经过计算当系统的可靠性达到预定目标

时，寻找提高系统可靠性的途径与方法。

⑧ 在保证系统可靠性指标的条件下，怎样使矿业系统耗费最少等。

二、可靠性的定义

可靠性有广义和狭义两种解释。广义的可靠性是指产品在其整个寿命期内完成规定功能的能力。这是一种定性的说法，它可以包含狭义的可靠性和维修性。而狭义的可靠性是指产品(或系统)在规定条件下和规定时间内完成规定功能的能力，称为产品(或系统)的可靠性。

产品(或系统)在规定条件下和规定时间内不能完成规定功能，称为故障(或失效)。可靠性一般采用概率表示，也可以根据实际需要，采用平均无故障工作时间或平均无故障里程(汽车、坦克等)表示。

“规定条件”是指使用条件、维护条件、环境条件和人的因素(或人机关系)等。在不同的条件下，同一产品的可靠性不一样。譬如，煤矿井下设备的可靠性较地面同样设备的可靠性低，现场使用的设备可靠性要比实验室使用的同样设备的可靠性低。所以，不在规定的条件下谈论可靠性，就失去比较产品质量的前提。

“规定时间”是指要求保持功能的使用时间、储存时间以及与时间相当的动作次数和运行里程等。离开规定时间，可靠性就失去意义。而规定时间的长短随着产品对象和使用目的不同而异，如煤矿井下设备和电缆要求几十年内可靠，一般的电视机和通信设备要求在几千小时到几万小时内可靠。一般说来，产品的可靠性随着产品使用时间的延长而逐渐降低。

“规定功能”是指产品的各种技术性能指标。在确认产品的可靠性之前，应先规定出产品达到什么样的技术性能指标才算可靠或不可靠。譬如，采煤机工作 2 h 可靠性为 98%，这就是说，在规定条件下，100 台采煤机工作 2 h，大体上有 98 台采煤机可完成规定的功能。

三、不可修复系统和可修复系统

如果系统一旦出现故障，不再修复，作报废处理，则其就是不可修复系统。如果系统出现故障，通过维修将其恢复到正常工作状态，再使用，则其就是可修复系统。

可修复系统的正常工作能力，不但与可靠性有关，还与维修性有关。产品的可靠性高，产品在使用过程中不容易发生故障，因此，高可靠性是产品性能得以持续发挥的保证。产品的维修性好，产品在发生故障后，能得以迅速恢复到正常工作状态。因此，不可修复产品要求可靠性好，可修复产品要求可靠性和维修性都要好。

第二节　基本可靠性指标

一、可靠度和不可靠度

产品(或系统)在规定条件下和规定时间 t 内完成规定功能的概率，称为产品(或系统)的可靠度，记为 $R(t)$，即可靠性的数量化称为可靠度。

若产品寿命 T 是随机变量，则可靠度 $R(t)$ 可表示为：

$$R(t) = P(T > t) \tag{7-1}$$

式中，t 为规定时间。显然，t 时刻可靠度，是指产品在$[0,t]$内完成规定功能(或正常工作)的概率，即时间 t 内正常工作的概率。

不可靠度 $F(t)$为：

$$F(t)=P(T\leqslant t) \tag{7-2}$$

式中，t 为规定时间。显然，t 时刻不可靠度，是指产品在$[0,t]$内发生故障（或不能正常工作）的概率，即时间 t 内发生故障的概率。

显然

$$R(t)+F(t)=1 \tag{7-3}$$

对于有限样本，设考察的产品总数目为 N_0，经过 t 时间故障数目为 $r(t)$，则产品在$[0,t]$内，可靠度和不可靠度的估计值为：

$$R(t)=\frac{N_0-r(t)}{N_0}$$

$$F(t)=\frac{r(t)}{N_0}$$

根据概率论的性质可知，可靠度具有下列性质：

① $R(0)=1$，表示产品在开始时刻处于良好状态；

② $R(t)$是时间的单调减函数，即 $R(t)$随着时间 t 的延长而减小；

③ $\lim\limits_{t\to\infty}R(t)=0$，即当时间 t 充分大时，可靠度的值趋于 0；

④ $0\leqslant R(t)\leqslant 1$，即无论任何时刻，可靠度的值都介于 0 与 1 之间。

例 7-1 取某产品 100 个，进行可靠性试验，当 $t=30$ h 时故障产品数目 $r(30)=40$ 个，试求 $t=30$ h 时产品的可靠度和不可靠度。

解 根据可靠度和不可靠度的定义，可知：

$$R(30)=\frac{100-40}{100}=0.6$$

$$F(30)=\frac{40}{100}=0.4$$

显然，$R(30)$表示全部 100 个正常产品，从整个时间集上考察，到 30 h，正常产品存活的概率为 0.6（即存活的概率为 60%）；$F(30)$表示全部 100 个正常产品，从整个时间集上考察，到 30 h，故障产品出现的概率为 0.4。

二、故障概率密度函数

故障概率密度函数 $f(t)$是不可靠度的一阶导数，即

$$f(t)=\frac{\mathrm{d}F(t)}{\mathrm{d}t} \tag{7-4}$$

由于不可靠度 $F(t)$是不减函数，且 $F(0)=0$，$F(\infty)=1$，即不可靠度 $F(t)$是分布函数，所以 $f(t)$是概率密度函数。

对于有限样本，设考察产品总数目为 N_0，经过 t 时间故障数目为$r(t)$，经过 $t+\Delta t$ 时间，故障数目为 $r(t+\Delta t)$，则故障概率密度函数估计值为：

$$f(t)=\frac{r(t+\Delta t)-r(t)}{N_0\Delta t} \tag{7-5}$$

即故障概率密度函数的物理意义是，总的产品在任意时刻 t 的下一个单位时间内发生故障的概率。

例 7-2 取某产品 100 个，进行可靠性试验，当 $t=30$ h 时故障产品数目 $r(30)=40$ 个，

当 $t=31$ h 时故障产品数目 $r(31)=42$ 个，试求 $t=30$ h 产品的故障概率密度。

解　根据故障概率密度的定义，可知：

$$f(30)=\frac{42-40}{100\times 1}=0.02(\mathrm{h}^{-1})$$

显然，$f(30)$表示全部 100 个正常产品，从整个时间集上考察，到 30 h，下一个单位时间内发生故障的概率为 $0.02(\mathrm{h}^{-1})$，即下一个单位时间内发生故障的概率为 $2\%(\mathrm{h}^{-1})$。

三、故障率

任意时刻 t，产品尚未发生故障，在下一个单位时间内发生故障的概率，称为故障率。

对于有限样本，设考察产品总数目为 N_0，经过 t 时间故障数目为 $r(t)$，经过时间 $t+\Delta t$ 故障数目为 $r(t+\Delta t)$，则故障率估计值为：

$$\lambda(t)=\frac{r(t+\Delta t)-r(t)}{[N_0-r(t)]\Delta t} \tag{7-6}$$

即故障率 $\lambda(t)$的物理意义是，任意时刻 t，尚未发生故障的产品在下一个单位时间内发生故障的概率。

当考察的产品总数目足够多($N_0\rightarrow\infty$)，考察时间足够短($\Delta t\rightarrow 0$)时，有：

$$\lambda(t)=\lim_{\substack{\Delta t\to 0\\ N_0\to\infty}}\frac{\dfrac{r(t+\Delta t)-r(t)}{N_0\Delta t}}{\dfrac{N_0-r(t)}{N_0}}=\frac{f(t)}{1-F(t)}=\frac{f(t)}{R(t)} \tag{7-7}$$

$R(t)$表示全部正常产品到 t 时刻正常工作事件的概率；$\lambda(t)$表示到 t 时刻尚未发生故障产品，在单位时间内发生故障事件的概率。所以 $R(t)\lambda(t)$表示全部正常产品到 t 时刻，在单位时间内发生故障事件的概率，即 $R(t)\lambda(t)=f(t)$。

例 7-3　取某产品 100 个，进行可靠性试验，当 $t=30$ h 时故障产品数目 $r(30)=40$ 个，当 $t=31$ h 时故障产品数目 $r(31)=42$ 个，试求 $t=30$ h 时产品的故障率。

解　根据故障率的定义，可知：

$$\lambda(30)=\frac{42-40}{(100-40)\times 1}=0.033\,333(\mathrm{h}^{-1})$$

显然，$\lambda(30)$表示全部 100 个正常产品，从整个时间集上考察，到 30 h 尚未发生故障产品在下一个单位时间内发生故障的概率为 $0.033\,333(\mathrm{h}^{-1})$，即尚未发生故障产品在下一个单位时间内发生故障的概率为 $3.333\,3\%(\mathrm{h}^{-1})$。

四、可靠度、不可靠度、故障概率密度和故障率之间的关系

只要知道可靠度、不可靠度、故障概率密度和故障率中的一个指标，就可以确定另外三个指标。

1. 已知可靠度或不可靠度

已知产品的可靠度 $R(t)$，则产品的不可靠度为：

$$F(t)=1-R(t) \tag{7-8}$$

由式(7-4)和式(7-7)可知，故障概率密度函数 $f(t)$和故障率 $\lambda(t)$分别为：

$$f(t)=\frac{\mathrm{d}F(t)}{\mathrm{d}t}=-\frac{\mathrm{d}R(t)}{\mathrm{d}t} \tag{7-9}$$

$$\lambda(t)=\frac{f(t)}{1-F(t)}=\frac{1}{1-F(t)}\frac{\mathrm{d}F(t)}{\mathrm{d}t} \tag{7-10}$$

或

$$\lambda(t) = \frac{f(t)}{R(t)} = -\frac{1}{R(t)}\frac{\mathrm{d}R(t)}{\mathrm{d}t} \tag{7-11}$$

2. 已知故障概率密度

已知产品的故障概率密度函数 $f(t)$，则不可靠度 $F(t)$ 和可靠度 $R(t)$ 分别为：

$$F(t) = \int_0^t f(t)\mathrm{d}t \tag{7-12}$$

$$R(t) = 1 - F(t) = \int_t^\infty f(t)\mathrm{d}t \tag{7-13}$$

即不可靠度 $F(t)$，表示 $[0,t]$ 内累计发生故障的概率。

故障率 $\lambda(t)$ 为：

$$\lambda(t) = \frac{f(t)}{1-F(t)} = \frac{f(t)}{R(t)} \tag{7-14}$$

3. 已知故障率

已知产品的故障率 $\lambda(t)$，将式(7-11)两边积分得：

$$\int_0^t \lambda(t)\mathrm{d}t = -\int_0^t \frac{1}{R(t)}\frac{\mathrm{d}R(t)}{\mathrm{d}t}\mathrm{d}t = -\int_0^t \mathrm{d}[\ln R(t)] = -\ln R(t) + \ln R(0)$$

当 $t=0$ 时产品正常，有 $R(0)=1$，从而得：

$$R(t) = \exp[-\int_0^t \lambda(t)\mathrm{d}t] \tag{7-15}$$

$$F(t) = 1 - \exp[-\int_0^t \lambda(t)\mathrm{d}t] \tag{7-16}$$

由式(7-11)得故障概率密度函数 $f(t)$：

$$f(t) = \lambda(t)\exp[-\int_0^t \lambda(t)\mathrm{d}t] \tag{7-17}$$

五、平均寿命

平均寿命是指寿命的平均值。对于不可修复产品，其平均寿命指产品故障前工作时间的平均值，通常记为 MTTF(Mean Time to Failure)。对于可修复产品，其平均寿命指故障间隔时间的平均值，记为 MTBF(Mean Time between Failures)。

采用平均寿命表征产品的可靠性，具有物理意义明确、直观的优点。

1. 平均故障前工作时间(MTTF)

取 N_0 个不可修复产品在相同条件下进行试验，测得寿命数据为 $t_1, t_2, \cdots, t_{N_0}$，则其平均故障前工作时间的估计值为：

$$\mathrm{MTTF} = \frac{1}{N_0}\sum_{i=1}^{N_0} t_i \tag{7-18}$$

当寿命是连续型随机变量时，平均故障前工作时间为：

$$\begin{aligned}\mathrm{MTTF} &= \int_0^\infty t f(t)\mathrm{d}t = \int_0^\infty t[\frac{-\mathrm{d}R(t)}{\mathrm{d}t}]\mathrm{d}t \\ &= -[tR(t)]\,|_0^\infty + \int_0^\infty R(t)\mathrm{d}t = \int_0^\infty R(t)\mathrm{d}t\end{aligned} \tag{7-19}$$

2. 平均故障间隔时间(MTBF)

设一个可修复产品在使用期间发生了 N_0 次故障，每次故障后修复，修复后又继续投入工作，工作时间分别为 $t_1, t_2, \cdots, t_{N_0}$，则其平均故障间隔时间为：

$$\mathrm{MTBF} = \frac{1}{N_0}\sum_{i=1}^{N_0} t_i \tag{7-20}$$

产品修复后和崭新的产品没有任何区别，称为完全修复。对于可完全修复的产品，其每次修复后继续工作时，与新产品投入使用完全一样，所以寿命是连续型随机变量，平均故障间隔时间 MTBF 可用式(7-21)表示：

$$\mathrm{MTBF} = \int_0^{\infty} R(t)\mathrm{d}t \tag{7-21}$$

显然，只要知道可靠度、不可靠度、故障概率密度、故障率中的任何一个，就能确定平均寿命。

第三节　常用分布函数

在可靠性分析中，常用指数分布、正态分布等作为寿命分布，上述函数称为常用分布函数。为了以后讨论方便，本节简单介绍常用分布函数的表达式和特点。

一、指数分布

设随机变量 T 服从指数分布，故障概率密度函数为：

$$f(t) = \lambda \mathrm{e}^{-\lambda t} \quad (t \geqslant 0, \lambda > 0) \tag{7-22}$$

因此，可靠度、不可靠度、故障率分别为：

$$\begin{cases} R(t) = \mathrm{e}^{-\lambda t} \\ F(t) = 1 - \mathrm{e}^{-\lambda t} \\ \lambda(t) = \lambda \quad (\text{常数}) \end{cases} \tag{7-23}$$

平均寿命为：

$$\begin{aligned} \mathrm{MTTF} &= \int_0^{\infty} R(t)\mathrm{d}t = \int_0^{\infty} \mathrm{e}^{-\lambda t}\mathrm{d}t \\ &= -\frac{1}{\lambda}\int_0^{\infty} \mathrm{e}^{-\lambda t}\mathrm{d}(-\lambda t) = -\frac{1}{\lambda}\mathrm{e}^{-\lambda t}\Big|_0^{\infty} = \frac{1}{\lambda} \end{aligned} \tag{7-24}$$

指数分布的一个重要特性是无记忆性，即产品工作 t_0 时间后，仍同新产品一样，不影响未来工作寿命的长短。用条件概率可表示为：

$$R(t_0 + t | t_0) = \frac{\mathrm{e}^{-\lambda(t+t_0)}}{\mathrm{e}^{-\lambda t_0}} = \mathrm{e}^{-\lambda t} = R(t) \tag{7-25}$$

二、正态分布

1. 标准正态分布

标准正态分布的概率密度函数和分布函数，分别用 $\varphi(t)$ 和 $\phi(t)$ 表示：

$$\varphi(t) = \frac{1}{\sqrt{2\pi}}\exp\left(-\frac{t^2}{2}\right) \quad (-\infty < t < \infty) \tag{7-26}$$

$$\phi(t) = \frac{1}{\sqrt{2\pi}}\int_{-\infty}^{t} \exp\left(-\frac{x^2}{2}\right)\mathrm{d}x \tag{7-27}$$

显然，$\phi(-t) = 1 - \phi(t)$。

标准正态分布函数 $\phi(t)$ 的函数表，可在数学手册中查找，也可以通过数值计算得到。

2. 正态分布

若随机变量 T 的概率密度函数为：

$$f(t) = \frac{1}{\sigma\sqrt{2\pi}}\exp\left[-\frac{(t-\mu)^2}{2\sigma^2}\right] \quad (-\infty < t < \infty) \tag{7-28}$$

式中，μ，$\sigma(\sigma>0)$为常数。则称 T 服从均值为 μ，标准差为 σ 的正态分布或高斯(Gauss)分布，记为 $T \sim N(\mu,\sigma^2)$。显然，当 $\mu=0$，$\sigma=1$ 时，就是标准正态分布，记为 $T \sim N(0,1)$。

正态分布的分布函数为：

$$F(t) = P(T \leqslant t) = \frac{1}{\sigma\sqrt{2\pi}}\int_{-\infty}^{t}\exp\left[-\frac{1}{2}\left(\frac{x-\mu}{\sigma}\right)^2\right]dx \tag{7-29}$$

一般正态分布函数由标准正态分布函数 $\phi(t)$ 求得。若 $T \sim N(\mu,\sigma^2)$，则 $(T-\mu)/\sigma \sim N(0,1)$，所以对 $T \sim N(\mu,\sigma^2)$ 有：

$$F(t) = P(T \leqslant t) = P\left(\frac{T-\mu}{\sigma} \leqslant \frac{t-\mu}{\sigma}\right) = \phi\left(\frac{t-\mu}{\sigma}\right) \tag{7-30}$$

$$P(t_1 < T \leqslant t_2) = \phi\left(\frac{t_2-\mu}{\sigma}\right) - \phi\left(\frac{t_1-\mu}{\sigma}\right) \tag{7-31}$$

可靠度为：

$$R(t) = 1 - \phi\left(\frac{t-\mu}{\sigma}\right) = \phi\left(\frac{\mu-t}{\sigma}\right) \tag{7-32}$$

故障率为：

$$\lambda(t) = \frac{\varphi\left(\frac{t-\mu}{\sigma}\right)}{\sigma\phi\left(\frac{\mu-t}{\sigma}\right)} \tag{7-33}$$

平均寿命为：

$$\text{MTTF} = \mu \tag{7-34}$$

3. 对数正态分布

设随机变量 T 的自然对数 $\ln T$ 服从正态分布，即 $\ln T \sim N(\mu,\sigma^2)$，则称 T 服从对数正态分布。它的概率密度函数和分布函数分别为：

$$f(t) = \begin{cases} \frac{1}{\sqrt{2\pi}\sigma t}\exp\left[-\frac{(\ln t-\mu)^2}{2\sigma^2}\right] & (0 < t < \infty) \\ 0 & (t \leqslant 0) \end{cases} \tag{7-35}$$

$$F(t) = P(T \leqslant t) = \phi\left(\frac{\ln t-\mu}{\sigma}\right) \tag{7-36}$$

$$P(t_1 < T < t_2) = F(t_2) - F(t_1) = \phi\left(\frac{\ln t_2-\mu}{\sigma}\right) - \phi\left(\frac{\ln t_1-\mu}{\sigma}\right) \tag{7-37}$$

式中，$\phi(^*)$为标准正态分布函数。

对数正态分布的均值和方差分别为：

$$E(T) = \exp\left(\mu + \frac{\sigma^2}{2}\right) \tag{7-38}$$

$$D(T) = \exp(2\mu + \sigma^2)[\exp(\sigma^2) - 1] \tag{7-39}$$

式中，μ 和 σ^2 为正态分布随机变量 $\ln T$ 的均值和方差。也就是说，$\mu = E(\ln T)$，$\sigma^2 =$

$E[(\ln T)^2]-[E(\ln T)]^2$[$E(*)$表示求均值运算]。

可靠度为：

$$R(t)=1-\phi(\frac{\ln t-\mu}{\sigma})=\phi(\frac{\mu-\ln t}{\sigma}) \tag{7-40}$$

故障率为：

$$\lambda(t)=\varphi(\frac{\ln t-\mu}{\sigma})/\left\{\sigma t[1-\phi(\frac{\ln t-\mu}{\sigma})]\right\} \tag{7-41}$$

平均寿命为：

$$\mathrm{MTTF}=\exp(\mu+\frac{\sigma^2}{2}) \tag{7-42}$$

4．威布尔分布

两参数威布尔分布的概率密度函数为：

$$f(t)=\frac{m}{\eta}(\frac{t}{\eta})^{m-1}\mathrm{e}^{-(\frac{t}{\eta})^m}\quad(t\geqslant 0) \tag{7-43}$$

分布函数为：

$$F(t)=1-\mathrm{e}^{-(\frac{t}{\eta})^m}\quad(t\geqslant 0) \tag{7-44}$$

其均值 μ 和方差 σ^2 为：

$$\mu=\eta\Gamma(1+\frac{1}{m}) \tag{7-45}$$

$$\sigma^2=\eta^2[\Gamma(1+\frac{2}{m})-\Gamma^2(1+\frac{1}{m})] \tag{7-46}$$

式中，$\Gamma(*)$为 Γ 函数；m 为形状参数，$m>0$；η 为尺度参数，$\eta>0$。

一般形状参数 m 取不同的值，故障概率密度函数曲线的形状不同，所以威布尔分布的拟合能力较强。例如，$m=1$ 时故障概率密度函数呈指数分布；$m=3.439\ 54$ 时故障概率密度函数图形对称，十分接近正态分布。尺度参数 η 越大，分布的分散程度越大。

可靠度为：

$$R(t)=\mathrm{e}^{-(\frac{t}{\eta})^m} \tag{7-47}$$

故障率为：

$$\lambda(t)=\frac{m}{\eta}(\frac{t}{\eta})^{m-1} \tag{7-48}$$

显然，当 $m<1$ 时，故障率递减；当 $m=1$ 时，故障率为常数，即指数分布情况；当 $m>1$ 时，故障率递增。

平均寿命为：

$$\mathrm{MTTF}=\eta\Gamma(1+\frac{1}{m}) \tag{7-49}$$

5．常用分布函数的图形特点

如图 7-1 和图 7-2 所示，指数分布的故障概率密度函数是无峰顶的递减曲线；故障率函数为常值，是水平线。

图 7-3 和图 7-4 为指数分布的可靠度函数和不可靠度函数随时间变化曲线。

如图 7-5 和图 7-6 所示，正态分布的故障概率密度函数是对称且中间有峰顶的曲线；故障率函数为递增曲线。

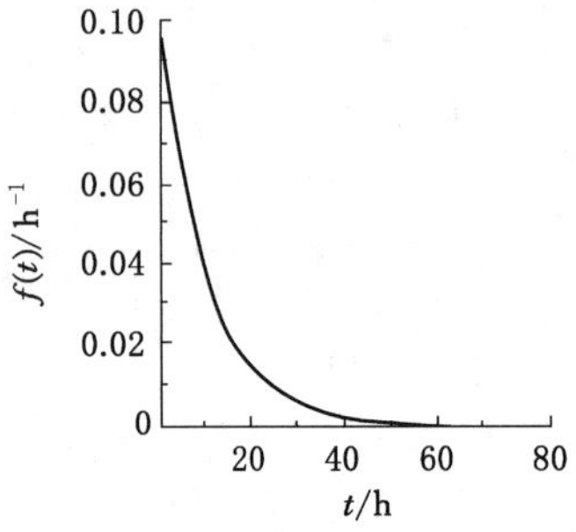

图 7-1　指数分布故障概率密度函数 $f(t)$随时间变化曲线

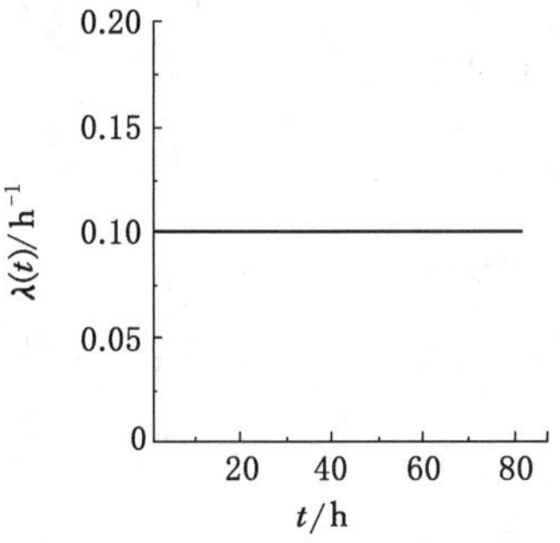

图 7-2　指数分布故障率函数 $\lambda(t)$随时间变化曲线

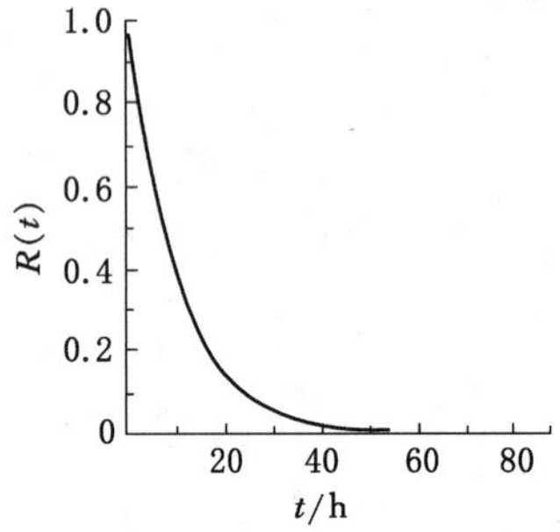

图 7-3　指数分布可靠度函数 $R(t)$随时间变化曲线

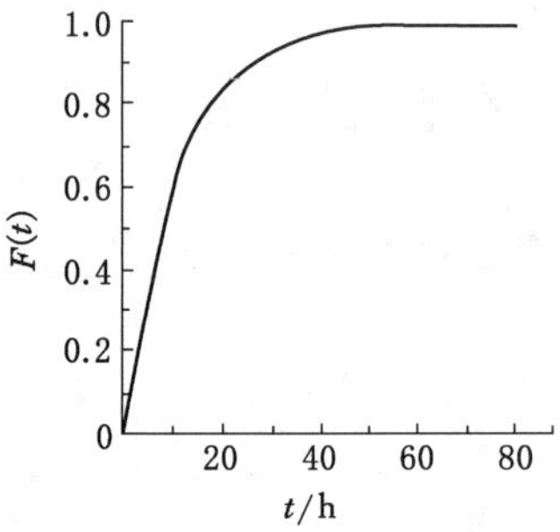

图 7-4　指数分布不可靠度函数 $F(t)$随时间变化曲线

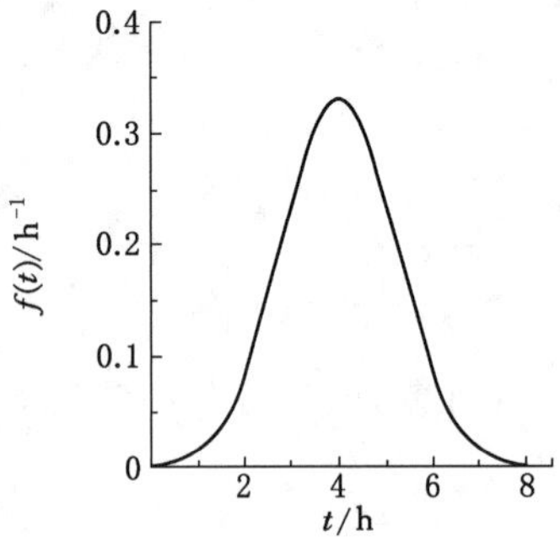

图 7-5　正态分布故障概率密度函数 $f(t)$随时间变化曲线

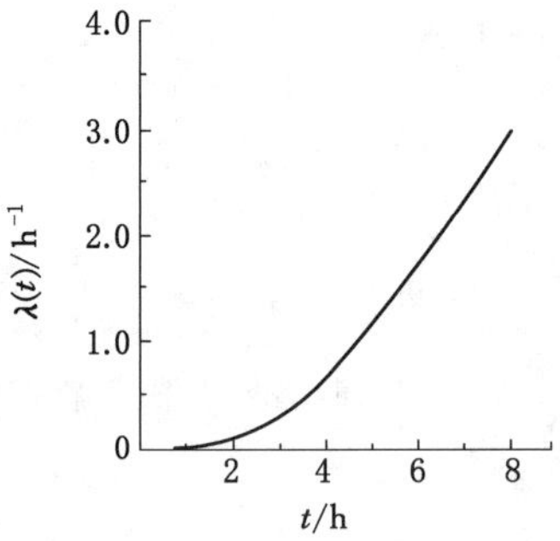

图 7-6　正态分布故障率函数 $\lambda(t)$随时间变化曲线

图 7-7 和图 7-8 为正态分布的可靠度函数和不可靠函数随时间变化曲线。

如图 7-9 和图 7-10 所示，对数正态分布的故障概率密度函数是不对称有峰顶的曲线，并且偏向左侧；故障率函数为开始递增、后面稍有递减的曲线（根据均值和方差不同，也可能始终递增）。

图 7-11 和图 7-12 为对数正态分布的可靠度函数和不可靠度函数随时间变化曲线。

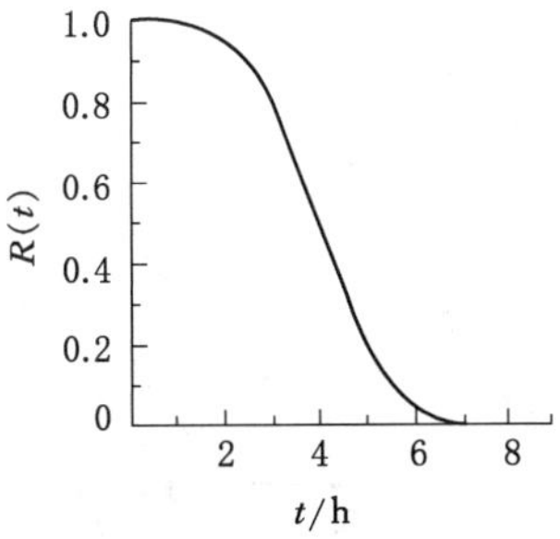

图 7-7　正态分布可靠度函数 $R(t)$ 随时间变化曲线

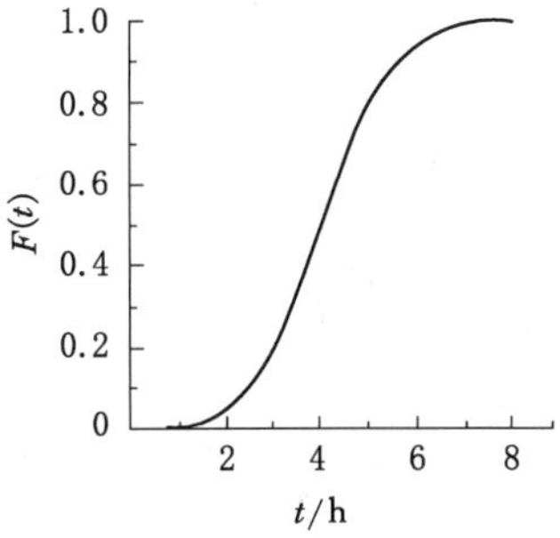

图 7-8　正态分布不可靠度函数 $F(t)$ 随时间变化曲线

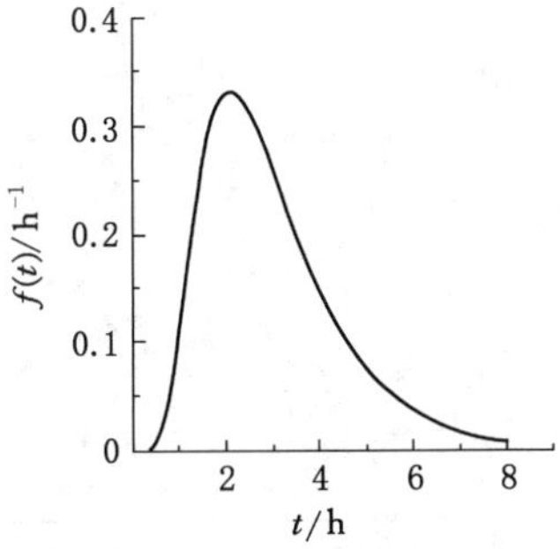

图 7-9　对数正态分布故障概率密度函数 $f(t)$ 随时间变化曲线

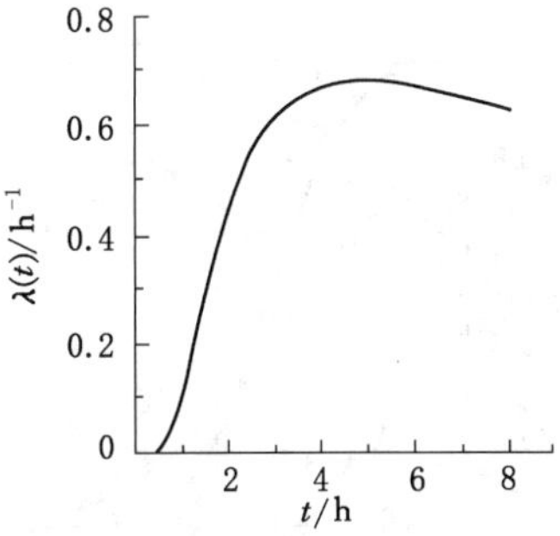

图 7-10　对数正态分布故障率函数 $\lambda(t)$ 随时间变化曲线

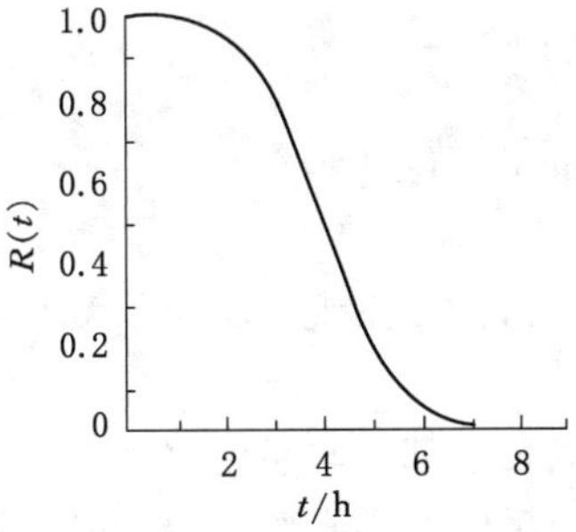

图 7-11　对数正态分布可靠度函数 $R(t)$ 随时间变化曲线

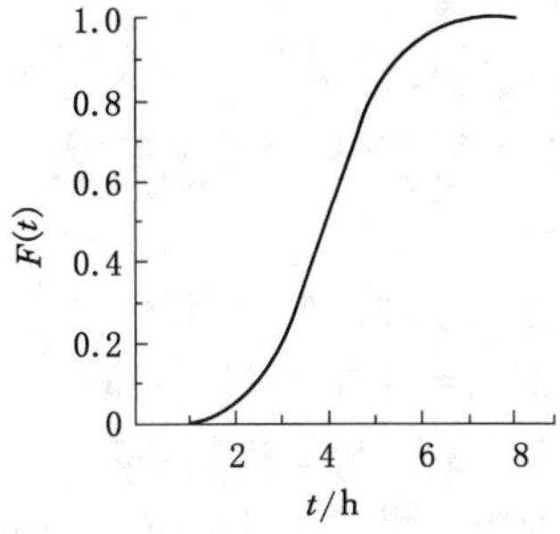

图 7-12　对数正态分布不可靠度函数 $F(t)$ 随时间变化曲线

如图 7-13 和图 7-14 所示，威布尔分布选取不同形状参数 m，故障概率密度函数曲线的形状不同，可近似拟合各种分布，峰顶既可偏向左侧，也可偏向右侧。例如，$m=1$ 时为指数分布，$m=3.43954$ 时十分接近正态分布等。从故障率函数来看，可表示常数、递减、递增等各种情况。

图 7-15 和图 7-16 为威布尔分布的可靠度和不可靠度函数随时间变化曲线。

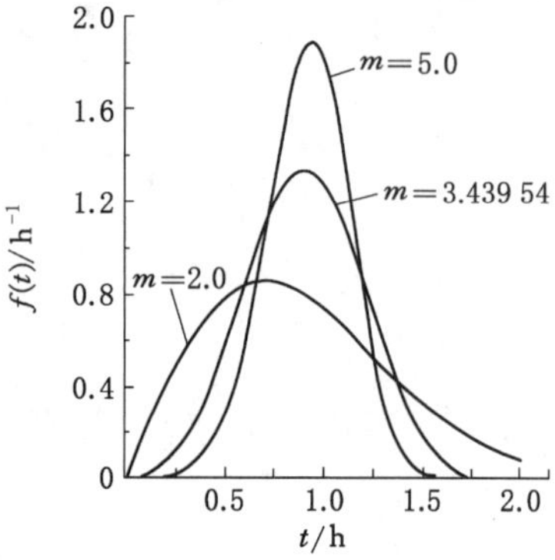

图 7-13　威布尔分布故障概率密度函数 $f(t)$ 随时间变化曲线

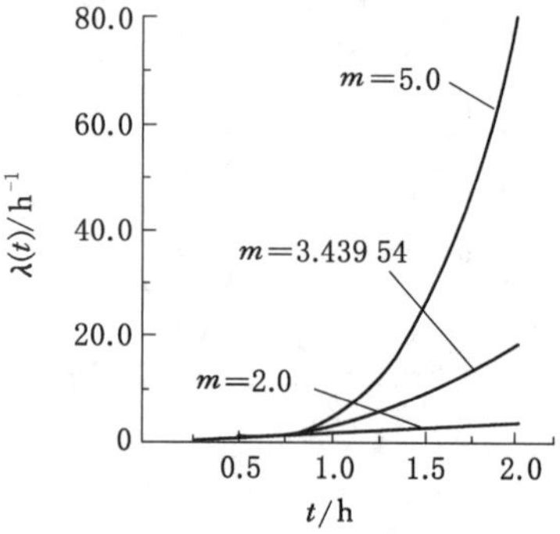

图 7-14　威布尔分布故障率函数 $\lambda(t)$ 随时间变化曲线

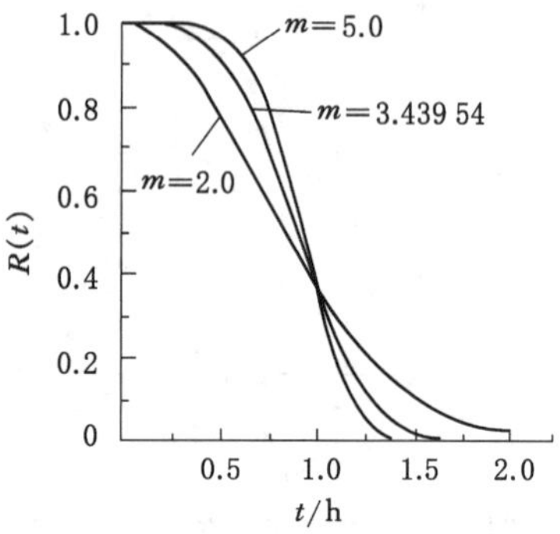

图 7-15　威布尔分布可靠度函数 $R(t)$ 随时间变化曲线

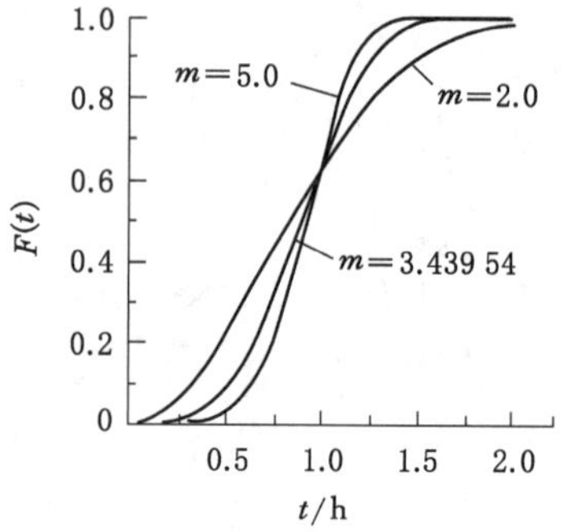

图 7-16　威布尔分布不可靠度函数 $F(t)$ 随时间变化曲线

第四节　不可修复系统可靠性

当系统的部件失效(故障)后，不能或不值得去修复时，称该系统为不可修复系统。

一、系统结构图与可靠性框图

一个系统的系统结构图是表示系统中各部件之间以及各部件与系统之间的物理关系和工作关系的图。煤矿中的矿井开拓方式平面图、剖面图，采区巷道布置图，矿井通风系统图，井下供电系统图等都是系统结构图。

一个系统的可靠性框图是表示系统中各部件与系统之间的功能关系的图，图中要表示出哪些部件必须正常工作才能保证系统完成所规定的功能。可靠性框图由一些方框组成，每个方框表示 1 个部件，这些部件对系统而言都有某些功能。

系统结构图与可靠性框图有相同与不同之分。相同是指部件(或子系统)与部件(或子系统)之间如在系统结构图中为串(并)联的，则在可靠性框图中仍为串(并)联的，如图 7-17 所示的采区运煤系统。该系统由 3 台胶带输送机组成，在结构上为一串联系统，用于保证煤炭的连续运输。在该系统中，只要有 1 台胶带输送机失效，则系统就失效，因此从功能关系上看，系统也是串联的。

(a) 系统结构图；(b) 可靠性框图。

图 7-17　采区运煤系统

不同是指部件（或子系统）与部件（或子系统）之间如在系统结构图中为串联的，则在可靠性框图中为并联的；或者相反。如图 7-18 所示的由 1，2 两个电容组成的系统，在电路图中，1，2 两个电容为并联结构，若使系统的正常状态为“开路”，失效状态为“短路”，则在系统功能上，只要任意一个电容被击穿，系统就会短路，失去规定功能。因此，系统的可靠性框图为串联形式。

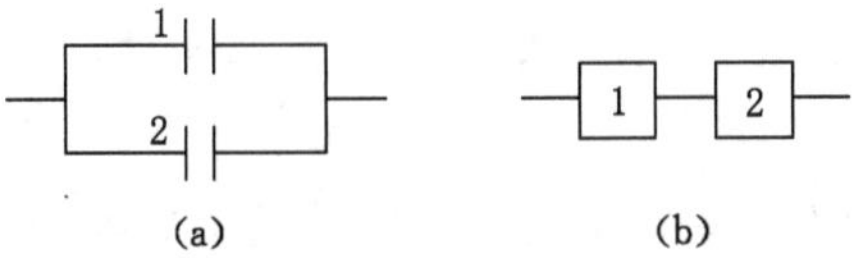

(a) 系统结构图；(b) 可靠性框图。

图 7-18　电容并联

二、串联系统

系统由 n 个部件组成，所有部件必须都正常，系统才能正常工作，或者任一部件发生故障系统就发生故障，这样的系统称为串联系统。其可靠性框图如图 7-19 所示。

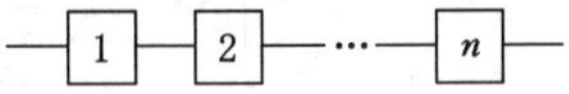

图 7-19　串联模型可靠性框图

串联系统正常工作意味着所有部件都正常工作，系统可靠度为：

$$R(t) = R_1(t)R_2(t)R_3(t)\cdots R_n(t) = \prod_{i=1}^{n} R_i(t) \tag{7-50}$$

系统不可靠度为：

$$F(t) = 1 - \prod_{i=1}^{n}[1 - F_i(t)] \tag{7-51}$$

式(7-50)和式(7-51)中，$R(t)$和 $F(t)$分别为系统的可靠度和不可靠度；$R_i(t)$和 $F_i(t)$分别为第 i 个部件的可靠度和不可靠度；n 为部件数目。

若串联系统各个部件的寿命均服从相同指数分布，则：

$$R_i(t) = \mathrm{e}^{-\lambda_i t}$$

$$R(t) = \prod_{i=1}^{n} \mathrm{e}^{-\lambda_i t} = \mathrm{e}^{-(\sum_{i=1}^{n}\lambda_i)t} = \mathrm{e}^{-\lambda t} \tag{7-52}$$

$$\lambda = \sum_{i=1}^{n}\lambda_i$$

式中，λ 为系统的故障率；λ_i 为第 i 个部件的故障率。显然，当串联系统中各个部件的寿命呈指数分布时，系统的寿命也呈指数分布，系统平均寿命为：

$$\text{MTTF} = \frac{1}{\lambda} = \frac{1}{\sum_{i=1}^{n} \lambda_i} \tag{7-53}$$

串联系统中部件数目越多，系统的可靠度越低，并且系统可靠度小于每个部件的可靠度。

例 7-4 某工作面运输巷运输系统由 3 台刮板输送机组成，如图 7-20 所示，且 3 台刮板输送机的可靠度 R 均为 0.83，试求系统的可靠度。

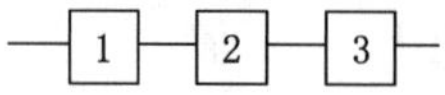

图 7-20 工作面运输巷运输系统可靠性框图

解 部件 1、部件 2、部件 3 组成串联系统，其可靠度为：

$$R = R_1 R_2 R_3 = 0.83^3 = 0.57$$

三、并联系统

系统由 n 个部件组成，只有当系统中所有部件都发生故障系统才有故障，或者说，只要系统中有 1 个部件正常系统就正常，这样的系统称为并联系统。其可靠性框图如图 7-21 所示。

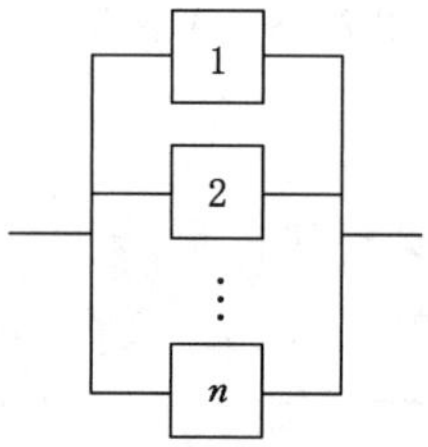

图 7-21 并联系统可靠性框图

并联系统发生故障意味着所有部件都发生故障，系统不可靠度为：

$$F(t) = \prod_{i=1}^{n} F_i(t) \tag{7-54}$$

系统可靠度为：

$$R(t) = 1 - \prod_{i=1}^{n} [1 - R_i(t)] \tag{7-55}$$

式(7-54)和式(7-55)中，$F(t)$ 和 $R(t)$ 分别为系统的不可靠度和可靠度；$F_i(t)$ 和 $R_i(t)$ 分别为第 i 个部件的不可靠度和可靠度。

并联系统的不可靠度小于每个部件的不可靠度，即并联系统的可靠度大于每个部件的可靠度。

若并联系统各个部件的寿命均服从相同指数分布，则：

$$R(t) = 1 - (1 - e^{-\lambda t})^n$$

系统平均寿命为：

$$\text{MTTF} = \int_0^{\infty} [1 - (1 - e^{-\lambda t})^n] dt = \frac{1}{\lambda} + \frac{1}{2\lambda} + \cdots + \frac{1}{n\lambda} \tag{7-56}$$

当各个部件的寿命都服从指数分布时，并联系统的寿命并不服从指数分布。并联系统中部件数目越多，系统可靠性越高，且当 $n \leqslant 3$ 时增加部件数目对增加可靠度效果最好。

例 7-5　由 2 个部件组成的并联系统，每个部件的寿命均服从指数分布，故障率分别为 λ_1 和 λ_2，试求系统的故障概率密度。

解　系统的可靠度为：

$$R(t) = 1 - (1 - e^{-\lambda_1 t})(1 - e^{-\lambda_2 t}) = e^{-\lambda_1 t} + e^{-\lambda_2 t} - e^{-(\lambda_1 + \lambda_2)t}$$

系统的故障概率密度为：

$$f(t) = -\frac{dR}{dt} = \lambda_1 e^{-\lambda_1 t} + \lambda_2 e^{-\lambda_2 t} - (\lambda_1 + \lambda_2) e^{-(\lambda_1 + \lambda_2)t}$$

虽然每个部件的寿命服从指数分布，但并联系统的寿命并不服从指数分布。

例 7-6　一个系统由 5 个部件组成，其可靠性框图如图 7-22 所示，部件可靠度分别为 $R_1 = 0.96$，$R_2 = 0.97$，$R_3 = 0.92$，$R_4 = 0.92$，$R_5 = 0.99$。求该系统的可靠度。

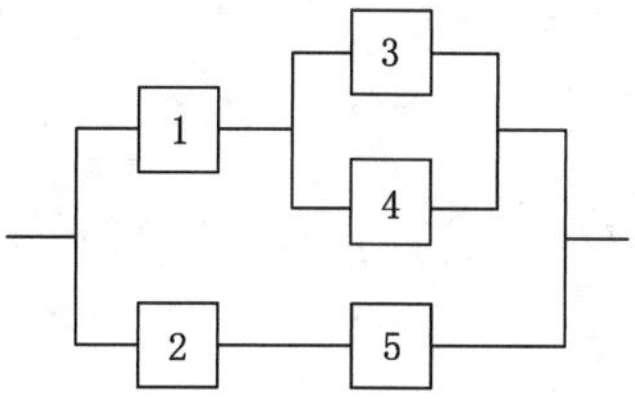

图 7-22　可靠性框图

解　部件 3 与部件 4 构成并联分系统，其可靠度为：

$$R_{34} = 1 - (1 - R_3)(1 - R_4)$$

与部件 1 进一步构成串联分系统，其可靠度为：

$$R_{134} = R_1 R_{34} = R_1[1 - (1 - R_3)(1 - R_4)]$$

部件 2 与部件 5 构成串联分系统，其可靠度为：

$$R_{25} = R_2 R_5$$

部件 1、部件 3、部件 4 构成的分系统，与部件 2、部件 5 构成的分系统，又构成并联系统，系统可靠度为：

$$\begin{aligned} R &= 1 - (1 - R_{134})(1 - R_{25}) = R_{134} + R_{25} - R_{134} R_{25} \\ &= R_1[1 - (1 - R_3)(1 - R_4)] + R_2 R_5 - R_1[1 - (1 - R_3)(1 - R_4)] R_2 R_5 \end{aligned}$$

将各个部件可靠度代入上式，得系统可靠度：

$$R = 0.998\ 168$$

由于系统由多个冗余部件构成，因此，系统可靠度高于每个部件可靠度。

四、*n* 中取 *k* 系统（*k*/*n* 系统）

由 n 个部件组成的系统，至少有 k 个部件正常工作，系统才能正常工作，这样的系统称为 n 中取 k 系统（k/n 系统）。其可靠性框图如图 7-23 所示。

当 n 个部件相同，可靠度均为 R，表决器的可靠度为 R_m 时，k/n 系统可靠度 R_s 为：

$$R_s(t) = R_m \sum_{i=k}^{n} \binom{n}{i} [R(t)]^i [1 - R(t)]^{n-i} \tag{7-57}$$

显然，表决器的可靠度 R_m 对系统可靠度影响很大，在 k/n 系统中表决器是关键单元。

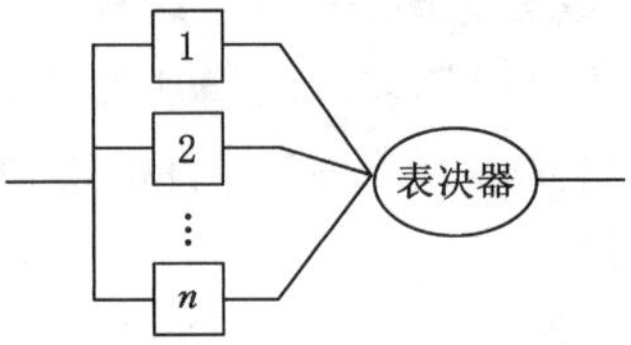

图 7-23　k/n 系统可靠性框图

以下讨论中为了方便,假设表决器的可靠度 $R_m=1$(即不考虑表决器的可靠度)。

由式(7-57)可知:

① $k=1$ 时,$1/n$ 系统即并联系统,$R_s=1-(1-R)^n$;

② $k=n$ 时,n/n 系统即串联系统,$R_s=R^n$;

③ 当 $k=m+1,n=2m+1$ 时,$(m+1)/(2m+1)$系统即多数表决系统,即至少半数以上部件正常工作,系统才能正常工作。

当各个部件的寿命都服从相同指数分布时,系统可靠度为:

$$R_s(t)=\sum_{i=k}^{n}\binom{n}{i}e^{-i\lambda t}(1-e^{-\lambda t})^{n-i}$$

平均寿命为:

$$\mathrm{MTTF}=\int_0^\infty R_s(t)\mathrm{d}t=\sum_{i=k}^{n}\binom{n}{i}\int_0^\infty e^{-i\lambda t}(1-e^{-\lambda t})^{n-i}\mathrm{d}t=\sum_{i=k}^{n}\frac{1}{i\lambda} \tag{7-58}$$

五、旁联系统

系统的 n 个部件中只有 1 个部件工作,当工作部件发生故障时,通过故障监测和转换装置接到另一个正常待用部件继续工作,直到所有部件都发生故障时系统才有故障,这样的系统称为旁联系统。其可靠性框图如图 7-24 所示。

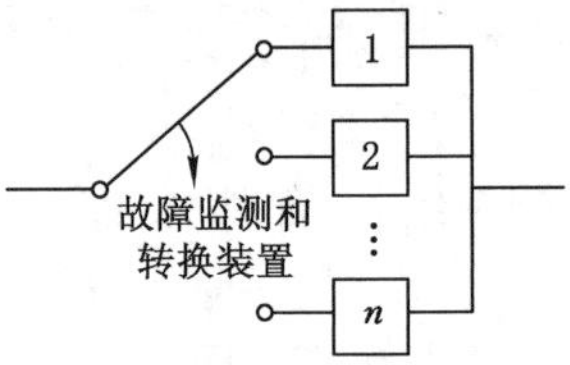

图 7-24　旁联系统可靠性框图

当故障监测和转换装置的可靠度为 1 时,系统的平均寿命 MTTF 等于各个部件平均寿命 MTTF_i 之和,即

$$\mathrm{MTTF}=\sum_{i=1}^{n}\mathrm{MTTF}_i \tag{7-59}$$

尤其是当各个部件的寿命都服从相同指数分布时,系统可靠度为:

$$R(t)=e^{-\lambda t}\left[1+\lambda t+\frac{(\lambda t)^2}{2!}+\cdots+\frac{(\lambda t)^{n-1}}{(n-1)!}\right] \tag{7-60}$$

$$\mathrm{MTTF}=\int_0^\infty R(t)\mathrm{d}t=\frac{n}{\lambda} \tag{7-61}$$

设故障监测和转换装置的可靠度为 R_D,考虑两个部件组成的旁联系统(故障率分别为

λ_1,λ_2)，存在以下两种情况：

① 部件 1 正常工作到给定时刻 t，该事件用“A_1”表示；

② 部件 1 在 t_1 时刻($0\leqslant t_1<t$)发生故障(该事件为“A_1'”)，通过故障监测和转换装置(正常事件为 D，可靠度为 R_D)，部件 2 继续工作到时刻 t(该事件用“A_2”表示)。

系统正常工作到给定时刻 t，事件用“A”表示，则：

$$A = A_1 + A_1'DA_2$$

等式两边取概率得系统可靠度 $R(t)$：

$$R(t) = P(A_1) + P(A_1'DA_2) = e^{-\lambda_1 t} + \int_0^t e^{-\lambda_2(t-t_1)} R_D\lambda_1 e^{-\lambda_1 t_1}\,dt_1$$

$$= \begin{cases} e^{-\lambda_1 t} + R_D \dfrac{\lambda_1}{\lambda_1 - \lambda_2}(e^{-\lambda_2 t} - e^{-\lambda_1 t}) & (\lambda_1 \neq \lambda_2) \\ e^{-\lambda_1 t}(1 + R_D\lambda_1 t) & (\lambda_1 = \lambda_2) \end{cases} \tag{7-62}$$

系统的平均寿命为：

$$\text{MTTF} = \frac{1}{\lambda_1} + R_D\frac{1}{\lambda_2} \tag{7-63}$$

旁联系统的优点是大大提高了系统的可靠度，但要求故障监测和转换装置的可靠性非常高，因为故障监测和转换装置是关键部件。

例 7-7　某系统由一个旁联分系统和 2/3 表决分系统串联组成，如图 7-25 所示。两个分系统工作相互独立，设故障监测与转换装置的可靠度为 R_D。部件的寿命分布函数 $F_i(t)=1-e^{-\lambda_i t}(i=1,2,3,4,5)$，其中，部件 1 和部件 2 的寿命服从相同指数分布，部件 3、部件 4 和部件 5 的寿命服从相同指数分布。求系统的可靠度和平均寿命。

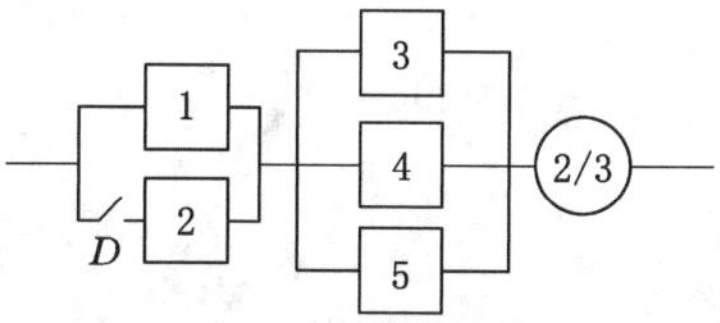

图 7-25

解　旁联分系统由两个寿命服从相同分布的部件组成，寿命均服从指数分布，部件故障率为 λ_1，分系统可靠度为：

$$R_{s1} = e^{-\lambda_1 t}(1 + R_D\lambda_1 t)$$

2/3 表决分系统，部件的寿命服从相同指数分布，故障率为 λ_3，分系统可靠度为：

$$R_{s2} = \sum_{i=2}^{3} C_3^i R_3^i (1-R_3)^{3-i} = C_3^2 R_3^2(1-R_3) + C_3^3 R_3^3 = 3R_3^2 - 2R_3^3 = 3e^{-2\lambda_3 t} - 2e^{-3\lambda_3 t}$$

系统由旁联分系统与 2/3 表决分系统串联构成，其可靠度为：

$$R_s = R_{s1}R_{s2} = e^{-\lambda_1 t}(1 + R_D\lambda_1 t)(3e^{-2\lambda_3 t} - 2e^{-3\lambda_3 t})$$

系统的平均寿命为：

$$\text{MTTF} = \int_0^\infty R_s\,dt = \frac{6\lambda_3 + 3\lambda_1 + 3R_D\lambda_1}{(2\lambda_3 + \lambda_1)^2} + \frac{-6\lambda_3 - 2\lambda_1 - 2R_D\lambda_1}{(3\lambda_3 + \lambda_1)^2}$$

第五节　可修复系统可靠性

对于可修复系统(或产品),其在工作一段时间后发生故障,经过维修再次恢复到正常状态的维修能力用维修性表征;在"正常→故障→正常→故障"反复过程中,所表现出来的正常工作能力,用可用性表征。系统(或产品)可用性是可靠性和维修性的函数。

一、维修及其数量指标

1. 维修的基本概念

维修是指系统(或产品)在使用过程中发生故障后,为了恢复正常工作状态所采取的各种活动。

维修性是指系统(或产品)在预定维修级别上,具有规定技术水平的人员,利用规定的程序和资源,使其保持或恢复到规定状态的能力,一般采用概率指标表示。

显然,系统(或产品)维修性不仅与系统(或产品)自身性能有关,还与维修人员技术水平、维修程序、维修设备、维修环境等有关。

2. 维修性的数量指标

(1) 维修度函数 $M(t)$

维修度是指系统(或产品)在规定的条件下,在给定的时间 t 内被修复的概率,或称修理时间 T 不超过 t 的概率。

$$M(t) = P(T \leqslant t) \tag{7-64}$$

设有 N_0 个故障产品,在$[0,t]$内被修复产品数目为 $N(t)$,则维修度 $M(t)$的估计值$\hat{M}(t)$为:

$$\hat{M}(t) = \frac{N(t)}{N_0} \tag{7-65}$$

当样本数目足够多时,有:

$$M(t) = \lim_{N_0 \to \infty} \frac{N(t)}{N_0} \tag{7-66}$$

(2) 维修概率密度函数

维修概率密度函数 $m(t)$是维修度函数 $M(t)$的一阶导数,即

$$m(t) = \frac{\mathrm{d}M(t)}{\mathrm{d}t} \tag{7-67}$$

设有 N_0 个故障产品,在 t 时刻被修复产品数目为 $N(t)$,在 $t+\Delta t$ 时刻被修复产品数目为 $N(t+\Delta t)$,则维修概率密度函数 $m(t)$的估计值 $\hat{m}(t)$为:

$$\hat{m}(t) = \frac{N(t+\Delta t) - N(t)}{N_0 \Delta t} \tag{7-68}$$

当产品数目足够多,考虑的时间间隔足够短时,有:

$$m(t) = \lim_{\substack{\Delta t \to 0 \\ N_0 \to \infty}} \frac{N(t+\Delta t) - N(t)}{N_0 \Delta t} \tag{7-69}$$

即维修概率密度函数表示在任意时刻 t,总产品中单位时间内被修复的概率。

(3) 维修率函数

维修率函数 $\mu(t)$是指系统(或产品)在任意时刻 t,尚未修复的系统(或产品)在单位时

间内被修复的概率，即

$$\mu(t)=\lim_{\substack{\Delta t\to 0\\ N_0\to\infty}}\frac{N(t+\Delta t)-N(t)}{[N_0-N(t)]\Delta t} \tag{7-70}$$

对于有限样本，$\mu(t)$的估计值 $\hat{\mu}(t)$为：

$$\hat{\mu}(t)=\frac{N(t+\Delta t)-N(t)}{[N_0-N(t)]\Delta t} \tag{7-71}$$

由式(7-70)、式(7-68)和式(7-65)得：

$$\mu(t)=\lim_{\substack{\Delta t\to 0\\ N_0\to\infty}}\frac{\dfrac{N(t+\Delta t)-N(t)}{N_0\Delta t}}{\dfrac{N_0-N(t)}{N_0}}=\lim_{\substack{\Delta t\to 0\\ N_0\to\infty}}\frac{\hat{m}(t)}{1-\hat{M}(t)}=\frac{m(t)}{1-M(t)} \tag{7-72}$$

又 $m(t)=\mathrm{d}M(t)/\mathrm{d}t$，故：

$$\mu(t)=\frac{1}{1-M(t)}\frac{\mathrm{d}M(t)}{\mathrm{d}t} \tag{7-73}$$

将式(7-73)两边取积分得：

$$\int_0^t\mu(t)\mathrm{d}t=\int_0^t\frac{\mathrm{d}M(t)}{1-M(t)}=-\int_0^t\frac{\mathrm{d}[1-M(t)]}{1-M(t)}=-\ln[1-M(t)]+\ln[1-M(0)]$$

又 $M(0)=0$，即产品发生故障的瞬间是不可能立即修复的，整理得：

$$M(t)=1-\exp[-\int_0^t\mu(t)\mathrm{d}t] \tag{7-74}$$

$$m(t)=\mu(t)[1-M(t)]=\mu(t)\exp[-\int_0^t\mu(t)\mathrm{d}t] \tag{7-75}$$

(4) 平均维修时间

对于可修复系统(或产品)，其平均维修时间指修复时间的平均值，记为 MTTR(Mean Time to Repair)。

设一个可修复系统(或产品)发生了 N_0 次故障，每次发生故障后修复，修复时间分别为 $t_1,t_2,\cdots,t_{N_0}$，则其平均维修时间为：

$$\mathrm{MTTR}=\frac{1}{N_0}\sum_{i=1}^{N_0}t_i$$

当维修时间是一个连续型随机变量时，平均维修时间为：

$$\mathrm{MTTR}=\int_0^\infty t\,m(t)\mathrm{d}t$$

当维修时间服从指数分布，且 $\mu(t)=\mu$ 为常数时，有：

$$\mathrm{MTTR}=\int_0^\infty t\mu\mathrm{e}^{-\mu t}\mathrm{d}t=-t\mathrm{e}^{-\mu t}\,|_0^\infty+\int_0^\infty\mathrm{e}^{-\mu t}\mathrm{d}t=\frac{1}{\mu}$$

结论：在表示维修性的 $M(t)$，$m(t)$及 $\mu(t)$三个指标中，只要已知其中任意一个指标，就可确定其余两个指标。

① 已知维修率函数 $\mu(t)$，由式(7-74)和式(7-75)，可求得维修度函数 $M(t)$和维修概率密度函数 $m(t)$。

② 已知维修概率密度函数 $m(t)$，由式(7-67)得：

$$M(t)=\int_0^t m(t)\mathrm{d}t \tag{7-76}$$

由式(7-72)得：

$$\mu(t)=\frac{m(t)}{1-\int_0^t m(t)\mathrm{d}t} \tag{7-77}$$

③ 已知维修度函数 $M(t)$，由式(7-67)得：

$$m(t)=\frac{\mathrm{d}M(t)}{\mathrm{d}t} \tag{7-78}$$

由式(7-73)得：

$$\mu(t)=\frac{1}{1-M(t)}\frac{\mathrm{d}M(t)}{\mathrm{d}t} \tag{7-79}$$

3. 可用度和不可用度

可修复系统(或产品)在经历了“正常→故障→正常→故障”循环过程后，所表现出来的正常工作能力，称为系统(或产品)的可用性。系统(或产品)的可用性采用可用度和不可用度指标表征。

可用度是指在考虑系统(或产品)的可靠性和维修性后，系统(或产品)在规定条件下，任意时刻($t>0$)正常工作的概率，采用符号 $A(t)$ 表示。

一般对于产品，认为在 $t=0$ 时刻正常开始；对于系统，认为组成系统的所有单元在 $t=0$ 时刻全部正常开始。

不可用度是指在考虑系统(或产品)的可靠性和维修性后，系统(或产品)在规定条件下，任意时刻($t>0$)不能正常工作的概率，采用符号 $Q(t)$ 表示。

$$Q(t)=1-A(t)$$

二、可维修系统的马尔可夫模型

1. 马尔可夫过程的基本概念

可维修系统的状态转移过程实际上是一个随时间变化的随机过程。它一般从正常工作状态转移到故障状态，然后经过修复回到正常工作状态，如此往复循环下去。这种由一种状态转移到另一种状态的“状态转移”完全是随机的。

例如，一个系统运行一段时间后，它处于 0 状态(正常工作状态)的概率是 1/2，则此时处于故障状态的概率必然是 $1-1/2=1/2$，记为 $P_{00}=1/2$，$P_{01}=1/2$(下标表示从一种状态转移到另一种状态)。如果系统处于 1 状态(故障状态)，经过一段时间修理后，若回到 0 状态的概率为 2/5，即 $P_{10}=2/5$，则 $P_{11}=3/5$。可用矩阵表示这个转移过程，即

$$\boldsymbol{P}=\begin{pmatrix}P_{00} & P_{01}\\ P_{10} & P_{11}\end{pmatrix}=\begin{pmatrix}1/2 & 1/2\\ 2/5 & 3/5\end{pmatrix}$$

该矩阵称为马氏转移矩阵。这种转移过程也可用图 7-26 所示的状态转移图表示。

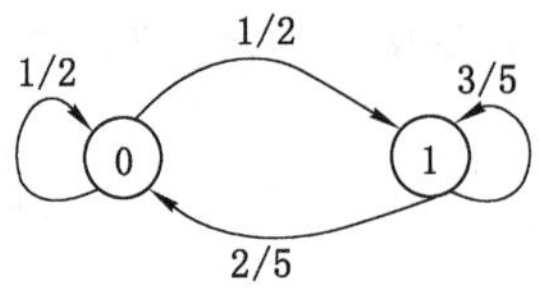

图 7-26　状态转移图

设 $X(t)$ 表示系统的随机变量，或者系统状态是时间 t 的随机函数，随机变量 $X(t)$ 可取值的全体范围称为状态空间。当状态有限时，常用 $S=\{0,1,2,\cdots,n\}$ 表示。

在可维修系统的可靠性分析中，系统状态的转移概率只与现时刻所处的状态有关，而与以前或有限次前所处的状态无关，这就是马尔可夫过程。所以随机变量 $X(t)$ 与任意时间集合 $\{t_1<t_2<\cdots<t_n\}$ 和状态空间的 n 个未知数 $\{x_1,x_2,\cdots,x_n\}(n<N)$ 有下列关系。

随机变量状态转移概率：

$$\begin{aligned} P\{X(t_n)= x_n|X(t_1) &= x_1,X(t_2) = x_2,\cdots,X(t_{n-1}) = x_{n-1}\} \\ &= P\{X(t_n) = x_n|X(t_{n-1}) = x_{n-1}\} \end{aligned}$$

称具有这种随机关系的过程为连续时间有限状态空间的马尔可夫过程。很明显，上式表明在时刻 t_n，系统处于状态 x_n 的概率只依赖 t_{n-1} 时刻系统所处的状态 x_{n-1}，而与 t_{n-1} 时刻以前的历史无关。

如果 $X(t)$ 在起始时刻 t_0 处于状态 i，在 $t_0+\Delta t$ 时刻总要转移到 j 状态，而且只能转移到 $j=0,1,\cdots,n$ 共 n 种状态中的一种，则有：

$$\sum_{j=0}^{n}P_{ij}(\Delta t) = 1,\text{且 } P_{ij}(\Delta t) \geqslant 0$$

用马尔可夫过程求可维修系统的可靠性指标时，以如下假设为前提条件，这种假设也符合大部分可维修系统的实际情况：

① 各单元寿命分布及维修分布均服从指数分布，即故障率 λ 和维修率 μ 是常数；

② 各系统和单元都只有工作和故障两种状态，在系统开始工作时，各单元均处于正常工作状态；

③ 在时间区间 $(t,t+\Delta t)$ 内，未发生故障的单元发生故障的概率为 $\lambda\Delta t$；

④ 在时间区间 $(t,t+\Delta t)$ 内，尚未修复的单元被修复的概率为 $\mu\Delta t$；

⑤ 在时间 Δt 内出现两次或两次以上故障或修复的概率为零（足够小 Δt 内故障或修复只允许出现一次）。

2. 可维修系统的马尔可夫模型

假设单元的寿命分布是故障率为 λ 的指数分布，即

$$F(t) = P(T \leqslant t) = 1 - e^{-\lambda t} \quad (t \geqslant 0,\lambda > 0)$$

并设单元发生故障后的修复时间分布是参数为 μ 的指数分布，即

$$M(t) = P(T \leqslant t) = 1 - e^{-\mu t} \quad (t \geqslant 0,\mu > 0)$$

很明显，系统只能在正常工作和故障修理两种状态之间交替转移，令系统状态为：

$$X(t) = \begin{cases} 0 & (\text{时刻 } t \text{ 系统正常}) \\ 1 & (\text{时刻 } t \text{ 系统故障}) \end{cases}$$

令

$$P_0(t) = P[X(t) = 0]$$
$$P_1(t) = P[X(t) = 1]$$

初始条件为，当 $t=0$ 时，$P_0(0)=1$ 和 $P_1(0)=0$，即 0 时刻单元处于正常状态。

$P_{ij}(\Delta t)$ 表示在任意时刻 t，经 Δt 时间，单元由状态 i 转移到状态 j 的概率 $(i,j=0,1)$。系统状态转移概率可表示为：

$$P_{00}(\Delta t) = 1 - \lambda\Delta t$$

$$P_{01}(\Delta t) = \lambda \Delta t$$

$$P_{10}(\Delta t) = \mu \Delta t$$

$$P_{11}(\Delta t) = 1 - \mu \Delta t$$

系统状态转移概率，可用系统的状态转移图表示，描述 Δt 时间内状态转移概率之间关系，如图 7-27 所示(以后用单位时间内的状态转移表示)。

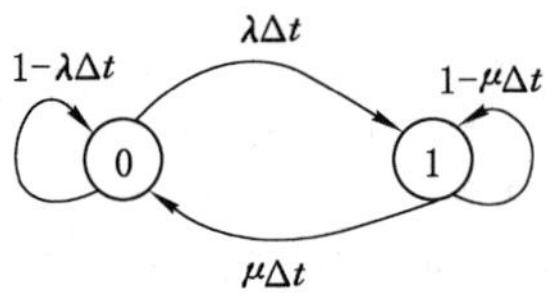

图 7-27　系统状态转移图

由全概率公式得：

$$P_0(t+\Delta t) = P_0(t)P_{00}(\Delta t) + P_1(t)P_{10}(\Delta t) = (1-\lambda\Delta t)P_0(t) + \mu\Delta t P_1(t) \tag{7-80}$$

$$P_1(t+\Delta t) = P_0(t)P_{01}(\Delta t) + P_1(t)P_{11}(\Delta t) = \lambda\Delta t P_0(t) + (1-\mu\Delta t)P_1(t) \tag{7-81}$$

由式(7-80)得：

$$\frac{P_0(t+\Delta t) - P_0(t)}{\Delta t} = -\lambda P_0(t) + \mu P_1(t)$$

当 $\Delta t \to 0$ 时，则：

$$\frac{\mathrm{d}P_0(t)}{\mathrm{d}t} = -\lambda P_0(t) + \mu P_1(t) \tag{7-82}$$

同理，由式(7-81)得：

$$\frac{\mathrm{d}P_1(t)}{\mathrm{d}t} = \lambda P_0(t) - \mu P_1(t) \tag{7-83}$$

将式(7-82)和式(7-83)联立求解，代入初始条件 $P_0(0)=1$ 和 $P_1(0)=0$ 得：

$$P_0(t) = \frac{\mu}{\mu+\lambda} + \frac{\lambda}{\mu+\lambda}\mathrm{e}^{-(\lambda+\mu)t}$$

$$P_1(t) = 1 - P_0(t) = \frac{\lambda}{\mu+\lambda} - \frac{\lambda}{\mu+\lambda}\mathrm{e}^{-(\lambda+\mu)t}$$

则单元的可用度 $A(t)$ 为任意时刻 t，单元处于可用状态的概率：

$$A(t) = P_0(t) = \frac{\mu}{\mu+\lambda} + \frac{\lambda}{\mu+\lambda}\mathrm{e}^{-(\lambda+\mu)t} \tag{7-84}$$

单元的稳态可用度 $A(\infty)$ 为：

$$A(t) = \lim_{t\to\infty} A(t) = \frac{\mu}{\mu+\lambda} \tag{7-85}$$

由式(7-84)可以看出，单元可用度由开始时的 $A(0)=1$ 逐渐减小，足够长时间后进入稳态。

三、可修复部件(或单元)的可用度

系统由一个部件(或单元)组成，部件(或单元)正常时系统工作，发生故障后立即进行修理，修复后再继续工作。

设 x_0 为 t 时刻部件(或单元)正常工作的概率，x_1 为 t 时刻部件(或单元)处于故障状态的概率，即 $x_i=P(X(t)=i)(i=0,1)$，状态概率向量 $\boldsymbol{X}=(x_0,x_1)$。

由图 7-27 所示的状态转移图，可得状态转移概率矩阵 $\boldsymbol{P}$（单位时间内状态转移概率矩阵）：

$$\boldsymbol{P}=\begin{pmatrix}1-\lambda & \lambda \\ \mu & 1-\mu\end{pmatrix}$$

足够长时间后，系统取各个状态的概率达到稳定状态，即 $t\to\infty$ 时，有：

$$\boldsymbol{XP}=\boldsymbol{X} \tag{7-86}$$

由式(7-86)得：

$$(x_0,x_1)\begin{pmatrix}1-\lambda & \lambda \\ \mu & 1-\mu\end{pmatrix}=(x_0,x_1)$$

整理得：

$$-\lambda x_0+\mu x_1=0$$

$$\lambda x_0-\mu x_1=0$$

上述两个方程线性相关，舍去其中一个再补充方程 $x_0+x_1=1$（任意时刻取每个状态概率之和为 1）得：

$$\begin{cases}\lambda x_0-\mu x_1=0 \\ x_0+x_1=1\end{cases}$$

解得：

$$\begin{cases}x_0=\dfrac{\mu}{\mu+\lambda} \\ x_1=\dfrac{\lambda}{\mu+\lambda}\end{cases}$$

即系统的稳态可用度 $A(\infty)$ 为：

$$A(\infty)=x_0=\frac{\mu}{\mu+\lambda}$$

求稳态可用度的具体计算过程如下：

① 分析系统的所有可能状态，写出状态概率向量 $\boldsymbol{X}$；

② 画出状态转移图，写出状态转移概率矩阵 $\boldsymbol{P}$；

③ 联立方程 $\boldsymbol{XP}=\boldsymbol{X}$，舍去线性相关的任意一个方程，补充方程 $x_0+x_1+\cdots+x_n=1$（归一条件，即任意时刻取每个状态的概率之和为 1）；

④ 求解方程，得到稳态可用度。

注意：

① 系统状态转移概率矩阵的重要性质之一，就是行元素之和为 1，其物理意义为在任意一个状态向其他状态转移概率之和为 1；

② 稳态可用度 $A(\infty)$ 与初始条件无关，瞬时可用度 $A(t)$ 与初始条件有关。

例 7-8　对某采煤工作面采煤机的运行情况进行了统计，结果如图 7-28 所示。一共统计了 57 次（图中只标出 4 次），图中粗实线表示采煤机无故障工作时间，虚线表示采煤机故障停顿时间（即修理时间）。其中，将采煤机无故障工作时间分成 11 组，如表 7-1 所列；将采煤机修理时间分成 10 组，如表 7-2 所列。表中频数 M_i 为落入第 i 组的次数；组中值 $\bar{t}_i$ 为组距上界与下界的平均值；频率 $\omega_i=\dfrac{M_i}{\sum M_i}=\dfrac{M_i}{57}$ 。试分析采煤机的可用度。

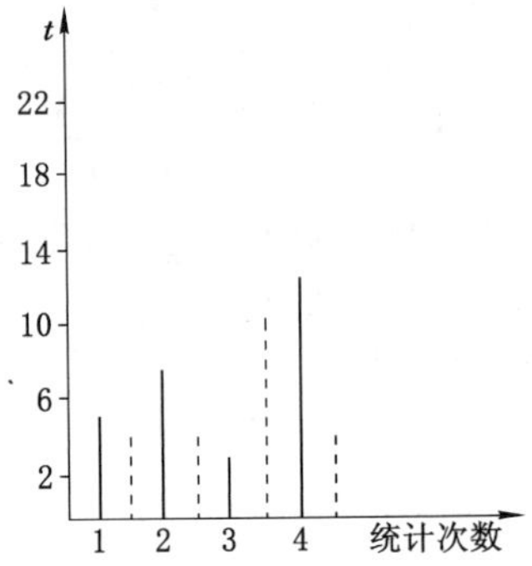

图 7-28　采煤机运行情况统计图

表 7-1

组号	组距/h	组中值 $\bar{t}_i$/h	频数 M_i/次	频率 ω_i
1	0～2	1	13	0.228
2	2～4	3	9	0.158
3	4～6	5	9	0.158
4	6～8	7	7	0.123
5	8～10	9	5	0.088
6	10～12	11	4	0.070
7	12～14	13	3	0.053
8	14～16	15	3	0.053
9	16～18	17	1	0.018
10	18～20	19	1	0.018
11	20～22	21	2	0.035
合　计			57	1.000

表 7-2

组号	组距/h	组中值 $\bar{t}_i$/h	频数 M_i/次	频率 ω_i
1	0～1	0.5	15	0.263
2	1～2	1.5	14	0.246
3	2～3	2.5	8	0.140
4	3～4	3.5	5	0.088
5	4～5	4.5	4	0.070
6	5～6	5.5	4	0.070
7	6～7	6.5	2	0.035
8	7～8	7.5	2	0.035
9	8～9	8.5	1	0.018
10	9～10	9.5	2	0.035
合　计	57	1.000		

解　(1) 采煤机的平均无故障工作时间及故障率

设采煤机平均无故障时间 θ=MTBF,则:

$$\theta = \frac{\sum_{i=1}^{11} \bar{t}_i M_i}{\sum_{i=1}^{11} M_i} = \frac{385}{57} = 6.75$$

设采煤机在单位时间内发生故障的概率,即故障率为 λ,则:

$$\lambda = \frac{1}{\theta} = 0.15$$

用 ω_i/组距表示纵坐标,时间表示横坐标,得到如图 7-29 所示的直方图,图中曲线符合指数分布,则:

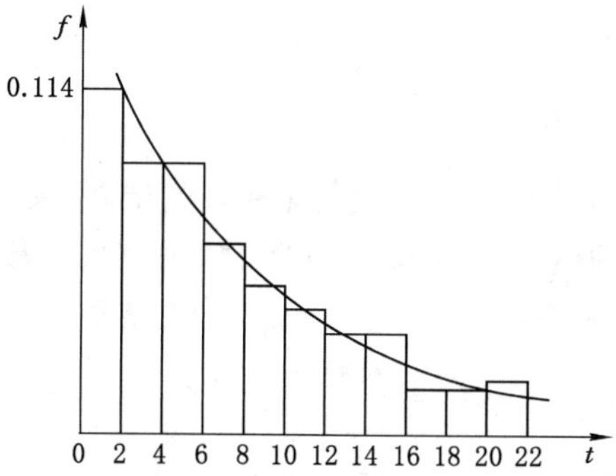

图 7-29

$$f(t) = \lambda e^{-\lambda t} = 0.15e^{-0.15t}$$

采煤机在运行 t 小时后,发生故障的概率 $F(t)$ 为:

$$F(t) = \int_0^t f(t)\,dt = \int_0^t \lambda e^{-\lambda t}\,dt = 1 - e^{-\lambda t} = 1 - e^{-0.15t}$$

可靠度为:

$$R(t) = 1 - F(t) = e^{-\lambda t} = e^{-0.15t}$$

(2) 平均维修时间及维修率

设采煤机的平均维修时间 δ=MTTR,则:

$$\delta = \frac{\sum_{i=1}^{10} \bar{t}_i M_i}{\sum_{i=1}^{10} M_i} = \frac{161.5}{57} = 2.83$$

设采煤机在单位时间内维修的概率,即维修率为 μ,则:

$$\mu = \frac{1}{\delta} = 0.35$$

同理,用 ω_i/组距表示纵坐标,时间表示横坐标,得到如图 7-30 所示的直方图,图中曲线同样符合指数分布,则:

$$m(t) = \mu e^{-\mu t} = 0.35e^{-0.35t}$$

维修密度函数为:

$$M(t)=\int_0^t m(t)\mathrm{d}t=\int_0^t \mu \mathrm{e}^{-\mu t}\mathrm{d}t=1-\mathrm{e}^{-\mu t}=1-\mathrm{e}^{-0.35t}$$

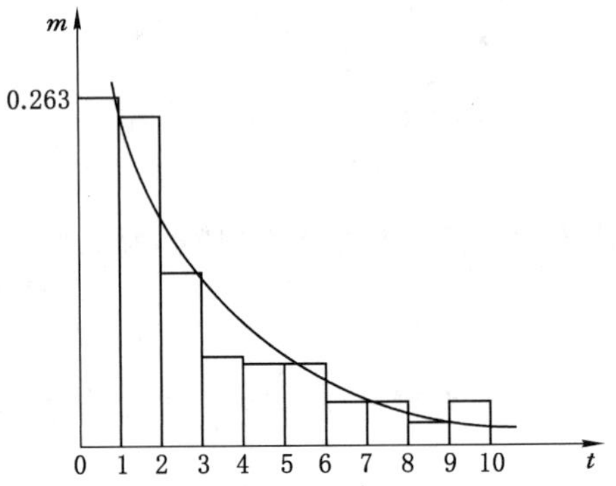

图 7-30

（3）可用度

采煤机存在两种状态：正常和故障。根据 λ 和 μ 的定义，采煤机在某个瞬间发生故障的概率为 λ，保持在正常状态的概率为 $1-\lambda$；由于维修，采煤机由故障状态转移到正常状态的概率为 μ，停留在故障状态的概率为 $1-\mu$。采煤机状态转移概率矩阵 $\boldsymbol{P}$ 为：

$$\boldsymbol{P}=\begin{pmatrix}1-\lambda & \lambda \\ \mu & 1-\mu\end{pmatrix}$$

令采煤机达到稳定状态时状态向量为 $\boldsymbol{X}$，即

$$\boldsymbol{X}=(x_0,x_1)$$

式中，x_0 为采煤机达到稳定状态后，处于正常状态的概率；x_1 为处于故障状态的概率。由：

$$\boldsymbol{XP}=\boldsymbol{X}$$

则

$$(x_0,x_1)\begin{pmatrix}1-\lambda & \lambda \\ \mu & 1-\mu\end{pmatrix}=(x_0,x_1)$$

且

$$x_0+x_1=1$$

解上述方程，可得：

$$x_0=\frac{\mu}{\mu+\lambda}=\frac{0.35}{0.35+0.15}=0.7$$

$$x_1=1-0.7=0.3$$

对于煤矿其他设备，如电机车、提升机、矿车等，都可由相同方法求得其可用度。

四、可修复串联系统的可用度

1. 2 个单元串联系统的可用度

设可修复串联系统由 2 个单元组成，其故障率分别为 λ_1 和 λ_2，维修率分别为 μ_1 和 μ_2。

当系统中任意 1 个单元发生故障时，系统暂时停止工作，由 1 个维修工对故障单元进行修理，直到修复后系统重新投入工作，即维修策略为 1 个维修工（或 1 组维修工）修理，以后不特别说明，一般指 1 个维修工（或 1 组维修工）情况，简称为 1 个维修工情况。

在 t 时刻系统可能的状态有：$X(t)=0$ 代表 2 个单元都正常，系统正常；$X(t)=1$ 代表第

1 个单元故障，第 2 个单元正常，系统故障；$X(t)=2$ 代表第 1 个单元正常，第 2 个单元故障，系统故障。

即系统可能状态为：

0 状态——2 个单元都正常工作，系统正常；

1 状态——单元 1 发生故障而修理，单元 2 正常工作，系统故障；

2 状态——单元 1 正常工作，单元 2 发生故障而修理，系统故障。

系统的状态集合 $S=\{0,1,2\}$，系统正常工作状态集合 $W=\{0\}$，系统故障状态集合 $F=\{1,2\}$。

系统的状态概率向量为：

$$\boldsymbol{X}=(x_0,x_1,x_2)$$

式中，$x_i(i=0,1,2)$ 为取状态"i"的概率，满足 $x_0+x_1+x_2=1$。

系统状态转移图如图 7-31 所示(采用单位时间内状态转移概率表示)。

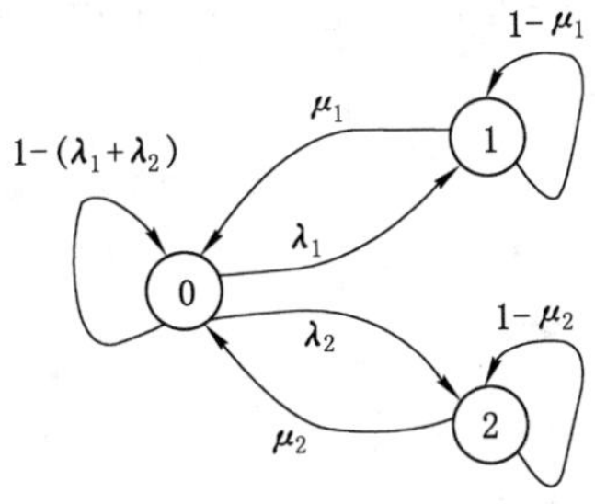

图 7-31　可修复 2 个单元串联系统状态转移图

由状态转移图，可得系统状态转移概率矩阵 $\boldsymbol{P}$：

$$\boldsymbol{P}=\begin{pmatrix}1-(\lambda_1+\lambda_2) & \lambda_1 & \lambda_2 \\ \mu_1 & 1-\mu_1 & 0 \\ \mu_2 & 0 & 1-\mu_2\end{pmatrix}$$

令 $\boldsymbol{XP}=\boldsymbol{X}$ 得：

$$\begin{cases}-(\lambda_1+\lambda_2)x_0+\mu_1x_1+\mu_2x_2=0 \\ \lambda_1x_0-\mu_1x_1=0 \\ \lambda_2x_0-\mu_2x_2=0\end{cases}$$

舍去成线性相关的一个方程(方程 1)，补充方程 $x_0+x_1+x_2=1$ 得：

$$\begin{cases}\lambda_1x_0-\mu_1x_1=0 \\ \lambda_2x_0-\mu_2x_2=0 \\ x_0+x_1+x_2=1\end{cases}$$

解得：

$$\begin{cases}x_0=(1+\dfrac{\lambda_1}{\mu_1}+\dfrac{\lambda_2}{\mu_2})^{-1} \\ x_1=\dfrac{\lambda_1}{\mu_1}x_0=\dfrac{\lambda_1}{\mu_1}(1+\dfrac{\lambda_1}{\mu_1}+\dfrac{\lambda_2}{\mu_2})^{-1} \\ x_2=\dfrac{\lambda_2}{\mu_2}x_0=\dfrac{\lambda_2}{\mu_2}(1+\dfrac{\lambda_1}{\mu_1}+\dfrac{\lambda_2}{\mu_2})^{-1}\end{cases}$$

系统的稳态可用度 $A(\infty)$ 为：

$$A(\infty) = x_0 = \left(1 + \frac{\lambda_1}{\mu_1} + \frac{\lambda_2}{\mu_2}\right)^{-1}$$

2. n 个单元串联系统的可用度

由 n 个不同单元组成的串联系统，1 个维修工情况，第 i 个单元的故障率为 λ_i，维修率为 $\mu_i(i=1,2,3,\cdots,n)$。只要 1 个单元发生故障，系统就发生故障，进行维修，系统可能的状态为：

0 状态——n 个单元都正常工作，系统正常；

1 状态——单元 1 发生故障而修理，其他 $n-1$ 个单元正常工作，系统故障；

2 状态——单元 2 发生故障而修理，其他 $n-1$ 个单元正常工作，系统故障；

……

n 状态——单元 n 发生故障而修理，其他 $n-1$ 个单元正常工作，系统故障。

系统的状态集合 $S=\{0,1,2,\cdots,n\}$，系统正常工作状态集合 $W=\{0\}$，系统故障状态集合 $F=\{1,2,\cdots,n\}$。

系统的状态概率向量为：

$$\boldsymbol{X} = (x_0, x_1, \cdots, x_n)$$

系统状态转移图如图 7-32 所示。

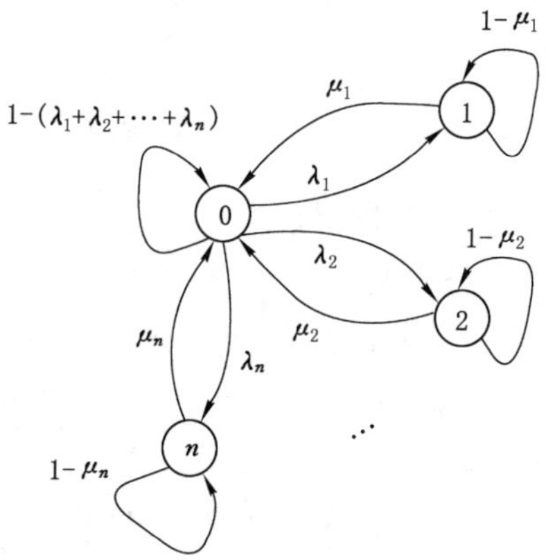

图 7-32　可修复 n 个单元串联系统状态转移图

系统状态转移概率矩阵为：

$$\boldsymbol{P} = \begin{pmatrix} 1-\sum_{i=1}^{n}\lambda_i & \lambda_1 & \lambda_2 & \cdots & \lambda_n \\ \mu_1 & 1-\mu_1 & 0 & \cdots & 0 \\ \mu_2 & 0 & 1-\mu_2 & \cdots & 0 \\ \vdots & \vdots & \vdots & & \vdots \\ \mu_n & 0 & 0 & \cdots & 1-\mu_n \end{pmatrix}$$

令 $\boldsymbol{XP}=\boldsymbol{X}$ 得：

$$\begin{cases} -\sum_{i=1}^{n}\lambda_i x_0 + \mu_1 x_1 + \cdots + \mu_n x_n = 0 \\ \lambda_1 x_0 - \mu_1 x_1 = 0 \\ \vdots \\ \lambda_n x_0 - \mu_n x_n = 0 \end{cases}$$

舍去成线性相关的一个方程(方程 1)，补充方程 $x_0 + x_1 + \cdots + x_n = 1$，解得系统的稳态可用度 $A(\infty)$：

$$A(\infty) = x_0 = (1 + \frac{\lambda_1}{\mu_1} + \cdots + \frac{\lambda_n}{\mu_n})^{-1}$$

例 7-9　某工作面运输巷运输系统由 3 台刮板输送机 A,B,C 串联而成，如图 7-33 所示。每台刮板输送机的故障率都是 λ，假设该运输系统有 3 个维修小组，3 个维修小组的维修能力一样，3 台刮板输送机的维修率均为 μ。试分析该运输系统的可用度。假设 3 台刮板输送机共有四种状态：

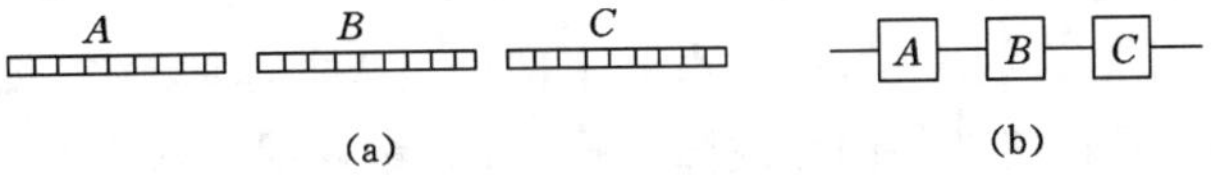

图 7-33

S_0——3 台刮板输送机正常，系统正常；

S_1——1 台刮板输送机发生故障，系统故障；

S_2——2 台刮板输送机发生故障，系统故障；

S_3——3 台刮板输送机发生故障，系统故障。

该系统的状态转移图如图 7-34 所示。

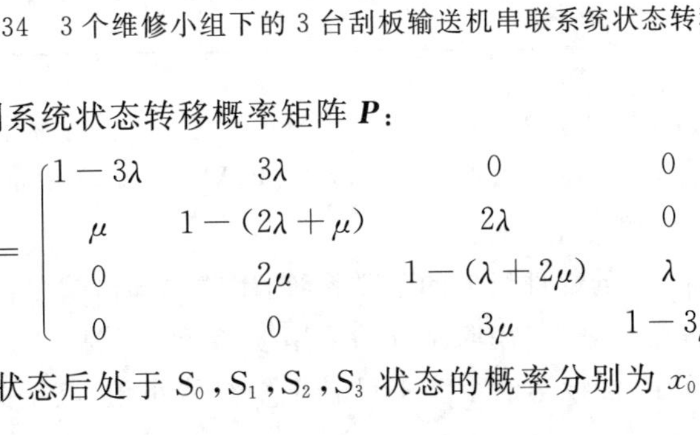

图 7-34　3 个维修小组下的 3 台刮板输送机串联系统状态转移图

由图 7-34 可得到系统状态转移概率矩阵 $\boldsymbol{P}$：

$$\boldsymbol{P} = \begin{pmatrix} 1-3\lambda & 3\lambda & 0 & 0 \\ \mu & 1-(2\lambda+\mu) & 2\lambda & 0 \\ 0 & 2\mu & 1-(\lambda+2\mu) & \lambda \\ 0 & 0 & 3\mu & 1-3\mu \end{pmatrix}$$

设系统达到稳定状态后处于 S_0,S_1,S_2,S_3 状态的概率分别为 x_0,x_1,x_2,x_3，那么系统状态概率向量 $\boldsymbol{X}$ 为：

$$\boldsymbol{X} = (x_0, x_1, x_2, x_3)$$

当系统处于稳定状态后，有：

$$XP = X$$

即

$$(x_0, x_1, x_2, x_3)\begin{pmatrix} 1-3\lambda & 3\lambda & 0 & 0 \\ \mu & 1-(2\lambda+\mu) & 2\lambda & 0 \\ 0 & 2\mu & 1-(\lambda+2\mu) & \lambda \\ 0 & 0 & 3\mu & 1-3\mu \end{pmatrix} = (x_0, x_1, x_2, x_3)$$

解上述方程组得：

$$x_1 = \frac{3\lambda}{\mu}x_0, x_2 = \frac{3\lambda^2}{\mu^2}x_0, x_3 = \frac{\lambda^3}{\mu^3}x_0$$

因

$$x_0 + x_1 + \cdots + x_n = 1$$

则系统的稳态可用度 $A(\infty)$ 为：

$$A(\infty) = x_0 = \left(\frac{\mu}{\mu+\lambda}\right)^3$$

由工作面运输巷运输系统这个串联系统可用度 $A(\infty)$ 的计算可知：对于一个类似工作面运输巷运输系统的串联系统来说，一个由 n 个部件组成的串联系统，如果每个部件都由 1 个维修小组进行维修，且这些部件的无故障工作时间、维修时间彼此独立，则系统的稳态可用度 $A(\infty)$ 为：

$$A(\infty) = A_1(\infty)A_2(\infty)A_3(\infty)\cdots A_n(\infty) = \prod_{i=1}^{n} A_i(\infty)$$

式中，$A_i(\infty)$ 为第 i 个部件的可用度。

下面分别计算当 $A=0.57, 0.61, 0.69, 0.84$ 时，由 2 台、3 台、4 台、5 台刮板输送机组成的串联系统的稳态可用度 $A(\infty)$，计算结果如表 7-3 所列。

表 7-3

$A_i(\infty)$	$A(\infty)$			
	串联台数为 2 台	串联台数为 3 台	串联台数为 4 台	串联台数为 5 台
0.57	0.325	0.185	0.106	0.060
0.61	0.372	0.227	0.138	0.084
0.69	0.476	0.329	0.227	0.156
0.84	0.706	0.593	0.498	0.418

从表 7-3 可得出如下结论：

① 同一串联系统，$A_i(\infty)$ 越大，$A(\infty)$ 就越大，即提高每一部件的可用度 $A_i(\infty)$，可使串联系统的可用度 $A(\infty)$ 提高；

② 由具有相同 $A_i(\infty)$ 的部件组成的串联系统，串联的部件越多，系统的可用度越低，即减少串联系统中的串联部件，可使串联系统的可用度 $A(\infty)$ 提高。

例 7-10 在例 7-9 中，假设运输系统中只有 1 个维修小组，其他条件均保持不变，那么结果又会如何呢？

系统的状态转移会发生如图 7-35 所示的变化。

由图 7-35 可得到系统状态转移概率矩阵 $\boldsymbol{P}$：

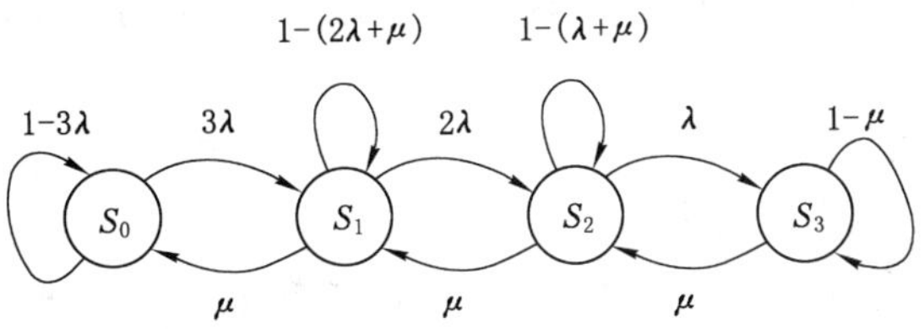

图 7-35　1 个维修小组下的 3 台刮板输送机串联系统状态转移图

$$\boldsymbol{P}=\begin{pmatrix}1-3\lambda & 3\lambda & 0 & 0\\ \mu & 1-(2\lambda+\mu) & 2\lambda & 0\\ 0 & \mu & 1-(\lambda+\mu) & \lambda\\ 0 & 0 & \mu & 1-\mu\end{pmatrix}$$

由 $\boldsymbol{XP}=\boldsymbol{X}$ 得：

$$(x_0,x_1,x_2,x_3)\begin{pmatrix}1-3\lambda & 3\lambda & 0 & 0\\ \mu & 1-(2\lambda+\mu) & 2\lambda & 0\\ 0 & \mu & 1-(\lambda+\mu) & \lambda\\ 0 & 0 & \mu & 1-\mu\end{pmatrix}=(x_0,x_1,x_2,x_3)$$

解得：

$$x_1=\frac{3\lambda}{\mu}x_0,x_2=\frac{6\lambda^2}{\mu^2}x_0,x_3=\frac{6\lambda^3}{\mu^3}x_0,x_0=(1+\frac{3\lambda}{\mu}+\frac{6\lambda^2}{\mu^2}+\frac{6\lambda^3}{\mu^3})^{-1}$$

系统的稳态可用度 $A(\infty)$ 为：

$$A(\infty)=x_0=(1+\frac{3\lambda}{\mu}+\frac{6\lambda^2}{\mu^2}+\frac{6\lambda^3}{\mu^3})^{-1}$$

1 个由 n 个部件组成的串联系统，采用单一维修(即只有 1 个维修小组)方式，假定这些部件的无故障工作时间、维修时间彼此独立，则系统的稳态可用度 $A(\infty)$ 为：

$$A(\infty)=\frac{1}{\sum_{k=0}^{n}\frac{n!}{(n-k)!}(\frac{\lambda}{\mu})^k}$$

下面分别计算当 $A=0.57,0.61,0.69,0.84$ 时，由 2 台、3 台、4 台、5 台刮板输送机组成的串联系统在单一维修方式下的稳态可用度 $A(\infty)$，计算结果如表 7-4 所列。

表 7-4

$A_i(\infty)$	$A(\infty)$			
	串联台数为 2 台	串联台数为 3 台	串联台数为 4 台	串联台数为 5 台
0.57	0.279	0.111	0.036	0.009
0.61	0.321	0.142	0.052	0.016
0.69	0.440	0.249	0.124	0.053
0.84	0.689	0.548	0.419	0.307

比较表 7-3 与表 7-4 可知，对同一串联系统，为提高系统的可用度，在条件许可的情况下，应尽量采用多重维修方式。

五、可修复并联系统的可用度

1. 相同分布单元并联系统的可用度

设系统由 2 个相同分布单元并联组成，单元故障率为 λ，单元维修率为 μ。如果 1 个单元发生故障，则 1 个维修工立即对其进行修理直到修复为止，此时，系统仍正常工作。当 2 个单元都发生故障时，系统暂时停止工作，处于待修状态。

系统可能的状态有：

0 状态——2 个单元都正常工作，系统正常；

1 状态——2 个单元中任意 1 个单元发生故障而修理，另外 1 个单元正常工作，系统正常；

2 状态——2 个单元中任意 1 个单元发生故障而修理，另外 1 个单元发生故障待修，系统故障。

系统状态集合 $S=\{0,1,2\}$，系统正常工作状态集合 $W=\{0,1\}$，系统故障状态集合 $F=\{2\}$。

系统的状态概率向量为：

$$\boldsymbol{X}=(x_0, x_1, x_2)$$

满足

$$x_0+x_1+x_2=1$$

系统状态转移图如图 7-36 所示。

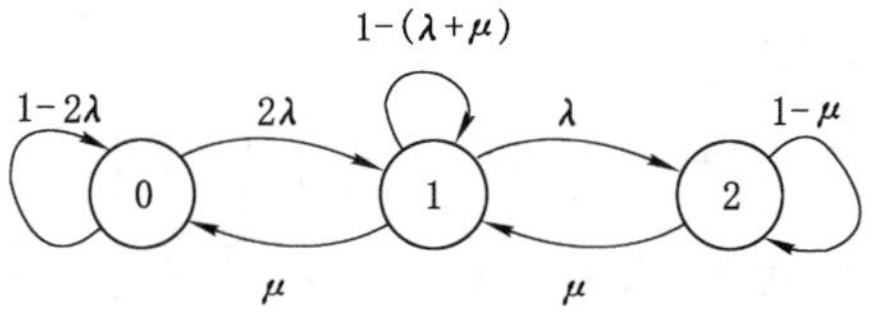

图 7-36　2 个相同分布单元并联系统状态转移图

由状态转移图，可得系统状态转移概率矩阵 $\boldsymbol{P}$：

$$\boldsymbol{P}=\begin{pmatrix} 1-2\lambda & 2\lambda & 0 \\ \mu & 1-(\lambda+\mu) & \lambda \\ 0 & \mu & 1-\mu \end{pmatrix}$$

令 $\boldsymbol{XP}=\boldsymbol{X}$ 得：

$$\begin{cases} -2\lambda x_0+\mu x_1=0 \\ 2\lambda x_0-(\lambda+\mu)x_1+\mu x_2=0 \\ \lambda x_1-\mu x_2=0 \end{cases}$$

舍去成线性相关的一个方程(方程 2)，补充方程 $x_0+x_1+x_2=1$ 得：

$$\begin{cases} -2\lambda x_0+\mu x_1=0 \\ \lambda x_1-\mu x_2=0 \\ x_0+x_1+x_2=1 \end{cases}$$

解得：

$$\begin{cases} x_0 = \dfrac{\mu^2}{\mu^2 + 2\mu\lambda + 2\lambda^2} \\ x_1 = \dfrac{2\mu\lambda}{\mu^2 + 2\mu\lambda + 2\lambda^2} \\ x_2 = \dfrac{2\lambda^2}{\mu^2 + 2\mu\lambda + 2\lambda^2} \end{cases}$$

系统的稳态可用度 $A(\infty)$ 为：

$$A(\infty) = x_0 + x_1 = \frac{\mu^2 + 2\mu\lambda}{\mu^2 + 2\mu\lambda + 2\lambda^2}$$

n 个相同分布单元组成的并联系统，只有 n 个单元全部发生故障，系统才出现故障，系统可能的状态为：

0 状态——n 个单元都正常工作，系统正常；

1 状态——任意 1 个单元发生故障而修理，其他 $n-1$ 个单元正常工作，系统正常；

2 状态——任意 1 个单元发生故障而修理，1 个单元发生故障待修，其他 $n-2$ 个单元正常工作，系统正常；

3 状态——任意 1 个单元发生故障而修理，2 个单元发生故障待修，其他 $n-3$ 个单元正常工作，系统正常；

……

$n-1$ 状态——任意 1 个单元发生故障而修理，$n-2$ 个单元发生故障待修，1 个单元正常工作，系统正常；

n 状态——任意 1 个单元发生故障而修理，$n-1$ 个单元发生故障待修，系统故障。

系统状态集合 $S=\{0,1,2,\cdots,n\}$，系统正常工作状态集合 $W=\{0,1,\cdots,n-1\}$，系统故障状态集合 $F=\{n\}$。

系统状态概率向量可表示为：

$$\boldsymbol{X} = (x_0, x_1, \cdots, x_n)$$

系统状态转移图如图 7-37 所示。

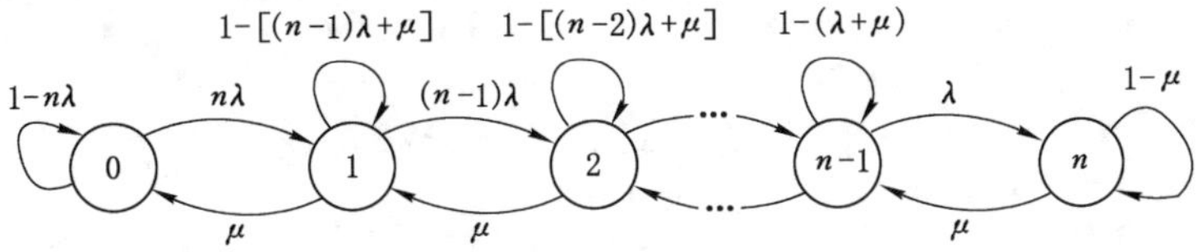

图 7-37　n 个相同分布单元并联系统状态转移图

系统状态转移概率矩阵为：

$$\boldsymbol{P} = \begin{pmatrix} 1-n\lambda & n\lambda & 0 & \cdots & 0 & 0 \\ \mu & 1-[(n-1)\lambda+\mu] & (n-1)\lambda & \cdots & 0 & 0 \\ 0 & \mu & 1-[(n-2)\lambda+\mu] & \cdots & 0 & 0 \\ \vdots & \vdots & \vdots & & \vdots & \vdots \\ 0 & 0 & 0 & \cdots & \mu & 1-\mu \end{pmatrix}$$

令 $\boldsymbol{XP}=\boldsymbol{X}$，得系统的稳态可用度 $A(\infty)$：

$$A(\infty)=x_0+x_1+\cdots+x_{n-1}=\frac{\sum_{i=0}^{n-1}\frac{1}{(n-i)!}(\frac{\lambda}{\mu})^i}{\sum_{i=0}^{n}\frac{1}{(n-i)!}(\frac{\lambda}{\mu})^i}$$

2. 不同分布单元并联系统的可用度

2个不同分布单元组成并联系统，由1个维修工进行维修，其故障率分别为 λ_1 和 λ_2，维修率分别为 μ_1 和 μ_2。

系统可能状态为：

0状态——2个单元都正常工作，系统正常；

1状态——单元1正常工作，单元2发生故障而修理，系统正常；

2状态——单元1发生故障而修理，单元2正常工作，系统正常；

3状态——单元1发生故障而修理，单元2发生故障待修，系统故障；

4状态——单元1发生故障待修，单元2发生故障而修理，系统故障。

系统状态集合 $S=\{0,1,2,3,4\}$，系统正常工作状态集合 $W=\{0,1,2\}$，系统故障状态集合 $F=\{3,4\}$。

系统的状态概率向量为：

$$\boldsymbol{X}=(x_0,x_1,x_2,x_3,x_4)$$

满足

$$x_0+x_1+x_2+x_3+x_4=1$$

系统状态转移图如图7-38所示。

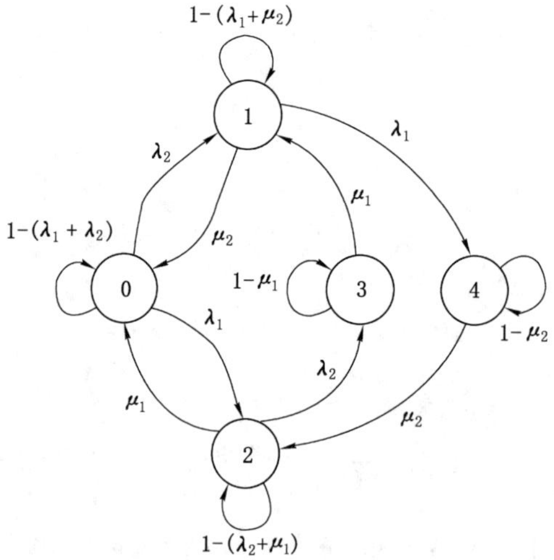

图7-38 2个不同分布单元并联系统状态转移图

系统状态转移概率矩阵为：

$$\boldsymbol{P}=\begin{pmatrix} 1-(\lambda_1+\lambda_2) & \lambda_2 & \lambda_1 & 0 & 0 \\ \mu_2 & 1-(\lambda_1+\mu_2) & 0 & 0 & \lambda_1 \\ \mu_1 & 0 & 1-(\lambda_2+\mu_1) & \lambda_2 & 0 \\ 0 & \mu_1 & 0 & 1-\mu_1 & 0 \\ 0 & 0 & \mu_2 & 0 & 1-\mu_2 \end{pmatrix}$$

令 $\boldsymbol{XP}=\boldsymbol{X}$ 得：

$$\begin{cases} x_0 = \mu_1\mu_2(\lambda_1\mu_1+\lambda_2\mu_2+\mu_1\mu_2)[\lambda_1\mu_2(\mu_1+\lambda_2)(\lambda_1+\lambda_2+\mu_2)+ \\ \qquad \lambda_2\mu_1(\mu_2+\lambda_1)(\lambda_1+\lambda_2+\mu_1)+\mu_1\mu_2(\lambda_1\mu_1+\lambda_2\mu_2+\mu_1\mu_2)]^{-1} \\ x_1 = \dfrac{\lambda_2(\lambda_1+\lambda_2+\mu_1)}{\lambda_1\mu_1+\lambda_2\mu_2+\mu_1\mu_2}x_0 \\ x_2 = \dfrac{\lambda_1(\lambda_1+\lambda_2+\mu_2)}{\lambda_1\mu_1+\lambda_2\mu_2+\mu_1\mu_2}x_0 \end{cases}$$

系统的稳态可用度 $A(\infty)$ 为：

$$A(\infty)=x_0+x_1+x_2$$

例 7-11　某采区有 3 个工作面同时生产，每个工作面的故障率均为 λ，且每个工作面都有维修人员，维修率均为 μ，其系统状态转移图如图 7-39 所示。图中，S_0，S_1，S_2，S_3 的含义如下：

S_0——3 个工作面都正常，采区出煤；

S_1——1 个工作面发生故障，采区出煤；

S_2——2 个工作面发生故障，采区出煤；

S_3——3 个工作面发生故障，采区停产。

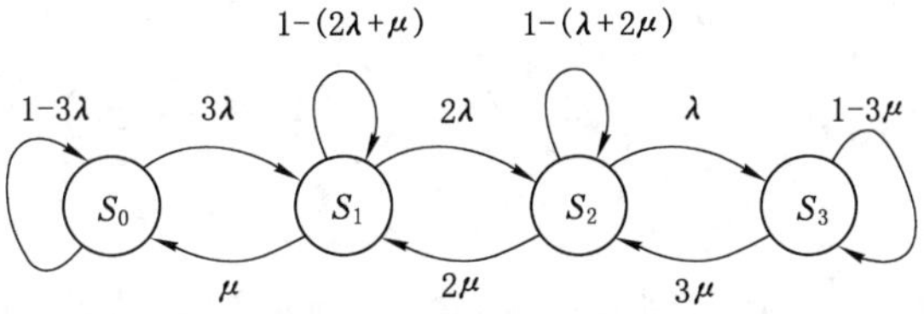

图 7-39　3 个维修小组下的 3 个工作面并联系统状态转移图

由图 7-39 可得到系统状态转移概率矩阵 $\boldsymbol{P}$：

$$\boldsymbol{P}=\begin{pmatrix} 1-3\lambda & 3\lambda & 0 & 0 \\ \mu & 1-(2\lambda+\mu) & 2\lambda & 0 \\ 0 & 2\mu & 1-(\lambda+2\mu) & \lambda \\ 0 & 0 & 3\mu & 1-3\mu \end{pmatrix}$$

设系统达到稳定状态后处于 S_0，S_1，S_2，S_3 状态的概率分别为 x_0，x_1，x_2，x_3，那么系统状态概率向量 $\boldsymbol{X}$ 为：

$$\boldsymbol{X}=(x_0,x_1,x_2,x_3)$$

当系统处于稳定状态后，有：

$$\boldsymbol{XP}=\boldsymbol{X}$$

即

$$(x_0,x_1,x_2,x_3)\begin{pmatrix} 1-3\lambda & 3\lambda & 0 & 0 \\ \mu & 1-(2\lambda+\mu) & 2\lambda & 0 \\ 0 & 2\mu & 1-(\lambda+2\mu) & \lambda \\ 0 & 0 & 3\mu & 1-3\mu \end{pmatrix}=(x_0,x_1,x_2,x_3)$$

解上述方程组得：

$$x_1=\frac{3\lambda}{\mu}x_0,x_2=\frac{3\lambda^2}{\mu^2}x_0,x_3=\frac{\lambda^3}{\mu^3}x_0$$

因
$$x_0+x_1+\cdots+x_n=1$$

则可得系统的稳态可用度 $A(\infty)$：

$$A(\infty)=x_0+x_1+x_2=1-(1-\frac{\mu}{\mu+\lambda})^3=1-[1-A_i(\infty)]^3$$

由此可推出，一个由 n 个部件组成的并联系统，如果每个部件都由 1 组维修人员进行维修，且这些部件的无故障工作时间、维修小组的维修时间彼此独立，则系统的稳态可用度 $A(\infty)$为：

$$A(\infty)=1-(1-A_1)(1-A_2)(1-A_3)\cdots(1-A_n)=1-\prod_{i=1}^{n}(1-A_i)$$

式中，A_i 为第 i 个部件的可用度。

例 7-12 在例 7-11 的基础上，若整个采区生产系统的维修任务由 1 个维修小组承担，其他条件均保持不变，那么试分析该系统的稳态可用度。

解 系统状态转移图如图 7-40 所示。

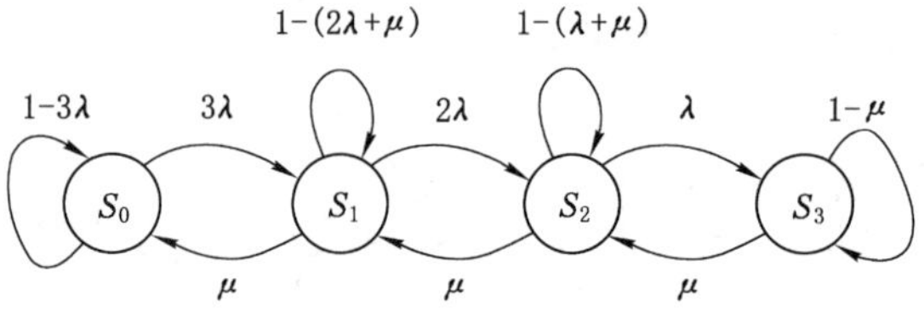

图 7-40 1 个维修小组下的 3 个工作面并联系统状态转移图

由图 7-40 可得到系统状态转移概率矩阵 $\boldsymbol{P}$：

$$\boldsymbol{P}=\begin{pmatrix}1-3\lambda & 3\lambda & 0 & 0\\ \mu & 1-(2\lambda+\mu) & 2\lambda & 0\\ 0 & \mu & 1-(\lambda+\mu) & \lambda\\ 0 & 0 & \mu & 1-\mu\end{pmatrix}$$

由 $\boldsymbol{XP}=\boldsymbol{X}$ 得：

$$(x_0,x_1,x_2,x_3)\begin{pmatrix}1-3\lambda & 3\lambda & 0 & 0\\ \mu & 1-(2\lambda+\mu) & 2\lambda & 0\\ 0 & \mu & 1-(\lambda+\mu) & \lambda\\ 0 & 0 & \mu & 1-\mu\end{pmatrix}=(x_0,x_1,x_2,x_3)$$

解得：

$$x_1=\frac{3\lambda}{\mu}x_0,x_2=\frac{6\lambda^2}{\mu^2}x_0,x_3=\frac{6\lambda^3}{\mu^3}x_0,x_0=(1+\frac{3\lambda}{\mu}+\frac{6\lambda^2}{\mu^2}+\frac{6\lambda^3}{\mu^3})^{-1}$$

系统的稳态可用度 $A(\infty)$为：

$$A(\infty)=x_0+x_1+x_2=\frac{1+\frac{3\lambda}{\mu}+\frac{6\lambda^2}{\mu^2}}{1+\frac{3\lambda}{\mu}+\frac{6\lambda^2}{\mu^2}+\frac{6\lambda^3}{\mu^3}}$$

一个由 n 个部件组成的并联系统，采用单一维修方式，假定这些部件的无故障工作时间、维修时间彼此独立，则系统的稳态可用度 $A(\infty)$ 为：

$$A(\infty) = 1 - \frac{n!\left(\frac{\lambda}{\mu}\right)^n}{\sum_{k=0}^{n} \frac{n!}{(n-k)!}\left(\frac{\lambda}{\mu}\right)^n}$$

下面分别计算当 $A=0.421, 0.492, 0.544, 0.593$ 时，由 2 个、3 个工作面组成的并联系统，在单一维修和多重维修方式下的稳态可用度 $A(\infty)$，计算结果如表 7-5 所列。

表 7-5

工作面参数			$A(\infty)$			
			单一维修方式		多重维修方式	
			2 个工作面	3 个工作面	2 个工作面	3 个工作面
$\lambda=0.0260$	$\mu=0.0019$	$A=0.421$	0.499	0.515	0.664	0.806
$\lambda=0.0019$	$\mu=0.001185$	$A=0.492$	0.591	0.616	0.742	0.869
$\lambda=0.0029$	$\mu=0.0034$	$A=0.544$	0.650	0.680	0.792	0.905
$\lambda=0.0011$	$\mu=0.0016$	$A=0.593$	0.715	0.752	0.834	0.933

从表 7-5 可得出如下结论：

① 同一并联系统，采用单一维修方式，每一部件的可用度 $A_i(\infty)$ 越大，系统稳态可用度 $A(\infty)$ 就越大；

② 由具有相同 $A_i(\infty)$ 的部件组成的并联系统，采用单一维修方式，并联部件越多，系统的稳态可用度 $A(\infty)$ 越大；

③ 对同一并联系统，为提高系统的稳态可用度，在条件许可的情况下，应尽量采用多重维修方式。

第八章　计算机仿真技术

第一节　仿真概述

“仿真”一词译自英文 simulation，另一个曾用的译名是“模拟”。1961 年，摩根特勒(G. W. Morgenthler)首次对仿真一词作了技术性的解释，认为仿真是指在实际系统尚不存在的情况下，对系统或活动本质的复现。也可以将仿真解释为利用模型复现实际系统中发生的本质过程，并通过系统模型试验来研究已存在或设计中的系统。这里所指的模型，包括物理的和数学的，静态的和动态的，连续的和离散的各种模型。所指的系统也很广泛，包括电气、机械、化工、水力、热力等系统，也包括社会、经济、生态、管理等系统。当所研究的系统造价昂贵、试验的危险性大或需要很长的时间才能了解系统参数变化所引起的后果时，仿真是一种特别有效的研究手段。仿真的重要工具是计算机。仿真与数值计算、解析方法的区别在于它首先是一种试验技术。仿真过程包括建立仿真模型和进行仿真试验两个主要步骤。

一、仿真的发展

20 世纪初，仿真技术已得到应用。例如，在实验室建立水利模型，进行水利学方面的研究。40—50 年代，航空、航天和原子能技术的发展推动了仿真技术的进步。60 年代，计算机技术的突飞猛进，为仿真技术提供了先进的工具，加速了仿真技术的发展。

利用计算机实现对系统的仿真研究不仅方便、灵活，而且经济。因此，计算机仿真在仿真技术中占有重要地位。20 世纪 50 年代初期，连续系统的仿真研究绝大多数是在模拟计算机上进行的。50 年代中期，人们开始利用数字计算机实现数字仿真。计算机仿真技术遂向模拟计算机仿真和数字计算机仿真两个方向发展。在模拟计算机仿真中增加逻辑控制和模拟存储功能之后，又出现了混合模拟计算机仿真，以及把混合模拟计算机和数字计算机联合在一起的混合计算机仿真。在发展仿真技术的过程中，人们已研制出大量仿真程序包和仿真语言。70 年代后期，人们还研制成功专用的全数字并行仿真计算机。

二、仿真的分类

仿真可以按不同原则分类：① 按所用模型的类型(物理模型、数学模型、物理-数学模型)分为物理仿真、计算机仿真(数学仿真)和半实物仿真；② 按所用计算机的类型(模拟计算机、数字计算机、混合计算机)分为模拟仿真、数字仿真和混合仿真；③ 按仿真对象中的信号流(连续的、离散的)分为连续系统仿真和离散系统仿真；④ 按仿真时间与实际时间的比例关系分为实时仿真(仿真时间标尺等于自然时间标尺)、超实时仿真(仿真时间标尺小于自然时间标尺)和亚实时仿真(仿真时间标尺大于自然时间标尺)；⑤ 按对象的性质分为宇宙飞船仿真、化工系统仿真和经济系统仿真等。

三、仿真模型

仿真模型是将被仿真对象的相似物或其结构形式。它可以是物理模型或数学模型。但并不是所有对象都能建立物理模型。例如，为了研究飞行器的动力学特性，在地面上只能用计算机来仿真。为此，首先要建立对象的数学模型，然后将它转换成适合计算机处理的形式，即仿真模型。具体地说，对于模拟计算机，应将数学模型转换成模拟排题图；对于数字计算机，应转换成源程序。

四、仿真试验

通过试验可观察系统模型各变量变化的全过程。为了寻求系统的最优结构和参数，常常要在仿真模型上进行多次试验。图 8-1 为某工程系统仿真的流程图。在系统的设计阶段，人们大多利用计算机进行数学仿真试验，因为修改、变换模型比较方便和经济。在部件研制阶段，可用已研制的实际部件或子系统去代替部分计算机仿真模型进行半实物仿真试验，以提高仿真试验的可信度。在系统研制阶段，大多进行半实物仿真试验，以修改各部件或子系统的结构和参数。在个别情况下，可进行全物理的仿真试验，此时计算机仿真模型全部被物理模型或实物所代替。全物理仿真具有更高的可信度，但价格昂贵。

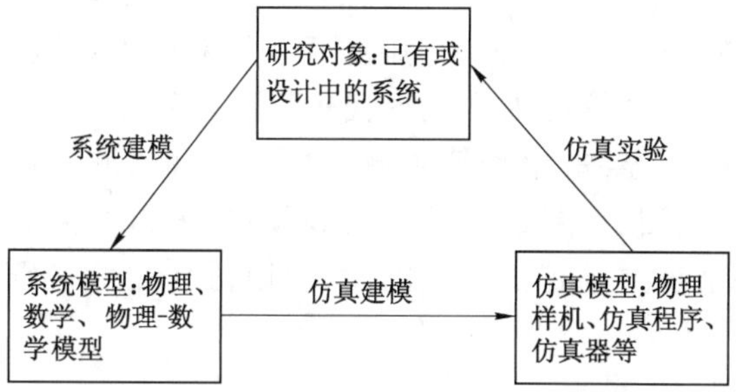

图 8-1　某工程系统仿真的流程图

五、仿真工具

仿真工具主要是指仿真硬件和仿真软件。仿真硬件中最主要的是计算机。用于仿真的计算机有三种类型：模拟计算机、数字计算机和混合计算机。数字计算机还可分为通用数字计算机和专用数字计算机。模拟计算机主要用于连续系统的仿真，称为模拟仿真。在进行模拟仿真时，依据仿真模型（在这里是排题图）将各运算放大器按要求连接起来，并调整有关的系数器。改变运算放大器的连接形式和各系数的调定值，就可修改模型。仿真结果可连续输出。因此，模拟计算机的人机交互性好，适合于实时仿真。改变时间比例尺还可实现超实时的仿真。20 世纪 60 年代前的数字计算机由于运算速度低和人机交互性差，在仿真中应用受到限制。当前的数字计算机已具有很高的速度，某些专用数字计算机的速度更高，已能满足大部分系统的实时仿真的要求，由于软件、接口和终端技术的发展，人机交互性也已有很大提高。因此，数字计算机已成为现代仿真的主要工具。混合计算机把模拟计算机和数字计算机联合在一起工作，充分发挥模拟计算机的速度快和数字计算机的精度高、逻辑运算和存储能力强的优点。但这种系统造价较高，只宜在一些要求严格的系统仿真中使用。除计算机外，仿真硬件还包括一些专用的物理仿真器，如运动仿真器、目标仿真器、负载仿真器和环境仿真器等。仿真软件包括为仿真服务的仿真程序、仿真程序包、仿真语言和以数据库为核心的仿真软件系统。

六、仿真方法

仿真方法主要是指建立仿真模型和进行仿真试验的方法，可分为两大类：连续系统的仿真方法和离散事件系统的仿真方法。人们有时将建立数学模型的方法也列入仿真方法，这是因为对于连续系统虽已有一套理论建模和试验建模的方法，但在进行系统仿真时，常常先用经过假设获得的近似模型来检验假设是否正确，必要时修改模型，使它更接近真实系统。对于离散事件系统，建立它的数学模型就是仿真的一部分。

七、仿真的应用和效益

仿真技术得以发展的主要原因，是它所带来的巨大社会经济效益。20 世纪 50 年代和 60 年代，仿真主要应用于航空、航天、电力、化工以及其他工业过程控制等工程技术领域。在航空工业方面，采用仿真技术可使大型客机的设计和研制周期缩短 20%。利用飞行仿真器在地面训练飞行员，不仅节省大量燃料和经费(其经费仅为空中飞行训练的十分之一)，而且不受气象条件和场地的限制。此外，在飞行仿真器上可以设置一些在空中训练时无法设置的故障，以培养飞行员应付故障的能力。训练仿真器所特有的安全性也是仿真技术的一个重要优点。在航天工业方面，采用仿真试验代替实弹试验可使实弹试验的次数减少 80%。在电力工业方面，采用仿真系统对核电站进行调试、维护和排除故障，一年即可收回建造仿真系统的成本。现代仿真技术不仅应用于传统的工程领域，而且日益广泛地应用于社会、经济、生物等领域，如交通控制、城市规划、资源利用、环境污染防治、生产管理、市场预测、世界经济的分析和预测、人口控制等。对于社会经济等系统，人们很难在真实的系统上进行试验。因此，利用仿真技术来研究这些系统就具有更为重要的意义。

第二节　系统仿真的原理与方法

所谓系统仿真，就是根据系统分析的目的，在分析系统各要素性质及其相互关系的基础上，建立能描述系统结构或行为过程的且具有一定逻辑关系或数量关系的仿真模型，据此进行试验或定量分析，以获得正确决策所需的各种信息。

一、系统、模型与仿真的关系

为开发新系统或分析、研究已有系统的性能特征，通常需要进行试验。总体上，试验方法可以分为两类：① 直接以实际系统为对象进行试验；② 构造系统模型，通过系统模型试验来了解和验证系统的性能指标。

基于模型的试验具有以下优点：

① 新系统还处于开发阶段，尚没有可供试验的真实系统。例如，新型飞机、汽车等新产品的研制等。

② 对真实系统的试验可能会引起系统故障或破坏，给系统、环境、操作人员及用户等带来危害或产生重大损失。例如，采用新技术的火箭、卫星以及载人飞船的发射，电力系统、铁路机车调度系统的操作培训等。

③ 为得到系统真实的性能指标，往往需要进行多次试验，这会使得基于实物的试验成

本高、周期长。

④ 试验条件的一致性是保证试验结果的准确性和可信性的重要条件，基于实物的试验在此方面存在较大难度。

随着科学技术进步和系统复杂性的提高，基于模型的试验方法得到越来越广泛的应用。

建立系统模型是开展模型试验的前提条件，该过程称为系统建模。

模型是对实际或设计中系统的某种形式的抽象、简化与描述。通过模型可以分析系统的结构、状态、动态行为和能力。

系统模型可以分为物理模型、数学模型和物理-数学模型。

物理模型——是指采用特定的材料和工艺，根据相似性准则按一定比例制作的系统模型，以便通过试验对系统的某些方面性能作出评估。例如，研制新型飞机时，一般先要对按比例缩小的飞机模型进行风洞试验，以验证飞机的空气动力学性能；开发新型轮船时，一般先要在水池中对缩小的轮船模型进行试验，以了解轮船的各种性能；工程建设或发电站选址时需要建立沙盘模型；军事演习中采用沙盘模型完成推演；企业选址和车间布局时，利用模型进行评估与论证；建筑模型、城市规划模型等都属于物理模型。

数学模型——是指采用符号、数学方程、数学函数或数据表格等方法定义系统各元素之间的关系和内在规律的模型。例如，国家或地区人口增长模型，经济增长预测模型，数控机床可靠性预计模型。

物理-数学模型——也称为半物理模型。它是一种混合模型，结合了物理模型和数学模型的优点。例如，航空、航天仿真训练器，发电厂调度仿真训练器，铁路调度仿真训练器。

仿真是指通过系统模型试验，研究已存在或设计中的系统性能的方法及技术。简单地说，仿真就是一种基于模型的活动。

仿真可以再现系统的状态、动态行为及性能特征，用于分析系统配置是否合理、性能是否满足要求，预测系统可能存在的缺陷，为系统设计提供决策支持和科学依据。根据仿真模型的不同，仿真可以分为物理仿真、数学仿真以及物理-数学仿真。

系统、模型与仿真三者之间有着密切的联系。其中，系统是要研究的对象，模型是系统在某种程度和层次上的抽象，而仿真通过模型试验以便分析、评价和优化系统。

随着计算数学的成熟和计算机技术的发展，人们越来越多地通过数学模型和计算机仿真来分析和优化系统，从而形成了计算机仿真技术。

计算机仿真属于数学仿真，它的实质是仿真过程的数字化，也称为数字化仿真。

二、系统仿真的特点

仿真是分析、评价和优化系统性能的一种技术手段。与运筹学(优化)模型等相比，仿真模型无须对系统作过多简化，能更真实地反映系统结构和性能特征。优化模型通常仅给出优化结果，而仿真可以再现系统的动态运行过程。目前，数字化仿真已广泛应用于产品开发和制造系统研制过程中，成为系统方案论证、规划设计、参数及性能优化研究的有效工具。

① 仿真是一种对系统问题求数值解的计算技术。尤其当系统无法通过建立数学模型求解时，仿真技术能有效地来处理。

② 仿真是一种人为的试验手段。它和现实系统试验的差别在于，仿真试验不是依据实际环境，而是在作为实际系统映象的系统模型以及相应的“人造”环境下进行的。这是仿真的主要功能。

③ 仿真可以比较真实地描述系统的运行、演变及发展过程。

④ 我国学者认为，系统仿真是指在计算机上或/和实体上建立系统的有效模型（数字的、物理效应的或数字物理效应混合的模型），并在模型上进行系统试验。

三、系统仿真的应用领域及应用要求

研究系统仿真的应用领域及应用要求，不仅对系统仿真这一学科的发展有着十分重要的作用，而且有助于促进系统仿真技术获得更广泛的应用。下面从三个方面来讨论系统仿真的应用领域及应用要求：系统仿真的应用类型、系统仿真的应用领域、系统仿真的应用要求。

1. 系统仿真的应用类型

系统仿真的应用类型大致可分为以下几类：

① 对已有系统进行分析时采用仿真技术。如果系统是人造的，则可通过仿真提出改进意见，比如通过对汽车摆振问题的仿真分析提出克服摆振的方案；如果系统是自然的，则可通过仿真掌握其规律，使之运行得更好，比如对生态平衡问题、环境问题进行仿真。

② 对尚未有的系统进行设计时采用仿真技术。比如，构造欲设计系统的仿真模型，通过仿真考察其性能是否满足预定要求。对已设计并制造出来的分系统在投入整个系统中运行之前，利用仿真技术进行试验。比如，新型控制器在工业过程中投运前先与仿真模型组合在一起进行分系统试验。

③ 在系统运行时，将仿真模型作为观测器，给用户提供有关系统过去的（历史的），现在的（实时的），甚至是未来的（超实时的）信息，以便用户实时作出正确的决策。比如，利用仿真技术进行故障分析及故障处理。

④ 在系统运行前，将仿真模型作为预测器，向用户提供系统运行起来后可能产生什么现象的信息，以便用户修订计划或决策。

⑤ 将仿真模型作为训练器，训练系统操纵人员或管理人员。

总之，利用系统仿真技术，可以构造出系统分析器、系统设计器（或称工程仿真器）、系统试验床、系统观测器、系统预测器以及训练仿真器。

需要指出的是，并非只有利用系统仿真技术才能进行系统分析、设计、试验、观测、预测或训练，而是说，系统仿真技术在完成这些工作时有它特殊的功效（尤其是在一些特定的条件下）。表 8-1 列出了利用实际系统或解析方法和利用仿真技术的比较情况。

表 8-1　实际系统、解析方法、仿真技术的比较情况

	仿真技术	实际系统	解析方法
可能性	只要能建立系统的模型，就能进行	系统尚未建立，则不可能；有的自然系统试验周期太长，也不可能	有的系统无法建立解析模型，因此不可能利用解析方法
安全性	无危险	有危险	无危险
经济性	费用不多	费用很大	费用不多
耗时性	中等	长	短
准确性	可以做到很准确	十分准确	要做较多假设，因此有较大误差
方便性	可以做到十分方便	受现场限制，很不方便	方便

由表 8-1 可知，仿真技术在可能性、安全性、准确性、方便性等方面具有明显的优点，而在经济性、耗时性方面不如解析方法。因此，除了在可能利用解析方法并允许有一定误差时（如初始规划阶段）利用解析方法，以及在要求十分准确或建模有一定困难时利用实际系统外，均应尽量利用系统仿真技术。

2. 系统仿真的应用领域

从历史上看，仿真技术首先被应用于那些在实际系统上进行试验有危险、花费很大的领域，如航空、航天、武器系统等，之后逐渐扩大到虽然可在实际系统上进行试验，但花费较大、耗时较长、不大方便的一些领域，如冶金、化工、电力系统等，近年来，则进一步扩大到制造、交通、环境、生态、生物等领域。

综观仿真技术应用领域逐渐扩大的历史，可以得出以下几点有意义的结论。

① 仿真技术在应用上的安全性一直是被采用的最主要原因。因此，航空、航天、武器系统曾经是仿真技术应用的最主要领域，一直到现在仍然占据着很大的比例；20 世纪 60 年代以后，对核电站及潜艇等，出于安全性的考虑，人们也广泛采用仿真技术来设计这类系统及培训操纵这类系统的人员。

② 仿真技术在应用上的经济性也是被采用的十分重要的因素。对几乎所有大型的发展项目，如阿波罗登月计划、战略防御系统、计算机集成制造系统，人们都十分重视仿真技术的应用。这是因为，这些项目投资极大，有相当大的风险，而仿真技术的应用可以用较小的投资换取风险上的大幅度降低。

③ 仿真技术一般是从学院式的局部应用逐步走向全面应用的，其标志是针对某领域的仿真应用而设立的仿真中心。

④ 仿真技术在每个阶段都有一个比较热门的应用领域。比如，20 世纪 50 年代热门的应用领域是武器系统及航空，60 年代热门的应用领域是航空与航天，70 年代热门的应用领域是核能、电力与石油化工，80 年代热门的应用领域是制造系统。一方面，热门领域反映了该领域在该阶段对仿真技术的迫切需求；另一方面，也反映了为满足这些需求，尚有一些关键技术需要解决，因而吸引了大批仿真技术的研究者来进行研究。

⑤ 20 世纪 50—70 年代，由于热门领域是武器系统、航空、航天、核能、电力及石油化工，因此连续系统仿真一直是主要研究方向；70 年代末期以后，制造系统越来越迫切要求采用仿真技术，而它主要属于离散事件系统仿真，因此离散系统仿真逐渐成为主要研究方向。

⑥ 根据系统仿真的应用范围，研制与开发一大批仿真产品。它们包括：

a. 各种通用目的的仿真语言及仿真软件包。

b. 为分析、研究某一特定的系统而专用的仿真软件与仿真器（工程仿真器），两者的主要差别在于后者不仅包括仿真软件，还包括一些专用仿真设备。

c. 为训练某类人员的训练仿真器。

d. 嵌入复杂软件系统的仿真程序。比如，嵌入一个辅助决策系统中的仿真器，用来产生模型的行为并反馈给决策系统；嵌入 CAD 系统中的仿真器，用来检验设计结果等。

⑦ 为了推广仿真技术的应用，几乎所有的仿真语言都推出了 PC 版。另外，专用仿真软件（即仅面向某一特定领域）已成为一类重要的仿真软件产品。

3. 系统仿真的应用要求

总的来讲，系统仿真应用的要求是：① 缩短建模时间；② 扩大用户范围，适应不同类型用户的需要；③ 改善通信界面，包括人-人之间的界面和人-机之间的界面。

为了满足这些要求，提出了一系列有意义的技术方案，归结起来有以下几点。

(1) 改善建模环境

包括：

① 模块化、结构化建模技术。所谓结构化建模技术，是指根据不同实际系统的组成，对系统进行分解，抽象出它们的基本成分及组合关系；确定各种基本成分及其连接的描述形式并开发一种非过程编程语言（模型描述语言）；根据应用领域的不同建立相应的模型库并使它与模型试验模块有机结合起来。采用这种技术不仅能使仿真软件直接面向领域工程师，而且能大大缩短建模时间。

② 图形建模技术。包括：利用鼠标器在计算机屏幕上将模型库中已有的系统元件拼合成系统的模型；利用数字化仪将系统图输入计算机中；利用图形扫描器将系统图读到计算机中；通过网络将由 CAD 软件产生的系统图传送给仿真软件（需要有一个共同的图形转换标准，如 IGES）。

③ 建模专家系统。包括智能建模前端、模型验证的专家系统等。前者已有一些研究成果，如利用专家系统来确定系统模型的特征（模型形式，如线性、非线性、阶次等）；开发一个自然语言接口来辅助用户建模；开发一个智能接口通过对话获得有关系统的知识，然后直接产生仿真模型等。

(2) 一体化

仿真是一个建模→试验→分析→修改模型→再试验→分析……不断反复的过程，它涉及好几个功能软件，如建模软件、试验设计软件、仿真执行软件、结果分析软件等。各功能软件之间存在信息联系，为了提高仿真效率，必须将它们集成起来（或称为一体化）。这是 20 世纪 80 年代以来仿真软件系统的一个普遍趋势。根据一体化的程度，可以有三个等级的一体化：① 不同功能的软件通过一个管理软件利用数据转换接口实现一体化；② 重新划分功能块，建立模型库、参数库、试验框架库，然后通过数据库实现一体化；③ 在仿真操作系统的支持下，实现对仿真关联资源的有效管理，并支持这些资源的匹配与运行，实现整个仿真软件系统的高度一体化。

(3) 仿真数据库

仿真数据库是实现一体化的关键之一。由于仿真中所涉及的“数据”比较复杂，除一般的结构化数据外，还有大量的非结构化数据，如图形、模型、算法、试验框架等。因此，现在比较流行的关系数据库并不十分适合这样的应用环境。通常，它只能管理模型目录、算法目录，而模型与算法本身仍另外存放，这就导致难保证数据的一致性。另外，关系数据库查询比较慢，也是一个缺点。因此，开发一个面向仿真的数据库管理系统是十分有意义的。

(4) 动画

图形技术在仿真中越来越显示出它的重要性。图形技术在仿真中的应用主要反映在两个方面：辅助建模和仿真结果显示（试验过程中或试验后）。其中，动画（试验过程中显示系统的活动及其特征）最为引人注目，动画一般与图形建模相配合，并要求保持一致性；另外，还必须处理好动画与仿真钟的匹配关系。

(5) 实现仿真结果分析到建模的自动反馈

目前,绝大多数仿真软件或仿真器都不能提供这种功能,而由用户自己根据仿真结果作出决策,并修改建模,少数情况,如连续系统仿真,当系统目标能写成函数形式,修改模型仅限于模型中的部分参数或结构时,已可以自动完成从仿真结果分析到建模的反馈。

当前研究的重点是对离散事件系统如何实现自动反馈,专家系统可能是解决这一问题的途径之一。

(6) 基于信息处理的仿真

在传统的仿真软件中,模型最终会用一段程序代码来表示,执行仿真试验则是将这一段程序代码与其他代码(如算法)连接起来,并加以执行。而在基于信息处理的仿真中,模型以信息链的形式表示,并被存于仿真数据库中,再进行仿真。首先根据问题的要求选取各种所需的建模元件,并在主存中重新构造一个数据库的子集;然后跟踪在数据库中定义的信息关系,以便控制它们;最后将仿真结果存回数据库,这是一种十分新颖的结构。

四、系统仿真方法和类型

系统仿真的基本方法是建立系统的结构模型和量化分析模型,并将其转换为适合在计算机上编程的仿真模型,然后对模型进行仿真试验。由于连续系统和离散(事件)系统的数学模型有很大差别,系统仿真方法基本上分为两大类,即连续系统仿真方法和离散系统仿真方法。在以上两类基本方法的基础上,还有一些用于系统(特别是社会经济和管理系统)仿真的特殊而有效的方法,如系统动力学方法、蒙特卡洛法等。系统动力学方法通过建立系统动力学模型(流图等)、利用 DYNAMO 仿真语言在计算机上实现对真实系统的仿真试验,从而研究系统结构、功能和行为之间的动态关系。

系统仿真根据模型的种类可分为:物理仿真、数学仿真、半实物仿真;根据仿真时钟与实际时钟的比例关系可分为:实时仿真、亚实时仿真、超实时仿真;根据系统模型的特性可分为:连续系统仿真和离散系统仿真。

第三节　计算机仿真方法

一、计算机仿真的定义

所谓计算机仿真,是指在实体尚不存在或者不易在实体上进行试验的情况下,先通过对考察对象进行建模,用数学方程式表达出其物理特性,然后编制计算机程序,并通过计算机运算出考察对象在系统参数以及内外环境条件改变的情况下,其主要参数如何变化,从而达到全面了解和掌握考察对象特性的目的。计算机仿真技术是分析和研究系统运行行为、揭示系统动态过程和运动规律的一种重要手段和方法。近年来,随着系统科学研究的深入以及控制理论、计算技术、计算机科学与技术的发展,计算机仿真技术已发展成一门新的学科。信息处理技术的突飞猛进,更使得仿真技术得到迅速发展。

二、计算机仿真的特点

① 模型参数可任意调整。模型参数可根据要求通过计算机程序随时进行调整、修改或补充,从而使人们能够掌握各种可能的仿真结果,可为进一步完善研究方案提供极大的方便。

② 系统模型快速求解。借助先进的计算机系统，人们在较短时间内就能知道仿真运算的结果（数据或图像），从而为人们的实践活动提供强有力的指导。这是通常的数学模型方法所无法实现的。

③ 运算结果准确可靠。只要系统模型、仿真模型和仿真程序是科学合理的，那么计算机的运算结果一定准确无误（除非机器有故障）。因此，人们可毫无顾虑地应用计算机仿真的结果。

④ 实物仿真形象直观。把仿真模型、计算机系统和物理模型及实物联结在一起的实物仿真（有些还是实时仿真），形象十分直观，状态很逼真。因而，计算机仿真在一些工程技术领域（如宇宙航行、核电站控制等）发挥了独特的作用。

三、计算机仿真的步骤及技术核心

要对一个系统或对象实施计算机仿真，首先必须把握对象的基本特征，抓住主要的因素、引入必要的参量、提出合理的假设、进行科学的抽象、分析各参量间的相互关系、选择恰当的数学工具，然后在此基础上建立相应的数学模型。

1. 建模

建模是指建立一个特定对象的有限边界的数学模型，是进行系统仿真的第一步，也是十分重要的一步。

建模首先要考虑可用的信息源，有以下四类：① 对特定对象进行仿真研究所预定的目标和边界。② 先验知识，包括已被验证的定理、定律、理论和模型。③ 数据，通过对系统的观测而获得的数据。④ 特定领域专家的经验。对于不同的系统，其信息源的水平是不一致的，物理系统的先验知识比较成熟、丰富，数据可以通过试验方法得到，其信息源的质量和可信度高。而对于生物、社会、生态环境等复杂系统，它们的先验知识不成熟，无法进行试验，数据的质量和可信度低，这类系统常被称为病态系统。

针对信息源的不同水平，人们发展了不同的建模方法。

① 演绎法：主要运用系统先验知识，通过数理逻辑演绎来建模，常用于物理系统、工程系统的建模。

② 归纳法：主要从观测系统变量和数据出发，经过对观测数据的处理、统计归纳，推导出与系统行为相一致的模型。常用于内部结构不清楚的系统，即常说的黑箱系统的建模。

③ 综合集成法：强调对一切可用信息源的利用和集成。包括先验知识、观测数据和专家经验，定性和定量的，形式化和非形式化的，理论和经验的，精确和模糊的，都通过计算机进行集成和处理而加以利用。综合集成法主要用于具有病态特征的复杂系统。由于人类对于复杂系统的认识不可能一次完成，综合集成法强调建模是一个过程，是一个持续无止境的活动的集合。建模结果只能产生一个认识阶段上的相对模型，而不能产生终极模型。建模活动的结果，存在一个模型的可置信度问题，需要研究对所建模型的校核、验证和确认。这方面的技术称为VV&A(Verification，Validation and Accreditation)技术。

2. 模型的程序化

模型的程序化包括两个方面的内容，即设计仿真算法和编制仿真程序。传统的模型程序化活动是一项十分烦琐和复杂的工作。由于大量算法研究成果的出现及软件技术的进步，目前对于某些特定领域，已能提供面向对象、可交互操作、具有自动编程能力和算法库的商品化产品。如：

① 用于以微分方程描述的一类连续动力学系统的连续系统仿真语言，如 CSSL、CSMP、ACSL 等。

② 用于以概率统计模型和排队论描述的一类离散事件动力学系统的仿真语言，如 SLMCRIPT、GPSS、SIMULA 等。

③ 用于连续离散系统混合的复杂系统的仿真语言，如 SLAM、GASP 等。

④ 用于社会经济系统的系统动力学仿真语言，如 DYNAMO。

⑤ 对于用偏微分方程描述的分布参数系统的仿真，目前已有了许多求解的数值方法，并开发出与之相对应的语言和程序包，如 PDEL、PDE-LAN、DSS/2 等。

3. 仿真试验与仿真试验环境

仿真试验(包括分析)是系统仿真另一个十分重要的活动。其内容包括模型建立和模型应用(运行)两个方面。近年来，由于对复杂系统研究的深入，利用计算机辅助建模的方法有了发展。对仿真的研究，促进了建模信息库和人机交互方法学的发展，提出了模型库和全局建模的概念和方法，建立了以各种信息库为基础的，具有对多种信息源综合利用集成能力的，可进行全局建模的仿真支撑环境，并实现了建模与仿真的一体化。近年又提出了建立分布交互仿真(Distributed Interactive Simulation，DIS)和分布仿真环境(Distributed Simulation Environment，DSE)的要求，这已成为近年仿真技术发展的主要方向之一。

此外，近年来虚拟现实 VR 技术及互联网技术的发展，促使仿真技术把这些新的技术和功能融合到一个仿真环境中。目前，已提出了虚拟仿真环境(Visual Simulation Environment，VSE)和 Web 仿真环境(Web Simulation Environment，WSE)的概念。VSE 提供给仿真人员一种具有沉浸、交互、构思特征的仿真环境，使仿真人员与被仿真对象模型的交互作用具有身临其境的感觉。WSE 则为仿真人员提供一种虚拟资源的概念和方法，理论上可以利用互联网上的一切仿真资源。

四、计算机仿真的发展

计算机仿真技术主要是随着计算机技术、计算技术、图形图像技术、复杂系统建模技术和专业建模技术的发展而发展的。从历史上看，计算机仿真大致经历了四个发展阶段：

① 模型试验。最原始的仿真思想，其模型试验是基于物理模型进行的，缺乏柔性和精度。

② 数字化仿真。采用计算机进行分析计算，但是计算结果表达局限于记录文件和图表上，不够直观形象。

③ 图像化仿真。大量采用丰富的图形图像技术(如三维图形)来表达仿真结果。

④ 虚拟现实技术。不仅采用三维图形技术表达计算结果，而且采用特殊装置，如戴上三维数据头盔、触摸仪器等，使人有身临其境的效果。

五、计算机仿真技术的应用

计算机仿真技术首先是在军事领域得到应用的，目前，它在军事和民用领域得到了广泛的应用。

① 军事领域。主要运用于战场虚拟、战场的战术使用训练、战场评估、武器对抗效能评估等。目前，这方面的仿真软件有国内神州普惠的 DWK。

② 航空航天领域。主要包括火箭发射、卫星释放、太空行走、嫦娥登月等的计算机仿真

试验。

③ 教学领域。如采用计算机网络试验仿真和教学试验仿真，可以让学生通过观看网络运作动画、分析网络性能结果和设计简单网络实体，更容易、深入地理解网络协议和算法的复杂行为，从而获得更好的教学效果。

④ 工业制造领域。如机械加工过程，是机械行业进行生产的基础。利用计算机仿真，有助于发现其机理，为提高机械加工性能提供理论支持。

⑤ 气象预测领域。这是一个典型的无法进行物理模型试验的领域，计算机仿真技术成为气候变化、气候预测的唯一手段。

⑥ 社会系统仿真。采用计算机仿真技术来分析预测人口的增加对自然界产生的影响等。

⑦ 医学领域。将计算机仿真技术应用于手术、外科整形等，通过仿真精确设计手术方案、模拟手术操作，手术可更趋于精确和微创。

⑧ 经济管理领域。如对国家经济系统、地方财政收支情况、银行经营状况、股市等进行计算机动态仿真，来搞好对宏观经济的分析和预测。

⑨ 城市建设领域。如城市交通仿真、城市交通规划仿真、城市交通控制仿真、交通流运行仿真等。

除了上面所提到的，计算机仿真还在很多其他领域得到了广泛的应用。

六、计算机仿真的新技术

计算机技术和网络技术、多媒体技术、人工智能、知识工程、自动程序设计、神经网络、自动化、建模技术、系统理论、材料科学、通信技术、空间技术等的迅速发展，给计算机仿真领域带来了生机与活力，从而出现了许多新的仿真技术。其中，关键技术有：面向对象的仿真、分布交互仿真、智能仿真、人机和谐仿真。

1. 面向对象的仿真

客观系统是由各式各样的对象（事物或实体）组成的，整个系统的功能由对象的操作及对象信息的彼此综合利用来实现，对象间信息的传送引起系统的所有活动。计算机辅助仿真建立并封装了对象相应的数据和数据操作的程序模块，作为对象的模型，其整体行为则由对象间通过接口相互交换信息的联系来描述。面向对象的技术正在发展之中，需要进一步研究的问题有：① 面向对象建模技术在各个领域的应用；② 完善面向对象的仿真环境，包括面向计算机系统结构、操作系统、数据系统、数据库、高效并便于扩充的友好的仿真程序设计语言。

2. 分布交互仿真

通过计算机网络将分散在各地的仿真设备互连，构成时间与空间互相耦合的虚拟仿真环境。实现分布交互仿真的关键技术是：网络技术、支撑环境技术、组织和管理。其中，网络技术是实现分布交互仿真的基础，支撑环境技术是分布交互仿真的核心，组织和管理是完善分布交互仿真的信号。

3. 智能仿真

以知识为核心和人类思维行为作为背景的智能技术，引入整个建模与仿真过程，构造各处基本知识的开发途径是人工智能（如专家系统、知识工程、模式识别、神经网络等）与仿真技术（如仿真模型、仿真算法、仿真语言、仿真软件等）的集成化。因此，近年来各种智能算法，如模糊算法、神经算法、遗传算法的探索形成了智能建模与仿真中的一些研究热点。

4. 人机和谐仿真

① 可视化仿真：用以为数值仿真过程及结果增加文本提示以及图形、图像、动画表现功能，使仿真过程更加直观，结果更容易理解，并能验证仿真过程是否正确。近年来，还提出了动画仿真，主要用于系统仿真模型建立之后动画显示，所以原则上仍属于可视化仿真。

② 多媒体仿真：在可视化仿真的基础上再加入声音，可得到视觉和听觉媒体组合的多媒体仿真。

③ 虚拟现实仿真：在多媒体仿真的基础上强调三维动画、交互功能，支持触、嗅、味知觉，形成虚拟现实仿真。

综上所述，不难看出计算机仿真新技术发展的突飞猛进所表现的优越性及潜在效益。尤其近年来在仿真方法研究、仿真技术研究、系统仿真应用等方面都取得了显著的成就。因此，计算机仿真技术在国防建设和国民经济建设中会发挥越来越重要的作用。

随着计算机技术和网络技术的飞速发展，计算机仿真技术和虚拟现实仿真在各行各业得到了广泛应用，使用计算机进行仿真的研究和应用也如火如荼。计算机仿真又称计算机模拟，它是分析和研究系统运行行为、揭示系统动态过程和运动规律的一种重要手段和方法，是系统仿真的一个重要分支。

计算机仿真技术是一门利用计算机软件模拟实际环境进行科学试验的技术。它具有经济、可靠、实用、安全、灵活、可多次重复使用的优点，已经成为对许多复杂系统（工程的、非工程的）进行分析、设计、试验、评估的必不可少的手段。它是以数学理论为基础，以计算机和各种物理设施为工具，利用系统模型对实际的或设想的系统进行试验仿真研究的一门综合技术。

七、计算机仿真在矿业工程中的应用

实例——计算机仿真模拟采区煤仓最大煤量。

以某矿的实际资料进行模拟仿真。如图 8-2 所示，已知采区来煤量 q_1 是一个随机变量，根据统计结果，它服从正态分布，已知其均值 $\mu=1.45$ t/min，标准差 $\sigma=0.095$ t/min。大巷运输采用胶带输送机，其运输量是常数：$q_2=1.33$ t/min。试建立计算机仿真系统，画出模拟框图（图 8-3），求 8 h 后采区煤仓最大煤量。

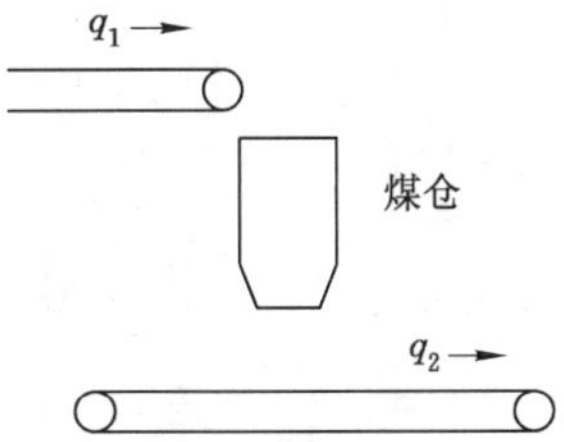

图 8-2　采区煤仓系统示意

煤仓最大煤量与单位输入量的正态分布参数关系分析结果如图 8-4 和图 8-5 所示。

从图 8-4 和图 8-5 可以看出，煤仓最大煤量随 q_1 的均值 μ 和标准差 σ 的增加而增加，其中，μ 相对 σ 对煤仓最大煤量影响更大。

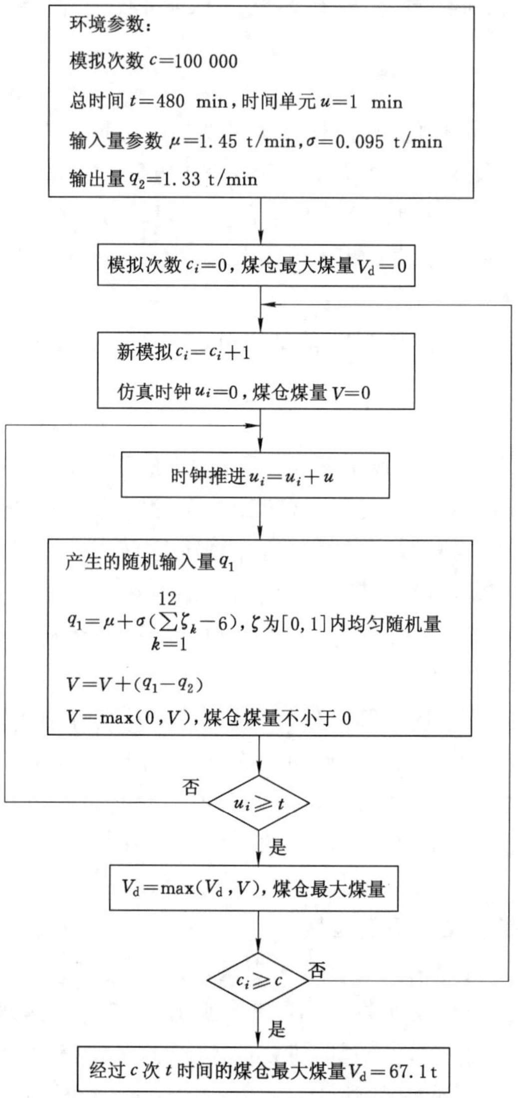

图 8-3 采区煤仓系统模拟框图

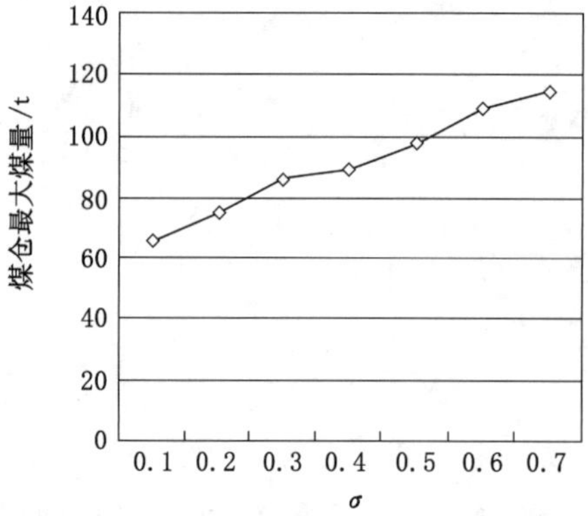

图 8-4 煤仓最大煤量与 σ 的关系

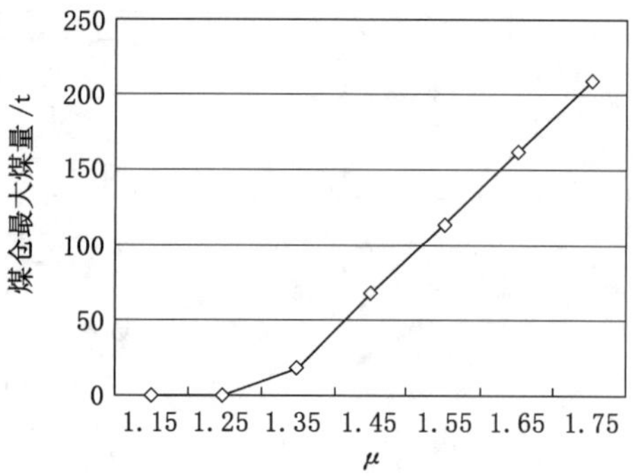

图 8-5 煤仓最大煤量与 μ 的关系

第四节　系统仿真新技术

一、并行仿真

目前，科学计算机要求计算机有很高的信息吞吐量和实时性，然而传统计算机在对大型动态系统进行仿真时，其计算速度往往不能满足大信息量的传输和实时性的要求。为了适应快速仿真的需要，并行仿真技术应运而生。

20 世纪 80 年代后期提出的并行工程是一种新的指导产品开发的理念，是在现代信息技术的支持下对传统的产品开发方式的一种根本性改进。PDM(Product Data Management，产品数据管理)技术及 DFx[如 DFM(Design for Manufacture，可生产设计)、DFA(Design for Assembly，可组装设计)等]技术是并行工程思想在产品设计阶段的具体体现。

1. 并行处理

计算机的出现对世界经济的发展以及人们的生活都产生了巨大的影响。而生产力的持续增长以及各种应用领域对高性能、低价格计算能力的要求，也极大地推动了计算机本身的发展。并行处理技术就是在这个过程中得以产生并不断发展的。

并行处理包含两种意义：① 同时性，也就是并行性，即指两个或两个以上的事件在同一时刻发生；② 并发性，是指两个或两个以上的事件在同一时间间隔内发生。比如，在多位数并行加法运算中，由于存在信息由低位到高位过程的延迟，实际的相加过程是低位处于领先地位。因此，多位数加法并不是同时性关系，而是并发性关系。

并行处理的一般概念是指硬件设备的多倍重复，以处理机部件的多倍重复组成矩阵结构，实行并行运算。但是，并行性不只局限于设备的简单重复，还包括时间上的重叠。从概念上划分并行处理，有空间并行和时间并行两类，有时在并行处理中，空间并行和时间并行是交叉的。阵列处理机和功能处理机属于空间并行处理机，而流水线处理机属于时间并行处理机。

2. 并行计算机

并行计算机是由一组处理单元组成的。这组处理单元通过相互之间的通信与协作，以更快的速度共同完成一项大规模的计算任务。这就是并行计算机的经典定义。该定义并没有包含更多的细节，但是从中不难看出并行计算机的两个最主要的组成部分：计算节点和节点间的通信与协作机制。

并行计算机体系结构的发展变化非常快，而这种变化主要体现在计算节点性能的提高以及节点间通信技术的改进两方面。长期以来，超大规模集成电路技术一直在按照摩尔定律高速发展，芯片的元件密度以及时钟频率不断提高，从而大大提高了作为并行计算机基本处理单元的微处理器的性能。在通信技术方面，传统的交叉开关的切换速度不断提高，而新的高速网络技术也不断应用到并行计算机中，从而大大提高了节点间通信的速率。

如果能对计算机的系统结构进行高度的抽象，给出一个简洁的概念模型，那么，程序员在编写程序时，就不需要了解感触结构的具体细节。这种抽象模型就是我们所说的编程模型。就并行计算机而言，除了计算单元以外，通信体系结构也是非常重要的一个方面。在为并行计算机编写程序时，不得不考虑不同节点不同进程之间的通信问题，而这是一项非常复杂的工作。因此，在并行编程模型中，就必须对节点之间的通信、同步、协作等各种问题给出很好的定义。共享地址空间、消息传递以及数据并行是最常见的3种并行编程模型。

可以将共享地址空间模型看作一个公告牌。各个节点上的多个进程共享它们的一部分地址空间,并通过简单的读/写指令存取其中的数据。

消息传递模型则有点像邮政系统,节点之间是通过一条条的消息来协同工作的,每条消息都明确地标识出发送进程和接收进程的地址(或编号)。在这种方式下,各进程之间并没有能共同访问的全局共享地址空间。

3. 系统的并行仿真

系统仿真的并行性,简单地说就是在多台处理机上对一个动态系统进行并行求解,以减少仿真时间,或对系统进行实时求解。并行仿真过程无论是在专门并行仿真的专用仿真机上进行,还是在通用的阵列计算机上进行,都需要解决以下问题:① 设计实用的并行仿真算法;② 将计算任务在单台处理机上合理分配;③ 实现信息在各处理机之间的通信;④ 设计并行计算程序,将并行仿真算法在并行处理机上实现。

(1) 分割法并行仿真

分割法并行仿真将被仿真系统分割成两个以上的子系统,每个子系统被分配到一台处理机上进行计算,由各处理机的并行操作和它们之间的协调通信求得系统的并行仿真结果。

如果被仿真的子系统间耦合关系密切,则并行仿真的效率会大大下降。

设系统微分方程的向量形式为:

$$\begin{cases} \boldsymbol{Y} = \boldsymbol{F}(t,Y) \\ \boldsymbol{T}(t_0) = \boldsymbol{Y}_0 \end{cases}$$

式中,$\boldsymbol{Y}=(y_1,y_2,\cdots,y_N)^{\mathrm{T}}$;$\boldsymbol{F}=(f_1,f_2,\cdots,f_N)^{\mathrm{T}}$。

将其分割成两个子系统,令$\boldsymbol{Y}=\left(\dfrac{\boldsymbol{Y}_1}{\boldsymbol{Y}_2}\right)$,于是有:

$$\dot{\boldsymbol{Y}}_1 = \boldsymbol{F}_1(t,\boldsymbol{Y}_1,\boldsymbol{Y}_2)$$

$$\dot{\boldsymbol{Y}}_2 = \boldsymbol{F}_2(t,\boldsymbol{Y}_1,\boldsymbol{Y}_2)$$

从以上两式可知,两个子系统之间存在耦合关系,这种分割方法适合在多指令流多数据流(Multiple Instruction Stream,Multiple Date Stream,MIMD)计算机上求解。在并行仿真过程中,每计算一步,分别计算两个子系统的两台处理机之间要进行一次或多次信息交换,交换的信息量与选择的算法无关。

采用分割法仿真所能节省的总时间主要取决于系统中耦合回路的数量、分配到每个处理机中方程的数量、所采用的计算方法以及各处理机之间的通信方式。

(2) 并行预报-校正法

利用分割法进行并行仿真,其积分算法本质上还是串行算法,只是把不同子系统的计算任务分配到多台处理机上完成。为了进一步提高计算效率,需要一种本身能并行执行的算法。

并行预报-校正法的基本思想是,设法得到一组能并行独立执行运算的迭代公式,使一台处理机在一个计算步内所得到的中间结果和最后结果不被同一个计算步内的其他处理机引用,即在每个计算步内,减少通信时间和空运行时间,提高并行计算的速度和效率。

综合起来,并行预报-校正法有以下特点:① 在每个积分步内只通信一次,可减少系统的同步时间,提高计算速度;② 仿真算法在不同处理机上的任务分配由算法本身决定,与系统模型无关;③ 同阶的串行预报-校正法和并行预报-校正法在计算精度方面是等价的。

二、虚拟现实

系统仿真就是利用模型对实际系统进行试验研究的过程。在现实生活中,有些系统并不存在,不可能在原型上做试验;或者即便实际上存在这些系统,往往在这些原型系统上做试验太昂贵、太危险,或者可能发生严重的破坏。此时,仿真技术成了十分重要甚至必不可少的工具。系统仿真技术近几十年得到了很快发展,随着计算机技术的发展,应用计算机进行系统仿真更是日益受到人们的重视,其应用领域也从原来的航空、航天、核能等少数领域拓广到医学、军事、娱乐等许多领域。

在系统仿真中,所指系统是广义的,可定义为为了达到某种目的一组彼此互相联系的若干要素的有机整体。系统的表示方法不是唯一的,可根据研究目的的不同采取不同类型和数量的信息来描述同一系统。模型是对系统的一种简化表示方法,抓住一般的、抽象的、规律性的主要部分来表示系统。

模型可按不同的方法分类,一种分类方法见图 8-6。

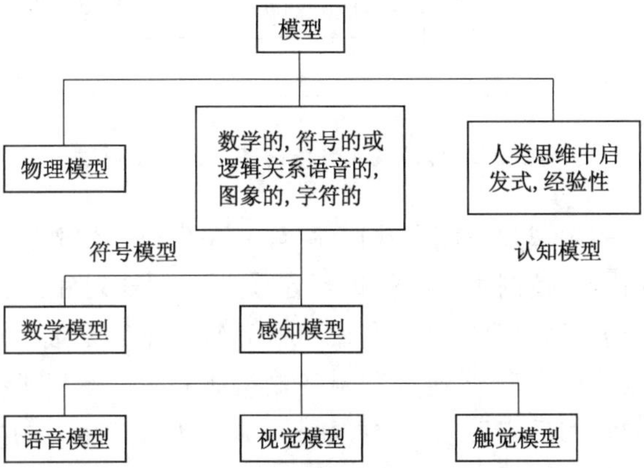

图 8-6　模型分类方法

以往的系统仿真技术对于物理模型和数学模型研究得较多、较深入。尤其是在数学模型的建模及模拟方面,人们总结出了一些相当有效的方法来进行离散系统和连续系统的模拟,如排队论、龙格-库塔积分法等。但是对于目标寻优问题(如著名的“推销商问题”,以及像库存、工时安排等最优组合问题),通常采用的线性规划、爬山法难以全局寻优,往往只能得到局部最优解。遗传算法是一种有效的优化技术,是一种启发式可能性搜索过程。它本身是仿真技术的结晶,模拟达尔文生物进化论中的自然选择过程。以往系统仿真技术较少考虑非数学模型的仿真。随着计算机技术的迅猛发展,计算机的符号处理能力和多媒体处理能力大大增强。人工智能、虚拟现实已成为计算机科学新的研究热点和应用工具。计算机不仅是有效的计算工具,而且能模拟人的智能和对环境的感知。人们开始运用非数学模型(认知模型、感知模型)进行系统仿真。如军事战术的仿真,虚拟现实下的飞机驾驶仿真等。

1. 虚拟现实在系统仿真中的应用

传统的系统仿真技术很少研究人的感知模型的仿真,因而无法模拟人对外界环境的感知(听觉、视觉、触觉)。随着多媒体技术、计算机动画技术、传感技术的发展,采用计算机模拟外界环境对人的感官刺激开始成为可能,虚拟现实就是在这些新技术基础上发展起来的一门全新的技术。它是计算机动画技术、计算机视觉、人工智能、多媒体技术、模式识别、自动控制、传感技术的综合运用。在现实生活中,人在某种场合无法身临其境,或者在真实环境下操作代价很大、很危险,因此尽管虚拟现实的实现所需费用较高,但仍有很高的实用价值。在国外,虚拟现实已开始应用于军事、医学、娱乐等领域。

某虚拟现实系统的基本框架组成见图 8-7。

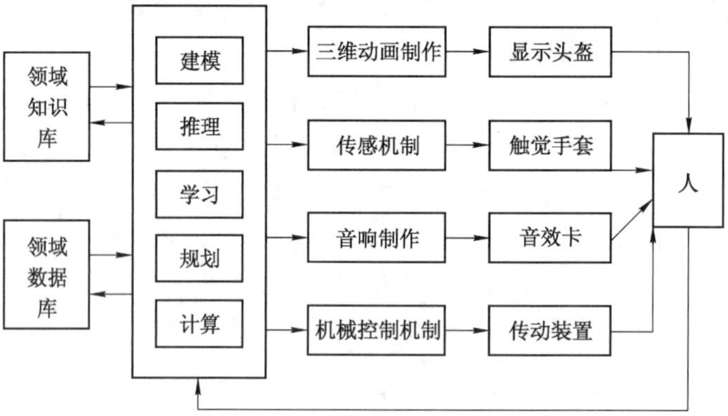

图 8-7 虚拟现实系统的基本框架组成

计算机根据所建立的领域知识库和数据库(如有关飞机和驾驶方面的知识和数据)运用人工智能、模式识别等技术,控制主控机构进行建模、学习、规划和计算;通过三维动画制作和显示头盔进行该领域的视觉模拟,通过传感机制和触觉手套来进行该领域的触觉模拟,通过音响制作和音效卡进行声音模拟,通过机械控制机制和传动装置进行动感模拟;然后将人对这些感官刺激所作的动作反应反馈给主控机构,从而实时产生新的感知模型的模拟。

2. 虚拟现实系统的硬件组成

一个虚拟现实系统的基本硬件组成为:计算机、输入/输出设备(如三维鼠标器、数据手套、游戏杆、高亮度 RGB 投影机、HMD 显示头盔)、开发软件环境。

虚拟现实系统对实时交互、三维图形的逼真、动画效果要求很高,因而对计算机、开发软件环境要求比较高,投资成本较高。以下为一实时视景仿真系统的硬件组成。

实时视景仿真系统是一个多媒体实时计算机网络系统,主要用于驾驶模拟、军事指挥模拟、仪表模拟、控制系统模拟等方面。实时视景仿真系统功能包括以下几个方面:① 各类型接口系统,如雷达、操纵装置等;② 主运动体的运动模型;③ 视景生成;④ 视觉系统;⑤ 实时网络系统;⑥ 三维声音系统。

要完成上述各项功能,实时视景仿真系统可由如下硬件组成:

实时计算机系统——各功能模块,如雷达、操纵装置都需要实际硬件和计算机相连接,因而该计算机应具备良好的 I/O 接口能力。由于计算机要对各信号进行快速、实时的反应,该计算机需具有实时操作系统和高速处理能力。如产品 Concurrent MAXION。

高速、实时图形处理机——采用高性能图形发生器,能实时生成满足仿真要求的图形,能满足多通道显示功能,并且能支持良好的网络功能。如产品 SGI ONYX/RE2。

高性能实时网络——普通网络如 FDDI,Ethernet 在传输数据时要先进行数据打包、网络状态询问等准备工作,在接收后要解包等,因而一般不能达到实时要求,而反射内存网络可满足实时要求。

显示设备——可采用计算机本身的显示器,或采用高亮度 RGB 投影机,或采用虚拟现实的 HMD 显示头盔等。

声音系统——要为实时图形工作站提供音效逼真、可交互的三维音响。

实时视景仿真系统除了需要硬件支持外,还需要软件支持。软件系统要便于用户进行三维建模、图形编辑、动画制作。目前,较实用的软件有 Coryphaeus 公司的实时模拟应用软件,Division 公司的 DVISE 和 DVS 软件,Sense 8 公司的 WorldToolkit 软件。

3. 虚拟现实的一些应用领域

在军事方面,虚拟现实已用于战斗机飞行驾驶员的训练。陆地驾驶训练舱由计算机控制模拟出飞机驾驶中的动感、声音及视觉效果。操纵装置与实际飞机相似,并模拟其触觉效果及仪表显示情况。美国运用虚拟现实技术进行航空母舰的设计,从而大大缩短设计周期及减少设计费用。例如,根据鱼雷舱的设计要求,在计算机上进行其三维结构的模拟。通过显示头盔,人"仿佛"在实际的鱼雷舱中行走,从而能较方便、费用低廉地修改鱼雷舱的设计方案。

在医学方面,显微手术已被广泛使用,但初学者在病人身上实习是相当危险、代价昂贵的。美国已运用虚拟现实技术进行显微手术的仿真。医生通过显示头盔"看"到计算机模拟的病人体内的窥镜三维图像。医生戴上触觉手套"感觉"到计算机模拟的手术器械的操纵触感。触觉和视觉模拟的配合,使医生感到"仿佛"在实际病人身上做手术,从而使医生积累经验。

在娱乐游戏方面,一些生产电子游戏机的公司开始运用虚拟现实技术模拟三维赛车游戏或空中飞机作战,从而使得游戏更加逼真和惊险。

在设计方面,一些公司开始运用虚拟现实技术进行大型工程(如核电站、新机场)、城市交通布局设计方案的模型制作和可行性分析。

在艺术品展览方面,许多博物馆内的艺术珍品(如雕塑等)因展厅面积或出于安全考虑无法全部展出。有时即使展出,也不允许参观者触摸。Microsoft 公司投巨资开发虚拟现实技术,用于艺术品展览领域。通过显示头盔,人们可以"看" 到三维立体的艺术展品,并且可通过触觉手套"抚摸"展品。另一好处是人们可以不必亲赴博物馆,在异地同样能"参观"世界各地博物馆的艺术展品。

第九章　智能优化方法

第一节　人工神经网络

一、人工神经网络的基本概念

人工神经网络,也简称为神经网络或称作连接模型,是由大规模神经元互连组成的高度非线性动力学系统,是对人脑或自然神经网络若干基本特性的抽象和模拟。随着人工神经网络应用研究的不断深入,新的神经网络模型不断推出。现有的神经网络模型已达近百种。在智能领域中,应用最多的是以下几种基本模型和它们的改进型,即误差反向传播神经网络、径向基函数神经网络、Hopfield 神经网络、自组织神经网络等。

神经网络的基本理论主要涉及学习算法、稳定性、动态性能等几个方面,理论与模型是紧密相关的。神经元是神经网络的基本处理单元,它包含加权求和模拟细胞体和处理输出信号两部分,一般是一种多输入/单输出的非线性系统(可有一定的内部状态和阈值),主要功能是传递和处理信息。其结构如图 9-1 所示。

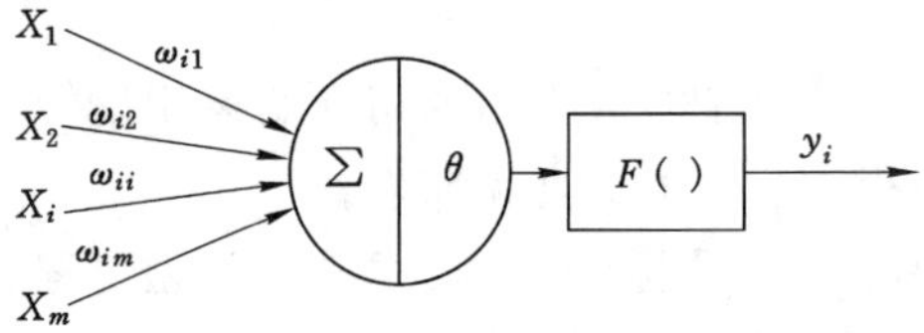

图 9-1　人工神经元模型结构

神经元模型可描述为:

令 $x_{ij}(t)$ 表示 t 时刻神经元 i 接受的神经元 j 的信息输入,$y_i(t)$ 表示 t 时刻神经元 i 的信息输出,则神经元 f 的状态可表示为:

$$y_i(t) = f\left[\sum_{j=1}^{N} w_{ij} \cdot x_{ij}(t-\tau) - \theta_i\right] \tag{9-1}$$

式中　τ——输入输出间的固定时滞;

θ_i——神经元 i 的阈值;

w_{ij}——神经元 i 到神经元 j 的突触连接权值。

函数 f 为神经元作用函数,通常为非线性函数,常见的形式有阈值函数、分段线性函数、正弦函数 $\sin(x)$、Sigmoid 函数等。

若固定时滞取为单位时间,则式(9-1)可改写为:

$$y_i(t+1) = f\left[\sum_{j=1}^{N} w_{ij} \cdot x_{ij}(t) - \theta_i\right] \tag{9-2}$$

众多的神经元连接就构成了神经网络，神经网络系统的基本特点有：

（1）分布存贮和容错性

信息在神经网络内的存贮是按内容分布于许多神经元中的，而且每个神经元存贮多种信息的部分内容。网络每部分对信息的存贮作用相等，这类似于全息图的信息存贮性质，部分信息丢失后仍可以恢复，因而网络具有容错性和联想记忆功能。也正因为如此，人脑和数字计算机相比分别表现出明显的健壮性和脆弱性。

（2）可塑性与自适应性和自组织性

神经元之间的连接具有多样性，各神经元间的连接强度具有可塑性，相当于突触传递信息能力的变化。这使得网络可以通过学习与训练进行自组织，以适应不同信息处理的要求。

（3）层次性

神经生理学研究表明，各种感觉信息进入大脑后，首先在相应初级皮层进行加工，然后转到次级皮层和感觉联合区，再于颅顶区皮层会合，最后投射到大脑前额叶。这表明信息在大脑内的传递过程，实际上是在不同层次的神经回路中逐级地进行加工和处理的过程。

（4）并行处理性

网络的各单元可以同时进行类似的处理过程，整个网络的信息处理方式是大规模并行的。大量神经元的集体行为并不是各单元行为的简单相加，而是表现出一般复杂非线性系统的特性（如不可预测性、不可逆性，甚至可能出现混沌现象等）。

二、误差反向传播(BP)神经网络及其特点

误差反向传播（简称 BP）神经网络是鲁梅哈特（D. E. Rumelhart）和麦克莱朗德（J. L. McClelland）于 1986 年提出的一种基于误差反向传播算法的神经网络，也是目前为止最有影响力的一种神经网络。它表现为多层网络结构，相邻层之间单向完全连接，采用类似"黑盒"方法，通过有导式的学习和记忆，模拟输入和输出间的特征关系（映射），比较适合自变量与因变量间无理想数学表达式的复杂系统。

1. BP 神经网络结构及其学习算法

BP 神经网络的网络结构由输入层、隐含层和输出层组成，每一层的神经元状态只影响下一层的神经元状态。其算法由正向、逆向传播构成，首先经过输入层将信息向前传递到隐含层节点，经过激活函数作用后，把隐含层的输出传递到输出层节点，给出输出结果（即正向传播），然后对输出信息和期望目标值进行比较后，将误差沿原来的连接路径返回，通过修改不同层间的各节点连接权值，使误差减小（即逆向传播），如此反复进行，直至误差满足设定要求。

图 9-2 是含一个隐含层的三层网络拓扑结构，它由输入层 X、隐含层 R 和输出层 Y 组成，对应的激活函数 $f(x)$ 取 Sigmoid 函数，即

$$f(x) = 1/(1 + e^{-x}) \tag{9-3}$$

对于输入样本 $\boldsymbol{X} = (x_1, x_2, \cdots, x_n)$，其相应的网络输出目标矢量（即实测值）$\boldsymbol{Y} = (y_1, y_2, \cdots, y_n)$，学习的目的是用网络的每一次实际输出 $\boldsymbol{Y}_s = (y_{s1}, y_{s2}, \cdots, y_{sn})$ 与目标矢量 $\boldsymbol{Y}$ 之间的误差，通过梯度下降法来修改网络权值与阈值，使网络输出层的误差平方和达到最小，从而使输出在理论上逐渐接近目标。

训练一个 BP 神经网络，可先计算网络加权输入矢量以及网络输出和误差矢量，然后求得误差平方和。当所训练矢量的误差平方和小于误差目标时，训练停止；否则，在输出层计

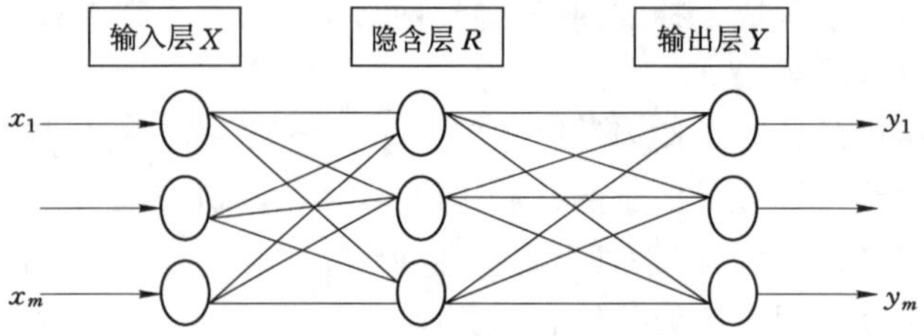

图 9-2　BP 神经网络拓扑结构图

算误差变化,采用逆向传播学习规则来调整权值,并不断重复此过程。当网络完成训练后,最终以泛化方式给出输出结果。

这样就可以得到隐含层 R 的各个神经元的输出：

$$r_j = f_1\left(\sum_{i=1}^{m} w_{ij} \cdot x_i + b_j\right), j = 1,2,\cdots,m \tag{9-4}$$

式中　w_{ij}——输入层第 i 个神经元与隐含层第 j 个神经元之间的权值；

x_i——输入层第 i 个神经元的值；

b_j——隐含层第 j 个神经元的阈值。

同理,输出层 Y 的第 k 个神经元的输出为：

$$y_k = f_2\left(\sum_{j=1}^{m} w_{jk} \cdot r_j + b_k\right), k = 1,2,\cdots,m \tag{9-5}$$

式中　w_{jk}——隐含层第 j 个神经元与输出层第 k 个神经元之间的权值；

r_j——隐含层第 j 个神经元的值；

b_k——输出层第 k 个神经元的阈值。

输出层的输出误差为：

$$E = \frac{1}{2}\sum_{i=1}^{n}(y_{si} - y_i)^2 \tag{9-6}$$

连接权与阈值的调整增量 $\Delta\omega$ 应与误差梯度成比例,即

$$\Delta\omega = -\eta \frac{\partial E}{\partial \omega} \tag{9-7}$$

式中　η——学习速率。

在输出层,从第 j 个输入到第 i 个输出的权值、阈值调整量为：

$$\Delta\omega_{ij} = -\eta \frac{\partial E}{\partial \omega_{ij}} = -\eta \frac{\partial E}{\partial y_{si}} \frac{\partial y_{si}}{\partial \omega_{ij}} = -\eta(y_{si} - y_i) f_2{}' R_j = \eta\delta_{ij} R_j \tag{9-8}$$

$$\Delta b_{ij} = -\eta \frac{\partial E}{\partial b_{ij}} = -\eta \frac{\partial E}{\partial y_{si}} \frac{\partial y_{si}}{\partial b_{ij}} = -\eta(y_{si} - y_i) f_2{}' = \eta\delta_{ij} \tag{9-9}$$

在隐含层,从第 k 个输入到第 j 个输出的权值、阈值调整量为：

$$\Delta\omega_{jk} = -\eta \frac{\partial E}{\partial \omega_{jk}} = -\eta \frac{\partial E}{\partial y_{si}} \frac{\partial y_{si}}{\partial R_i} \frac{\partial R_i}{\partial \omega_{jk}} = -\eta \sum_{i=1}^{n}(y_{si} - y_i) f_1{}' f_2{}' x_k = \eta\delta_{jk} x_k \tag{9-10}$$

$$\Delta b_{jk} = -\eta \frac{\partial E}{\partial b_{jk}} = -\eta \frac{\partial E}{\partial y_{si}} \frac{\partial y_{si}}{\partial R_i} \frac{\partial R_i}{\partial b_{jk}} = \eta\delta_{jk} \tag{9-11}$$

2. BP 神经网络的优缺点

由 BP 神经网络的工作原理可以看出,BP 神经网络具有良好的非线性品质,灵活而有

效的学习方式，完全分布式的存储结构，能进行大规模的并行信息处理，对非线性系统具有很强的模拟能力。然而，由于它的算法是一种梯度下降搜索方法，因而不可避免地存在固有的不足，主要表现在以下几个方面。

（1）收敛速度慢

对于一些复杂的问题，BP 算法可能需要经过很多次训练才能收敛，这样缓慢的收敛速度需要占用较长的计算时间和大量的系统资源。

（2）系统训练不稳定

由于学习速率决定每一次循环训练所产生的权值变化量，高的学习速率可能导致系统的不稳定。虽然较高的学习速率能比一般的学习速率产生更佳的误差减小率，在训练初始阶段显得非常有效，但是随着训练的不断深入，学习速率过高会使网络的每一次修正值加大，从而导致权值在修正过程中超出误差的最小值而永不收敛。

（3）容易陷入误差函数的局部极小值

BP 算法可使网络权值收敛到一个解，但它不能保证所求解即误差的全局最小解。这是因为 BP 算法采用的是梯度下降法，训练是从某一点沿误差函数的斜面逐渐达到误差的最小值的。对于复杂的网络，其误差函数可能是多维空间的曲面，因而在对其训练过程中就可能陷入某一谷区，这一谷区存在一个局部极小值，由这一点无论向各方向变化都会使误差增大，以致整个训练无法逃出这一局部极小值。

三、径向基函数(RBF)神经网络及其特点

径向基函数（简称 RBF）神经网络采用的则是局部激励函数，避免了大的外推误差对网络输出的可靠性的影响，在非线性问题建模和辨识方面具有收敛快和逼近能力强的优点。它仅在输入空间的局部范围是非零的，即只有当输入空间落入一个很小的局部范围时，基函数才产生一个有效的非零响应，而其输出则是隐含层输出的线性组合。

1. RBF 神经网络结构及其学习算法

RBF 神经网络也由三层组成。第一层是输入层，由输入节点组成，其数目等于输入向量 x 的维数 m_0（即问题的独立变量数）；第二层是隐含层，由直接与所有节点相连接的非线性单元组成，每个隐藏的单元对应一个数据 $x_i(i=1,2,\cdots,N)$，其中，N 表示训练样本的长度；第三层是输出层。输入节点只传递输入信号到隐含层，隐含层节点由高斯函数那样的辐射状作用函数构成，而输出层节点通常是简单的纯线性函数，输出等于其输入。

典型的高斯函数曲线如图 9-3 所示。可以看出，高斯函数对输入信号在局部产生响应，当输入信号靠近基函数的中央范围时，隐含层节点产生较大输出；当输入信号远离基函数中央时，隐含层节点输出减小。由此可见，高斯函数具有局部逼近能力。

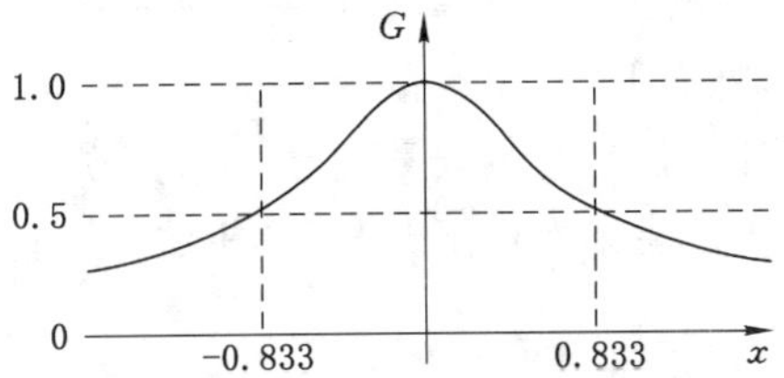

图 9-3　高斯径向基函数曲线

这里定义：

$$G(x,x_i)=\exp\left(-\frac{1}{2\sigma_i^2}\|x-x_i\|^2\right) \tag{9-12}$$

式中，x 表示输入样本，$x=(x_1,x_2,\cdots,x_n)$；x_i 表示该高斯函数的中心；σ_i 表示 x_i 的宽度（方差），与其相对应的自伴随算子 L 则由式(9-13)给出：

$$L=\sum_{n=0}^{\infty}(-1)^n a_n \nabla^{2n} \tag{9-13}$$

式中，$a_n=\sigma_i^{2n}/(n!2^n)$；$\nabla^{2n}$ 为维数 m_0 的拉普拉斯算子。由于每个隐藏单元的激活函数都由该高斯函数定义，由此第 i 个隐藏单元的输出就是 $G(x,x_i)$；最后的输出层仅为一个与其他所有的隐藏单元相连的线性单元，网络输出即隐藏单元输出的线性加权和，而输出层的权值则是未知的展开系数。即

$$F(x)=\sum_{i=1}^{N}w_i\left(-\frac{1}{2\sigma_i^2}\|x-x_i\|^2\right) \tag{9-14}$$

其中，线性权值 $w_i=\frac{1}{\lambda}[d_i-F(x_i)]$，$i=1,2,\cdots,N$。

通过调节该 RBF 神经网络中如学习速率、隐含层节点数、网络权值、隐含层中心矩阵初值等可调参数对整个网络进行训练和测试，计算出最佳的训练和测试精度，就能够以在线学习实现控制规则并根据受控系统的符号描述得到最优的决策方案。

2. RBF 神经网络的特点

RBF 神经网络的特点主要表现在以下两个方面。

(1) 强大的非线性处理能力

作为人工智能神经网络的一种，RBF 神经网络也表现出它在自适应性、自组织性、模糊推理能力、联想能力和自学习能力等方面的优势。若给定足够多的神经元，则 RBF 神经网络理论上可以对任意连续函数以任意精度逼近，因此它具有强大的处理复杂非线性系统问题的能力。

(2) 优于 BP 神经网络的误差处理能力

与 BP 神经网络的全局激励函数（每一个神经元在较大的输入范围对输出有影响，并且所有的激励函数相互重叠，进而产生交叉影响）不同，RBF 神经网络采用的是局部激励函数，避免了大的外推误差对网络输出的可靠性的影响，克服了 BP 神经网络基于误差梯度下降造成的局部极小值问题，故收敛性能大大优于 BP 神经网络；同时，避免了 BP 神经网络反复正向、逆向传播那样烦琐冗长的计算，其学习速度也大大优于 BP 神经网络。

四、人工神经网络在矿业工程中的应用

（一）实例一——人工神经网络在煤矿巷道围岩移近量预测中的应用

巷道围岩移近量是反映巷道围岩稳定性的客观标准，是巷道支护方式选择和支护参数计算的主要依据。用各种方法预测巷道围岩移近量一直是矿山科技人员十分重视的课题。传统的巷道围岩移近量预测方法主要有以下几种：解析法、数值分析法、回归分析法、概率分析法、模糊分析法等。

下面介绍一种求巷道围岩移近量的方法——人工神经网络预测法。人工神经网络在岩土工程中得到了不少应用，用人工神经网络来预测巷道围岩移近量是一种新的尝试。巷道围岩是地下工程的一类特殊岩体，其稳定性直接影响生产和安全，因此，对巷道围岩移近量

进行预测具有实际意义。

1. 巷道围岩移近量的影响因素分析

为了成功地预测巷道围岩移近量，应正确地分析与选择巷道围岩移近量的影响因素。研究结果表明，影响巷道围岩移近量的因素主要有围岩强度、巷道埋深、岩体完整性、采动影响、护巷煤柱宽度。

(1) 围岩强度对巷道围岩移近量的影响分析

围岩强度是影响巷道围岩移近量的最重要因素。如果把巷道围岩当作弹塑性体，则运用极限平衡理论，得出在各向等压的条件下圆形巷道围岩移近量 u 的计算式：

$$u = \frac{r_0 \sin\varphi}{2G} \cdot \frac{(p + C \cdot \cot\varphi)^{\frac{1}{\sin\varphi}}(1 - \sin\varphi)^{\frac{1-\sin\varphi}{\sin\varphi}}}{(p_i + C \cdot \cot\varphi)^{\frac{1-\sin\varphi}{\sin\varphi}}} \tag{9-15}$$

式中　p——原岩应力；

p_i——支护力；

r_0——圆形巷道半径；

φ——围岩的内摩擦角；

G——剪切模量；

C——围岩的黏聚力。

可见，围岩强度与巷道围岩移近量之间具有复杂的函数关系。通过对现场实测资料回归分析，可以把复杂的函数关系简化为幂函数的形式：

$$u = A/\sqrt{\sigma} + B \tag{9-16}$$

式中，A，B 为系数，取决于埋深、采动影响等条件。

(2) 埋深对巷道围岩移近量的影响分析

巷道埋深属于原岩应力影响范畴，理论分析表明，当巷道围岩处于弹性状态时，围岩变形量不大，围岩变形量与原岩应力即巷道埋深呈线性关系。当围岩应力超过极限状态时，围岩产生塑性变形，围岩变形量与原岩应力的关系可用式(9-15)表示。因此，在围岩破坏后，围岩变形量与原岩应力呈幂指数关系。当围岩强度较低、内摩擦角较小时，围岩变形非常显著。实际上，围岩的变形与破坏过程很复杂，理论分析只能定性地说明。

(3) 岩体完整性对巷道围岩移近量的影响分析

岩体由结构面和结构体组成，结构面主要指节理、裂隙、层理、断层等不连续面。不连续面是岩体结构分析的基础，不连续面的属性对确定巷道围岩的稳定程度有重要作用。不连续面的基本属性包括结构类型、空间位置、方位、密集度、表面硬度与粗糙度、贯通程度、充填物的类型和厚度。一般来说，岩体越完整，巷道围岩移近量就越小。

(4) 采动对巷道围岩移近量的影响分析

回采巷道大多都要经受采掘工作的影响，在采煤工作面采动影响带内，巷道围岩急剧变形，移近量显著增大。据统计，在随采随废巷道的服务期间，顶底板相对移近量的 70%～90%是在工作面前方采动影响带内形成的。

研究结果表明，直接顶厚度与煤层厚度的比值可用来衡量采动影响。

(5) 护巷煤柱宽度对巷道围岩移近量的影响分析

护巷煤柱宽度，是指回采巷道一侧的实际煤柱宽度。它反映了相邻区段采动后残余支承压力对巷道围岩移近量的影响程度。实测结果表明，在其他条件相同的情况下，一侧为采空区的回采巷道围岩移近量是两侧为实体煤的回采巷道围岩移近量的 5 倍。

2. 人工神经网络模型

下面采用 BP 神经网络模型来预测巷道围岩移近量参数。

BP 神经网络采用误差反馈学习算法，其学习过程由网络正算和误差反馈两部分组成。

假设 BP 神经网络每层有 N 个处理单元，训练集包括 M 个样本模式对 (X_k, Y_k)。将第 p 个训练样本单元 j 的输入总和记为 net_{pj}，输出记为 O_{pj}，则：

$$\mathrm{net}_{pj} = \sum_{i=0}^{N} w_{ji} O_{pi} \tag{9-17}$$

$$O_{pj} = f(\mathrm{net}_{pj}) \tag{9-18}$$

式中，w_{ji} 为神经元 i, j 之间的权值；f 为作用函数，采用 sigmoid 函数，即

$$f(x) = \frac{1}{1 + \mathrm{e}^{-x}} \tag{9-19}$$

如果任意设置网络初始权值，那么对每个输入模式 p 网络输出与期望输出一般总有误差，定义网络误差：

$$E = \sum_{p} E_p \tag{9-20}$$

$$E_p = \frac{1}{2} \sum_{j} (d_{pj} - O_{pj})^2 \tag{9-21}$$

式中，d_{pj} 表示第 p 个输入模式输出单元 j 的期望输出。学习规则的实质是利用梯度最速下降法，使权值沿误差函数的负梯度方向改变。BP 算法权值修正公式可以表示为：

$$w_{ij}(t+1) = w_{ji}(t) + \eta \delta_{pj} O_{pj} \tag{9-22}$$

$$\delta_{pj} = \begin{cases} f'(\mathrm{net}_{pj})(d_{pj} - O_{pj}) & \text{对于输出单元} \\ f'(\mathrm{net}_{pj}) \sum_{k} \delta_{pk} w_{kj} & \text{对于隐单元} \end{cases} \tag{9-23}$$

式中，t 为学习次数；η 为学习因子。η 取值越大，每次权值的改变越剧烈，可能导致学习过程发生振荡。因此，为了使学习因子的取值足够大，又不致产生振荡，通常在权值修正公式中加入一个势态项，得：

$$w_{ij}(t+1) = w_{ji}(t) + \eta \delta_{pj} O_{pj} + a[w_{ji}(t) - w_{ji}(t-1)] \tag{9-24}$$

式中，a 为一常数，称为势态因子，它决定上一次学习的权值变化对本次权值更新的影响程度。

3. 人工神经网络模型的训练与应用

假定要预测工作面前方 30 m 范围内回采巷道顶底板移近量及两帮移近量，选择顶底板移近率 K_{v}（即顶底板移近量与巷道高度的比值）和两帮移近率 K_{h}（即两帮移近量与巷道宽度的比值）为输出节点，选取以下指标为输入节点：顶板强度 $\sigma_{顶}$、底板强度 $\sigma_{底}$、两帮煤体强度 $\sigma_{煤}$、巷道埋深 H、以直接顶初次垮落步距 D 表征的岩体完整性指标、以直接顶厚度与采高的比值 N 表征的采动影响指标、护巷煤柱宽度 X，隐含层节点取 5 个。

利用某矿区的 24 条巷道的实测数据，选取 20 个样本对网络进行学习训练，将剩下的 4 个样本作为考核本系统的检验样本。首先将各指标进行极差标准化，使其成为[0,1]区间内的实数，利用学习样本表 9-1 对网络进行训练，直到误差小于 0.01 为止，学习完成后即建立了预测模型；然后对剩余的 4 个样本进行预测，结果如表 9-2 所示。由巷道围岩移近率及巷道尺寸即可求出巷道围岩移近量。通过实测值与预测值的对比可以看出，运用该网络模型

进行预测具有很高的精度。

表 9-1 网络训练样本

序号	顶板强度 $\sigma_{顶}$/MPa	煤体强度 $\sigma_{煤}$/MPa	底板强度 $\sigma_{底}$/MPa	采动影响指标 N	巷道埋深 H/m	护巷煤柱宽度 X/m	岩体完整性指标 D/m	顶底板移近率	两帮移近率
1	75	30	56	0.17	233	11	45	0.145 7	0.096 6
2	75	30	29	0.9	271	13	12	0.067 1	0.045 0
3	118	20	55	0.0	308	0	32	0.114	0.023 4
4	71	19	35	2.4	480	18	9	0.014 0	0.005 6
5	56	9	56	3.85	261	25	6	0.056 4	0.043 1
6	50	9	50	4	221	20	4	0.652	0.046 8
7	44	9	47	0.28	163	3	4	0.375 5	0.362 9
8	23	9	47	4	210	0	4	0.205 5	0.169 2
9	50	9	50	2.41	360	22	26	0.161 7	0.064 6
10	50	10	46	0.33	120	10	7	0.050 0	0.090 8
11	20	12	20	4	128	15	4	0.565 6	0.380 1
12	23	15	15	4	260	4	0	0.204 9	0.153 2
13	23	15	15	4	395	0	0	0.120 3	0.117 3
14	29	12	12	4	464	4	9	0.135 8	0.097 4
15	15	12	28	2.61	453	2.5	2	0.168 6	0.108 3
16	15	12	28	4	447	2.5	2	0.096 3	0.155 7
17	23	15	15	4	463	2	0	0.239 7	0.098 1
18	15	12	28	0.7	480	2	6	0.189 2	0.102 0
19	30	10	10	1.68	519	0	1.5	0.181 5	0.137 8
20	23	10	10	4	467	0	0	0.072 0	0.050 3

表 9-2 网络预测结果

序号	顶板强度 $\sigma_{顶}$/MPa	煤体强度 $\sigma_{煤}$/MPa	底板强度 $\sigma_{底}$/MPa	采动影响指标 N	巷道埋深 H/m	护巷煤柱宽度 X/m	岩体完整性指标 D/m	顶底板移近率		两帮移近率	
								实测值	预测值	实测值	预测值
1	30	19	10	2.32	530	14	4.5	0.310 2	0.310 4	0.103 0	0.010 2
2	23	10	10	4	420	0	0	0.096 4	0.086 5	0.049 2	0.065 2
3	60	25	41	4	207	8	9	0.108 6	0.113 7	0.100 6	0.093 9
4	50	9	50	2.68	364	15	25	0.102 2	0.107 3	0.071 2	0.058 7

人工神经网络是一门新兴的交叉学科，用它来预测巷道围岩移近量，在理论和应用上都是可行的。与其他预测巷道围岩移近量的方法相比，它具有准确、简单等特点。不过，用人工神经网络预测巷道围岩移近量，先要获得一定数量的样本对网络进行训练方可进行。

（二）实例二——基于人工神经网络的综放回采巷道锚杆支护设计

锚杆支护形式和参数的设计是锚杆支护设计的关键因素，关系到巷道锚杆支护工程的质量优劣、是否安全可靠以及经济是否合理等重要问题，因而广泛被国内外学者所重视。锚杆支护设计的过程就是在各种因素的约束条件下使锚杆支护参数得到尽可能的优化。

1. 人工神经网络结构的建立

利用人工神经网络实现知识的自动获取包括 3 个阶段：提出所需人工神经网络的结构，包括网络层数及输入、输出和隐节点个数；组织待训练的学习样本；应用某种学习算法，通过对样本的学习，得到所需参数及权值分布，从而完成知识获取工作。

本系统中人工神经网络模型为多层前馈神经网络，利用 BP 误差反向传播算法，将许多实例数据训练成相应的网络决策知识。在知识库中，每个经训练后形成的神经网络就是一个数据文件，它是作为一个对象加以描述的，其对象名即该文件名。每个网络形成后就可以在专家系统中加以调用。由于系统中涉及的参数较多，若用一个 BP 神经网络结构来进行描述，则神经元与连接权的数目会很多，这样会导致学习算法效率低下。为此系统中共构建 5 个子网络系统，分别为巷道断面形状设计网络（网络 1）；支护形式确定网络（网络 2）；顶板锚网参数确定网络（网络 3）：锚杆长度、直径、间距、排距、材质、锚固方式、锚固长度、药卷、锚梁、锚网选择；上帮锚网参数确定网络（网络 4）：锚杆长度、直径、间距、排距、材质、锚固方式、锚固长度、药卷、锚梁、锚网选择；下帮锚网参数确定网络（网络 5）：锚杆长度、直径、间距、排距、材质、锚固方式、锚固长度、药卷、锚梁、锚网选择。

本系统中，所有网络均采用 3 层（输入层、输出层以及隐含层）前馈神经网络。

（1）网络输入层节点数的确定依据

输入层节点数是由巷道的支护选型依据而确定的。支护选型依据是巷道所处的生产及地质条件，是影响巷道支护形式与参数选择的主要因素，是作为本系统输入条件的内容和知识表达中的“前提条件”。而影响巷道支护形式与参数选择的因素很多，在系统中要全面地考虑所有的影响因素，目前还是不可能的。因此，在系统中只能考虑对选择支护形式与参数起重要作用的因素。确定这些因素主要从以下几个方面考虑：能反映综放巷道围岩稳定性的特点，对支护形式和参数的选择起决定作用；各因素之间相互独立，以便简化问题的分析；确定的指标应便于现场采集，物理意义明确，并容易得到可靠的数据。

根据现场实践和经验，同时结合综放回采巷道围岩活动规律的具体特点，在确定影响巷道支护形式和参数选择的因素时，本系统主要考虑以下因素——巷道埋深（H）：巷道所在的位置距地表的垂距，单位为 m；巷道高度（G）：单位为 mm；巷道跨度（K）：单位为 mm；煤层厚度（M）：回采巷道所在煤层的赋存厚度，单位为 m；煤层倾角（α）：单位为（°）；采放比（B）：采高与放煤高度的比值；直接顶厚度（L）：单位为 m；地下水的影响（W）：用其影响程度系数来表示，分为小、中、大三个等级；顶板强度（σ_1）：取两倍巷道宽度范围内的各岩层单轴抗压强度的加权平均值，单位为 MPa；底板强度（σ_2）：取相当于巷道宽度范围内的各岩层单轴抗压强度的加权平均值，单位为 MPa；煤体强度（σ_3）：取煤层的单向抗压强度，单位为 MPa；护巷煤柱宽度（X）：指回采巷道一侧的实际煤柱宽度，当巷道两侧均为实体煤时取 $X=100$ m，当无煤柱护巷时取 $X=0$，单位为 m；煤体 f 值（f）：煤的坚固性系数；节理裂隙发育情况（J）：用其影响程度系数来确定，分为不发育、局部发育、较发育、很发育四种情况；采动影响（C）：用其影响程度系数来表示，分为轻微、中等、严重三种情况。

（2）网络输出层节点数的确定依据

输出层节点数反映巷道支护方案选择情况的结果。

对于网络1，针对综放回采巷道的特点以及实践经验，系统认定的巷道断面形状有以下4种：矩形、斜顶矩形、梯形、斜梯形。

对于网络2，根据现场实际应用情况，系统认定的支护形式有以下8种：单一锚杆支护、锚网支护、锚梁支护、锚网梁支护、锚网梁锚索支护、锚网梁＋注浆加固、锚棚支护、桁架组合支护。这里说明一下，如果推理得到的支护形式为锚网梁＋注浆加固或锚棚支护，则系统只进行锚网梁选型及参数选择，对架棚和注浆加固参数不进行参数设计。

对于网络3、网络4、网络5，根据现场应用情况，系统认定的锚杆类型有以下6种：螺纹钢锥杆、A_3圆钢锥杆、A_3钢管缝锚杆、可延伸锚杆、竹锚杆、木锚杆；系统认定的锚固方式有以下4种：不锚、端锚、加长锚、全锚；系统认定的药卷的选择有以下3种：不用药卷、树脂药卷以及快硬水泥药卷；系统认定的网的选择有以下4种：不用网、金属网、塑料网、竹笆；系统认定的锚梁的选择有以下4种：不用钢带、木板梁、W钢带、焊接钢筋梁。

（3）网络隐含层节点数的确定依据

隐含层单元数的选择是一个十分复杂的问题，迄今为止还没有一个很好的解析式来表示，可以说隐单元数与问题的要求、输入输出单元的多少都有直接关系。

我们知道BP神经网络的隐单元的输入和输出之间呈单调上升的非线性函数关系，它的输出是一个软函数。如果网络的隐单元数太少，则可能训练不出来，或网络不“健壮”，不能识别没有训练过的样本，容错性差；如果隐单元数太多，则会使学习时间过长，误差也不一定最小。因此，存在一个最佳的隐单元数。参考文献列出了下面几个公式：

$$k < \sum_{i=0}^{n} C\binom{i}{m} \tag{9-25}$$

式中，k为样本数；m为隐单元数；n为输入单元数。如$i > m$，则$C\binom{i}{m} = 0$。

$$m = \sqrt{n+r} + a \tag{9-26}$$

式中，r为输出神经元数；n为输入神经元数；a为1～10之间的常数。

$$m = \log_2 n \tag{9-27}$$

式中，n为输入神经元数。

还有一种考虑是使隐单元的数目可变，或初始放入足够多的隐单元，然后把学习后那些不起作用的隐单元逐步去掉，一直减小到不可收缩为止。也可在初始放入比较少的隐单元，学习一定的次数后，不成功再增加隐单元数，一直达到比较合理的隐单元数为止。

所以根据以上情况，综合确定网络结构如下。

网络1，输入层节点数为前述的影响因素个数（15个），输出层节点数为4个，隐含层节点数为10个，其结构为：15-10-4。

网络2，输入层节点数在网络1的基础上再加上4个（将巷道断面形状作为一输入节点），输出层节点数为8个，隐含层节点数为13个，其结构为：19-13-8。

网络3、网络4、网络5，输入层节点数在网络2的基础上再加上8个（将支护形式作为一输入节点），输出层节点数为26个，隐含层节点数为18个，其结构为：27-18-26。

2. 人工神经网络知识库的建立

组织实例数据进行训练，从而得到网络知识库。系统对每个网络进行训练以后，抽取部分样本对学习的结果进行检验。需要说明的是，由于网络数目较多，为了缩减篇幅，只列出网络 1 的输入层的原始数据，其他网络因为是在网络 1 的基础上增加上一级网络的输出值作为输入层的数据，所以只列出其输出层的数据。各网络的学习样本和检验样本以及检验结果分别见表 9-3 至表 9-7。

表 9-3 网络 1、网络 2 学习样本输出层原始数据

序号	断面形状				支护形式							
	矩形	斜顶矩形	梯形	斜梯形	单一锚杆支护	锚网支护	锚梁支护	锚网梁支护	锚网梁锚索支护	锚网梁＋注浆加固	锚棚支护	桁架组合支护
1	1	0	0	0	0	0	0	0	1	0	0	0
2	0	0	1	0	0	0	0	1	0	0	0	0
3	1	0	0	0	0	0	0	1	0	0	0	0
4	1	0	0	0	0	0	0	1	0	0	0	0
5	0	1	0	0	0	0	0	1	0	0	0	0
6	1	0	0	0	0	0	0	1	0	0	0	0
7	1	0	0	0	0	0	0	0	1	0	0	0
8	1	0	0	0	0	0	0	1	0	0	0	0
9	1	0	0	0	0	0	0	1	0	0	0	0
10	0	0	1	0	0	0	0	0	0	0	1	0
11	0	1	0	0	1	0	0	0	0	0	0	0
12	1	0	0	0	0	0	0	1	0	0	0	0
13	0	1	0	0	0	1	0	0	0	0	0	0
14	0	1	0	0	0	0	0	1	0	0	0	0
15	0	0	0	1	0	0	0	1	0	0	0	0
16	1	0	0	0	0	1	0	0	0	0	0	0
17	1	0	0	0	0	1	0	0	0	0	0	0
18	1	0	0	0	0	0	0	1	0	0	0	0

表 9-4 网络 1、网络 2 检验样本检验结果

序号		断面形状				支护形式							
		矩形	斜顶矩形	梯形	斜梯形	单一锚杆支护	锚网支护	锚梁支护	锚网梁支护	锚网梁锚索支护	锚网梁＋注浆加固	锚棚支护	桁架组合支护
实际值	1	1	0	0	0	0	1	0	0	0	0	0	0
	2	1	0	0	0	0	0	0	1	0	0	0	0
	3	1	0	0	0	0	0	0	0	1	0	0	0
	4	1	0	0	0	0	0	0	1	0	0	0	0
检验值	1	0.93	0.02	0.09	0.08	0.05	0.94	0.14	0.09	0	0	0.02	0.07
	2	0.97	0.07	0.04	0.01	0.06	0.01	0.07	0.86	0.06	0.01	0	0
	3	0.85	0.04	0.02	0.06	0	0.05	0.09	0.12	0.97	0.02	0	0
	4	0.98	0.01	0.06	0.03	0	0.14	0.08	0.86	0.03	0	0	0

表 9-5　网络 3 检验样本检验结果

序号		锚杆直径/mm	锚杆长度/m	锚杆间距/m	锚杆排距/m	锚固长度/m	锚杆类型	锚固方式	锚梁选择	锚网选择	药卷选择
实际值	1	18	1.6	0.7	0.7	0.3	螺纹钢锚杆	端锚	不用钢带	金属网	树脂药卷
	2	16	1.8	0.7	0.7	0.3	A_3圆钢锚杆	端锚	W 钢带	金属网	树脂药卷
	3	20	2.4	0.7	0.9	1.0	螺纹钢锚杆	加长锚	不用钢带	不用网	树脂药卷
	4	20	1.8	0.7	0.7	0.4	螺纹钢锚杆	端锚	不用钢带	金属网	树脂药卷
检验值	1	18.23	1.60	0.70	0.70	0.32	螺纹钢锚杆	端锚	不用钢带	金属网	树脂药卷
	2	16.45	1.80	0.71	0.70	0.28	A_3圆钢锚杆	端锚	W 钢带	金属网	树脂药卷
	3	19.23	2.40	0.76	0.85	0.96	螺纹钢锚杆	加长锚	不用钢带	不用网	树脂药卷
	4	20.24	1.80	0.74	0.70	0.41	螺纹钢锚杆	端锚	不用钢带	金属网	树脂药卷

表 9-6　网络 4 检验样本检验结果

序号		锚杆直径/mm	锚杆长度/m	锚杆间距/m	锚杆排距/m	锚固长度/m	锚杆类型	锚固方式	锚梁选择	锚网选择	药卷选择
实际值	1	31	1.6	0.7	0.7	0	A_3钢管缝锚杆	不锚	不用钢带	金属网	不用药卷
	2	40	1.5	0.7	0.7	0	木锚杆	不锚	不用钢带	金属网	不用药卷
	3	20	2.0	1.0	0.9	1.0	螺纹钢锚杆	加长锚	不用钢带	金属网	树脂药卷
	4	20	1.8	0.8	0.7	0.3	螺纹钢锚杆	端锚	不用钢带	金属网	树脂药卷
检验值	1	30.78	1.61	0.71	0.70	0.01	A_3钢管缝锚杆	不锚	不用钢带	金属网	不用药卷
	2	39.78	1.51	0.68	0.71	0.00	木锚杆	不锚	不用钢带	金属网	不用药卷
	3	20.42	2.11	1.01	0.87	1.02	螺纹钢锚杆	加长锚	不用钢带	金属网	树脂药卷
	4	19.78	1.81	0.81	0.72	0.32	螺纹钢锚杆	端锚	不用钢带	金属网	树脂药卷

表 9-7　网络 5 检验样本检验结果

序号		锚杆直径/mm	锚杆长度/m	锚杆间距/m	锚杆排距/m	锚固长度/m	锚杆类型	锚固方式	锚梁选择	锚网选择	药卷选择
实际值	1	31	1.6	0.7	0.7	0	A_3钢管缝锚杆	不锚	不用钢带	金属网	不用药卷
	2	40	1.5	0.7	0.7	0	木锚杆	不锚	不用钢带	金属网	不用药卷
	3	18	2.0	1.0	0.8	1.0	A_3圆钢锚杆	加长锚	焊接钢筋梁	金属网	树脂药卷
	4	20	1.8	0.6	0.7	0.3	螺纹钢锚杆	端锚	焊接钢筋梁	金属网	树脂药卷
检验值	1	30.23	1.60	0.72	0.71	0.00	A_3钢管缝锚杆	不锚	不用钢带	金属网	不用药卷
	2	40.23	1.50	0.72	0.71	0.01	木锚杆	不锚	不用钢带	金属网	不用药卷
	3	18.23	2.12	1.21	0.81	1.04	A_3圆钢锚杆	加长锚	焊接钢筋梁	金属网	树脂药卷
	4	20.23	1.80	0.62	0.71	0.31	螺纹钢锚杆	端锚	焊接钢筋梁	金属网	树脂药卷

输入数据应是经导入规则转换后的数值，输出数据应是导出规则转换前的数值。学习中每隔 t 次存入结果，每隔 c 次显示误差。学习过程中键入 E 则停止学习，并存储结果，准

备下次继续学习。系统将结果存入 f:指定的文件。5 个网络训练以后所得到的结果分别存放于指定的文件 ann1、ann2、ann3、ann4、ann5 中，以供专家系统调用。

从网络推理结果可知，网络推理的锚杆支护参数与已知检验样本支护参数基本吻合，支护参数的误差最大值为 21%，误差最小值为零。

3. 系统的工程应用

以某煤矿为例，利用该人工神经网络系统进行支护选型以及支护参数选取。

(1) 巷道生产及地质条件

该矿 7003 综放工作面下巷断面形状为矩形，净高 2.7 m，净宽 4.6 m，位于－650 m 水平以下，沿 7005 工作面采空区边缘留 3～5 m 小煤柱跟底板掘进，属全煤巷道。所采煤层 7# 煤层平均厚度为 5.52 m，倾角为 10°，硬度中等，顶底板均为泥岩、砂质泥岩，地质构造和水文地质条件简单，属于低瓦斯煤层，自然发火期为 3～6 个月，具有强烈爆炸危险。顶底板岩性柱状图如图 9-4 所示。

地层系统	综合柱状	煤岩层厚度/m	煤岩层名称	岩性描述
山西组		1.2～9.2 5.2	砂质泥岩	灰黑色，砂质分布均匀，具不平坦断面，层面见植物炭化体，底部含少量植物化石
		2.0～6.6 4.3	细砂岩	灰色，成分以石英长石为主，钙泥质胶结，见泥质条带组成的水平层理
		1.4～3.5 2.3	砂质泥岩	灰黑色，含砂量自上而下逐渐减少，近底部见植物化石和黄铁矿斑块，具不平坦断面
		0～0.6 0.2	泥岩	灰黑色，松软，见植物化石
		5.2～5.83 5.52	7# 煤层	黑色，柱状、块状、粉末状，见亮煤、暗煤、镜煤，见黄铁矿斑块，块内全裂隙发育阶梯状断口，呈油脂光泽
		0～0.95 0.32	泥岩	灰黑色，疏松，见大量植物根化石
		3.3～5.4 4.6	砂质泥岩	灰黑色，含砂量自上而下逐渐增多，层面见根部植物化石且含碳质，见泥质条带组成的微波状层理，具不平坦断口

图 9-4　顶底板岩性柱状图

(2) 系统推理结果

将所构建的基于人工神经网络的综放回采巷道锚杆支护设计专家系统应用于生产实践，对 7003 综放工作面下巷进行支护断面形状、锚杆支护形式、锚杆支护参数设计。在应用时，只需要按照系统的提示输入相应的条件，就可完成推理过程。系统推理结果如表 9-8 所示。

根据表 9-8，最终确定 7003 综放工作面下巷的支护方案为：断面形状为矩形，支护形式为锚网梁锚索支护，全断面铺设金属网，网格尺寸为 50 mm×50 mm。其中：

锚索采用 7 股 ϕ5 mm 高强度钢绞线，倾斜角度为 70°，每 3 排锚杆锚一排锚索，每排 3 根，每根长 7 m，采用树脂药卷锚固，锚固长度为 1.4 m，药卷选择 2 卷 K2335 和 1 卷 Z2388。

顶板锚杆采用 ϕ20 mm×2 400 mm 金属螺纹钢锚杆，采用树脂药卷加长锚固，锚固长度为 0.9 m，药卷选择 1 卷 K2335 和 2 卷 Z2335，配 W 钢带，钢带型号为 BHW-220-2.5，锚杆间、排距为 700 mm×700 mm。

表 9-8 智能决策系统对某矿 7003 综放工作面下卷推理结果

断面形状	支护形式	锚杆类型			锚固方式			锚梁选择			锚网选择			药卷选择		
		顶板	上帮	下帮	顶板	上帮	下帮	顶板	上帮	下帮	顶板	上帮	下帮	顶板	上帮	下帮
矩形	锚网梁锚索支护	螺纹钢锚杆	螺纹钢锚杆	螺纹钢锚杆	加长锚	端锚	加长锚	W钢带	焊接钢筋梁	W钢带	金属网	金属网	金属网	树脂药卷	树脂药卷	树脂药卷

锚固长度/m			锚杆直径/mm			锚杆长度/m			锚杆间距/m			锚杆排距/m			锚索参数				
顶板	上帮	下帮	顶板	上帮	下帮	顶板	上帮	下帮	顶板	上帮	下帮	顶板	上帮	下帮	长度/m	倾斜角度/(°)	锚固长度/m	间距/m	排距/m
0.9	0.3	0.7	20	16	16	2.4	2.0	2.0	0.7	0.7	0.7	0.7	0.7	0.7	7	70	1.4	≤1.8	≤2.3

两帮锚杆均采用 ϕ16 mm×2 000 mm 金属螺纹钢锚杆，实体侧采用树脂药卷端头锚固，锚固长度为 0.3 m，配焊接钢筋梁，药卷选择 1 卷 K2335；沿空侧采用树脂药卷加长锚固，锚固长度为 0.7 m，药卷选择 1 卷 K2335 和 1 卷 Z2335，配 W 钢带，钢带型号为 BHW-220-2.5，锚杆间、排距为 700 mm×700 mm。

第二节 遗传算法

一、遗传算法概述

1. 遗传算法的主要特点

遗传算法是人工智能领域的新技术，是最近发展起来的十分热门的交叉学科，其独特的信息处理特点，在解决采矿工程中大规模、高度非线性的不连续多峰函数的优化以及解析表达式的目标函数的优化问题时，具有简单、通用、鲁棒性的特点。遗传算法和遗传规则实质上是一种搜索寻优技术。它从某一初始群体出发，遵从“优胜劣汰”的原则，通过复制、杂交、变换等算子，不断迭代运行而逼近最优解。这种搜索技术有如下特点：

① 智能式搜索。遗传算法并不是盲目地乱搜索，也不是穷举式地全面搜索，它是有指导性的搜索。搜索的驱动力是适应度，按适应度这一目标逐步逼近最优解。

② 渐近式搜索。遗传算法利用复制、交换、突变等算子使新一代群体优于旧一代，通过反复迭代，逐步得出最优的结果。

③ 全局最优解。在遗传进化过程中该方法利用交换、突变等操作，可以产生新的个体，扩大搜索范围，使搜索结果是全局最优解而不是局部最优解。

④ 黑箱结构。遗传算法根据所研究对象的特征确定表达方式和适应度，其余的复制、交换、突变操作按常规方式执行。个体的表达如同输入与输出关系的黑箱问题，并不深究造成这种数量关系的原因，因而便于处理各种因果关系复杂的问题。

⑤ 通用性强。传统的优化方法需要有明确的数学表达式，而且常常要求该函数连续及可导。遗传算法可应用于离散问题及函数关系不明确的复杂问题，它只包含一些简单的框架式要求。

⑥ 并行式算法。遗传算法每次迭代计算针对一组个体而不是单个个体，而且理论上证明它可以同时处理许多潜在的模式结构。尽管该方法是一种搜索算法，但是由于采用并行

计算,搜索速度很高。

总之,遗传算法是一门正在兴起的新学科,这种优化方法在矿山的应用还不成熟,处于正在探索和研究的阶段。在应用遗传算法解决矿山实际问题时,充分利用领域知识,形成启发式的模拟进化算法,对有效解决问题很有帮助。作为一种模拟自然的算法,随着研究的深入,遗传算法将会获得更广泛的应用。

2. 遗传算法与其他搜索方法的比较

传统的优化方法大致可分为三类:基于微分法,即解析法;枚举法;随机搜索法。如图 9-5 所示。

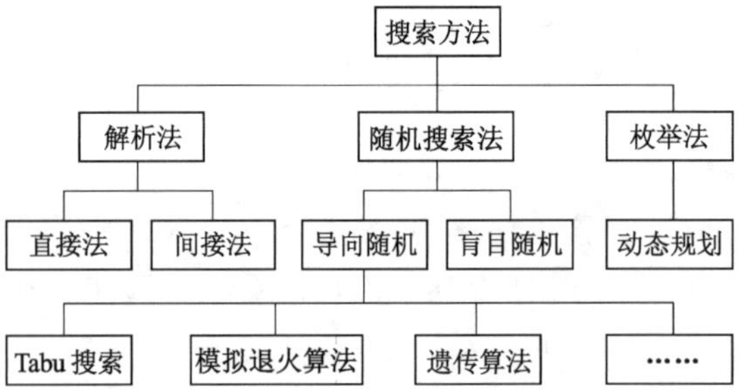

图 9-5　搜索方法分类图

基于微分法有着深厚的理论基础,并得到不断的改善,但是这类方法有其局限性。首先,这类方法所寻找的极值点一般是当前范围的最优点,为了避免这种情况,当搜索到一个峰顶后,需要随机选择若干方向,重新开始搜索,以获得最好的结果;其次,基于微分法要求优化对象存在梯度。枚举法符合人类的寻优思路,但这种方法效率低。用此方法解决许多实际问题的可行解范围很大,无法逐一比较所有可行解的目标值。目前,随机搜索法有了较大的发展,但在算法实践方面并不比枚举法好,从算法的效率角度考虑,随机搜索法不符合鲁棒性要求。

遗传算法是一种抽象生物进化过程的基于自然选择和生物遗传机制的优化算法,它通过随机融合群体中合理的生存因素来形成一种具有创新意义的个体,经过群体的迭代,使个体的适应值不断提高,最终群体中适应值最高的个体即优化问题的最优解或次优解。

遗传算法有许多与传统方法不同的特征,表现在以下几个方面:

① 遗传算法处理问题的对象是问题参数的编码集,而不是参数本身。

② 遗传算法的搜索是从问题解的串集开始的,而不是从单个解开始的。

③ 遗传算法只使用目标函数(适应值)搜索,而不需要导数等其他辅助信息。

④ 遗传算法使用的三种遗传算子是一种随机操作,而不是确定性规则。

⑤ 遗传算法隐含并行性。

⑥ 鲁棒性。用遗传算法求解不同问题时,只需要设计相应的适应性评价函数,而无须修改算法的其他部分。同时,因为遗传算法计算具有自然系统的自适应特性,算法在效率和效益之间的权衡使得它能适用不同的环境并取得较好的效果。

⑦ 整体优化。传统的优化方法,一般采用的是梯度下降的爬山策略,从而使得对多峰函数的情形往往容易陷入局部最优。而遗传算法能同时在解空间的多个区域进行搜索,并且能以较大的概率跳出局部最优,以找出整体最优。

⑧ 遗传算法易于介入已有模型中，并具有可扩展性，易于同别的技术结合使用。

3. 遗传算法的基本原理

遗传算法是具有“生成＋检测”的迭代过程的搜索算法。它的基本处理流程如图 9-6 所示。

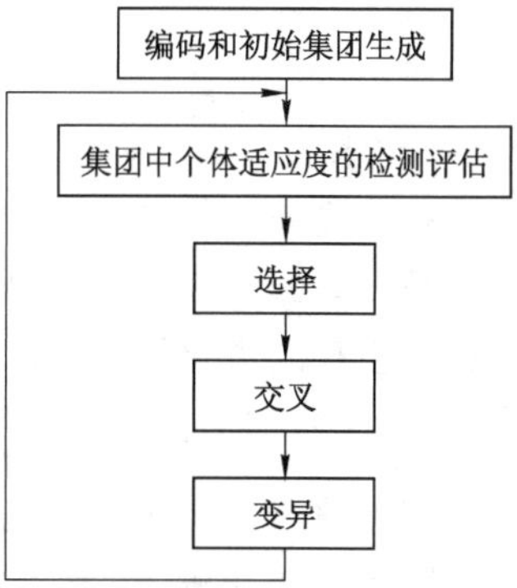

图 9-6　遗传算法基本处理流程

由图 9-6 可见，遗传算法是一种群体型操作，该操作以群体中的所有个体为对象。选择、交叉和变异是遗传算法的 3 个主要操作算子，它们构成了遗传操作，使遗传算法具有其他传统方法所没有的特性。遗传算法中包含如下 5 个基本要素：① 参数编码；② 初始群体的设定；③ 适应度函数的设计；④ 遗传操作设计；⑤ 控制参数（主要是指群体大小和使用遗传操作的概率等）设定。这 5 个要素构成遗传算法的核心内容。这里，仅以一个简单的函数权值求解问题为例，来概述遗传算法的基本概念及处理过程。

例如，用遗传算法求函数 $f(x)=x^2$ 的最大值，$x\in[0,31]$。表 9-9 给出了用遗传算法求解此问题的计算过程和结果。

表 9-9　采用遗传算法求 $f(x)=x^2$ 极值的计算流程

串编号	初始群体（随机产生）($n=4$)	X 值（无符号整数）	适应度 $f(x)=x^2$	选择概率 $P_s=f_i/\sum f$	适应度期望值 $f_i/\bar{f}$	实际计数（来自赌轮）	复制后交配率（竖线表示交叉处）	配对随机选择	交叉位置（随机选择）	新一代群体	X 值	适应度 $f(x)=x^2$
1	01101	13	169	0.14	0.58	1	0110 | 1	2	4	01100	12	144
2	11000	24	576	0.49	1.97	2	1100 | 0	1	4	11001	25	625
3	01000	8	64	0.06	0.22	0	11 | 000	4	2	11011	27	729
4	10011	19	361	0.31	1.23	1	10 | 011	3	2	10000	16	256
适应度总和（$\sum f$）			1 170		4.00							1 754
平均适应度（$\bar{f}=\sum f_i/n$）			293		1.00							439
最大适应度			576		1.97							729

下面对表 9-9 中的各计算量作详细介绍。

（1）编码

由于遗传算法不能直接处理解空间的解数据，必须通过编码将它们表示成遗传空间的基因型串结构数据。在表 9-9 中，把变量 X 编码为 5 位长的二进制无符号整数表示形式。比如，$X=13$ 可表示为 01101 的形式。

（2）初始群体的生成

由于遗传算法的群体型操作需要，必须为遗传操作准备一个由若干初解组成的初始群体。为了简化说明，在表 9-9 中取群体大小为 4，即群体由 4 个个体组成。在表 9-9 左端给出了这一初始群体的成员。需要说明的是，初始群体的每个个体都是通过随机方法产生的。初始群体也称作进化的初始代，即第一代。

（3）适应度评估检测

遗传算法在搜索进化过程中一般不需要其他外部信息，仅用评估函数值来评估个体或解的优劣，并作为以后遗传操作的依据。评估函数值又称作适应度。这里，根据 $f(x)=x^2$ 来评估群体中各个体。显然，为了利用 $f(x)=x^2$ 这一评估函数，即适应度函数，要把基因型个体译码成表现型个体，即搜索空间中的解，比如 11000 要译码为 24。

(4) 选择

选择或复制操作的目的是从当前群体中选出优良的个体，使它们有机会作为父代为下一代繁殖子孙。判断个体优良与否的准则就是各自的适应度。显然，这一操作是借用了达尔文适者生存的进化原则，即个体适应度越高，其被选择的机会就越多。选择操作实现方式很多，这里采用和适应度成比例的概率方法作为选择的方法。具体地说，就是首先计算群体中所有个体适应度的总和（$\sum f$），再计算每个个体的适应度所占的比例（$f_i/\sum f$），并以此作为相应的选择概率（P_s），图 9-7 给出了选择 4 个个体的概率，由此概率可计算出每个个体被选择的次数。也可以采用图 9-7 所示的赌轮方式来决定各个体的选择。赌轮上根据前述的各个体适应度按比例进行了分配。转动赌轮 4 次，就可以决定各自的选择份数，图 9-7 给出了相应的结果：个体 1 和个体 4 各复制 1 份，个体 2 复制 2 份，个体 3 不复制而被淘汰。这是我们所期待的结果，即最优秀的个体（个体 2，适应度为 576）获得了最多的生存繁殖机会（2 份复制），最差的个体（个体 3，适应度为 64）被淘汰。由此得到的 4 份复制运到配对库，以备配对繁殖。

(5) 交叉操作

简单的交叉（即一点交叉）可分两步进行：首先对配对窄小的个体进行随机配对；其次，在配对个体中随机设定交叉处（图 9-8 所示的配对库中的竖线表示交叉处），配对个体彼此交换部分信息。由图 9-8 可见，配对库中的个体 2 与个体 1 配对，交叉处为 4，通过交叉得到了两个新的个体。

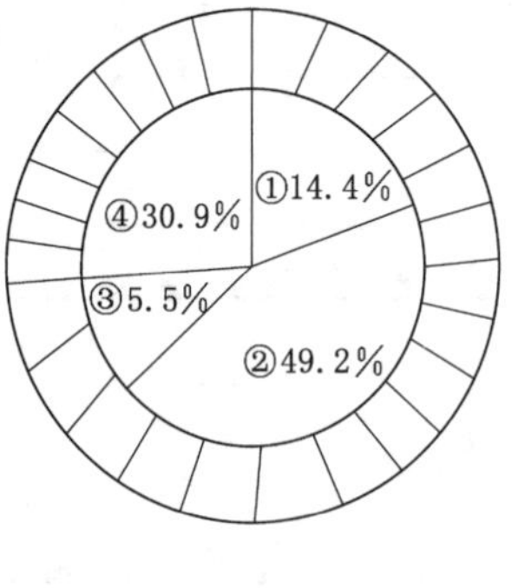

图 9-7　使用赌轮方法的选择

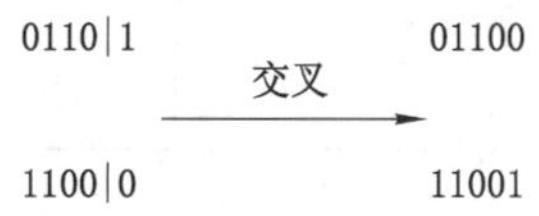

图 9-8　交叉图

同样，配对库中的个体 3 和个体 4 的配对交叉（交叉处为 2）得到另外两个新个体 11011 和 10000。这 4 个新个体形成了新的群体，即新一代。需要指出的是，交叉操作是遗传算法中最主要的遗传操作。交叉操作得到了新一代个体。仔细观察比较图 9-8 中新旧群体不难发现，新群体中个体适应度的平均值和最大值都有了明显提高。由于这个例子的适应度函数是函数 $f(x)=x^2$ 本身，所以函数值也变大了。由此可见，新群体中的个体（即解）的确是朝着我们所期望的方向进化了。当然，这个例子所用的是单变量函数，对于由几十到几百个变量组成的函数，遗传算法照样能不依靠任何搜索空间的外部知识而仅用适应度函数来指导和优化搜索的方向。

(6) 变异

变异操作是按位(bit)进行的,即把某一位的内容进行变异。对于二进制编码的个体来说,若某位原为 0,则通过变异操作就变成了 1;反之,亦然。变异操作同样是随机进行的。一般而言,变异概率 P_m 都取得很小。在这个例子中,取 $P_m=0.001$,由于群体中共有 $20\times0.001=0.02$ 位可以变异,这意味着群体中没有一位可变异。变异操作是十分微妙的遗传操作,它需要和交叉操作妥善配合使用,目的是挖掘群体中个体的多样性,克服有可能限于局部解的弊病。

4. 遗传算法的应用步骤

遗传算法提供了一种求解复杂系统优化问题的通用框架,它不依赖问题的领域和种类。对一个需要进行优化计算的实际应用问题,一般可按下述步骤来构造求解该问题的遗传算法。

第一步:确定决策变量及其各种约束条件,即确定个体的表现型 x 和问题的解空间。

第二步:建立优化模型,即确定出目标函数的类型(是求目标函数的最大值还是求目标函数的最小值?)及其数学描述形式或量化方法。

第三步:确定表示可行解的染色体编码方法,也即确定个体的基因型 x 及遗传算法的搜索空间。

第四步:确定解码方法,即确定由个体基因型 x 到个体表现型 x 的对应关系或转换方法。

第五步:确定个体适应度的量化评价方法,即确定由目标函数 $f(x)$ 到个体适应度 $f(x)$ 的转换规则。

第六步:设计遗传算子,即确定选择运算、交叉运算、变异运算等遗传算子的具体操作方法。

第七步:确定遗传算法的有关运行参数,即确定遗传算法的 M、T、P_c、P_m 等参数。

由上述步骤可以看出,可行解的编码方法、遗传算子的设计是构造遗传算法时需要考虑的两个主要问题,也是设计遗传算法时的两个关键步骤。对不同的优化问题,需要使用不同的编码方法和不同操作的遗传算子,它们与所求解的具体问题密切相关,因而对所求解问题的理解程度是遗传算法应用成功与否的关键。图 9-9 所示为遗传算法的主要构造过程示意。

5. 遗传算法的数学理论

遗传算法的实质可看作对模式的一种运算。对基本遗传算法而言,也就是某一模式 H 的各个样本经过选择运算、交叉运算、变异运算之后,得到一些新的样本和新的模式。

假设在进化第 t 代时,当前群体 $P(t)$ 中能与模式 H 匹配的个体数(样本数)记为 $m(H,t)$,下一代群体 $P(t+1)$ 中能与模式 H 匹配的个体数记为 $m(H,t+1)$,下面对基本遗传算法在选择算子、交叉算子和变异算子的连续作用下,模式 H 的样本数 $m(H,t)$ 的变化情况进行分析。

(1) 选择算子的作用

基本遗传算法中的选择运算使用的是比例选择算子。将当前群体中适应度的总和记为 $F(t)=\sum_{t}F(A_i)$,在这个算子的作用下,与模式 H 所匹配的各个体 A_i 能够平均复制

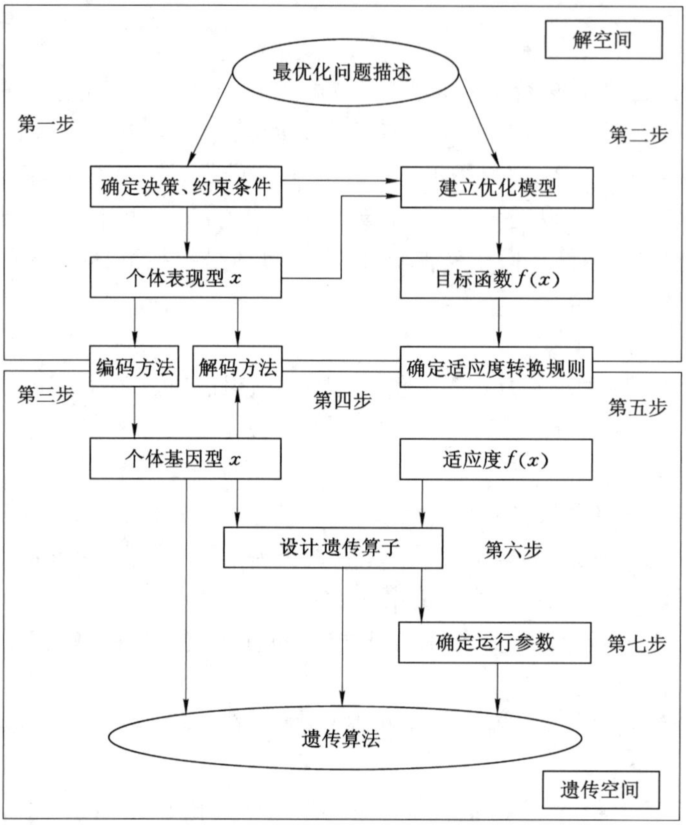

图 9-9　遗传算法的主要构造过程示意

$\sum_{t} M \cdot F(A_i)/F(t)$ 个个体到下一代群体中，即

$$
\begin{aligned}
m(H,t+1) &= \sum_{A_i \in H \cap P(t)} \frac{M \cdot F(A_i)}{F(t)} = \sum_{A_i \in H \cap P(t)} \frac{M \cdot f(H,t)}{F(t)} \\
&= m(H,t)\,\frac{M \cdot f(H,t)}{F(t)} = m(H,t)\,\frac{f(H,t)}{\overline{F}(t)}
\end{aligned} \tag{9-28}
$$

式中，$f(H,t)$ 为第 t 代群体中模式 H 所隐含个体的平均适应度；$\overline{F}(t) = F(t)/M$ 为第 t 代群体的平均适应度。

若再假设模式 H 的平均适应度总是高出群体平均适应度 C 倍，则式(9-28)可改写为：

$$m(H,t+1) = m(H,t) \cdot (1+C) \tag{9-29}$$

由此可见，$m(H,t)$ 为一等比级数，其通项公式为：

$$m(H,t) = m(H,0) \cdot (1+C)^t \tag{9-30}$$

由式(9-30)可知：若 $C>0$，则 $m(H,t)$ 呈指数级增长；若 $C<0$，则 $m(H,t)$ 呈指数级减少。

由此可得到下述结论，在选择算子作用下，对于平均适应度高于群体平均适应度的模式，其样本数将呈指数级增长；而对于平均适应度低于群体平均适应度的模式，其样本数将呈指数级减少。

(2) 交叉算子的作用

这里以常用的单点交叉算子为例进行研究。

假设有如图 9-10 所示的一个模式。

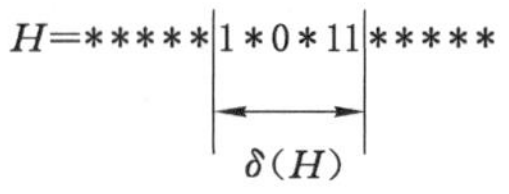

图 9-10　模式及其定义长度

隐含在该模式中的样本与其他个体进行交叉操作时，根据交叉点的位置不同，有可能破坏该模式，也有可能不破坏该模式而使其继续生存到下一代群体中。下面估算该模式生存概率 P_s 的下界。

显然，当随机设置的交叉点在模式的定义长度之内时，将有可能破坏该模式(当然，根据与之交叉的配对个体所属模式情况，也可能不破坏该模式)；而当随机设置的交叉点在模式的定义长度之外时，肯定不会破坏该模式。再考虑交叉操作本身是以交叉概率 P_c 发生的，所以模式 H 的生存概率下界为：

$$P_s \geqslant 1 - P_c \cdot \delta(H)/(l-1) \tag{9-31}$$

这样，经过选择算子和交叉算子作用之后，模式 H 的样本数满足式(9-32)：

$$m(H,t+1) \geqslant m(H,t) \cdot (1+C) \cdot \left[1 - P_c \frac{\delta(H)}{l-1}\right] \tag{9-32}$$

由式(9-32)可知，在其他值固定的情况下($C>1$)：$\delta(H)$ 越小，则 $m(H,t)$ 越容易呈指数级增长；$\delta(H)$ 越大，则 $m(H,t)$ 越不容易呈指数级增长。

(3) 变异算子的作用

这里以常用的基本位变异算子为例进行研究。

此时，若某一模式被破坏，则必然是模式描述形式中通配符“ * ”之处的某一基因值发生了变化，其发生概率是 $1-(1-P_m)^{o(H)}$。当 $P_m = 1$ 时，有：

$$1-(1-P_m)^{o(H)} \approx o(H) \cdot P_m$$

由此可知，在变异算子作用下，模式 H 的生存概率为：

$$P_s \approx 1 - o(H) \cdot P_m \tag{9-33}$$

由式(9-33)可知：$o(H)$ 越小，模式 H 越易于生存；$o(H)$ 越大，模式 H 越易于被破坏。

这样，综合上述公式并忽略一些极小项，则在比例选择算子、单点交叉算子、基本位变异算子的连续作用下，群体中模式 H 的子代样本数为：

$$m(H,t+1) \geqslant m(H,t) \cdot f(H,t)/\bar{F}(t) \cdot [1 - P_c \cdot \delta(H)/(l-1) - o(H) \cdot P_m] \tag{9-34}$$

由式(9-34)可得到下述定理。

模式定理：遗传算法中，在选择、交叉和变异算子的作用下，具有低阶、短的定义长度，并且平均适应度高于群体平均适应度的模式将按指数级增长。

模式定理阐述了遗传算法的理论基础，它说明了模式的增加规律，同时给遗传算法的应用提供了指导作用。

二、遗传算法在矿业工程中的应用——优化综采工作面资源分配

遗传算法在矿业工程中的应用始于 20 世纪 90 年代初，由于它所具有的显著特点(群体搜索策略和群体中个体之间的信息交换，搜索不依赖梯度信息)，它的引入为推进矿业工程学科的发展提供了强有力的方法工具，已展现出巨大的优势和科学魅力。目前，已有这方面应用研究的大量文章报道，如利用遗传算法研究地下矿山开拓系统，应用遗传算法对矿石品

位进行优化，利用遗传算法对露天矿的开采进度进行优化，将遗传算法与神经网络结合协同求解采矿工程中的优化问题，应用遗传算法对煤与瓦斯突出强度进行预测，用遗传算法的反演拟合确定钻孔的裂纹产状，都取得了满意的结果。另外，遗传算法还用于确定矿井井型、选择综采工作面设备、预计回采巷道维护费用、预测商品煤价格、分析矿山生产系统动态特性等。

本节利用遗传算法优化综采工作面资源分配，以提高综采工作面生产系统可靠性。

1. 综采工作面生产可靠性优化模型构建

(1) 综采工作面生产可靠性数学模型

系统由 n 个部件串联而成，其可靠性串联逻辑图如图 9-11 所示。

图 9-11　可靠性串联逻辑图

定义系统的状态：

① 状态 0 表示 n 个部件都正常。

② 状态 j 表示第 j 个部件发生故障而维修，其余部件正常，$j=1,2,\cdots,n$；如果 t 时刻 $X(t)=j$ 表示系统处于状态 j，则 $\{X(t),t\geqslant 0\}$ 是一个马尔可夫过程。

状态转移图的描绘如下：

考察状态 0，若第 j 个部件发生故障，则系统状态转移到状态 $j(j=1,2,\cdots,n)$，其转移概率 μ_j 就是第 j 个部件的故障率 λ_j，显然，状态 0 有 n 个转移方向。

考察状态 1，它是第 1 个部件处于故障维修状态，它的状态转移只有一种可能，那就是它被修复后的状态 0，其转移概率 μ_1 就是它的修复率。同理，考察状态 $j(j=1,2,3,\cdots,n)$，与状态 1 完全类似。由此绘出的状态转移图如图 9-12 所示。

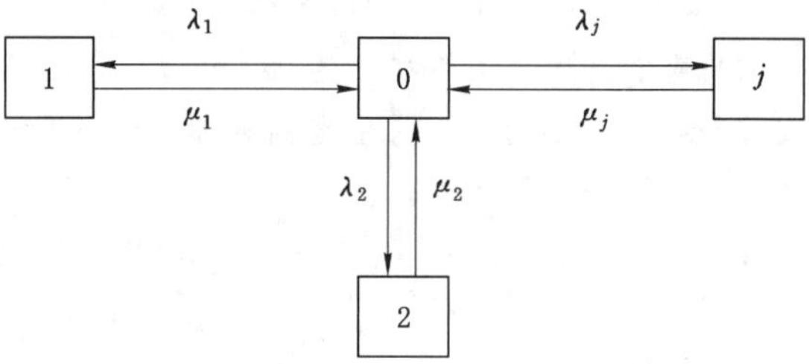

图 9-12　状态转移图

据图 9-12 写出状态转移概率矩阵：

$$\boldsymbol{A}=\begin{bmatrix} -\lambda & \lambda_1 & \lambda_2 & \cdots & \lambda_n \\ \mu_1 & -\mu_1 & 0 & \cdots & 0 \\ \mu_2 & 0 & -\mu_2 & \cdots & 0 \\ \vdots & \vdots & \vdots & & \vdots \\ \mu_n & 0 & 0 & \cdots & -\mu_n \end{bmatrix}$$

有：

$$\lambda = \sum_{i=1}^{n} \lambda_i \tag{9-35}$$

设经过无限次转移到状态 j 的概率为 $\pi_j(j=0,1,\cdots,n)$，则平稳状态向量 $\boldsymbol{\pi}=(\pi_0,\pi_1,\cdots,\pi_n)$。

由 $\boldsymbol{\pi}\cdot\boldsymbol{A}=\boldsymbol{0}$ 得：

$$\begin{cases} -\lambda_1\pi_0+\mu_1\pi_1+\cdots+\mu_n\pi_n=0 \\ \lambda_1\pi_0-\mu_1\pi_1=0 \\ \vdots \\ \lambda_n\pi_0-\mu_n\pi_n=0 \end{cases}$$

其中，这 $n+1$ 个方程并不独立，可任意去掉一个方程。去掉第一个方程，再加上一个正则方程得：

$$\begin{cases} \lambda_j\pi_0-\mu_j\pi_j=0 \quad (j=1,2,\cdots,n) \\ \pi_0+\pi_1+\cdots+\pi_n=1 \end{cases}$$

由前 n 个方程可得：

$$\pi_j=\frac{\lambda_j}{\mu_j}\pi_0 \quad (j=1,2,\cdots,n) \tag{9-36}$$

将其代入最后一个方程得：

$$\pi_0+\frac{\lambda_1}{\mu_1}\pi_0+\cdots+\frac{\lambda_n}{\mu_n}\pi_0=1 \tag{9-37}$$

解方程得：

$$\pi_0=\left(1+\sum_{i=1}^{n}\frac{\lambda_i}{\mu_i}\right)^{-1} \tag{9-38}$$

所以系统处于各状态的稳态概率为：

$$\begin{cases} \pi_0=\left(1+\sum_{i=1}^{n}\frac{\lambda_i}{\mu_i}\right)^{-1} \\ \pi_j=\frac{\lambda_j}{\mu_j}\pi_0 \quad (j=1,2,\cdots,n) \end{cases}$$

系统的有效度为：

$$A=\pi_0=\left(1+\sum_{i=1}^{n}\frac{\lambda_i}{\mu_i}\right)^{-1}$$

对上式作如下处理：

$$A=\left[1+\sum_{i=1}^{n}\left(\frac{\lambda_i}{\mu_i}+\frac{\mu_i}{\mu_i}-1\right)\right]^{-1}=\left(1+\sum_{i=1}^{n}\frac{\mu_i+\lambda_i}{\mu_i}-n\right)^{-1}$$

因为第 i 个部件的有效度 $A_i=\dfrac{\mu_i}{\mu_i+\lambda_i}$，将此式代入上式得到以部件有效度表达的系统有效度：

$$A=\left[\sum_{i=1}^{n}\frac{1}{A_i}-(n-1)\right]^{-1} \tag{9-39}$$

(2) 基于遗传算法建立目标函数及混合遗传算法在该问题中的应用

背包问题的一般提法是，已知 n 个物品的质量及其价值分别为 $\omega_i>0$ 和 $c_i>0(i=1,2,$

$\cdots,n)$，假设背包的容量为 $v(>0)$，则选择哪些物品装入该背包可使得在背包的容量约束限制之内所装物品的总价值最大？

该问题可表达为下述整数规划模型：

$$\begin{cases} \max f(x_1,x_2,\cdots,x_n) = \sum\limits_{i=1}^{n} c_i x_i \\ \text{s. t.} \sum\limits_{i=1}^{n} \omega_i x_i \leqslant v \\ x_i \in \{0,1\} \quad (i=1,2,\cdots,n) \end{cases} \tag{9-40}$$

式中，x_i 为 0-1 决策变量，$x_i=1$ 表示将物品装入背包，$x_i=0$ 则表示不将其装入背包。

背包问题是一个典型的 NP(Nondeterministic Polynomially，非确定性多项式)完全问题，对该问题求解方法的研究无论是在理论上还是在实践中都具有一定的意义。如管理中的资源分配、投资决策问题等均可建模为背包问题。背包问题的求解方法主要是一些启发式算法(如贪婪算法等)，也可以用遗传算法来求解该问题。

对含有 n 个物品的背包问题，若用枚举法求解，则需要搜索 2^n 个点。用贪婪算法求解时，先将物品按价值密度 $\rho_i=c_i/w_i(i=1,2,\cdots,n)$ 的值降序排列，然后依据该秩序将相应的物品放入背包，直到超出背包的容量限制为止。用这种方法只能得到近似最优解，但不能保证一定能够得到最优解。用遗传算法求解时，若问题的规模不大，则也能够得到最优解或近似最优解，但当需要求解的背包问题的规模比较大时，用简单遗传算法得不到较好的结果，甚至很多情况下所得到的结果比由贪婪算法所得到的结果要差。这主要是问题的搜索空间太大的缘故，并且简单遗传算法所指示的搜索方向在如此大的搜索空间中效果不佳。此时，若给遗传算法增加一些针对问题的专门知识，则将有助于快速导引其搜索空间，有助于改善遗传算法的求解质量。对于背包问题，如果将启发式的搜索方法“贪婪算法”引入遗传算法的个体解码过程，就可构成一种混合遗传算法，这可改善用遗传算法求解该问题的效果。

用来求解背包问题的混合遗传算法的构成要素如下：

① 染色体编码方法。将 n 个 x_i 的值顺序排列，就可构成背包问题的遗传编码。使用的是等长度的二进制编码方法，编码串中 1 表示将对应的物品放入背包，0 表示不将其放入背包。例如，111001110000000000000000⋯00000011 就代表一个解，它表示将第 1、2、3、6、7、8、$n-1$、n 号物品放入背包，其他物品则不放入背包。

② 贪婪算法与解码过程的融合。上述染色体编码方法虽然比较直观，但对于任意一个编码串，或者由交叉、变异所产生的任意一个个体，由于它们不一定满足约束条件，就不一定表示可行解，也就是说这种编码方法会产生很多无效染色体。对于这些不满足约束条件的染色体编码串，我们可以利用前面介绍的贪婪算法的思想，优先装入 c_i/w_i 较大且 $x_i=1$ 的物品，直到超过背包的容量限制装不下为止。对于染色体编码中指示应装入背包而实际上已装不下的物品，修改其染色体编码串中对应的 x_i 为 0。由此可产生一些新的染色体编码串，并且这些新编码串总是相对来说质量比较好的，特别是它们肯定满足问题的约束条件。

这种基于贪婪算法的染色体编码串转换算法由下面 4 步构成：

第一步，对所有 $x_i=1$ 的物品，按它们的价值密度 $\rho_i=c_i/w_i(i=1,2,\cdots,n)$ 从大到小排序，形成一个队列 q_i，其中 $q(1)$ 为价值密度最大的物品序号，$q(2)$ 为价值密度次大的物品序号……

第二步，置 $k=1$。

第三步，利用贪婪算法进行解码变换。

如果 $\sum_{j=1}^{k}\omega_{q(j)}\leqslant v$，则将 q_k 所对应的物品装入背包，即 $\omega_{q(k)}=1$、$k=k+1$，转向第三步；

如果 $\sum_{j=1}^{k}\omega_{q(j)}>v$，则转向第四步。

第四步，对于队列序号 j 从 k 到 n，它们所对应的物品不放入背包中，即置 $x_{q(j)}=0$。

③ 适应度函数。由于对每个个体使用贪婪算法解码已保证了不会产生无效染色体，在进行个体适应度评价时无须再引入罚函数项，而直接用目标函数值作为适应度函数值，即

$$F(x_1,x_2,\cdots,x_n)=f(x_1,x_2,\cdots,x_n)=\sum_{i=1}^{n}c_ix_i \tag{9-41}$$

④ 遗传算子的选用。对个体编码串进行上述变换处理后，在算法中就可使用一些通用的遗传算子。如交叉运算可使用单点交叉或双点交叉算子，变异运算可使用基本位变异算子，选择运算可使用比例选择算子。

对于一个矿井的生产而言，就是要高产高效、节约资源；对于提高工作面可靠性而言，即要求矿井用有限的资金尽可能地提高工作面的可靠性。在资金一定的情况下，如何最大限度地提高工作面的可靠性，这样一定的资金就等同于背包的容量 $v>0$，n 个物品等同于 n 个子系统，物品的质量及其价值（$w_i>0$ 和 $c_i>0$）等同于维检 i 系统可靠性需要的资金和系统恢复后的实际效果及可靠性增加的值。

由部件有效度表达的系统有效度为：

$$A=\left[\sum_{i=1}^{n}\frac{1}{A_i}-(n-1)\right]^{-1}$$

设 ΔA_i 为 i 系统的可靠性增加的值，$A_{后}$ 为经过维检后系统可靠性的值。则由部件有效度表达的系统有效度为：

$$A_{后}=\left[\sum_{i=1}^{n}\frac{1}{A_i+\Delta A_i}-(n-1)\right]^{-1}$$

由上式可知，$A_{后}$ 为最优解的关键是 $\sum_{i=1}^{n}\frac{1}{A_i+\Delta A_i}$ 为最优解。

设一次大型维检预计投入的资金为 $v(>0)$；x_i 为对 i 系统的决策变量（0-1 决策变量），$x_i=1$ 表示将对 i 系统投入资金进行维检，$x_i=0$ 表示对 i 系统不投入资金进行维检。

综上所述，得出为了提高综采工作面生产系统可靠性而进行维检的资金的分配决策模型：

$$\begin{cases}\min f(x_1,x_2,\cdots,x_n)=\sum_{i=1}^{n}\dfrac{1}{A_i+x_i\Delta A_i}\\ \text{s.t. }\sum_{i=1}^{n}w_ix_i\leqslant v\\ x_i\in\{0,1\}\quad(i=1,2,\cdots,n)\end{cases} \tag{9-42}$$

2. 综采工作面生产可靠性优化模型训练与检验

(1) 混合遗传算法在求解背包问题中的应用检验

如何评价一个遗传算法的性能优劣程度一直是一个比较难的问题，这主要是因为现实问题种类繁多，影响因素复杂，若对各种情况都加以考虑而进行试算，则计算工作量势必太大。虽然人们提出了一些评价指标，如德容(De Jong)提出的在线性能指标和离线性能指标，但这都只是反映了算法在某一方面的性能，尚不足以完全反映算法在各种实际应用中的效果。另外，由于纯数值优化问题不包含某一具体应用领域的专门知识，它们便于不同应用领域的研究人员相互理解和相互交流，并且能够较好地反映算法本身所具有的本质特征和实际应用能力。所以人们将实际问题抽象为一些具有复杂数学特征的纯数学函数，通过遗传算法对这些函数的优化计算情况来测试各种遗传算法的性能。下面是检验实例，假设物品的价值 C、物品的质量 W、背包的容量 v 分别为：

$$C=\{c_i\}=\{220,208,198,192,180,180,165,162,160,158,155,130,125,122,120,118,115,110,105,101,100,100,98,96,95,90,88,82,80,77,75,73,72,70,69,66,65,63,60,58,56,50,30,20,15,10,8,5,3,1\}$$

$$W=\{w_i\}=\{80,82,85,70,72,70,66,50,55,25,50,55,40,48,50,32,22,60,30,32,40,38,35,32,25,28,30,22,50,30,45,30,60,50,20,65,20,25,0,10,20,25,15,10,10,10,4,4,2,1\}$$

$$v=1\ 000$$

对于上述背包问题，用贪婪算法求解所得结果为：装入物品的总价值为 3 036，总质量为 996。取遗传算法的运行参数群体大小 M、最大终止代数 T、交叉概率 P_c、变异概率 P_m 分别为：$\{M,T,P_c,P_m\}=\{50,500,0.6,0.1\}$，$\{M,T,P_c,P_m\}=\{50,500,0.6,0.05\}$。

在这两种参数条件下，分别用简单遗传算法和混合遗传算法进行了 1 000 次试算，表 9-10 为它们的统计结果，表 9-11 为其中的最好结果。

表 9-10　求背包问题的简单遗传算法与混合遗传算法的比较(试算次数：1 000 次)

算法及参数	结果超过贪婪算法的解的次数	结果超过贪婪算法解时的平均进化代数	最好求解结果(总价值/总质量)
简单遗传算法 {50,500,0.6,0.1}	17	132	3 044/999
混合遗传算法 {50,500,0.6,0.1}	990	45	3 094/999
简单遗传算法 {50,500,0.6,0.05}	206	238	3 077/999
混合遗传算法 {50,500,0.6,0.05}	1 000	35	3 103/1 000
贪婪算法	3 036/999(总价值/总质量)		

由表 9-10 和表 9-11 可以看出，不管是在解的质量方面，还是在求解速度方面，以及对参数的敏感性方面，混合遗传算法比简单遗传算法的性能都有很大改进。其改进的主要原因是，进化过程中所产生的超过约束限制的无效染色体，经过贪婪算法处理后都成为满足约束条件的近似最优解之一，而这些近似最优解作为性能良好的种子将以较大的概率遗传到

表 9-11　含有 50 个物品的背包问题的最好求解结果

算　法	决策变量 $x_i(i=1,2,\cdots,50)$	求解结果(总价值/总质量)
简单遗传算法	11011011111010011011111111010000001010011000000011	3 077/999
混合遗传算法	11010101111011011011011111111010000101001100000 1000	3 103/1 000
贪婪算法	11111111011010011011001111010000001010010000000001	3 036/999

下一代。这样,在遗传算法的初始阶段,便可以迅速地到达良好解附近,从而使得以后的进化过程以这个良好解为基础来进行。

由此证明,混合遗传算法在综采工作面生产系统可靠性模型中应用的可信度高,是可行的,具有准确、简便等特点,可以考虑大量影响因素,这些因素既可以是定量因素,也可以是定性或不确定因素,这是其他方法难以比拟的。该模型不仅免除了其他方法对所选择的影响因素要事先赋予权值的过程,而且不需要对各影响因素进行复杂的相关性分析。该算法将实际问题抽象为数学模型的背包问题具有解决的通性,为提高资源的使用率提供了非常有价值的算法代码。

(2) 基于遗传算法的综采工作面生产系统可靠性模型的应用

针对某矿 1215(3)综采工作面 2003 年全年生产故障和维护原始资料,分析可得表 9-12。

表 9-12

项　目	有效度	维检费用/万元	可提高的有效度
采煤机	0.894 4	149	0.095 9
顶　板	0.911 8	133	0.034 8
平巷胶带输送机	0.953 6	82	0.015 4
刮板输送机	0.953 8	96	0.023 3
其　他	0.966 9	52	0.013 3
井　筒	0.967 1	156	0.032 1
采区煤仓	0.971 2	115	0.004 6
机　电	0.977 9	72	0.012 2

$$C=\{c_i\}=\{0.095\,9,0.034\,8,0.015\,4,0.023\,3,0.013\,3,0.032\,1,0.004\,6,0.012\,2\}$$

$$W=\{w_i\}=\{149,133,82,96,52,156,115,72\}$$

$$v=600$$

对于上述背包问题,取遗传算法的运行参数群体大小 M、最大终止代数 T、交叉概率 P_c、变异概率 P_m 分别为:

$$\{M,T,P_c,P_m\}=\{8,500,0.6,0.05\}$$

混合遗传算法处理用形式化语言表达为:假设 $a\in I$ 并记为个体,I 记为个体空间。适应度函数记为 $\varphi:I\to R$。第 t 代群体 $P(t)=\{a_1(t),a_2(t),\cdots,a_n(t)\}$ 经过复制 r、交叉 c 及变异 m 转换成下一代群体。这里 r,c,m 均指宏算子,把旧群体变换为新群体。$l:I\to\{\text{True},\text{False}\}$ 记为终止准则。

利用上述符号,遗传算法可描述为:

```
t=0
initialize P(0): = {a_1(0), a_2(0), …, a_n(0)};
while (P(t) ≠ True)   do
evaluate P(t): = {φ(a_1(0)), φ(a_2(0)), …, φ(a_n(0))};
reproduction: P(t): = r(P(t));
crossover: P″(t): = c(P′(t));
mutation: P(t+1): = m(P″(t));
t = t+1
end
```

运用 Visual C++ 6.0 计算得 $x = \{x_i\} = \{11011100\}$。

用混合遗传算法求解所得结果为，经过维检优化后综采工作面生产系统的有效度为 0.850 4(表 9-13)，总费用 586 万元。

表 9-13

序号	1	2	3	4	5	6	7	8
项目	采煤机	顶板	平巷胶带输送机	刮板输送机	其他	井筒	采区煤仓	机电
优化有效度	0.990 3	0.946 6	0.953 6	0.977 1	0.980 2	0.999 2	0.971 2	0.977 9
$A_{后} = 0.850\,4$								

第三节　蚁群算法

蚁群算法是由意大利学者多里戈(M. Dorigo)等在 20 世纪 90 年代受到真实蚁群的觅食机制的启发而提出的一种新的进化计算方法。最早的蚁群算法是蚂蚁系统，研究者根据不同的改进策略对蚂蚁系统进行改进而开发了不同版本的蚁群算法，并成功地应用于优化领域。

蚁群算法具有分布式计算、无中心控制和分布式个体之间间接通信的特征，易于与其他优化算法相结合。蚁群算法通过简单个体之间的协作表现出了求解复杂问题的能力，已被广泛应用于求解优化问题。蚁群算法相对易于实现，且算法中并不涉及复杂的数学操作，其处理过程对计算机的软硬件要求也不高，因此对它的研究在理论和实践中都具有重要的意义。

目前，国内外的许多研究者和研究机构都开展了蚁群算法理论和应用的研究。比利时布鲁塞尔自由大学的 IRIDIA 实验室、瑞士的 IDSIA 等是目前在蚁群算法研究领域较为活跃的机构。总的来说，蚁群算法已成为国际计算智能领域关注的热点课题。蚁群算法作为群智能方法中的一种，是每年一度的 IEEE Swarm Intelligence Symposium 中的重要内容。1998 年在布鲁塞尔召开了第一届蚁群优化和群智能国际研讨会，此后该会每两年召开一次。虽然目前蚁群算法没有形成严格的理论基础，但其作为一种新兴的进化算法已在智能优化等领域表现出了强大的生命力。

一、蚁群算法的基本原理

蚁群算法包含两个基本阶段:适应阶段和协作阶段。在适应阶段，各候选解根据积累的信息不断调整自身结构；在协作阶段，候选解之间通过信息交流，以期产生性能更好的解，这类似于学习自动机的学习机制。

为更清楚地理解蚁群算法的基本原理，一般多借助经典的对称旅行商问题（Travelling Salesman Problem，TSP）来进行说明。

假设 $C=\{c_1,c_2,\cdots,c_n\}$ 是 n 个城市的集合，$L=\{l_{ij}\mid c_i,c_j\subset C\}$ 是集合 C 中元素（城市）两两连接的集合，$d_{ij}(i,j=1,2,\cdots,n)$ 是 l_{ij} 的欧氏距离，$G=(G,L)$ 是一个有向图。旅行商问题的目的是从有向图 G 中寻找出长度最短的汉密尔顿（Hamilton）圈。

设 $\tau_{ij}(t)$ 为 t 时刻路径 (i,j) 上的信息素数量；m 为蚂蚁群中蚂蚁的数目；$\Gamma=\{\tau_{ij}(t)\mid c_i,c_j\subset C\}$ 是 t 时刻集合 C 中元素两两连接 l_{ij} 上的残留信息素数量集合，在初始时刻各条路径上信息素数量相等。蚁群算法的寻优是在有向图 $G=(C,L,\Gamma)$ 上通过 3 个准则（即转移概率准则、局部调整准则和全局调整准则）加以实现的。

① 转移概率准则：蚂蚁 $k(k=1,2,\cdots,m)$ 在运动过程中，根据各条路径信息素数量决定转移方向。算法中人工蚂蚁与实际蚂蚁不同，人工蚂蚁具有记忆功能。

禁忌表 $\text{tabu}_k(k=1,2,\cdots,m)$ 用来记录蚂蚁 k 当前所走过的城市。在搜索过程中，蚂蚁根据各个路径上的信息素数量和路径的启发信息来计算转移概率，$p_{ij}^k(t)$ 表示在 k 时刻蚂蚁 k 由元素 i 转移到元素 j 的转移概率，即

$$p_{ij}^k(t)=\begin{cases}\dfrac{[\tau_{ij}(t)]^\alpha[\eta_{ij}(t)]^\beta}{\sum[\tau_{is}(t)]^\alpha[\eta_{is}(t)]^\beta}, & j\in \text{allowed}_k\\ 0, & \text{else}\end{cases} \tag{9-43}$$

式中，$\text{allowed}_k=\{C-\text{tabu}_k\}$，表示蚂蚁 k 下一步允许选择的城市；α 表示轨迹的相对重要性；β 表示能见度的相对重要性；$\eta_{ij}(t)$ 为启发函数，即

$$\eta_{ij}(t)=1/d_{ij} \tag{9-44}$$

显然，该启发函数表示蚂蚁从元素（城市）i 转移到元素（城市）j 的期望程度。

② 局部调整准则：局部调整是每只蚂蚁在建立一个解的过程中进行的。经过 h 个时刻，两个元素状态之间的局部信息素数量要根据式(9-45)作调整：

$$\tau_{ij}(t+h)=(1-\zeta)\tau_{ij}(t)+\zeta\tau_0 \tag{9-45}$$

$$\tau_0=1/(nl_{\min}) \tag{9-46}$$

式中，$\zeta\subset(0,1)$；$l_{\min}$ 表示集合 C 中两个最近元素之间的距离。

③ 全局调整准则：只有生成了全局最优解的蚂蚁，才有机会进行全局调整。全局调整规则为：

$$\tau_{ij}(t+n)=(1-\rho)\tau_{ij}(t)+\rho\Delta\tau_{ij} \tag{9-47}$$

$$\rho\Delta\tau_{ij}=\sum_{k=1}^{m}\Delta\tau_{ij}^k(t) \tag{9-48}$$

式中，ρ 为挥发系数，$\rho\in(0,1)$；$\Delta\tau_{ij}$ 表示本次循环中路径 (i,j) 上的信息素数量的增量；$\Delta\tau_{ij}^k(t)$ 表示第 k 只蚂蚁作本次循环留在路径 (i,j) 上的信息量。

二、蚁群算法并行性研究

蚁群算法本身隐含着一定的并行性，从本质上来说，蚁群算法应以并行式的协同优化计算方式为特征，串行计算机对蚁群算法进行的模拟并不能真正体现蚁群算法的本质特征。因此，还应开展蚁群算法的并行机实现研究。

用 $Q=\{Q_1,Q_2,\cdots,Q_i,\cdots,Q_n\}$ 表示 n 台处理机序列，其中，$1\leqslant i\leqslant n$。设 $K=\{k_1,k_2,\cdots,k_i,\cdots,k_n\}$ 表示处理机的处理能力序列，其中，k_i 表示处理机 Q_i 的处理能力，并依赖 Q_i 的内存、主频等硬件条件，且 $k_i\geqslant 0$。记 $R=\{r_1,r_2,\cdots,r_i,\cdots,r_n\}$ 表示蚁群规模序列，其中，r_i 表示处理机 Q_i 上分配到的蚂蚁数目，$r_i\in\mathbf{N}$，且记 $r=|R|$ 为蚁群规模。设 $V=\{v_1,v_2,\cdots,v_i,\cdots,v_n\}$ 表示处理机之间进行信息交换的时间序列。为了减少通信开销，当蚁群算法迭代到第 v 代时，对所有的处理机按照下述定义进行相互通信。设 $P=\{P_{v_1},P_{v_2},\cdots,P_{v_i},\cdots,P_{v_n}\}$ 表示处理机之间进行信息交换的关系序列，P_{v_i} 是一个 $n\times n$ 的对称矩阵，每个元素取 2 个值。例如，$P_{v_i}(i,j)=1$ 表示第 v_i 代时 Q_i 和 Q_j 要进行通信，而 $P_{v_i}(i,j)=0$ 表示第 v_i 代时 Q_i 和 Q_j 无须进行通信。

设 $T=T(K,R,V,P)$ 表示并行化蚁群算法在配置参数为 K,R,V,P 时的计算成本，一般可以用处理机最长的运行时间来衡量，当处理机之间的处理能力无差异时可省略 K。在并行化蚁群算法运行过程中，如果每次都要求对所有的处理机进行通信，则在不引起歧义的前提下可省略 P。对于串行化蚁群算法，用 $T_s=T(k,r)$ 表示其计算成本，其中，k 表示处理机的处理能力。如果考虑并行化蚁群算法中 $\forall k_i=k$，那么可简单记作 $T=T(R,V,P)$ 和 $T_s=T_s(m)$。设 $S=S(K,R,V,P)=\dfrac{T_s(k,r)}{T(K,R,V,P)}$ 表示并行化蚁群算法的加速比。在不考虑处理机差异的条件下，记 $S=S(K,R,V,P)=\dfrac{T_s(m)}{T(R,V,P)}$。同时，设 $G=G(K,R,V,P)=\dfrac{S(K,R,V,P)}{n}$ 表示并行化蚁群算法的效率。当不考虑处理机间差异时，记 $G=G(R,V,P)=\dfrac{S(R,V,P)}{n}$。

设 $\delta=\delta(K,R,V,P)=S(K,R,V,P)\times G(K,R,V,P)$ 为效用函数，该函数表示并行化蚁群算法的计算效率。当不考虑处理机间差异时，记 $\delta=\delta(R,V,P)=S(R,V,P)\times G(R,V,P)$。并行化蚁群算法的最优化目标，就是求使 $\delta(K,R,V,P)$ 达到最大值的 R,V,P 组合。

在研究蚁群算法并行机实现问题时，需要解决蚁群算法并行化过程中并行计算模型的选择以及蚁群算法的分映射方法的改进问题，还需要解决蚁群算法并行化过程中粒度处理标准的问题，从而使并行处理过程具有较好的可扩展性，并具有良好的负载均衡性。目前，主要存在如下问题：

① 在不考虑处理机间差异、选择异步更新方法的情况下，且当问题规模一定时，如何分配处理机数目和每个处理机上的蚁群规模以使效用函数值最大。

② 在不考虑处理机间差异、选择同步更新方法的情况下，如何确定问题规模与加速比之间的关系；在处理机增多的情况下，如何选择处理机的最佳数目以使计算时间减少。

③ 在不考虑处理机间差异、选择同步更新方法的情况下，且当处理机一定时，如何选择最优的蚁群规模 k 以使效用函数值最大。

④ 在其他条件一定的情况下，如何设计一个更好的处理机之间进行信息交换的关系序列是一个必须要考虑的问题。

⑤ 当并行机实现时，局部迭代若干次后需要交换信息。局部迭代次数增加会使蚁群算法早熟的概率增大，而局部迭代次数减少则会增加通信时间，因此还要努力解决如何有效避免蚁群算法的过早停滞和减少通信开销之间的平衡问题。

三、混合蚁群算法

1. 蚁群算法与遗传算法相融合

蚁群算法与遗传算法相融合是蚁群算法与仿生优化算法相互融合方面研究最早且应用最广的一个尝试。派拉特(M. L. Pilat)等采用遗传算法对蚁群算法中的 3 个参数进行优化，首先对信息启发式因子 α 取默认值，期望启发式因子 β、信息素挥发系数 ρ、信息素强度 Q 的取值是相对 α 的一个比值。但由于不能实现蚁群算法 4 个组合参数的全局寻优，很难求得旅行商问题的全局最优解。段海滨等针对离散域优化问题提出一种新的蚁群遗传算法(Ant Colony Algorithm and Genetic Algorithm，ACAGA)，其核心是应用遗传算法对蚁群算法的 4 个参数 (α,β,ρ,Q) 进行优化，并运用最大最小蚁群算法改进蚁群算法的寻径行为，以实现对搜索空间高效、快速地全局寻优。该算法把蚁群系统的协作效应与遗传算法的进化效应相结合。大量的仿真试验结果表明，两种算法的结合提高了问题的求解效率以及收敛效率。将此混合算法应用于路由问题、旅行商问题都能得到较优解。

蚁群算法通过信息素的累积和更新寻找最优路径，但初期信息素匮乏经常导致算法速度慢。基于遗传算法的快速全局搜索能力和蚁群算法的正反馈收敛机制的混合算法能够提高蚁群算法的收敛速度，即从初始信息素方面考虑，初期采用遗传算法生成信息素分布，后期利用蚁群算法并行性、正反馈机制求精确解，优势互补。这种融合后的算法，在时间效率上优于蚁群算法，在求解效率上优于遗传算法，形成了一种时间效率和求解效率都比较好的启发式算法。

2. 蚁群算法与模拟退火算法相融合

蚁群算法与模拟退火算法混合主要有两种思路：一种是在模拟退火算法中运用蚁群算法思想找邻域的解，称为蚁群模拟退火算法；另一种是模拟退火蚁群算法。其混合思想是首先由模拟退火算法产生较优解，然后让蚂蚁按照蚁群算法完成一次遍历后，采用模拟退火算法在邻域内找另外一个解。在邻域内找的另外一个解不一定得到改善，接受准则采用模拟退火算法的思想，允许目标函数在有限范围内变坏，为简化计算并不按概率取舍，若路径长度差小于允许目标函数变坏范围则接受。

3. 蚁群算法与禁忌搜索算法相融合

禁忌搜索算法计算速度快，且在整个搜索域内能提供比其他算法更好的引导。将禁忌搜索算法引入蚁群算法，可对蚁群算法进行如下改进：当初始信息匮乏时，禁忌搜索算法的搜索结果能提供有效的搜索信息；可利用禁忌搜索算法扩大搜索范围，有利于避免蚁群算法陷入停顿；禁忌搜索算法求解速度快，可以减少算法整体计算时间。其实该融合算法就是利用禁忌搜索作为局部搜索策略，构造混合蚁群算法的。此算法针对一类加工时间模糊的 Jop-Shop 调度问题可取得较优解。

4. 蚁群算法与人工免疫算法相融合

人工免疫算法具有快速随机的全局搜索能力，当与进化算法协同工作时，免疫系统在进化过程中能够提高搜索能力。因此，可以通过一个特别设计的免疫系统来提高蚁群算法在局部搜索时的效率。人工免疫算法和蚁群算法相融合的基本思想是，算法的前过程充分利用人工免疫算法的快速性和全局收敛性，寻找较优可行解，而算法的后过程采用蚁群算法，即利用前过程中人工免疫算法获得的较优可行解，产生初始信息素分布，然后充分利用蚁群算法的正反馈性，以提高求解效率。当然，也可以针对具体问题更好地结合蚁群算法和人工免疫算法,即免疫系统可以利用特定问题的启发式来指导局部搜索,而且能在解空间内进行微调,从而提高蚁群算法在局部搜索时的效率。

5. 蚁群算法与粒子群算法相融合

蚁群算法擅长解决离散问题的优化问题,而粒子群算法擅长解决连续问题的优化问题。在蚁群算法中引入粒子群算法思想,称为粒子群-蚁群算法。蚁群算法利用信息素传递信息,而粒子群算法利用本身信息;粒子群-蚁群算法利用个体极值信息和全局极值信息,来确定粒子下一步迭代位置。该融合算法的中心思想是让蚂蚁具有"粒子"的特性,首先蚂蚁按照蚁群算法完成一次遍历后,再根据局部最优解和全局最优解进行调整。如对于旅行商问题,其当前的位置是基本路径,让当前解与个体极值和全局极值分别作交叉操作,产生的解为新的位置,再作变异操作。

此外,目前蚁群算法与人工神经网络、混沌理论的混合研究也取得了一定的进展,并在一定领域内得到了应用。

6. 蚁群算法的应用研究

蚁群算法自从在著名的旅行商问题上取得成效以来,目前已陆续渗透到许多新的领域。

(1) 网络路由——通信问题

随着 Internet 上广泛的分布式多媒体应用对服务质量(QoS)需求的增长,各种服务应用对网络所能提供的 QoS 提出了不同的要求,而路由是实现 QoS 的关键之一。将蚁群算法用于解决受限路由问题,目前可以解决包括带宽、延时、包丢失率和最小花费等约束条件在内的 QoS 组播路由问题,比现有的链路状态路由算法具有明显的优越性,但所研究的实例相对简单,没有对更复杂的 QoS 问题进行深入探讨。

瑞安(M. G. Ryan)等利用蚁群算法较好地解决了光纤网络中的波分复用动态拓扑最优传输规划问题。穆罕默德(T. I. Mohammad)等利用蚁群算法很好地解决了移动自组网最优规划问题,但仅用 10 只蚂蚁对 10 个处理单元进行了仿真研究,没有对这类问题进行泛化。

(2) 生产调度——多目标分配问题

生产调度是一个复杂的动态管理优化问题。因为蚁群算法机制可以不断从过去的加工经历中学习,能自然地适应车间内外部环境的变化,从而实现动态调度,所以,它能适应动态的工件到达、不确定的加工时间以及机床故障等扰动,比静态确定性调度算法具有更好的应用前景。

蚁群算法同样可求解混流装配线调度等动态任务多目标分配问题,并对车间内外部环境变化具有良好的自适应性。但这些应用研究大多是针对小规模实例的仿真,用蚁群算法解决大规模生产调度和多目标分配问题是今后进一步的研究方向。

(3) 电力系统优化问题

电力系统优化是一个复杂的系统工程,它包括无功优化、经济负荷分配、电网优化及机组最优投入等一系列问题,其中,很多是高维、非凸、非线性的优化问题。Y. H. Hou 等将蚁群算法成功地用于解决经济负荷分配问题,王志刚等则解决了该算法在配电网优化规划中的初步设计问题。

电力系统优化中的机组最优投入问题研究的是寻求一个周期内各个负荷水平下机组的最优组合方式及开停机计划,使运行费用最小,利用状态、决策及路径概念,将机组最优投入问题设计成类似旅行商问题的模式，从而可方便地利用蚁群算法来求解。

Teng等针对分布式系统中开关重定位问题对蚁群算法进行了遗传变异改进，但未能给出解决这类非线性、不可微目标函数优化问题的蚁群算法参数选择原则。

（4）机器人路径规划问题

机器人路径规划是指在障碍有界空间内找到一条从出发点到目标位置的无碰撞且能满足一些特定要求的满意路径。近年来许多学者开始用蚁群算法在这方面进行了一系列出色的研究工作。

为有效地解决机器人避障问题，并扩展其对具体问题的适应性，在蚁群算法中通过调整避障系数，可以得到不同的优化轨迹。樊晓平等对复杂环境下的机器人路径规划进行了初步尝试，但更多的工作有待进一步展开。

澳大利亚学者拉塞尔(Russell)设计了一种用于移动机器人的气味传感器导航机制，并深入分析了蚁群算法在该领域应用的鲁棒性。瑞士学者迈克尔(Michael)等将蚁群算法的程序编入微型机器人中，使众多微型机器人像蚂蚁一样协同工作，完成复杂任务。这项研究成果已被国际著名刊物 *Nature* 报道。

（5）车辆路径问题

车辆路径问题研究的是交通运输问题。在已知车辆的载质量和各客户点需求量的前提下，求至少需要多少车辆，才能满足需求且车辆的总行程最短。目前，除了一些经典的智能算法以外，采用类似旅行商问题的蚁群算法同样可求解车辆路径问题，求解时可将车辆模拟成蚂蚁。

近年来，国内外学者在用蚁群算法求解车辆路径问题方面取得了很多研究成果，但模拟效果距现实中的车辆路径问题还有很大差距。因此，这方面的研究还有待进一步深化。

此外，蚁群算法在数据挖掘、参数辨识、图像处理、图形着色以及分析化学、岩石力学、生命科学等领域的应用取得了很大进展，限于篇幅这里不作详细介绍。

四、蚁群算法在矿业工程中的应用

矿井通风系统是向井下各作业点供给新鲜空气，排除污浊空气的通风路线、通风动力和通风控制设施的总称。随着煤炭行业的发展，煤炭开采的规模越来越大，相应矿井通风系统的规模随之扩大，其复杂性也随之提高。目前，我国一些煤矿的通风系统不够合理，造成通风耗电量大，成本高，直接影响矿山生产的经济效益。合理地进行矿井通风系统设计，优化矿井通风系统，给企业带来的经济效益和社会效益都是非常可观的。

矿井通风系统优化一般分为两种类型：一是矿井通风网络内部调节最优化，其目标是对拟定的各系统方案求出一个最优的技术经济参数方案；二是在网络内部优化调节的基础上，在各拟定的系统方案之间选择最优矿井通风系统。矿井通风网络是实际矿井通风系统的数学表达，是矿井风流路线及其有关参数的组合，因此，矿井通风系统的优化设计在数学上的抽象便是网络优化。它所研究的问题可归结为通风网络解算和通风网络优化。因此，也可以说，第一种优化为矿井通风网络内部优化，第二种优化为矿井通风网络外部优化。从目前的研究现状看，第一类优化问题研究得比较充分，而第二类则研究得较肤浅。因此，这里主要就第二类优化问题进行研究。

通俗地说，上述第二种优化可称为矿井通风系统方案选择。一般情况下，矿井通风系统方案选择是在原有开拓、采准、开采设计的基础上，合理布置及选择通风巷道网络。合理的通风系统要求在满足通风要求的情况下，使总的通风费用最少。与其有关的主要有3项费用，即巷道掘进费、巷道维护费和通风电费。不同的风网布置系统，这些费用差别很大，因此很有必要对通风系统网络布置方案进行优化研究。本质上，通风网络布置方案优选在数学描述上为一个复杂的组合优化问题——路径优化问题。针对复杂的组合优化问题，人们已开发了不少算法，其中，基于仿生学的蚁群算法是新近针对路径优化问题而提出的一种效果优良的智能算法。

1. 应用实例

以某矿通风系统改造方案优选为例，研究蚁群算法在矿井通风系统优化设计中的应用。该矿目前的通风系统不太合理，需要进行改造。应该在充分利用原有通风巷道、尽量少掘新巷道的同时，使总的通风系统费用降到最低。图9-13为该矿井通风系统所有可能通风方案的示意，其中，包括原有通风系统巷道及计划新掘通风巷道。

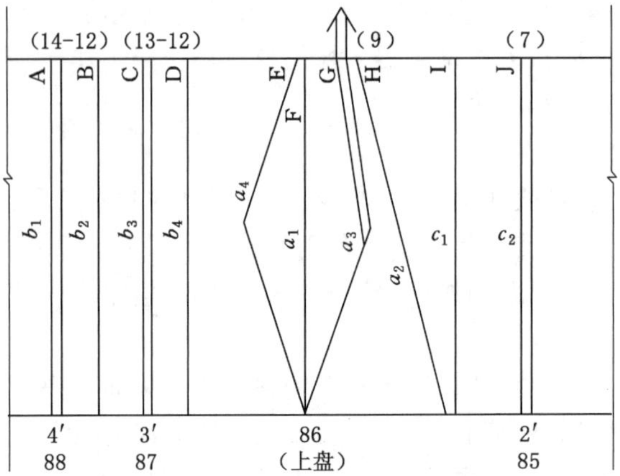

图9-13　某矿通风系统方案示意

严格来说，矿井通风系统方案的优劣取决于很多因素，它们包括巷道系统的优化(其中，应考虑巷道掘进费用、巷道维护费用，由于巷道支护形式与通风阻力有关，因此，巷道维护中又必须考虑通风因素)、风机设置的优化、通风风量的调整优化及分风方案优化等。作为初步研究，为了研究方便，这里只进行通风巷道网络的优化研究，暂不考虑通风系统的其他优化问题。这样通风系统优化问题就变成了通风巷道路线优选的问题，可见，该问题同前述旅行商问题有很大的相似性，只需要对上述基本蚁群算法做少量修改就可用来解决此问题。

同进化算法一样，用蚁群算法求解实际优化问题时，算法同实际问题的接口(联系)为评价路径系统性能的适应度函数，这里评价路径系统优劣的准则为通风系统方案的总费用。计算表达式可采用下面的形式。

目标函数：

$$\min F = \sum C_i + \sum D_i + \sum E_i$$

约束条件：

$$\begin{cases} q_{ij} = 0 \\ h_{kj} = 0 \end{cases}$$

式中　C_i——第 i 条巷道掘进费用；

D_i ——第 i 条巷道维护费用；

E_i ——第 i 条巷道通风费用；

q_{ij} —— i 节点流入(流出) j 节点的风量；

h_{kj} —— k 网孔中 j 巷道的风压。

具体结合蚁群算法求解矿井通风系统优化问题时，只需要对基本蚁群算法做如下少量修改：城市 i 表示通风网络中的一个巷道端点，即网络节点；d_{ij} 表示通风网络中节点 i，j 间巷道的通风费用；每步允许选择的下一步巷道集合 $allowed_k$ 为通风网络前节点后面的巷道组合。由于该问题最终考虑目标为矿井通风系统总费用最少，这里采用整体信息的 $\Delta\tau_{ij}$ 表达式，其中，L_k 表示本次循环的通风系统的总通风费用。

对该矿井通风系统，蚁群算法优选得到的结果为：舍弃矿井中央的 4 条通风巷道，西翼保留原有巷道 b_1，再新建两条巷道 b_2 和 b_4，东翼只保留原有通风巷道。优选通风系统的总费用为 445 496.37 万元。

实际上，在蚁群算法优化中考虑矿井通风系统的其他优化，进行通风系统的整体优化设计也相对比较容易。例如，考虑矿井分风方案的优化仅相当于在计算 d_{ij} 时考虑风量的因素，考虑风机的优化仅相当于在计算 L_k 时考虑风机的布置因素而已。因此，采用蚁群算法进行通风系统优化可扩充性较强，加强此方面的研究可望找到解决矿井通风系统全面优化的较理想方法。

2. 结果分析

① 矿井通风系统优化设计问题是一个复杂的路径组合优化问题，对它采用蚁群算法进行研究可以在计算相对简单的情况下找到较合理的组合方案，避免了人为因素的干扰。

② 蚁群算法不但可用于通风系统的局部优化研究，而且可以方便地进行更复杂的整体系统优化研究。该方法对新建矿井通风系统优化及老矿井通风系统改造同样适用。

③ 蚁群算法是一种解决复杂组合优化问题的好方法，它不但可用于矿井通风系统方案优选研究，而且在类似方案优选研究中同样具有良好的适应性。

第四节 模拟退火算法

一、问题的由来

在自然科学、管理科学和工程技术等科技领域，存在着大量的组合优化问题，其中的 NP 完全问题，其求解时间随问题规模呈指数级增长，当规模稍大时就会因时间限制而失去可行性。如著名的旅行商问题，即在具有 n 个顶点的完全图中找一条最短的汉密尔顿(Hamilton)回路，当图为对称图时，要从 $(n-1)!/2$ 个可能解中找出最优者，需要进行 $[(n-1)!/2]-1$ 次比较，若用每秒运算一亿次的计算机，则当 $n=10$ 时只需 0.001 8 s，当 $n=20$ 时就需 19 a，当 $n=30$ 时猛增至 1.4×10^{15} a。显然，如此求其精确解是不可行的。

为解决这类问题，人们提出了许多近似算法。但这些算法或因过于注意个别问题的特征而缺乏通用性，或因所得解强烈地依赖初始解的选取而缺乏实用性。模拟退火算法就是对其中的局部搜索算法改进而提出的。

二、模拟退火算法介绍

模拟退火算法于 20 世纪 80 年代初被提出，其思想源于固体退火过程：先将固体加热至温度充分高，再让其徐徐冷却，加热时，固体内部粒子随温度升高变为无序状的，内能增大，而徐徐冷却时粒子渐趋有序，在每个温度都达到平衡态，最后在常温时达到基态，内能减至最小。根据米特罗波利斯(Metropolis)准则，粒子在温度为 T 时趋于平衡的概率为 $e^{-\Delta E/(kT)}$，其中，E 为温度为 T 时的内能，ΔE 为内能改变量，k 为玻尔兹曼常数。其算法为：

① 初始化冷却进度表[$t=t_0$(初始温度)，L_k(马尔可夫链的长度)，α(温度衰减因子)，s(停止准则)]，初始解 $x_i = x_0$。

② 若在该温度下内循环次数达到 L_k，则转到③；否则，确定选用的邻域结构，从该邻域中随机产生新解 x_j，计算 $\Delta f_{ij} = f(x_j) - f(x_i)$，若 $\Delta f_{ij} \leqslant 0$，则令 $x_i = x_j$，否则，当 $\exp(-\Delta f_{ij}/t) > \text{random}(0,1)$ 时，令 $x_i = x_j$，重复②。

③ 若满足停止准则 s，则终止计算；否则，令 $t_k = \alpha t_{k-1}$，转到②。

④ 输出最优解。

从直观上看，用固体退火模拟组合优化问题，将内能 E 模拟为目标函数值 f，将温度 T 演化成控制参数 t，即得到解组合优化问题的模拟退火算法。由初始解 i 和控制参数初值 t 开始，对当前解重复"产生新解→计算目标函数差→判断是否接受→接受或舍弃"的迭代，并逐步减小 t 值，算法终止时的当前解即所得近似最优解。退火过程由冷却进度表控制，包括控制参数的初值 t 及其衰减因子 α、每个 t 值时的迭代次数(称为一个马尔可夫链的长度)L_k 和停止准则 s。

三、模拟退火算法的数学模型

模拟退火算法的数学模型可以用马尔可夫链作最好的数学描述：一个尝试序列，某次给定尝试的结果仅取决于前一个尝试结果。在模拟退火算法的情况下，尝试对应着变换，而很明显变换的结果仅依赖当前结构。

对每一对结构(i,j)，一个马尔可夫链用一组条件概率 $P_{ij}(k-1,k)$ 来描述，$P_{ij}(k-1,k)$ 表示在第 $k-1$ 次尝试结构为 i 的条件下第 k 次尝试结构为 j 的概率，以 $a_i(k)$ 表示第 k 次尝试结构为 i 的概率，即

$$a_i(k) = P\{X(k) = i\} \tag{9-49}$$

$$a_i(k) = \sum_t a_t(k-1)P_{li}(k-1,k) \tag{9-50}$$

如果条件概率不依赖 k，相应的马尔可夫链称为齐次的；否则，称为非齐次的。

在模拟退火情况下，条件概率 $P_{ij}(k-1,k)$ 表示第 k 次变换时从结构 i 向结构 j 变换的概率。这样，$X(k)$ 是在第 k 次变换以后得到的。把 $P_{ij}(k-1,k)$ 称为变换概率，变换概率取决于控制参数 t 的值，这与物理退火过程中的温度类似。

四、模拟退火算法的实现形式

模拟退火算法的实现形式由如下几个方面描述。

(1) 数学模型

数学模型由解空间、目标函数和初始解三部分组成。

解空间：对所有可能解均为可行解的问题，将其定义为可能解的集合；对存在不可行解的问题，或限定解空间为所有可行解的集合，或允许包含不可行解但在目标函数中用罚函数惩罚以致最终完全排除不可行解。

目标函数：指对优化目标的量化描述，是解空间到某个数集的一个映射，通常表示为若

干优化目标的一个和式，应正确体现问题的整体优化要求且较易计算，当解空间包含不可行解时还应包括罚函数项。

初始解：是算法迭代的起点，试验表明，模拟退火算法是健壮的，即最终解的求得不十分依赖初始解的选取，从而可任意选取一个初始解。

(2) 新解的产生和接受机制

由以下四个步骤构成一轮试验。

第一，按某种随机机制由当前解产生一个新解，通常通过简单变换(如对部分元素的置换、互换或反演等)产生，可能产生的新解构成当前解的邻域。

第二，计算新解伴随的目标函数差，一般由变换的改变部分直接求得。

第三，由接受准则，即新解更优，或恶化但满足米特罗波利斯准则，判断是否接受新解；当有不可行解而限定解空间仅包含可行解时，还需要先判断其可行性。

第四，当满足接受准则时，进行当前解和目标函数值的迭代，否则舍弃新解。

(3) 冷却进度表

冷却进度表即$(t,\Delta t,L,s)$。应使得 t 充分大且衰减得充分慢，L 足够大，s 通常选为解在连续 M 个马尔可夫链中无任何改变时终止算法。

(4) 伪程序

用 $k=M$ 表示停止条件，Generate(j from i)表示从当前解 i 产生新解 j 的过程，Random 为[0,1]内均匀分布的随机数。

则算法的伪程序如下：

```
PROCEDURE Anneal(t,Δt,L,M;VARi);
BEGIN
  k:=0;
  REPEAT
    Accept:=FALSE;
    FOR p:=1 TO L DO
    BEGIN
      Generate(j from i);
      Δf=f(j)-f(i);{求最大值时改为 Δf=f(i)-f(j)}
      IF(Δf<0)OR(EXP(-Δf/t)>Random)
      THEN BEGIN i:=j;f:=f+Δf;Accept:=TRUE END
END;
    IF NOT Accept THEN k:=k+ 1 ELSE k:=0
UNTIL k=M
END;
```

五、模拟退火算法的改进

模拟退火算法的主干是内外两个循环程序，外循环程序限定了算法的最终终止条件，内循环程序主要用于在当前解的邻域中寻求更优的新解，这样就渐近地收敛于全局最优解。其空间复杂度和时间复杂度重点从解空间范围缩小和循环步骤的减少方面来考虑。

首先，考虑算法的数学模型，它由解空间、目标函数和初始解三部分组成。影响空间复杂度的主要是解空间的大小，可适当加一些限定条件使解空间缩小，而不会影响局部最优解的生成以致全局最优解的产生。

其次，考虑算法的伪程序，在两个循环程序当中，鉴于外循环程序限定最终终止条件的作用，对它的改动主要增加算法的适用性，同时需要考虑它的收敛性，以使它在改进后仍然能收敛到全局最优解。对最终终止条件的修改需要考虑各方面因素，包括收敛性、时间可靠性、对时空复杂度的影响等，这些都是通过对冷却进度表的参量的重新定义来完成的，以达到减少循环步骤的目的。

1. 改进的主要思想

影响模拟退火算法的时空复杂度的因素主要有两点：解空间的选取和循环步骤的多少。在算法中有冷却进度表的概念，即 $t,\Delta t,L,s$，应使得 t 充分大且衰减得充分慢，L 足够大，s 通常选为解在连续 M 个马尔可夫链中无任何改变时终止算法。改进的基本思想是，通过对冷却进度表的定义进行改进，而在冷却进度表中与之对应的就是 L 和 s，L 和 s 在算法中限制了这两个因素。

首先，对于每个当前解，其相邻解的个数是不同的，而在模拟退火算法中，普遍地选择一个充分大的 L 来适应限定解空间，从而在空间复杂度和时间复杂度方面都要产生相当大的浪费。假设所解问题元素个数为 n，而与每个元素相邻元素（即相联系的元素）个数分别为 $m_1,m_2,\cdots,m_n$，按传统的模拟退火算法，L 至少应选定为 $\max(m_1,m_2,\cdots,m_n)$，假定：

$$m=\max(m_1,m_2,\cdots,m_n)-\min(m_1,m_2,\cdots,m_n) \tag{9-51}$$

则根据统计原理可知，选择 L 为 $\max(m_1,m_2,\cdots,m_n)$，比实际应用造成 $o(m\cdot n/2)$ 的空间浪费，并在运行时造成运行时间的相应延长，而且对恶化解进行排除的次数和时间都相应增多。因此，针对这个问题，不妨用一个向量 $(m_1,m_2,\cdots,m_n)$ 来代替 L，以限定循环次数，该向量就是前面提到的已知条件当中的与每个元素相邻元素个数 $m_1,m_2,\cdots,m_n$ 所组成的向量，每产生一个新解 l，$1\leqslant l\leqslant n$，都有一个与之对应的数 m_l 来限定下一个解选取的循环次数。

其次，与循环终止条件对应的 s 选为解在连续 M 个马尔可夫链中无任何改变时终止算法，这有其合理的一方面，但对于某些特殊的问题，可能出现解已经很接近全局最优解，但未达到连续 M 个马尔可夫链中无任何改变的条件，又产生某一变换（扰动）而偏离了全局最优解的情况。对此，可以把终止条件改为有“正负抵消”后 M 个马尔可夫链中无任何改变时终止算法。这里，所谓“正负抵消”，即如果已经有 $K(K<M)$ 个马尔可夫链无任何改变，而第 $K+1,\cdots,K+l(K+l<M)$ 个马尔可夫链有某种特殊条件下的微小变化，第 $K+l+1,\cdots,l+M$ 个马尔可夫链又无任何改变，则同样认为已经有 M 个马尔可夫链无任何改变，从而使算法终止。可以证明，在这样的终止条件下，算法同样以概率为 1 收敛到全局最优解，同时，这样的终止条件的适用范围要更为广泛。关于证明过程，因步骤过于烦琐，这里就不作讨论了。

2. 时空复杂性的分析

在改进前的算法当中，只考虑一次内循环，其时间复杂度为 $T(L)$；考虑终止条件，外循环的次数为 $T(l_{k_0}+l_{k_1}+\cdots+l_{k_{M-1}}+M)$，其中，$l_k$ 表示 $k=i(0\leqslant i\leqslant M)$ 的循环次数，设：

$$m=\frac{l_{k_0}+l_{k_1}+\cdots+l_{k_{M-1}}}{M-1} \tag{9-52}$$

则外循环的循环次数为 $T(m+M)$，所以总的时间复杂度为 $T(L\cdot(m+M))$。考虑空间复杂度，与时间复杂度类似，也分内外两个循环考虑，一次内循环的空间复杂度为 $o(L)$；再考虑外循环次数，总的空间复杂度为 $o(L \cdot n)$（n 为所解问题的解空间所有元素个数）。

在改进后的算法中，与前面讨论的过程类似。其时间复杂度为：

$$T\left(\sum_{i=1}^{n} m_i\right)\cdot\left(\left(\sum_{i=l}^{M} l_k\right)/M\right) \approx T(L\cdot(m+M))/(2l) \tag{9-53}$$

式中，$l = n \cdot \dfrac{M}{M+1} \cdot \dfrac{m+M}{m}$。

考虑空间复杂度，内循环复杂度为 $o(m_i)(i=1,2,\cdots,n)$，外循环复杂度为 $o(n)$（n 为所解问题的解空间所有元素个数）。最终空间复杂度为：

$$q\left(\left(\sum_{i=l}^{n} m_i\right)\cdot n\right) \approx o(L\cdot n/2) \tag{9-54}$$

由以上分析可知，改进后的模拟退火算法在时间复杂度和空间复杂度方面都比未改进的模拟退火算法有了改善，改善的程度根据所解问题的不同而异。

六、模拟退火算法在矿业工程中的应用

在矿业工程中，许多最优化设计问题可归结为非线性规划问题。对于该类问题，传统上采用解析法或数值迭代法进行求解。当目标和约束函数状态较为简单、变量数较少时，采用解析法进行求解是有效的，可得到精确解；但是，基于矿体赋存环境的复杂性，多数矿业工程最优化设计问题的目标和约束函数状态较复杂而且变量数较多，因此常采用数值迭代法进行求解。对于矿业工程最优化设计问题中普遍存在的多峰现象，采用传统的数值迭代法求解是有局限性的，往往只能得到局部最优解而得不到全局最优解。本教材针对该问题，以矿井通风系统巷道断面的最优化设计问题为实例，探讨应用模拟退火算法求解全局最优解。

一般的，设某通风系统中有 n 条巷道，其断面积向量 $\boldsymbol{S}=(S_1,S_2,\cdots,S_n)$，其中有 $r(<n)$ 条独立的串联通路。若设 ω_j 为第 $j(j=1,2,\cdots,r)$ 条串联通路中各巷道编号组成的集合，则通风系统巷道断面优化设计问题的一般数学模型为：

$$\min f(s) = \min\sum_{i=1}^{n} k_i \cdot l_i \cdot S_i$$

$$\sum h_i - H_i = 0$$

$$i \in \omega_j$$

$$h_i = (a_i c_i Q_i^2 l_i)/S_i^{2.5}$$

$$v_{i\min} \leqslant \frac{Q_i}{S_i} \leqslant v_{i\max}$$

$$j = 1,2,\cdots,r; i = 1,2,\cdots,n$$

式中　$f(s)$ ——巷道的掘进和维护费用；

k_i ——与巷道断面有关的费用计算系数；

l_i ——巷道长度；

h_i ——通路中第 i 条巷道的风压；

H_i ——第 j 条通路中的风压；

a_i ——巷道的空气动力阻力系数；

c_i ——巷道断面形状系数；

Q_i ——通路中第 i 条巷道的风量。

某矿井通风系统共有 16 条巷道，其中巷道 3 和 11、5 和 12、6 和 13、7 和 14、8 和 15、10 和 16 为 6 对条件相同的巷道。在该通风系统中，共有 4 条独立的串联通路，即 1→2→3→4、1→5→9→10→4、1→5→6→7→3→4 和 1→5→6→8→10→4，其风压均为 2 000 Pa，其他已知参数见表 9-14。

表 9-14　原始设计参数

i	1	2	3(11)	4	5(12)	6(13)	7(14)	8(15)	9	10(16)
$a_i/(\times 10^3)$	40	16	16	40	4	16	16	30	60	14
c_i	3.84	3.84	3.84	3.84	3.84	4.16	4.16	4.16	3.84	3.84
Q_i /(m³/s)	100	30	30	100	35	30	15	15	10	20
l_i /m	700	2 000	1 000	700	1 000	1 000	750	700	1 850	1 000
k_i	1.00	0.51	0.51	1.00	0.56	0.48	0.41	0.41	0.40	0.45

将表 9-14 中的数值代入通风系统巷道断面优化设计问题的一般数学模型，得：

$$\min f(s) = \min \sum_{i=1}^{16} k_i \cdot l_i \cdot s_i$$

$$h_1 + h_2 + h_3 + h_4 = 2\ 000$$

$$h_1 + h_5 + h_9 + h_{10} + h_4 = 2\ 000$$

$$h_1 + h_5 + h_6 + h_7 + h_3 + h_4 = 2\ 000$$

$$h_1 + h_5 + h_6 + h_8 + h_{10} + h_4 = 2\ 000$$

$$h_1 = 1\ 075\ 200/S_1^{2.5}$$

$$h_2 = 110\ 592/S_2^{2.5}$$

$$h_3 = h_{11} = 55\ 296/S_3^{2.5}$$

$$h_4 = 1\ 075\ 200/S_4^{2.5}$$

$$h_5 = h_{12} = 18\ 816/S_5^{2.5}$$

$$h_6 = h_{13} = 59\ 905/S_6^{2.5}$$

$$h_7 = h_{14} = 11\ 232/S_7^{2.5}$$

$$h_8 = h_{15} = 19\ 656/S_8^{2.5}$$

$$h_9 = 42\ 624/S_9^{2.5}$$

$$h_{10} = h_{16} = 21\ 504/S_{10}^{2.5}$$

对此问题，若采用解析法，则需要求解 20 阶非线性方程组，这是非常困难的；为此，可采用梯度法和模拟退火算法对此问题分别进行求解，结果如表 9-15 所列。

表 9-15　梯度法和模拟退火算法求解结果

i	1	2	3(11)	4	5(12)	6(13)	7(14)	8(15)	9	10(16)
S_i（梯度法）	40.8	6.9	12.0	46	11.1	12.3	8.4	8.75	8.7	11.3
S_i（模拟退火算法）	18.6	9.8	9.8	18.6	11.4	8.9	6.9	6.9	6.5	8.0

将表 9-15 中的求解结果代入目标函数，得：

$$\min f(s) = 131\ 075\text{(梯度法)}$$

$$\min f(s) = 87\ 558\text{(模拟退火算法)}$$

由上述分析可见，模拟退火算法能有效地求解传统的确定性优化方法所不能奏效的全局最优解问题，可望用于求解其他矿业工程全局最优化设计问题，如采区参数全局最优化设计及矿井开拓开采系统全局最优化设计问题。

参考文献

[1] 蔡成功,王佑安.煤与瓦斯突出一般规律定性定量分析研究[J].中国安全科学学报,2004,14(6):109-112.
[2] 曹凤梅.遗传算法在煤矿机械电气自动控制领域中的应用分析[J].煤炭技术,2013,32(5):22-23.
[3] 曹丽文,姜振泉.人工神经网络在煤矿开采沉陷预计中的应用研究[J].中国矿业大学学报,2002,31(1):23-26.
[4] 常绍舜.系统科学与管理[M].北京:中国政法大学出版社,1998.
[5] 陈国良.遗传算法及其应用[M].北京:人民邮电出版社,2001.
[6] 陈鸿章.矿山系统工程的基本方法与信息论的应用[M].北京:煤炭工业出版社,2000.
[7] 陈华根,吴健生,王家林.改进的重力模拟退火反演研究[J].吉林大学学报(地球科学版),2002,32(3):294-298.
[8] 陈华根,吴健生,王家林,等.模拟退火算法机理研究[J].同济大学学报(自然科学版),2004,32(6):802-805.
[9] 陈奎宁."新三论"的启示:谈耗散结构论、协同论和突变论[J].科技导报,1987(1):40-42.
[10] 段海滨,王道波,朱家强,等.蚁群算法理论及应用研究的进展[J].控制与决策,2004,19(12):1321-1326,1340.
[11] 段海滨,王道波.一种快速全局优化的改进蚁群算法及仿真[J].信息与控制,2004,33(2):241-244.
[12] 段海滨,王道波,于秀芬.蚁群算法的研究现状及其展望[J].中国工程科学,2007,9(2):98-102.
[13] 范少华.耗散结构理论浅析[J].阜阳师范学院学报(自然科学版),1997(4):12-14.
[14] 高奇.系统科学概论[M].济南:山东大学出版社,2001.
[15] 高玮.蚁群算法在矿井通风系统优化设计中的应用[J].矿业研究与开发,2004,24(6):91-94.
[16] 公衍伟,蒋承林,吴爱军.基于多元线性回归理论的煤矿突水预测[J].煤炭技术,2012,31(3):112-114.
[17] 哈肯.大自然成功的奥秘:协同学[M].上海:上海译文出版社,2018.
[18] 胡敬朋.综采工作面人—机—环境系统可靠性研究[D].淮南:安徽理工大学,2005.
[19] 黄辉宇,李从东.基于人工神经网络的煤矿安全评估模型研究[J].工业工程,2007,10(1):112-115.
[20] 惠益民.技术预测[M].北京:北京航空学院出版社,1985.

[21] 吉尔莫雷.科学与工程中的基本突变理论[M].湛垦华,刘秉钧,译.西安:西安交通大学出版社,1988.
[22] 李伯虎,王行仁,黄柯棣,等.综合仿真系统研究[J].系统仿真学报,2000,12(5):429-434.
[23] 李伯虎,柴旭东,熊光楞,等.复杂产品虚拟样机工程的研究与初步实践[J].系统仿真学报,2002,14(3):336-341.
[24] 李佳星.基于突变理论的缓倾斜底板岩层稳定性研究[D].西安:西安科技大学,2019.
[25] 李雪妍.计算机仿真动态模拟在井下通风系统中的应用[J].煤炭技术,2013,32(4):146-148.
[26] 凌复华.突变理论及其应用[M].上海:上海交通大学出版社,1987.
[27] 刘超儒.深部巷道围岩蠕变对支护应力场影响的定性分析[J].煤矿开采,2011,16(6):51-53,106.
[28] 刘发全,职承杰.灰色预测 GM(1,1)模型的一点改进[J].数学的实践与认识,2005,35(11):11-15.
[29] 刘均,冯志林.计算机组成原理仿真实验系统设计与实现[J].浙江工业大学学报,2009,37(5):486-488,502.
[30] 刘思峰.灰色系统理论及其应用[M].8 版.北京:科学出版社,2021.
[31] 刘藻珍,魏华梁.系统仿真[M].北京:北京理工大学出版社,1998.
[32] 吕锋,石敏,吴丹雯,等.基于 GA 的 BP 神经网络模型的研究及应用[J].武汉理工大学学报,2002,24(2):63-66.
[33] 米罗刚,刘志永.计算机仿真技术在生产系统中的应用[J].工业技术与职业教育,2010,8(1):28-30.
[34] 沈小峰,胡岗,姜璐.耗散结构论[M].上海:上海人民出版社,1987.
[35] 孙佰清.智能决策支持系统的理论及应用[M].北京:中国经济出版社,2010.
[36] 孙焘,王秀坤,刘业欣,等.一种简单蚂蚁算法及其收敛性分析[J].小型微型计算机系统,2003,24(8):1524-1527.
[37] 孙晓莹,徐红霞.基于蚁群算法的煤矿运输车辆调度应用研究[J].煤炭技术,2012,31(7):140-142.
[38] 田取珍,史鹏飞,孙惠民.采矿系统工程学[M].北京:煤炭工业出版社,2006.
[39] 王朝霞.基于突变理论的超高层建筑施工安全风险评价研究[D].成都:西华大学,2020.
[40] 王生全,刘柏根,张召召,等.遗传算法的 BP 网络模型进行瓦斯涌出量预测[J].西安科技大学学报,2012,32(1):51-56.
[41] 王崧.耗散结构论的理论价值及方法论意义探析[J].电子科技大学学报(社科版),2006,8(6):72-74.
[42] 王文欢,芦立娟,张宾.浅谈耗散结构理论的形成及启示[J].管理观察,2013(14):118-119.
[43] 王正中.系统仿真技术[M].北京:科学出版社,1986.
[44] 吴重光.过程系统仿真技术[M].北京:中国石化出版社,1998.

[45] 吴重光.仿真技术[M].北京:化学工业出版社,2000.
[46] 谢云.模拟退火算法的原理及实现[J].高等学校计算数学学报,1999(3):212-218.
[47] 辛镜敏,蒋国安.矿业系统工程[M].北京:煤炭工业出版社,1995.
[48] 熊光楞,彭毅.先进仿真技术与仿真环境[M].北京:国防工业出版社,1997.
[49] 徐国祥.统计预测和决策[M].上海:上海财经大学出版社,1998.
[50] 许国志.系统科学[M].上海:上海科技教育出版社,2000.
[51] 杨杰.系统仿真的新技术探讨—(1):虚拟现实[J].计算机仿真,1996,13(1):8-12,19.
[52] 杨杰.系统仿真的新技术探讨—(2):遗传算法[J].计算机仿真,1996,13(2):49-52,34.
[53] 杨杰.系统仿真的新技术探讨—(3):人工智能[J].计算机仿真,1996,13(3):51-54,29.
[54] 杨英杰,林威,李侠.计算机仿真技术在选矿中的应用[J].中国矿业,2008,17(5):64-67.
[55] 余序江,许志义,陈泽义.技术管理与技术预测[M].北京:清华大学出版社,2008.
[56] 张波.基于遗传BP神经网络的数据挖掘系统及其应用[D].哈尔滨:哈尔滨理工大学,2005.
[57] 张大海,江世芳,史开泉.灰色预测公式的理论缺陷及改进[J].系统工程理论与实践,2002(8):140-142.
[58] 张凌雁,解绍锋,冯晓云.系统仿真技术在控制系统中的应用[J].山西电子技术,2004(3):5-6,44.
[59] 张敏,赵金城.全局优化神经网络拓扑结构及权值的遗传算法[J].大连大学学报,1999,20(6):9-13.
[60] 张文修.遗传算法的数学基础[M].西安:西安交通大学出版社,2001.
[61] 张祥生,肖厚智.系统科学[M].武汉:武汉理工大学出版社,2003.
[62] 张新红,高洪伟.一元线性回归法在煤矿瓦斯含量预测中的应用[J].煤炭技术,2013,32(1):112-113.
[63] 张幼蒂,王玉浚.采矿系统工程[M].徐州:中国矿业大学出版社,2000.
[64] 赵晶,唐焕文,朱训芝.模拟退火算法的一种改进及其应用研究[J].大连理工大学学报,2006,46(5):775-780.
[65] 周保生,林江,于海学,等.人工神经网络在煤矿巷道围岩移近量预测中的应用[J].系统工程理论与实践,2000(1):136-139.
[66] 周玉珠,姜奉华.实验数据的一元线性回归分析及其显著性检验[J].大学物理实验,2001,14(4):43-46.
[67] 朱军.线性模型分析原理[M].北京:科学出版社,1999.
[68] BOHACHEVSKY I O, JOHNSON M E, STEIN M L. Generalized simulated annealing for function optimization[J]. Technometrics,1986,28(3):209-217.
[69] MATKO D, KARBA R, ZUPANČIČ B. Simulation and modelling of continuous system[M]. [S. l. :s. n.],1992.